塩とインド

SALT and INDIA

市場・商人・イギリス東インド会社

神田さやこ【著】

名古屋大学出版会

塩とインド

目　　次

ii

凡　例　vi

序　章　市場・商人・植民地統治 ……………………………………… 1

　　1　本書の目的と分析視角　1

　　2　先行研究の成果と課題　5

　　3　本書の構成　21

　　4　主要一次史料　24

　補論 1　イギリスのインド統治と塩──塩の政治化が抱える諸問題　26

第 I 部　東インド会社の塩専売制度と市場

第 1 章　インド財政と東部インドにおける塩専売 ………………… 38

　　はじめに　38

　　1　EIC 統治期のインド財政　39

　　2　塩専売制度の変遷──1772〜1863 年　50

　　3　塩専売制度の基本構造──高塩価政策期を中心に　58

　　4　専売制度のなかの外国塩　68

　　おわりに　74

　補論 2　ベンガル製塩法　76

第 2 章　東部インド塩市場の再編 …………………………………… 82

　　はじめに　82

　　1　地域市場圏の形成　83

　　2　環ベンガル湾塩交易ネットワークの形成　91

　　3　禁制塩市場の形成　97

　　おわりに　106

目　次　　iii

第 3 章　専売制度の動揺 …………………………………………… 108
　　──高塩価政策の行詰まりと禁制塩市場の拡大（1820 年代後半～36 年）

　はじめに　108
　1　供給量統制策の破綻　109
　2　輸入圧力の高まりと市場の変化　116
　3　ベンガル製塩業の高コスト化　124
　おわりに　134

第 4 章　専売制度の終焉 ……………………………………………… 136
　　──燃料危機, 嗜好, そしてリヴァプール塩流入（1840 年代～50 年代）

　はじめに　136
　1　燃料市場の形成とベンガル製塩業の縮小　137
　2　東部インド塩市場におけるリヴァプール塩　149
　おわりに　158

第 II 部　ベンガル商家の世界

第 5 章　塩長者の誕生から「塩バブル」へ …………………………… 162
　　──1780 年代～1800 年代

　はじめに　162
　1　競売の導入と新興商人層の台頭　163
　2　塩長者からカルカッタ・エリートへ　171
　3　投機的買付け人の登場　177
　おわりに　180

第 6 章　「塩バブル」の崩壊とカルカッタ金融危機 ………………… 182
　　──1810～30 年代前半

　はじめに　182
　1　塩価格の変動と投機　183
　2　ラム・モッリクの介入と 1810 年代～20 年代半ばの塩投機　190

iv

　　　3　不正塩切手問題と 1820 年代後半のカルカッタ金融危機　199

　　　4　スキャンダル，その後——1830 年代前半の投機家　204

　　おわりに　208

第7章　変化は地方市場から　……………………………………… 210
　　　　　——地方商人の台頭

　　はじめに　210

　　　1　地方市場における商人層の盛衰　211

　　　2　フッグリ河畔からカルカッタへ——西部グループの商人　220

　　　3　シュンドルボンを抜けて——中部グループの商人　225

　　　4　ナラヨンゴンジを拠点に——東部グループの商人　228

　　おわりに　234

第8章　市場の機能と商人，国家　…………………………………… 236

　　はじめに　236

　　　1　国家の市場への介入——その効果と限界　237

　　　2　市場システムの機能　242

　　おわりに　250

第9章　塩商家の経営　………………………………………………… 252
　　　　　——経営史的アプローチの試み

　　はじめに　252

　　　1　商家経営の特徴とその管理　253

　　　2　商家経営と仲介者——市場の分断を超えて　261

　　　3　商人の組織——家族・カーストを超えて　265

　　　4　「家」の名誉と「商家」の信用，そして商業からの撤退　270

　　おわりに　276

終　章　塩市場の変容からみる移行期の東部インド　……………… 279

　　　1　本書のまとめ　279

　　　2　インド史における「1830 年」——近世から近代へ　286

目　次　v

注　　293
あとがき　345
初出一覧　350
関連地図　351
図表一覧　358
人名索引　361
事項索引　364

凡　例

固有名詞や外国語のカタカナ表記について

　本書では，数多くのベンガル語やその他の外国語の固有名詞や用語がカタカナで表記されている。この翻字は，複雑であるため，筆者には頭の痛い問題であった。日本語としての読みやすさを考慮し，基本的には以下の規則にしたがい，本書内で統一した。また，読み方が複数存在するものについては，索引からたどれるように工夫した。

1．ベンガル語の地名，人名は基本的にベンガル語読みをカタカナ表記にした。ただし，以下の例外を除く。
　　①英領期に英語化された地名で，現地語読みよりも日本語に定着していると思われる地名。
　　　例：メディニプル→ミドナプル，ボルドマン→ブルドワン，チョビシュ・ポルゴナ→24（トゥウェンティフォー）パルガナズ
　　②日本語に定着している主要国際河川名（ガンガー，ブラフマプトラなど）。
　　③他のインド諸語でも使われる単語は，日本語としてより広く通用しているものを採用。ただし，それが地名に入っている場合を除く。
　　　例1：ガンジ，地名の場合はゴンジ（ナラヨンゴンジなど）
　　　例2：バザール，地名の場合はバジャル（ボロバジャルなど）
　　④ベンガル語人名で，すでに日本語で広く知られているもの。
　　　例：タクル→タゴール，ラムモホン・ラエ→ラームモーハン・ローイ
　　⑤ムコパッダエ，チョットパッダエ，ボンドパッダエというバラモン姓は，著者本人がそのように記述している場合を除いて，英語史料の表記にしたがって，それぞれ，ムカジ，チャタジ，バナジと表記した。
2．ベンガル語人名は，一般的にファーストネーム・セカンドネーム・姓で構成されているが，基本的にはファーストネーム・姓で表記した。ただし，フルネームで知られている人物，複数回登場しない人物，区切りがむずかしい人物名などについてはそのかぎりではない。
　　　例：キシェン・チョンドロ・パルチョウドゥリ→キシェン・パルチョウドゥリ
3．ベンガル語以外の外国語地名・人名は，日本語で広く通用しているものや読み方が特定できるものを除いて，基本的に英領期に英語化されたもの，史料中で登場する英語名を，カタカナで表記している。

　なお，ベンガル語のカタカナ表記にあたっては，臼田雅之『近代ベンガルにおけるナショナリズムと聖性』（東海大学出版会，2013年）を参考にした。ギリシャ人名については村田奈々子氏，テルグ人名については山田桂子氏にご教示いただいた。もちろん，すべての誤りは筆者の責任である。

凡　例　vii

略語一覧

Add. Mss.	Additional Manuscripts
BCR	Bengal Commercial Reports
BCSO-Salt	Bengal Board of Customs, Salt and Opium Proceedings-Salt
BL	British Library
BPP	British Parliamentary Papers
BRC-Salt	Bengal Revenue Consultations (Salt, Opium and c.)-Salt
BRP	Bengal Board of Revenue Proceedings
BRP-Salt	Bengal Board of Revenue (Miscellaneous) Proceedings-Salt
BSP	Bengal Steam Proceedings
BT-Commercial	Bengal Board of Trade Proceedings-Commercial
BT-Salt	Bengal Board of Trade Proceedings-Salt
CSC	Controller of Salt Chaukis : Letters Received from the Superintendent of the Salt Chaukis
Mss. Eur.	Miscellaneous European Manuscript
SCP	Supreme Court Papers, Calcutta High Court
WBSA	West Bengal State Archives

用語解説

アーラトダール／アロトダル	Aratdar (Arhatdar)	ブローカー，倉持ち商人
アウラング／オウラング	Aurang	生産地区，製塩区内の製塩単位
アナ	Ana (Anna)	通貨単位（1 ルピーの 16 分の 1）
オビジャト	Abhijat	貴族
ガート	Ghat	埠頭，荷揚げ場
カラリ	Khalari	製塩場
カルカッチ	Karkatch	天日塩
ガンジ／ゴンジ	Ganj	卸売市場
ゴインダ	Goinda	情報屋
ゴマスタ／ゴモシュタ	Gomasta	代理人，商店などの番頭
ゴラ	Gola	倉
シェル	Seer (Sher)	重量単位（1 マンの 40 分の 1）
シッカ	Sicca	現行の通貨
シュロフ	Shroff (Sarraf)	両替商，銀行家
ダラール	Dalal	ブローカー
ダルカースト（ドルカスト）	Darkhast	陳情

ダロガ	*Daroga*	警察署や関所の現地役人長
チャル	*Char*（*Chhar*）	引換証
チョウキ	*Choki*（*Chokey*）	関所
デワン	*Diwan*（*Dewan*）	徴税部局の筆頭現地役人
ドニー	*Dhoni*（*Dony*）	南インドの1本マストの海洋船
ドル	*Dal*（*Dala*）	エリート層の派閥
ドルポティ	*Dalapati*	ドル長
ハート	*Hat*	定期市
パイカール	*Paikar*	行商人，小規模卸売商人
バザール／バジャル	*Bazaar*（*Bazar*）	常設市，従来金融市場
パンガ	*Panga*	煎熬塩
ビャパリ	*Byapari*	商人
フェリヤ	*Faria*（*Pharia*）	小商人，行商人
フンディ	*Hundi*	為替手形
ボッドロロク	*Bhadralok*	エリート，紳士（層）
マハージャン／モハジョン	*Mahajan*	商人，銀行家
マン／モン	*Man*	重量単位（約37kg），モーンド
モシャイラ	*Moshaira*（*Mushahara*）	領主に対する補償金・手当て
モフォッショル	*Mofussil*（*Muffasal*）	農村部，都市ではない地域
モランギ	*Malangi*	製塩師
ロワナ	*Rowana*	通行証

序　章

市場・商人・植民地統治

1　本書の目的と分析視角

1834年4月27日，ベンガル関税・塩・アヘン局（Board of Customs, Salt, and Opium）長補佐官のパーマー（S. G. Palmer）は，東部インド[1]塩市場の不可解な状況に困惑し，以下のように慨嘆した。

> 塩市場は，ここ数年の間，理解しがたい動きをみせている。（中略）〔カルカッタにおける塩の――引用者注〕競売では落札価格が低下しているとはいえ，最近の 地　方（モフォッショル） における塩価格にはわれわれの努力がまったく反映されていない。一体どういうことか。商人が抱える膨大な在庫は，内陸部において塩不足を引きおこし，価格の上昇をもたらすはずである。しかし，その反対に，（中略）実際には価格はこれまでよりも低廉なのである。唯一考えられる原因は，不法に塩が市場に供給されていることである[2]。

イギリス東インド会社（以下，EIC と略）政府は，なぜ，地方市場における塩価格にこれほど強い関心を示し，上記のような市場の状況に困惑したのであろうか。

第1に，1772年に東部インドで開始した塩専売による収益が地税に次ぐ主要財源だったからである。とりわけ，1790年代からの政府の政策が，塩の高値を通じて税収を確保するというものであったため（高塩価政策），価格動向はつねに注視の対象となった。政府は，専売収益の減少に直結する価格の下落を

防ぐため，東部インドにおける唯一の塩供給者として，製塩を独占し，供給量を統制し，不法生産や密輸を厳しく取り締まってきた。塩は，カルカッタにおける競売を通じて政府から商人（塩買付け人）に売却され，市場に供給された。塩買付け人は競売での塩の買占めを通じて市場への供給量を調整し，市場価格を高位で維持する一翼をになってきた。政府と塩買付け人による供給量調整は相乗効果を発揮し，両者に多大な利益をもたらした。しかしながら，パーマーが嘆くように，1830年代前半の東部インド塩市場の状況は，政府や塩買付け人を裏切り，困惑させるものに変容していたのである。

第2に，自由貿易主義への流れのなかで，EICの塩専売には強い圧力がかかっていた。1813年のEIC特許状改正によって，イギリス―インド間の貿易は民間に開放され，1833年にはEICの商業活動そのものが停止されていたものの，塩専売の存在は，民間商人による自由な塩輸入を事実上不可能にしていたのである。折しも，イングランドのチェシアで製塩業が成長し，リヴァプールの海運業はチェシア塩（リヴァプール塩）[3]の市場として東部インドに注目していた。また，人間の生存に不可欠なミネラルである塩の高値やEICのもとで製塩に従事するモランギと呼ばれる人々の過酷な労働条件も議会で問題視された。こうした状況下で，EICは塩専売がもつ財政上のメリットを訴えながら，なんとか塩専売の維持をはかろうとしていた。したがって，塩価格の下落とそれに依存してきた塩専売収益の縮小は，その努力を水泡に帰すような事態だったのである。

パーマーが慨嘆した直後の1836年，政府は競売ではなく固定価格での販売方法に切りかえた。45年以上つづいた高塩価政策を放棄したのである。以上のことは，高塩価政策放棄の背景には，単に自由貿易圧力だけではなく，東部インド市場の変化による政策の行詰まりがあったことを示している。換言すれば，1772年以降EICという新たな国家の財政を支えてきた塩専売が，市場の変化によって転機を迎えたのである。驚くべきことに，パーマーの困惑は，カルカッタの商人もまた，地方市場の動向になすすべをもたなかったことを示唆している。政府だけではなくカルカッタの商人も市場の変化から自由ではなかったことになる。

この政策転換と同じ頃，民間による塩輸入が活発になったことで関税収益も増加しはじめた。政府は，専売収益と関税収益の双方からの塩税収入を確保することで専売の存続に成功した。しかし，その後，東部インドにおける専売とそのもとでの製塩が再び拡大することはなく漸次縮小し，1845年頃からしだいに輸入量が増加しはじめたリヴァプール塩が東部インド市場で圧倒的なシェアをもつようになった。そして，EIC統治は1858年に終焉し，1863年に東部インドにおける塩専売も廃止された。

それでは，パーマーが困惑した市場の変容とそれに対する政府やカルカッタ商人の困惑は，何を物語っているのであろうか。この市場の変容は，その後の製塩業の衰退やリヴァプール塩の流入とどのように関係するのであろうか。本書の目的は，このEIC専売下における市場の変容の要因，内実，その帰結を検討し，それらを手がかりに，EICによる植民地統治が進行するなかでの東部インド社会経済の変化，統治機構としてのEICそのものの変化，そしてそれらの相互関係を動態的に明らかにすることである。本書が対象とする18世紀末から19世紀半ばにかけてのEIC統治期は，ムガルからイギリスへのレジーム転換の時期にあたる。世界政治・経済における重商主義から自由貿易主義への移行期でもある。インド史の時代区分については見解が分かれようが，いわゆる「近世」から「近代」への移行期にもあたる。

EICの統治がはじまると，1830年頃までにインドの政治，経済，社会は緩やかではあるが根本的な変化をとげた。このことは，後述するように，多くの移行期に関する研究が指摘するところである。したがって，19世紀前半という時期は，南アジアの重大な史的転換期なのである。しかし，この時期は，近年実証研究が進展した18世紀史研究と19世紀後半〜20世紀前半の直接統治期という，ダイナミックな変化に富む二つの時期に挟まれているため，目的論的に過渡期としてみなされる傾向が強かったのも事実である。実証研究はまだはじまったばかりともいえる[4]。

本書もまた，先行研究と同様に，1830年頃を東部インドの大きな転機とみている。そして，18世紀後半以降に生じた多様な政治的，経済的，社会的，文化的，生態的摩擦と衝突が，1830年頃に顕在化し，それが塩という一つの

財市場の変化としてあらわれたと仮定している。なぜならば，A. アパドゥライが食物について以下のように雄弁に語るように，食物として人間が体に取りいれる塩そのものが多くの情報をもっているからである。

　　人間が周囲の環境の一部を食物に変えるとき，かれらは特別に強力な記号論的装置を創りだす。食物は，有形の物質的形態において，技術，生産と交換の諸関係，土地と市場の状況，過不足の実状を前提とし，それらを具体化する。したがって，食物はきわめて濃縮された社会的事実なのである。また，少なくとも多くの社会において，驚くほど可塑性が高い集合的な表象でもある[5]。

　こうした概念は経済史研究にとっても重要な論点になりうる。塩は，人間の生活に欠かせないミネラルであり，東部インドの主要な交易品，輸入品であり，EIC の主要財源でもあった重要な財である。また，製塩業はベンガル湾沿岸の一大産業でもあった。その市場は，塩専売政策にくわえて，外国貿易の影響，人々の嗜好，価格，生産を取り巻く環境，流通をになう商人の活動など多様な要素が重なりあって変容していったのである。

　本書の分析方法の特徴は，1830 年代初めの東部インド塩市場の変容の要因，内実，帰結を明らかにするために，上述したような多様で複雑に絡みあう諸要因を総合的に検討対象としていることである。いくつものパズルのピースをつなぎあわせて市場の動向を実証することは，EIC 統治そのものと，そのもとでの東部インド社会経済の変容を総体的に描きだすことになろう。なぜ，こうした多様な要因を含めた議論が必要かといえば，下記に詳しく検討するように，従来の研究が現地経済の変化の要因を，ベンガル製塩業を衰退させ，リヴァプール塩を流入させた EIC の政策およびイギリス産業・海運資本（グローバルなレヴェルでの外国貿易）という外的要因に求めすぎているからである。この研究フレームワークでは，現地社会・経済が静態的に捉えられてしまい，内部からの変化が無視される，あるいは過小評価されてしまうのである。

　以上を踏まえて，次節では，インド史における「長期の 18 世紀」の終焉と，ベンガル経済史に関する四つのテーマ（①新たな国家の形成と社会の変容，②外

国貿易，③在来産業の衰退と消費・環境，④商業・金融業と商人の活動）に分けて，これまでの研究史の到達点と本書の課題について検討しよう。

2　先行研究の成果と課題

1）「長期の 18 世紀」の終焉と「空隙の時代」

　約 90 年におよぶ EIC 統治期について，これまでの研究の多くは 1830 年頃に大きな分岐点があったことを示唆している。過去 30 年間にわたって活発に議論されてきた，いわゆる「長期の 18 世紀」も 1830 年頃に終わると考えられている。長期の 18 世紀については，これまで多くのレビューがおこなわれているので[6]，本書で詳細に振り返ることはしないが，本書の問題意識とかかわる範囲で，いくつかの点を確認しておこう。

　P. J. マーシャルの総括によれば，C. A. ベイリーの研究に代表される「修正主義（再検討派）」史観と総称される研究では，総じて 1680 年頃から 1830 年頃までが長期の 18 世紀として一つの時代と捉えられ，その特徴は，ムガル的中央集権国家を理想像とした地方国家のもとでの政治的安定と緩やかな経済的発展であった[7]。したがって，それまで異質と考えられてきた EIC という国家の形成が 18 世紀インドにおける国家形成のなかで捉えなおされ，1830 年頃までの初期の EIC 国家もまた 18 世紀の地方国家と共通の特徴をもつ地方国家とみなされた[8]。

　ムガルおよびそれを理想とする地方国家の統治・経済の特徴は，第 1 に，インド的「軍事財政主義」（ミリタリー・フィスカリズム）とも呼ばれる戦費調達を目的とした徴税機構の整備である。「中間層」と称される商人・金融業者は，徴税業務（換金，送金，徴税請負いなど）と消費におけるサーヴィスの提供を通じて支配層と密接な関係を築いた[9]。第 2 に，国家やエリート層の膨大な軍事支出と旺盛な奢侈品消費が商工業・農業の発展を促進し，租税として農村から吸いあげられた富が，商工業・農業の発展を通じて再び農村に還元されるというシステムの機能があげられる。このシステムこそが近世インドの市場経済の発展を促進したという[10]。

その長期の18世紀は，1830年頃を境界として終焉を迎えた。政治的には，分権的傾向が強い国家の集合という状態から，EICが唯一の主権国家としてイギリスの理想的国家像を具体化しはじめた[11]。18世紀を通じて緩やかに発展しつづけてきた経済は，物価の下落と投資・消費の低迷を特徴とする長い「不況」期に入ったと考えられている。それは1860年頃までつづいた。ベイリーが「空隙の時代」と呼ぶ不活発な時代である[12]。

物価下落の要因として，世界的な金銀生産量の低迷やイギリス「産業革命」に付随した世界的商品生産量の増加という世界規模での問題が指摘されている。くわえて，インド特有の問題として，イギリスへの銀の流出（植民地統治の経費である「本国費」），EICの高率地税に起因した農産物過剰生産，1835年の貨幣制度改革にともなう鋳造所の閉鎖，旧エリート層の没落とそれにともなう手工業やサーヴィス業の衰退に起因した消費と投資の低迷などがあげられている[13]。エリート層の没落は，都市の衰退を招いただけではなく，社会の「農民化」を助長した。すなわち，EICが導入した土地所有に基づく土地・地税制度のもとで，人口の大半が土地から得られる収益に依存する社会が形成された。身分化・階層化されたカースト制度などを特徴とする「伝統的」インド社会もこの時期に形成されたという[14]。

物価下落には地域差もあることから，不況としてくくられる19世紀第2四半世紀の変化に対する見解には異論もある[15]。こうした一連の議論で明らかなことは，やはり1830年頃を境にインドが何らかの政治的，経済的，社会的に大きな変化を迎えたという点であろう。下記にみるように，修正主義史観の研究動向とは別に，これまでのベンガルに関する研究の多くも，明示的にであれ，非明示的にであれ，やはり1830年頃の変化を示唆しているのである。

しかしながら，どのように1830年頃に長期の18世紀が終わったのかを実証することは，依然として課題として残されている。それは，EICという国家が，上述したムガル的国家の二つの特徴を備えていたか否かという検討も含み，EIC統治期にインドが「近世」から「近代」に移行したのかという大きな問いにも関係する。したがって，インド史の分岐点とも呼びうる，この「1830年」問題に答えるためには，EIC統治期の統治，経済，社会とそれらの相互関係に

序　章　市場・商人・植民地統治　　7

ついて，より実証的なレヴェルでの分析が求められているのである。

2）ベンガルを中心とした研究動向

　谷口晋吉によれば，18世紀後半から19世紀前半は語りつがなければならない時代としてベンガルの人々に認識されてきた特別な時代だという[16]。例えば，1989年にインド文学協会賞（Sahitya Academi Award）を受賞したシュニル・ゴンゴパッダエの小説『あの頃』[17]の書名でもある「あの頃（シェイ・ショモエ）」とは，まさにこの時期を指している。『昔の警察署長の話』[18]は，トムルク製塩区の筆頭書記からベンガル中部ノディヤ県ノボディープの警察署長（ダ　ロ　ガ）になったギリシュチョンドロ・ボシュが1888年に記した回顧録である。その書名にある「昔（シェカル）」とは，やはり19世紀前半期なのである。付言すれば，いずれにも，塩がキーワードとして登場する。どれほど塩が「あの頃」のベンガル社会において重要な意味をもっていたかを示している。

　この時期は，ベンガル・ルネッサンスとも呼ばれ，ラームモーハン・ローイ，ヴィッディヤーサーガル，ラーマクリシュナなどの改革者が生みだされた[19]。ヨーロッパの新しい技術や学問，思想が流入し，ヒンドゥーやムスリムの自己批判と「伝統」への回帰がみられるなど，政治，社会，経済の変化にとどまらず，思想，文化，宗教など多方面にわたって，大きな変化に富む時代であった。それゆえ，ベンガル研究では，EIC統治期に関する研究が蓄積されてきた。いくつかのテーマに沿って19世紀前半のベンガル経済がどのように描かれてきたのか整理したうえで，残された課題をみてみよう。

①新たな国家の形成と社会の変容

　1772年に，ベンガル知事ヘイスティングズ（W. Hastings）のもとで収税局（Board of Revenue）が設置され，EICが直接徴税への関与をはじめた。首都がムルシダバードからカルカッタに移され，徴税，警察，司法などの制度改革もはじまった。EICは，ザミンダールなどと呼ばれる在地領主の所領経営に介入してかれらの非軍事化と所領の解体を進め[20]，治安維持と軍事にかかわってきた層をEIC国家の機構に再編しはじめた。領主層が慣習的な権利として有していた私的な関所での課税や，領内を通過する旅行者に対する通行税の課税も禁

止された[21]。司法の面でも，カルカッタに最高法院が設置され，イギリス法が
イギリス籍民に適用されることになった[22]。

　本格的な統治・行政機構の整備・改革は，1784年のインド統治法の制定を
経て，1786年に総督に就任したコーンウォリス（C. Cornwallis）のもとで開始
された。1793年に導入された土地・地税，警察，司法改革は，コーンウォリ
ス改革の一つの到達点であった。

　土地・地税改革では，地税の徴収業務は，行政・司法から切りはなされ，各県
に派遣された専門のイギリス人収税官がになうことになった。永代ザミンダーリー
（永代査定）と呼ばれる制度が導入され，課税対象の土地が査定され，地税額
が固定され，土地所有者，すなわち納税者が決定された。ザミンダールら在地
領主は，国家への納税義務を負うことを条件に排他的な土地所有権を付与され，
地主化した。この過程で，複雑で重層的な土地や徴税に関する権利は排除され
たのである[23]。同時に，地税納入をおこたった所領は競売にかけられ，次々に
分割された[24]。

　1793年の警察改革では，「法と秩序」を維持する役割は国家に一元化され，
ザミンダールからその権利が奪取されることになった。各県はいくつかの
警察区に分割され，イギリス人治安判事がそれを統括することになった[25]。各
警察区には治安判事に任命された警察署長を筆頭に数名の現地役人が採用され
た。さらに，それまでザミンダールが村落支配のために雇用してきたあらゆる
タイプの村番人は，新たな警察署長の差配のもとにおかれた[26]。

　もっとも，コーンウォリス改革がただちに現地社会を大きく変革させる効力
をもったわけではなかった[27]。最近の研究の多くは，コーンウォリス改革その
ものよりもその後の数十年の変化——とりわけ法と制度——を重視する。例
えば，J. ウィルソンは，コーンウォリス改革の内容はそれ以前のインドの慣習
や歴史に基づいた統治という考え方から一線を画しているものの，改革の内容
自体はイギリス人行政官の行動規範にすぎず，インド社会を統治するための法
や条例が提供されているわけでも，新たな形態の土地所有権を導入しようとし
ているわけでもなかったと指摘する[28]。その後の約30年の間に，曖昧で抽象
的な財産や慣習ではなく，インド社会を統治するための確たる原則とルール

──土地所有権や財産に関する条例や法──が制定されることになった。

　司法の面では，人々の行為を律する法体系を発掘し，解釈するプロジェクトを通じて「ヒンドゥー法」を成文化する試みが1770年代に開始された[29]。公的なヒンドゥー法の成文化自体はなかなか進まなかったが，1790年頃からヒンドゥーの財産や相続に関する文書化されたテキストが編纂され，流通し，1830年代までには，それが「法」として機能しはじめた。そのなかでヒンドゥー法と「ヒンドゥー・ジョイント・ファミリー」という新たな概念が生みだされた[30]。ウィルソンが指摘するように，純粋で始原の古代ヒンドゥー法の存在自体がファンタジーだったとしても，それはイギリスが導入した司法制度の法的権威の拠り所となり，人々の生活や行動を大きく変化させることになったのである。

　改革の限界は，現地社会への権限の委譲という形にもあらわれた。例えば，警察機構の場合，新機構に組み込まれた村番人たちの任命や罷免は依然としてかれらに関する情報をもつザミンダールに委ねられ，法と秩序を維持する権限は正規には政府のみが有していたものの，実際には二重構造ともいうべきものであった[31]。権限の現地社会への委譲は，徴税機構や軍事機構にもみられる。P. ロブによれば，コーンウォリス改革が開始したとしても，EICにはただちにそれを実行しうるような行政能力が備わっていなかったため，権限の委譲は脆弱な国家の限界を補うために効率的な方法になったという[32]。

　その一方で，EICは集権化と法規的な行政を，条例や法の制定を通じて徐々に実現していった。「近代」国家が，明確な国境に規定された領域で唯一の主権をもち，国家も含めその国民が法で統治されている国家であるとすれば[33]，EICはきわめて緩やかではあるが，諸改革を通じて近代国家としての体裁を整えつつあったといえる。すなわち，EIC統治期はEICという組織自体の変化をともなう時代でもあったことになる。ここから導かれる課題は，1830年頃のEICの統治機関としての変容をどう理解するかということである。これは，もちろん先に検討した長期の18世紀の終焉と関連する。

　ウィルソンは，植民地国家の合理的かつ効率的な側面がイギリスにおける功利主義的政治思想と結びつけられてきたことを批判し，1830年頃までに，法

的根拠によって主権を与えられた機械のような国家が，国民を「異　人」と
して抽象的かつ一般的なルールで統治するという近代的統治形態が，イギリス
に先駆けてベンガルで誕生したと主張する。その形態は，イギリスの強い信念
でヨーロッパからインドに移植されたものではなく，初期の EIC の統治者た
ちが現地社会で直面する複雑で幾重にも重なる問題に対応する過程で抱えた不
安や失意から生みだされ，その結果合理的なものになった。ロブやウィルソン
の議論は，ベンサムやジェイムズ・ミルの思想が植民地統治者に影響を与えて
いたことを否定するものではないが，思想やそれに基づいて何かを実現しよう
とする意志と現地における実践──ロブが指摘するところの行政能力──と
の間には大きな乖離があったのである[34]。合理的かつ効率的な統治形態は現地
における必要性から生みだされたものでもあった。
　上述したような一連の改革が在来社会や人々の暮らしに与えた影響はきわめ
て大きかった。とはいえ，それは必ずしも EIC から現地社会へという一方向
の運動ではなかっただろう。商社でもあった EIC の「脱商業化」の過程は，
長く複雑なものであったし，パーマーの困惑を示す文章には，1830 年代にな
ってもなお，唯一の徴税権をもつはずの国家が商人との連携のもとに価格を上
昇させようとしている姿がみえているのである。理解不能な地方市場の動向に
直面したパーマーの困惑は，まさにウィルソンが指摘するような不安や失意を
示しているのではないだろうか。そうであるとすれば，市場の変化は，EIC の
市場統制を通じた徴税政策の限界と国家の脆弱さを露呈させ，国家のあり方そ
のものの方向性を「近代」に向かわせたということになろう。EIC が東部イン
ドでどのように塩政策を実施し，どのような問題に直面し，どのように解決し
ようとしたのかを実証的に検討することで，こうした大きなテーマにもアプロ
ーチできるのではないだろうか。
　②**外国貿易**──グローバルとリージョナル，そしてローカルとの接続
　インド史研究では，1967 年の A. ダシュグプトの研究を嚆矢として，1800
年頃までのインド洋交易に関する研究が 1970 年代に著しい進展をみせた[35]。
インド洋世界およびヨーロッパとの交流だけではなく，日本を含む東アジア，
東南アジア交易圏との交流も活発であったことが明らかにされている[36]。多様

な商人（ヨーロッパ各国の東インド会社を含む）が，インドと諸地域を結ぶ流通ネットワークを形成していたのである。そこにはインド沿岸交易も含まれる。すなわち，グローバル，リージョナルな空間での海洋貿易活動が展開されてきた。さまざまな商品が取引されたが，なかでも，ベンガル産モスリンをはじめ，インド各地で生産された多様な種類の手織り綿布は世界中に輸出され，その対価として銀が輸入された[37]。

18世紀後半以降，東部インドでは新たにアヘンやインディゴが開発され，主要な輸出商品となった[38]。EICがイギリス本国との貿易を独占するなかで，本国への送金手段を模索していた民間商人は，これらの商品を利用した送金をおこなった。その後，1820年代になってベンガルの貿易構造は劇的に変化した。1813年のEICの特許状改正による民間商人の本国貿易への参入は貿易の拡大をもたらし，アヘンやインディゴ輸出を増加させた一方で，手織り綿布輸出が激減した[39]。それに代わって，「産業革命」を経たイギリスからの機械製綿糸・綿布の流入がはじまったのである[40]。1845年以降に本格化するリヴァプール塩輸入もこの延長線上に位置づけられよう。

同時に，外国貿易のにない手として，各国東インド会社にくわえて，民間商人が台頭した。EICが本国との貿易を独占するなかで，アヘン貿易とともにかれらの主要な投資先の一つとなったのが沿岸交易であった[41]。それはベンガルにおけるヨーロッパ系商人を中心とした造船業の発展も促した[42]。その一方で，在来商人・海運業者によるインド沿岸交易は，1800年以降，研究史からほとんど姿を消してしまい，その実態は明らかではない。

1800年以降の在来商人・海運業者によるインド沿岸交易を研究することのむずかしさは，第1に，オランダ東インド会社の解散にともなう史料制約であろう。第2は，19世紀前半のインド貿易の研究フレームワークでは英印2国間関係が強く意識されてきたため，中国へのアヘン・綿花輸出を除けば，イギリス以外の諸地域との貿易関係は主要な研究対象となってこなかったことである。近年，貿易の拡大が，必ずしも，イギリスを中心としたグローバルな空間での国際分業体制（自由貿易体制）の形成を意味しているわけではなく，アジアにおけるリージョナルなレヴェルでの貿易も活発にしていたことが，丁寧な

統計史料の分析によって明らかにされている[43]。沿岸交易は引きつづき活発であったし，新たな地域とのつながりも生じ，ボンベイやマドラスがリージョナルなレヴェルでも多様な地域との貿易関係をもっていたことも明らかにされている[44]。

とはいえ，ボンベイやマドラスの沿岸交易についても，1800 年以前から連続的に捉えられるのか否かという点については，商品やにない手の問題を含め実証されているとはいいがたい。ベンガルについては，グローバルな空間におけるイギリスとの貿易関係が強く，アヘン貿易を除いてリージョナルな空間での貿易関係がボンベイ，マドラスと比較して希薄であったことは，貿易統計上明らかである。また，貿易統計だけをみれば，ベンガルはインド沿岸交易から疎外されていった印象をうける。しかし，本書で明らかにするように，貿易統計には含まれていないものの，東部インド塩市場には，コロマンデル塩やオリッサ塩という「外国塩」が輸入され，大規模に流通していた。この点は，EIC の政策や市場の構造，その変化を議論するうえで重要な事実である。そして，このリージョナルな貿易を促進したのは，EIC だったのである。

18 世紀後半から 19 世紀前半にかけての時期は，自由貿易への移行期であり，それに対峙する存在である EIC が貿易や域内商業において果たした役割は忘れられがちである。しかしながら，EIC こそが，アジア間貿易の最重要環節であるアヘン貿易のプロモーターだったことを踏まえれば，塩貿易のプロモーターだったとしても不思議ではない。もちろん，いずれも財政上の理由からである。このことは，この時期のモノの動きは，民間によるモノの動きのみならず，EIC 統治の枠組みのなかでも検討する必要があることを強く示唆している。すなわち，19 世紀前半のインド沿岸交易をこの視点から，再検討するという課題が残されているのである。

上記の課題に関係して，グローバルやリージョナルなレヴェルでの貿易とローカルなレヴェル，すなわち，域内市場との関係も問われる。港と後背地との関係を除けば[45]，杉原薫が指摘するように，外国貿易と域内・国内市場との関係に関する研究はこれまであまり進展していない[46]。近年，19 世紀におけるアジア貿易の拡大とローカルな市場の動向との関係を解明しようとするプロジ

序　章　市場・商人・植民地統治　**13**

ェクトが始動するなど[47]，この課題に挑戦する動きがみられる。一国の分析枠組みを超えたアジア全体での生産・流通・消費のネクサスや，貿易拡大を支えたソフト面——それぞれの結節点で生じる商取引や関税などの制度間の調整——とハード面——港湾の整備や鉄道網との接続など，結節点をつなぐインフラストラクチュア整備——に関する検討が進んでいる。本書における沿岸交易の見直しとそれと東部インドという域内市場との関係の議論は，こうしたアジア経済史の新しい動向のなかにも位置づけられるであろう。

　③在来産業の盛衰と消費・環境——「脱工業化」論を超えて

　さて，印英関係の強まりが反映された貿易構造の変化は，在来産業の衰退，いわゆる「脱工業化（deindustrialization）」論とセットで議論される傾向が強い。近年のI. ラエの研究は，これまでの脱工業化論の理論，定義，測定方法など多岐にわたる異論を吟味し，EIC統治期におけるベンガルの主要産業である綿織物業，絹織物業，製塩業，造船業，製藍業を産業別に検討し，ベンガルで大規模な脱工業化が進展したとするマクロレヴェルでの仮説を再検討した意欲的なものである[48]。ラエによれば，産業によって状況が異なり，その盛衰は一様ではなかった。マクロでみれば，1820年代までは主要産業の成長によって製造業における雇用が全体的に増加していたものの，1830年代以降，製塩業と造船業を中心に衰退がはじまると，総じて製造業の雇用機会が失われたことが指摘されている。このように，ラエは，1829年までの時期とそれ以降の時期に分けて議論すべきことを主張しているのである。貿易と同様に，在来産業においても1830年頃に重大な変化が生じていたとみられる。

　ラエが指摘するように，ベンガル製塩業は19世紀半ばに衰退した。しかし，ラエの製塩業の議論をみるかぎり，大きな疑問が生じる。それは，ラエが製塩業の衰退要因を，植民地政府の政策とイギリス産業利害の圧力という側面のみで説明していることである。ラエは，高い輸送費を考慮してもリヴァプール塩がベンガルで競争力をもちえた理由として，本国の海運・産業利害の強い圧力のもとで，1836年に政府がリヴァプール塩に有利な価格設定がおこなった点を強調する。つまり，EIC政府による差別的政策によって，品質・価格双方において本来なら高い競争力をもつベンガル塩が不当に高価に設定され，競争力

を削がれたのだという。それ以降もイギリス資本の圧力と差別的政策がつづき，その結果，ベンガル製塩業が衰退したという。ラエの議論は，国家（政策）のみが能動的に経済活動や産業の盛衰に影響を与えるという前提に立っている。そこでは，けっして匿名ではない塩が流通する市場，産業を取り巻く環境の変化，そして，市場の動向や環境の変化が政策に与える影響は問われない。しかしながら，市場では，ベンガル塩はリヴァプール塩流入以前から外国塩との競争にさらされていたし，生産方法が異なる塩——煎熬塩（ベンガル塩やリヴァプール塩）と天日塩（コロマンデル塩）——が流通し，消費されていた。政策もこうした市場の動向からけっして自由ではなかったのである。一つの産業の衰退要因を検討するには，政策のみならず，生産，流通，消費，環境を含んだより総合的な議論が必要ではないだろうか。

　以上のことから，消費と，その生産への影響という視点が課題の一つとなる。近年の消費に焦点をあてた研究の進展は[49]，消費が産業の盛衰と密接に関係していることを示している。南アジア史では，とくに衣類・布に関する研究蓄積が進んだ[50]。日本における南アジア研究でも消費は主要な研究対象となっている[51]。それらが明らかにしてきたように，消費者は，何を消費するかを選ぶ際，価格にくわえて，嗜好や儀礼的価値，それを身につけることで自分や自分が属するコミュニティのアイデンティティがどのように表象されるかという点など，その商品がもつ多様な側面をみているのである。嗜好には，味覚だけではなく，文化的・政治的・社会的・儀礼的な要素がともなう。インドは多様性社会であり，生産，流通，消費とそれにかかわる人々の重層的で複雑な関係で，モノが生産され，流通し，消費されてきた[52]。したがって，平準化された匿名の商品というものが存在しにくい社会ともいえる。本書で取りあげる塩も個性豊かであり，匿名の塩として議論することはむずかしい。

　多様な消費は，生産と流通にも影響を与えてきた。大量供給（生産）が消費を作りだす供給主導型ではなく，インドは，20世紀になっても，依然として需要（消費）が生産に影響を与える需要主導型ともいうべき社会を色濃く残していた。例えば，籠谷直人によれば，戦前日本の綿織物製造問屋や中規模製造業者がインドに綿織物を輸出する際，とくに，個性的で特殊なデザインの捺染

物や柄物といった加工綿布を製造したり，種類を多く取りそろえたという[53]。それは神戸などに拠点をおくインド商人によって輸出された。インド側の分析は今後の課題ではあろうが，このことはインドで豊富な種類の織物が異なる層に消費されたことを示唆している。多様な消費が国境を越えて生産と流通を刺激した一例である。

　もう一つの課題は，在来産業を取り巻く環境である。上記のように，消費によって生産が刺激され，消費者のニーズにかなう製品を生産しえたとしても，生態環境の変化によっては産業が衰退することもある。開発や河川流路の変更にともなう資源の減少や，森林資源保護の動きによる資源価格の上昇や入手可能性の低下は，産業にとって死活問題となりうる。原料に注目が集まりやすいが，燃料も欠かせない資源である。とくに製鉄業，製糖業，製塩業などの燃料多消費型産業にとって，燃料確保は重要な課題であった。

　産業の盛衰と燃料（石炭）との関係については，産業革命期のイギリスに関するE. A. リグリィの研究をはじめとして，近代産業を中心に，これまで多くの蓄積がある[54]。近年では，グローバル・ヒストリー研究のなかで，在来産業も含め，労働費用と燃料価格，燃料の入手可能性によって生じる径路依存の相違に関する比較研究も進んでいる[55]。そうしたなかで，インドは燃料価格が相対的にも絶対的にも高い地域であったと考えられている[56]。植民地以前のインドは，西部インドを中心にすでに燃料不足におちいっていたし，M. D. モリスが指摘するように高い燃料価格が植民地期インドの工業化および近代産業発展の阻害要因となっていた[57]。在来製鉄業について，T. ロイは，植民地期の製錬部門が，高い輸送費や労働力確保のむずかしさにくわえて，高い燃料費という問題によって発展を阻害されたことを指摘している[58]。森林資源の枯渇や保護の問題だけではなく，植民地期における耕地化の進展も産業の燃料問題を深刻化させた。なぜなら，多くの在来産業が燃料採取地として利用してきた荒蕪地の耕地化が進展したからである[59]。

　海水から集めた鹹水を煎熬して生産するベンガルの製塩法もまた，燃料を大量に消費する。19世紀前半には，製塩業の燃料確保を取り巻く環境は大きく変化していたであろう。なぜなら，1770年のベンガル大飢饉後に人口が増加

し，徴税圧力もくわわって荒蕪地の耕地化が進んだうえ，蒸気船の登場によって石炭が新たな燃料として登場すると，在来燃料の市場化が進展し，石炭需給の影響を強く受けるようになったからである。

　生産された場所，生産方法，使用された原料・燃料，運搬方法など，消費者が商品を選ぶ際の判断基準はきわめて多様である。したがって，燃料の問題は産業の盛衰にとどまらず，先に述べた流通と消費にも影響を与える。なぜなら，燃料利用には，その地域の自然環境，交易，燃料利用技術などの諸要素が含まれているため，アパドゥライが指摘する食物がもつ社会的意味を考慮すれば，人々の嗜好や文化とも深くかかわっているからである[60]。

　地域やコミュニティで異なり，政治的・経済的環境によって変容する消費と，産業を取り巻く環境の変化や競争などによって変化する生産を結びつけるのは，流通のにない手である商人である[61]。多様性社会と捉えられるインドの市場はたしかに細かく分断されているものの，さまざまなタイプの商人が提供する流通ネットワークによって，そうした市場の分断が克服されてきたのである。④の課題とも関連するが，こうした商人の役割を実証的に解明することは，市場の構造と変容を理解するうえで必要不可欠であろう。

　以上を踏まえれば，19世紀半ばにおける製塩業の衰退を，EICの政策とリヴァプール塩との競争という外的要因だけで理解することは不可能といわざるをえない。イギリス対インド，リヴァプール塩対ベンガル塩といった二項対立の議論を超えて，塩市場（流通・消費），生産とそれを取り巻く環境，そしてそれら内的要因と外的要因との相互作用を検討しなければ，ベンガル製塩業衰退の要因を整合的に説明することはできないのである。

④商業・金融業と商人の活動——カルカッタと地方の分断を超えて

　1980年代になると，ベイリーやR. ラエの「バザール」論[62]に代表されるように，植民地期のインド経済が動態として捉えられるようになった。同じ時期，日本でも「アジア交易圏論」が登場し，貿易や商人・商社の活動に関する実証研究を通じて19世紀以降のアジア経済のダイナミックな変容が示されてきた[63]。両者に共通するのは，流通や金融をになうアジア商人・金融業者の活動に関する研究を主体としていることであり，アジアにおけるヨーロッパの政治

経済的プレゼンスが強まるなかで，それを新たな商機とみなして拡大する商人・金融業者の経営や流通ネットワーク，ヨーロッパ系商人の進出を抑制する市場秩序の存在が指摘されている。これらに先駆けて，18 世紀以前のインド洋交易研究の進展があったことはいうまでもない。こうして，アジア現地経済のさまざまなアクターは，単なる受動的存在ではなく，変化の主体として捉えられるようになった。

　ベンガルに関しては，カルカッタが中心的な研究対象となってきた。18 世紀後半から 19 世紀前半にかけてのベンガルは商業の時代であり，カルカッタに集まった多くのベンガル人が商業や新規事業の経営で財をなし，ボッドロロクと呼ばれるエリート層を形成した[64]。その多くは，B. B. クリングが「パートナーの時代」と称するように，バニヤンと呼ばれる仲介者として，EIC 社員の私貿易や欧米商人の商取引やその他の事業を支え，かれらに資金を融通し，自らも巨万の富を得たのである[65]。

　在来金融業者シュロフや商人は，ベンガル銀行（the Bank of Bengal）をはじめとする銀行から融資を受けたり，外国商人もシュロフから資金調達をおこなうなど，両者は金融面でも密接な関係を築いていた[66]。EIC もまた，政府債の発行を通じて，在来金融市場から資金を調達していた。

　ラムドゥラル・デー，ダルカナト・タゴール，モティラル・シル，パールシーのラストムジー・カワスジーといった大実業家も輩出された[67]。ラムドゥラル・デーは，大船主であり，アメリカ商人との取引などで成功をおさめた。残りの 3 名は，それぞれ，カー・タゴール商会（Carr, Tagore and Co.），オズワルド・シル商会（Oswald, Seal and Co.），ラストムジー・ターナー商会（Rustomji, Turner and Co.）のパートナーとして，さまざまな事業を展開した。これら以外にも，タゴールとカワスジーは，ユニオン銀行（the Union Bank）の重役であり，いくつかの保険会社にもパートナーとして参加していた。

　タゴールがカー・タゴール商会を設立したのは，1830 年代初頭のインディゴ過剰投機に端を発したパーマー商会（Palmer and Co.）をはじめとする有力代理商会倒産後の 1834 年である。カー・タゴール商会は，ベンガル塩会社（the Bengal Salt Company）やベンガル石炭会社（the Bengal Coal Company）の経営にも

たずさわった[68]。進取の気性に富んだタゴールらは，新事業の展開を通じて，「伝統的」なバニヤン業を超えた，新たなパートナーの時代を切り開こうとしたのである。

その一方，1820年代後半以降の金融不況以降，とりわけ，1830年代初頭の代理商会倒産後，ベンガル商人やシュロフの活発な商業・金融業はしだいに縮小した。タゴールらの新たな事業展開がみられたものの，その多くはザミンダール（地主）化しはじめたのである。かれらは，「ランティエ資本家」として社会的地位や政治的影響力を維持しつつも，バニヤンとしての仲介業を除いて，商業や金融業からは後退した。ザミンダールとして地所経営をおこないつつ，植民地統治下で拡大したサーヴィス部門（行政，教育，医療，法曹など）に吸収されていったのである[69]。

1847年の世界的商業危機のさなか，インディゴ事業への過剰投資などによって，1848年1月にユニオン銀行が倒産した。この不況のなかで，カー・タゴール商会，オズワルド・シル商会，ラストムジー・ターナー商会も倒産した。モティラル・シルが被った損失は500万ルピーにのぼったといわれ，すでにザミンダールとなっていたシルはビジネスから引退した。タゴールは1846年に死去していたが，タゴール家は不動産投資を同時におこなってきたために破産を免れたといわれる。エリート層のザミンダール化という流れは，タゴールらの活躍が1840年代までつづいていたとしても，止められない変化だったのである。一時代を築いたカワスジーは1852年に，シルは1854年にこの世を去り，パートナーの時代は名実ともに終焉を迎えた[70]。

金融面でもパートナーの時代は終焉し，金融市場はしだいに二つの領域——ヨーロッパ系企業のビジネスを資金面で支援するイギリス系近代的銀行と在来金融市場——に分断されていった[71]。ヨーロッパ系企業の資金調達の拠点は，カルカッタや他のインド諸都市から，ロンドンや，アジアの金融拠点として成長しはじめたシンガポール，香港へと移動しはじめた。A. ウェブスターが指摘するように，イギリス商人のなかでも世代交代が生じていた[72]。現地に根ざし，現地商人とのパートナーシップを軸に活動してきた旧来の商人と，新たにアジア貿易に参入した商人とは資金調達の方法も現地商人や市場との関

係も同じではなかったのである。

在来の金融業者の間でも勢力交代が進み，カルカッタの在来金融市場ボロバジャル（バラーバザール）では，ベンガル系シュロフにかわって，ベナレスを拠点にしていたゴーパール・ダース一家の銀行やラージャスターンから移住した「マールワーリー」と総称される商業コミュニティがしだいに力をもつようになった[73]。かれらは，カルカッタが金融不況におちいっていた1828年に，同地に初のコミュニティの組織となるマールワーリー・パンチャーヤットを設立し[74]，コミュニティとして慎重にさまざまな状況に対処しはじめていた[75]。

ベンガル商人や金融業者が商業や金融業から撤退し，安定的な収入が見込める地所経営に移った理由として，まず，イギリス人への不信感が指摘されている[76]。1830年代初頭の相次ぐ代 理 商 会（エイジェンシー・ハウス）の倒産は，多くのベンガル人債権者を苦境におとしいれた。法整備が十分でないなかで，支払い不能におちいった代理商会が債務を返済することはなかったのである。ユニオン銀行の倒産やそれにかかわった数多くのイギリス人による不正や不誠実な行為もまた，ベンガル商人の間にイギリス人に対する不信感をつのらせたという。それにくわえて，ベンガル商人の資金が生産的な投資に向かわなかったことも指摘されている[77]。例えば，「衒示的消費」と呼ばれる行為，すなわち，訴訟費用や宗教・慈善活動に巨額の資金を投下するなどの行為である[78]。

以上のように，カルカッタとイギリス商人との関係を軸にベンガル商業・金融業の実態が明らかにされてきたが，市場の変容から東部インド経済，社会の変容を明らかにしようとする本書の目的に即してそれらを再検討すると，いくつかの課題が浮かびあがってくる。

第1に，ベンガル商人の商業・金融業からの撤退を説明するためには，カルカッタ経済の動向やそこにおけるイギリス商人との関係，かれらの衒示的消費だけで十分であろうか。答えは否である。なぜなら，これらだけでは，カルカッタのエリート商人が，商人としての評判をおとしめるような地方市場への参入に消極的だったことや[79]，1830年代における塩市場の変化に対して無力であったことを説明できないからである。カルカッタ経済はより広い東部インド経済の一部であり，地方市場のカルカッタ経済や商人の活動に対する影響も考

慮にいれる必要があろう。

　地方市場（域内市場）に関する研究は，ベイリーの「バザール」論が出版されて以降注目される分野となった。1990 年に出版された S. スブラマニアン編『近世インドの商人・市場・国家』には，インド各地の農業の商業化に果たした商人の役割や国家と商人との関係を検討した優れた論文が収められている[80]。R. ドットは，18 世紀後半を中心に農業の商業化を詳細に検討し，その中心的役割を果たした層として流動的な政治状況のなかで台頭した在来穀物商人の活動を詳細に明らかにした[81]。近年では，T. ムカジが，18 世紀を通じたベンガルの経済発展における市場の役割を，市にかかわる多様な支配層や商人層の活動，生産・流通・消費のネクサスなどさまざまな角度から分析している[82]。いずれも，域内市場における出自や経営規模，取引における機能が異なる多様な商人の活動が描きだされ，活発な取引がおこなわれていたことが実証されている。

　しかしながら，いずれも 18 世紀に関する研究であり，19 世紀前半以降の地方商人や域内市場に関する研究はほとんど進展していない[83]。19 世紀後半のベンガルで商業的に成功した歴史ある商家としてしばしば言及されるのが，ダカ近郊バッギョクルのクンドゥ（ラエ）家である[84]。本書にも登場する同家は，18 世紀後半から 19 世紀前半に台頭した代表的地方商家であった。19 世紀後半には米とジュート取引を大規模に展開し，銀行やジュート工場，綿工場を経営する大実業家となった。こうした 19 世紀後半以降の展開と，ドットやムカジが明らかにした 18 世紀の地方市場における活発な商取引や商人の活動が接続できていないのである。

　植民地期を通じて商業をつづけたクンドゥ家の事例は，カルカッタという東部インドの一つの都市の事例をベンガル全体に一般化できないことを示している。クンドゥ家は，18 世紀後半にどのように台頭し，どのような経営を展開し，1830 年代以降も商業をつづけることができたのだろうか。クンドゥ家のような地方商家の台頭がカルカッタ商人にどのような影響を与えたのだろうか。これらの問いに答えることは，地方市場の変容とそれに対して無力であったカルカッタ商人との関係を解き明かすことになろう。

第2の課題は経営史的アプローチである。史料上の制約が大きく，帳簿など
の内部史料に依拠した経営史的アプローチがむずかしいインド研究では，どの
ような経営判断によって衒示的消費や地所経営に向かい，商業や金融業から撤
退したのかという問いに答えるのは容易ではない[85]。そのため，「ベンガル人
は経営やビジネスに向いていない」というイメージが，19世紀後半以降に台
頭したマールワーリーの成功との対比のなかで強調されてきた[86]。しかし，経
営環境が異なるため，ベンガル商人が商業から撤退した19世紀前半とマール
ワーリーが台頭した19世紀後半を同列に議論することはむずかしいし，19世
紀前半にアーグラー，ベナレス，ムルシダバードなどの在来金融拠点の衰退に
ともなって没落したシュロフには，後にマールワーリーと呼ばれるようになっ
たコミュニティも含まれるのである[87]。すなわち，これらのことは，特定の民
族やカーストの「特質」に成功や失敗の原因を求めるというよりも，むしろ
19世紀前半の諸変化のなかで商家がどのような経営判断をくだしたかという
点に目を向けて検討すべきことを示している。

　史料制約は大きいものの，行政文書や裁判記録など利用可能な史料は存在す
る。それらを駆使して，ある時期のある地域の商家の活動を総合的に検討し，
その特徴を導きだすなどの方法を使うことは有効であろう。こうした試みは少
しずつ進んでおり，今後も期待される分野といえる[88]。

3　本書の構成

　本書は，2部で構成されている。第Ⅰ部（第1〜第4章）では，EICの塩専売
制度の形成，変容，終焉が時系列に構成され，それぞれについて，制度が抱え
ていた脆弱性と市場との関係を中心に検討されている。第Ⅱ部（第5〜第9章）
は，EICの塩専売制度の導入によって台頭した新興塩商人層の盛衰がテーマで
ある。カルカッタのエリート商人，地方商人，投機家のシュロフそれぞれの活
動が詳細に分析され，それを通じて，商人の活動が第Ⅰ部で分析された塩市場
やEICの政策にどのような影響を与えたのかが明らかにされる。

第 1 章（インド財政と東部インドにおける塩専売）は，まず，EIC 統治期のインド財政を分析対象とし，EIC の国家・統治機関としての特質とその変容を財政面から検討している。つづいて，インド財政全体のなかに東部インド塩専売の役割を位置づけ，1772 年からの 1863 年までの塩専売政策を時期別に概観したうえで，本書の中心的分析対象である高塩価政策期（1780 年代～1836 年）の専売制度の基本構造を明らかにしている。政府による供給量統制と競売による販売を通じで塩価格を引き上げ，それによって収益を増大させるという高塩価政策は，高塩価が製塩地域内における不法生産と近隣地域からの密輸をつねに誘発するという制度的欠陥を抱えていた。本章では，こうした不法生産塩を密輸塩で構成される禁制塩市場を抑制するために政府が依存したのが，コロマンデル塩とオリッサ塩という外国塩であり，塩専売制度が外国塩を包摂した制度であったことが指摘される。

第 2 章（東部インド塩市場の再編）の目的は，EIC の塩専売のもとで再編された東部インド塩市場の基本構造の特徴を明らかにし，本書で検討される政策の変容や商人の活動を理解するうえで必要不可欠な背景を示すことである。第 1 の特徴は，煎熬塩（ベンガル塩とオリッサ塩）と天日塩（コロマンデル塩）いう種類の異なる二つの政府塩と禁制塩という三つの塩で市場が構成されていたことである。第 2 に，東部インド市場が 4 カ所に大別しうる地域市場圏に分かれ，それぞれの市場圏では異なる嗜好によって異なる種類の塩が流通していたことが指摘される。そして，EIC の高塩価政策が，こうした地域差による分断や異なる塩の種類を利用し，人々に好まれるベンガル煎熬塩の高値を維持しようとするものだったことが明らかにされる。

第 3 章（専売制度の動揺）では，EIC が供給量調整を通じた市場統制力を失い，塩価格が低迷し，収益が減少した要因が，禁制塩市場の拡大とベンガル製塩業の高コスト化いう点から検討されている。前者に関しては，不法生産と密輸のインセンティブを与えつづけ，外国塩を取りこんだ制度であったという専売制度そのものの構造的欠陥が指摘される。後者については，ベンガル煎熬塩を好むという嗜好を活用した政策と，製塩業を取り巻く環境の変化や EIC の燃料問題への対応との関係から検討されている。

序章　市場・商人・植民地統治　　**23**

　第4章（専売制度の終焉）では，ベンガル製塩業の衰退とリヴァプール塩の流入という二つのプロセスの関係の再検討を通じて，1863年に塩専売が廃止されるにいたった要因，すなわち塩市場の変容の帰結が分析されている。とくに，消費面における嗜好と生産面における燃料という二つの要素に焦点をあて，1845年にリヴァプール塩の本格的輸入が開始される以前にベンガル製塩業の衰退がはじまっていたこと，リヴァプール塩が消費者に好まれる煎熬塩であり，ベンガル煎熬塩の代替品として市場に抵抗なく受容されたことが指摘されている。

　高塩価政策の柱の一つである競売による塩販売が開始されると，競売で塩を買い占め，市場への供給量を調整し，価格を引き上げる塩買付け人層が形成された。第5章（塩長者の誕生から「塩バブル」へ）は，高塩価政策を支えた新興塩商人層の台頭と，塩がしだいに投機の対象となり，現物取引から乖離した「塩バブル」ともいうべき状況が生まれた要因と過程を検討している。

　第6章（「塩バブル」の崩壊とカルカッタ金融危機）は，カルカッタの投機的買付け人の投機行動を価格や金融市場の動向に関連づけながら検討し，高塩価政策が行き詰まった要因を商人活動の面から明らかにした章である。具体的には，EICと塩商人に莫大な利益をもたらした塩バブルが金融危機を経て崩壊し，カルカッタ商人やシュロフが塩取引から撤退していった要因と経緯が検討されている。

　第7章（変化は地方市場から）は，前章で明らかにしたカルカッタにおける塩バブルの崩壊と対になっており，カルカッタが危機を迎えた時期における地方市場の動向を扱った章である。本章では，第2章で示される西部，中部，東部各地域市場圏における異なる商人層の台頭とかれらの活動が具体的に明らかにされている。

　第8章（市場の機能と商人，国家）は，塩専売にくわえて公穀物倉制度や警察税導入などEICが市場に介入した事例を取りあげながら，その効果と限界について分析したものである。また，地方市場への国家の介入や商人の新規参入を困難にした要因として，川沿いの卸売市場を結節点とした市場システム，人的ネットワークの機能が指摘されている。

第9章（塩商家の経営）は，EICの塩専売関連文書およびカルカッタ高等裁判所所蔵の裁判文書を中心とした可能なかぎりの資料を駆使し，新興塩商家の経営を総合的に検討したものである。商家の「商」と「家」との関係，仲介者の役割，土地所有や多角化の意義，家族やカーストを超えた組織の役割，新しい司法制度との関係が分析され，さらに，19世紀前半の諸変化のなかで，多くのカルカッタ商人が商業から撤退した経営判断がどのようなものであったのかが明らかにされている。

4　主要一次史料

　本書で使用した主要一次史料は以下の通りである。ロンドンとカルカッタに分散して保管されているEICの塩専売関係の文書が主たる史料である。これらには，政策，生産，商人の活動，塩価格などきわめて多様な情報が収められている。商人の活動を詳細に追うことができたのは，カルカッタ高等裁判所に保存されている数々の裁判記録におうところが大きい。また，西ベンガル州立文書館に所蔵されている19世紀半ばの塩関所監督官の巡回日誌は大変貴重な史料である。そこには，ベンガル湾岸沿いの地域にかぎられるものの，それぞれの地方における市場や商人の活動が細かく記録され，カルカッタの局レヴェルの議事録ではつかみきれない情報が残されている。

〈英国図書館（the British Library）所蔵〉
Bengal Commercial Reports
Bengal Board of Customs, Salt and Opium Proceedings-Salt
Bengal Revenue Consultations (Salt, Opium and c.)-Salt
Bengal Board of Revenue Proceedings
Bengal Board of Revenue (Miscellaneous) Proceedings-Salt
Bengal Steam Proceedings.

〈西ベンガル州立文書館（**the West Bengal State Archives**）所蔵〉

Bengal Board of Trade Proceedings-Commercial

Bengal Board of Trade Proceedings-Salt

Diaries/Journals/Letters of the Superintendents of Salt Chauki

〈カルカッタ高等裁判所（**the Calcutta High Court**）所蔵〉

Supreme Court Papers

〈バングラデシュ国立文書館（**the Bangladesh National Archives**）所蔵〉

Barisal Letters, Issued

〈オクスフォード大学ボドリアン図書館（**the Bodleian Library**）所蔵〉

Letter-Books and Papers of John Palmer (1766-1836) of Palmer & Co., India
(Palmer Papers)

補論1　イギリスのインド統治と塩——塩の政治化が抱える諸問題

1）民族運動のなかの塩税問題

　1930年3月12日，ガンディーと78名の同志は，グジャラート州アフマダーバードのサーバルマティー河畔のアーシュラムを出発し，ボンベイ近郊ダンディーまでの約380キロメートルの道のりを歩きはじめた。いわゆる「塩の行進」である。4月6日，ダンディーに到着したガンディーは海水から塩をつくり，「この行為によって，わたしは大英帝国の根幹を揺さぶっている」[1]と語った。ガンディーによる製塩はきわめて重大な意味をもった。イギリス統治下のインドでは，塩は政府の主要財源の一つであったため，自由な生産や販売は塩税法によって禁止されていたからである。ガンディーは，「塩をつくる」という脱法行為によって，塩税法という法そのものの不当性をあばき，イギリスがインド統治の根拠としてきた「法と秩序」の矛盾と不当性自体を分かりやすい形で明らかにしようとした[2]。塩の行進は，第二次サティヤーグラハ（非暴力的不服従運動）の開始を告げるものであり，ガンディーが率いたインド民族運動における三つの大規模な大衆運動の一つであった[3]。

　財源としての塩税の役割をみれば，塩の行進が開始した1930年には，すでにその重要性は失われていた。表補1-1および表補1-2を見比べてみよう。1858年にイギリス直接統治が開始した直後の1866年度，1871年度には，政府の歳入に占める塩税の割合は10パーセントを超え，地税，アヘン税につづいて高かった。その割合は増加しつづけ，1901年度には16パーセントに達している。中国市場における国産アヘンとの競争やアヘン貿易への国際的な批判を背景にアヘン輸出が縮小し，アヘン税が減少した一方で，塩税は，20世紀初頭においても，依然として重要な財源でありつづけた。しかし，第一次世界大戦後の1920年代には，急速に税制の近代化が進展するなかで塩税の割合は5パーセントにまで減少した。それにもかかわらず，1930年代に塩税への対抗がガンディーの運動の核になったということは，塩がいかにイギリスのインド

表補 1-1　インド政庁の歳入（項目別割合）（1859〜71年度）

（%）

項　目	地税	塩税	関税	物品税	所得税・免許税	アヘン税	印紙税	その他
1859年度	50.3	7.2	8	4.1	0.3	17	1.6	11.5
1866年度	41.8	10.9	4.7	5.3	1.4	17.4	4.1	14.4
1871年度	40.1	11.9	5.1	5.5	4	15.7	4.9	12.8

出所）S. Bhattacharyya, *Financial Foundations of the British Raj : Men and Ideas in the Post-Mutiny Period of Reconstruction of Indian Public Finance, 1858-1872* (Simla : Indian Institute of Advanced Study, 1971), p. 292 より作成。

表補 1-2　中央政府・州政府の税収（項目別割合）（1901〜47年度）

（%）

項　目	地税	塩税	関税	物品税	所得税	その他
1901年度	53	16	9	10	3	9
1918年度	36	9	18	17	10	10
1922年度	27	5	30	14	15	10
1931年度	23	5	36	13	12	11
1941年度	19	5	28	16	19	13
1947年度	7	2	22	22	37	9

出所）Dharma Kumar, 'The Fiscal System', in Dharma Kumar (ed.), *The Cambridge Economic History of India*, vol.II : c.1757-1970 (Cambridge : Cambridge University Press, 1983), p. 929 より作成。

統治を象徴するものであったかを示していよう。

　インドでは，古くから多様な塩がつくられてきた。東端のチッタゴン（現バングラデシュ）から西部のカッチ地方（現パキスタン）までの沿岸地域ではいくつかの種類の海塩が生産されていたし，北部のパンジャーブでは良質の岩塩が採掘され，ラージャスターンのサンバル湖では湖塩の生産がおこなわれてきた。これらの塩は，EICによる東部インド統治が開始した直後の1772年以降，さまざまな形で財源とされ，イギリスのインド統治を支えてきたのである。

　EIC統治期には，地域によって異なる課税方法がとられ，それはイギリス直接統治期にも引き継がれた。表補1-3には，地域別に異なる課税方法と税率・販売価格が示されている。主な課税方法として，塩専売と外国塩に対する関税があげられる。ベンガル管区では，1772年からつづいた塩専売が1863年に廃止され，その後外国塩への関税が主たる財源となった[4]。1805年に塩専売が導入されたマドラス管区では，政府が契約製塩業者から塩を買いあげ，固定価格

表補 1-3 総塩税収入（塩輸入関税，内国通関税，政府塩販売を含む）と税率・販売価格
（1858〜88 年）

（1 マンあたり，ルピー）

	ベンガル 輸入関税	マドラス（専売） 販売価格	ボンベイ（専売） 物品税	パンジャーブ（専売） 販売価格	内国通関税
1858	2.5	1	0.75	2	2
1859	2.5	1	0.75	2	2
1860	3.0	1.125	1	2.125	2.5
1861	3.25	1.375	1.25	2.125	3
1862	3.25	1.5	1.25	3	3
1863	3.25	1.5	1.25	3	3
1864	3.25	1.5	1.25	3	3
1865	3.25	1.6875	1.5	3	3
1866	3.25	1.6875	1.5	3	3
1867	3.25	1.6875	1.5	3	3
1868	3.25	1.6875	1.5	3	3
1869	3.25	1.6875	1.5	3	3
1870	3.25	2	1.8125	3	3
1871	3.25	2	1.8125	3.0625	3
1872	3.25	2	1.8125	3.0625	3
1877	3.25		1.8125	3.0625	
1878	3 → 2.875	2.5	2.5	3 → 2.8	
1882	2	2	2	2	
1888	2.5	2.5	2.5	2.5	

出所) 1858〜72 年については，Bhattacharyya, *Financial Foundations of the British Raj*, p. 300, 1877〜78 年については，John Strachey and Richard Strachey, *The Finances and Public Works of India from 1869 to 1881* (London : Kegan Paul, Trench & Co., 1882), p. 225, 1882 年と 1888 年については Bipan Chandra, *The Rise and Growth of Economic Nationalism in India : Economic Policies of Indian National Leadership, 1880-1905* (Delhi : People's Publishing House, 1966), pp. 536-538 より作成。

で消費者に販売するという形がとられた。北部の一部地域を除き，民間製塩業者による製塩が一般的であったボンベイ管区では，物品税として塩税が徴収された。民間業者による製塩とはいえ，製塩は政府の監督下におかれ，製塩ライセンスが必要であった。これらの地域で生産される海塩とは異なり，パンジャーブでは政府所有の塩鉱で岩塩採掘がおこなわれ，固定価格で販売された。

　地域間価格差が大きかっただけではなく，藩王国の多くでも製塩が盛んであったため，密輸が後をたたず，多くの人員と多額の費用をついやして厳しい取締りがおこなわれた。特筆すべきは，北西部のインダス川から中央インドを抜けて東部のマハーナディー川にいたる全長 1,500 キロメートルにおよぶ内国税

関線（the Inland Customs Line）であろう[5]。このインド亜大陸の北半分を縦断する内国税関線の大部分は，土や石の壁とともに荊の垣で築かれた[6]。

　こうした物理的な密輸抑止策と並んで，地域間価格差の是正によって密輸のインセンティブを低下させる政策もとられた。塩税は主要財源であったので，塩価格が最も高いベンガルに合わせるように，1860年代以降，他地域における販売価格や税率が段階的に引き上げられた（表補1-3参照）。しかしながら，内国税関線の存在が自由貿易原則に反し，域内流通に悪影響を与えていただけではなく，藩王国における製塩問題に決着がついたことから，1879年には内国税関線の大部分が廃止され，塩税率の統一がはかられた[7]。

　生存に欠かせないミネラルである塩への課税は，人頭税と同様に逆進的であり，とくに貧困層に大きな負担を強いる。しかし，直接税である所得税や関税の引上げがイギリス人を含む富裕層からの反対が強いなかで，塩への課税の正当性が主張された。例えば，1869年1月に，インド大臣アーガイル公爵（Duke of Argyll）は以下のように述べている[8]。

　一般原則のあらゆる根拠に照らして，塩は課税対象として完全に適法である。どのような国家であれ，直接税によって大衆から徴税することは不可能である。大衆が公的支出に対して何らかの貢献をするとすれば，だれもが消費するものに課税されなければならない。もしそうした税が適用されれば，多額の税収を得ることができる。しかも，大衆は課税に気づくこともないし，他のどんな方法よりも大衆への負担を抑えることができるのである。

　税率の統一が目指された1880年代になると，反塩税が声高に主張されるようになった。とくに，ボンベイ管区は，塩価格が最も高騰した地域であった。表補1-3に示されているように，ボンベイ管区の物品税率は，1マンあたり0.75ルピーから2.5ルピーにまで上昇したのである。そのため，同管区では激しい反発が起きた。D. ナオロージー（Dadabhai Naoroji）は，塩税をイギリスの名に染みた「汚点」と指摘している[9]。1885年の第1回国民会議においても反塩税の姿勢が打ちだされたし，『マラーター』をはじめとする多くのナショナリスト新聞で反塩税論が展開された[10]。とくに，1888年に，上ビルマ併合な

どにともなう軍事支出の増大と銀価下落に起因した財政の悪化によって，1882年に一度は引き下げられていた税率が引き上げられると，強い不満と激しい怒りが爆発した。政府内にも，税率の引上げについては消費の低迷とそれにともなう税収の減少を懸念する声も強く，塩税はしだいに財政が著しく逼迫したときにのみ引き上げる項目となっていった[11]。こうして，前掲表補1-2にみられるように，税収における塩税の割合は低下していったのである。

塩税項目には入らないものの，塩からの税収がもう一つ存在した。関税である。外国塩の大半は，とくに19世紀後半において，イギリスからの輸入，いわゆるリヴァプール塩であり（図補1-1参照），ベンガル（およびビルマ）のみがそれを輸入していた。図補1-2に示されているように，塩は実に関税収入総額の50パーセント以上を占める重要な課税対象であった。20世紀に入ると，塩税と同じように関税収入における塩の割合も低下している。すなわち，20世紀には，国産塩，外国塩ともに，その財政上の重要性は低下したのである。

ベンガルにおける製塩業は，他のインド諸地域とは異なり，19世紀半ばに衰退した。同じ頃，リヴァプール塩がベンガル市場に流入した。そのため，1880年代の反塩税キャンペーンのなかで，この二つのプロセスが結びつけられ，両者の密接な関係が強く意識されるようになった。経済学者であるG. V. ジョーシー（Joshi）は，塩業の「ベンガルにおける完全な衰退は，巧妙な操作によって，それが外国人の手に「移行」したことを意味する」[12]と述べている。また，ジョーシーは，G. K. ゴーカレー（Gokhale）とともに，「高い税率は，多くの地域，とくにベンガルで，繁栄している在来産業の成長を抑制し，破壊し，さらにはその産業から生産者を駆逐している」[13]と主張した。

こうして，ベンガル製塩業は，マンチェスター綿布によって破壊されたベンガル綿業と同じ運命，すなわちイギリス産業資本によって破壊された「脱工業化」の典型例として捉えられ，反英ボイコットの対象品となっていったのである。すなわち，ベンガルにおける塩は，課税というイギリス植民地統治の問題だけではなく，イギリス産業資本による在来産業の破壊という，二つの問題を象徴することになった。20世紀に塩税の割合が相対的に低下しようとも，これら二つの問題を抱えたベンガル製塩業の存在は反英独立運動・民族運動にと

補論1　イギリスのインド統治と塩　31

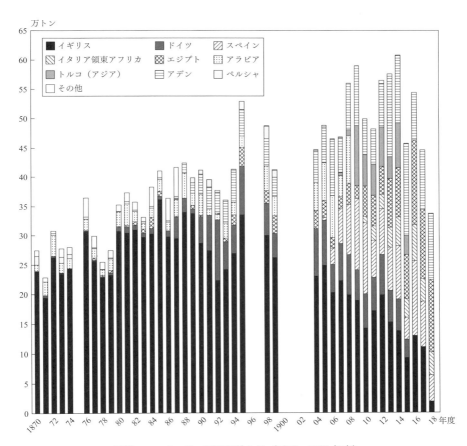

図補 1-1　インドの国別塩輸入量（1870〜1918 年度）

出所）Statement of the Trade of British India, 1869-70 to 1873-74, BPP 1875 [C. 1373]; Statement of the Trade of British India, 1874-75 to 1878-79, BPP 1880 [C. 2585]; Statement of the Trade of British India, 1875-76 to 1879-80, BPP 1881 [C. 2895]; Statement of the Trade of British India, 1880-81 to 1884-85, BPP 1886 [C. 4729]; Statement of the Trade of British India, 1884-85 to 1888-89, BPP 1890 [C. 5965]; Statement of the Trade of British India, 1885-86 to 1889-90, BPP 1890-91 [C.6341]; Statement of the Ttrade of British India, 1890-91 to 1894-95, BPP 1896 [C. 7997]; Review relating to the Trade of British India, 1893-94 to 1897-98, BPP 1899 [C. 9120]; Review relating to the Trade of British India, 1894-96 to 1898-99, BPP 1900 [Cd. 26]; East India (Trade). Tables relating to the Trade of British India, 1904-5 to 1908-9, BPP 1910 [Cd. 5109]; East India (Trade). Tables relating to the Trade of British India, 1903-4 to 1907-8, BPP 1909 [Cd. 4595]; East India (Trade). Tables relating to the Trade of British India, 1908-9 to 1912-13, BPP 1914 [Cd. 7550]; East India (Trade). Tables relating to the Trade of British India, 1913-14 to 1917-18, 1920 [Cmd. 1799] より作成。

注）1870 年度は 1869〜70 年を指す。

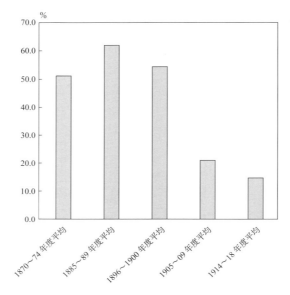

図補 1-2 インドの総関税収入に占める塩の割合
（1870〜1918 年度）

出所）Statement of the Trade of British India, 1869-70 to 1873-74, BPP 1875 [C. 1373]; Statement of the Trade of British India, 1884-85 to 1888-89, BPP 1890 [C. 5965]; Review relating to the Trade of British India, 1893-94 to 1897-98, BPP 1899 [C.9120]; Review relating to the Trade of British India, 1894-96 to 1898-99, BPP 1900 [Cd. 26]; East India (Trade). Tables relating to the Trade of British India, 1904-5 to 1908-9, BPP 1910 [Cd. 5109]; East India (Trade). Tables relating to the Trade of British India, 1913-14 to 1917-18, 1920 [Cmd. 1799] より作成。

って大きな意味をもっていたのである。

2）ベンガルにおける塩問題の展開

1880 年代における反塩税の傾向に対しては，ベンガルでは塩税支持派も多かった。ボンベイとは対照的に，ベンガルでは，税率の統一が進むなかで税率が引き下げられていたし，塩税の引下げが他の税の引上げにつながることを懸念するヒンドゥーのエリート層の影響力が強かったからである[14]。英字ナショナリスト新聞『オムリト・バジャル・ポトリカ』が塩税の引上げを擁護したこ

とは，驚きをもって受けとめられた。同紙の主張は，リヴァプール塩という外国塩への課税なので，増税分はむしろ外国人から徴収されているというものであった。また，塩税がきわめて過酷だと人々に受けとめられたことはなく，塩税を引き下げるのであれば，むしろ特許料納税者を救済すべきだとの主張がなされた。同紙は，1888年に塩税の引上げが決まると一時的に反対を表明したものの[15]，むしろ塩税よりも所得税などの緩和を優先すべきとの立場をとりつづけたのである。

　ベンガルでは，外国（イギリス）製品ボイコットと国産品愛用の動きは，1860年代にはじまっていた。ノボゴパル・ミットロは，1867年に年1度の国産品見本市を開催し，外国製品を排斥し，国産綿布およびその他工業品を愛用することを主張した[16]。タゴール家などの名族もこれを支援している。ボッラナト・チョンドロは，「インドの商業と工業に対する意見」という論文のなかで，「道徳的な敵対心」という最も効果的な武器を手に，外国製品のボイコットを訴えた[17]。実際に，ダカでは1875年にマンチェスター綿布のボイコットがおこなわれ，『オムリト・バジャル・ポトリカ』をはじめとする新聞各紙も外国製品のボイコットを呼びかけた。

　リヴァプール塩もマンチェスター綿布や外国産砂糖と並ぶボイコットの対象となった。1890年代に入ると，ボイコットは単に経済的問題の解決を目的とするだけではなく，政治性を帯びはじめた[18]。イギリス人は「塩に雌牛と豚の脂を混ぜる」あるいは「雌牛の骨を砂糖に混ぜる」といった噂が，新聞やパンフレットを通じて政治的に利用され，スワデシのプロパガンダとして威力を発揮したのである[19]。1905年のベンガル分割令に対する反対運動は，19世紀後半からつづいてきたイギリス製品ボイコットとスワデシ運動をともなって大規模に展開した。

　ここで指摘しなければならないのは，ベンガルにおけるリヴァプール塩ボイコットは，インド対イギリスという単純な構造ではなかったことである。第1に，塩を含む多くの外国製品に関してボイコットの影響は限定的であった[20]。前掲図補1-1に示されている塩輸入をみると，スワデシ運動期の1904〜08年におけるイギリスのシェアは19世紀後半に比較すると低下しているが，依然

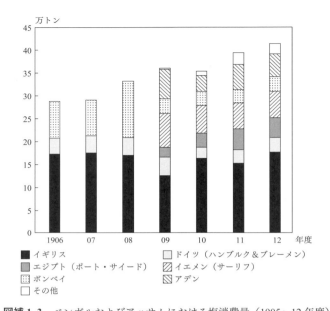

図補 1-3 ベンガルおよびアッサムにおける塩消費量（1905〜12年度）
出所）Sumit Sarkar, *The Swadeshi Movement in Bengal, 1903-1908* (Delhi : People's Publishing House, 1973), p. 141 より作成。

として高かった。リヴァプール塩ボイコットは，ドイツやスペイン，西アジア地域から別の外国塩の輸入増加を招いたにすぎなかったということもできよう。図補 1-3 もまた，ベンガルおよびアッサムにおけるイギリス塩の消費量にそれほど大きな減少がなく，「国産」のボンベイ塩の増加は一時的なものにとどまったことを示している。同じく国産のマドラス塩の消費量はきわめてかぎられ，その他に含まれている[21]。

第 2 に，リヴァプール塩ボイコットの影響が限定的であったとはいえ，ベンガル東部社会に与えた影響は大きかった。ベンガル東部では，ボイコットが組織的におこなわれ，とりわけ下層民に対する圧力や暴力によるボイコット強制も頻発した。ボイコットに消極的であった塩商人の商いはアジテーションによって大きな被害を受け，同地域へのリヴァプール塩移入量は一時的に著しく減少した。外国製品のなかでもとりわけ生活必需品として重要な塩のボイコット

は価格の高騰を招き，ベンガル東部を中心に下層民の生活を圧迫した。また，ベンガル東部の人口の大多数を占めるノモシュドロ[22]に代表されるヒンドゥー下位カーストやムスリムは，ヒンドゥー上位カーストによる搾取や圧力に対して，コミュニティのアイデンティティや自己尊厳を意識し，模索しはじめていたのである。

そうしたなかで，かれらは，ヒンドゥー上位カーストが主導するスワデシ運動に反発した[23]。反発の手段はさまざまであり，リヴァプール塩やその他の外国製品の自由な売買をおこなうこともあれば，スワデシ運動を「お偉いさん方が何かやっている」と遠巻きに眺めるだけのこともあった。さらには，反スワデシが暴力的な行為に向かい，コミュニティ間の争いに発展することもあった[24]。付言すれば，マンチェスター綿布やリヴァプール塩を扱う商人も，全面的にボイコットに協力したわけではなかった。そのなかには，いわゆる「マールワーリー」商人だけではなく，ベンガル東部の主要な商人コミュニティであるシャハも含まれていたのである[25]。すなわち，S. ショルカルが指摘するように，スワデシ運動は，こうした大衆を運動に巻きこむことができなかったからこそ，一時的な盛上がりで終わったことになる[26]。その後も，ベンガル東部のノモシュドロやムスリムは，ガンディーや国民会議派の運動には背を向けつづけた[27]。ベンガルでは，植民地統治の象徴であるはずの塩が，大衆を巻きこんだ民族運動の核になることはなかったのである。むしろ，「リヴァプール塩を食す者」と「リヴァプール塩を食さない者」の分断が深まった。

それでは，なぜ，リヴァプール塩は，ベンガル東部でとくに大きな意味をもったのであろうか。上述したような価格やカースト・宗教間対立を含む複雑な問題が展開した前提となったリヴァプール塩とは，そもそもどのような塩なのであろうか。イギリスが在来産業を破壊して強制的に消費させた（と認識された）塩だからこそ影響力が強かったのだろうか。これらのことは，「脱工業化」論や，イギリス対インド，リヴァプール塩対ベンガル塩，といった二項対立の研究枠組みのなかで問われることもなく見過ごされてきた。本書では，19世紀後半以降の展開が直接扱われるわけではないが，ベンガル東部とリヴァプール塩との複雑な関係が生じた歴史的背景が明らかにされるであろう。

第 I 部

東インド会社の塩専売制度と市場

第1章
インド財政と東部インドにおける塩専売

はじめに

　1773年のノースの規制法，1784年のインド統治法を通じて，本国政府の監督下でEICの統治機関としての機能が強化された。そうしたなか，EICは新しい国家として財政基盤を整備する必要から，地税や専売を軸とする徴税制度を導入した。EIC領における塩の専売は，1772年に東部インド（ベンガルおよびビハール）からはじまり，EICの統治を財政的に支える役割をになうことになった。塩専売は，地理的に東部インド以外にも拡大し，イギリス直接統治開始後も引きつづきおこなわれた地域もあったが，東部インドでは1830年代半ば以降漸次縮小し，EICが統治から退いた直後の1863年に廃止された。東部インドにおける塩専売の歴史は，まさにEICによるインド統治の歴史とともに歩んだことになる。

　それでは，塩専売はEICのインド統治にとってどのような意味をもったのであろうか。これは本書を貫くテーマでもあるため，本章では，まず，EIC統治期のインド財政について統計的に外観し，その特徴を明らかにしたうえで（第1節），東部インドにおける塩専売の役割をEICという国家全体の財政のなかに位置づけたい（第2節）。EICによる塩専売が，重要な財政上の役割をになったことは認識されてきたが，その具体的な役割については，これまでのインド史研究において中心的な議論の対象となることはなかった。EICそのものの存続・廃止問題も英国議会でたびたび議論されてきたが，塩専売の制度改編

や廃止の背景について踏みこんだ研究はなされていない[1]。第2節以降では、東部インドを対象に、塩専売制度の基本構造と EIC の政策を明らかにしよう。とりわけ、1780年代の諸改革を通じて生まれた、塩の高値を維持しながら税収の最大化を目指す「高塩価政策」の内実に注目したい。

1　EIC 統治期のインド財政

1）財政・会計制度上の問題点

　EIC は、17世紀以降、アジア各地に展開した商館を拠点に貿易活動を展開した。主要港の商館は要塞としても機能した。1765年にムガル皇帝から東部インドの徴税権（ディーワーニー）を与えられると、EIC はウィリアム要塞（カルカッタ）を拠点とした領土支配を開始した。その後、聖ジョージ要塞（マドラス）、ボンベイ城（ボンベイ）、コーンウォリス要塞（ペナン）などを拠点に、インド亜大陸からマレー半島にかけての地域に EIC 領が拡大した。各地域は、貿易活動の拠点であった商館を中心に長い年月をかけて異なる制度的発展をとげてきたため、通貨、商慣習、現地商人や統治者との関係などさまざまな点で異質であった。領土支配が開始したとはいえ、多様な制度がただちに統一されることはなく、EIC 領は異質な地域の集合体と呼びうる領土のままであった。しかも、EIC は、商社であると同時に統治機関でもあるという特殊な組織でもあった。

　このような事情によって、インド統治開始後の EIC の財政に関する研究は困難をきわめた。A. トゥリパティが「インド予算は、半分は当て推量であり、半分は、次の通信文書で修正される可能性が高い陳腐な統計」[2]であると指摘するように、急速に拡大する EIC という特殊な組織の財政をある一時点で精査することはきわめてむずかしかった。また、商社兼統治機関という EIC の性格が、財政構造をいっそう複雑にしていた[3]。

　1770年代以降、地理的に分散した EIC 領は、ベンガル総督によって統括され、地域ごとに多様な会計制度や行政制度の統一が目指された。そうしたなかで、EIC は1782年度より議会に対して歳入・歳出・債務・貿易に関する年次

報告を提出することになった[4]。とはいえ、この年次報告は、それぞれの地域で異なる形式で作成されつづけた。使用される通貨単位も各管区で異なり、時折気まぐれにポンドに換算されるという状態であった。ようやく1813年になって、商業部門と統治部門を分けて記載し、書式を統一することが義務づけられた[5]。管区の分断を超えてEIC領全体を統括する主任会計官が設置されたのは、さらに30年以上を経た1846年のことであった[6]。この主任会計官の職はベンガル管区の財務局長が兼ねていたが、その財務局長の職も1843年になってはじめて専門職として設置されたにすぎない。

　会計制度に統一性が欠如しているだけではなかった。行政官トゥレヴェリヤン（Charles Trevelyan）は、複雑で不必要な管区間・部局間の資金移動がきわめて多く、そのことがEICの会計制度を無意味なものにし、精査されたこともなければ会計監査を受けたこともないと強く批判している[7]。一連の会計制度の不備が、財政赤字が常態化した要因の一つと指摘されてきたものの、EIC統治期において効率的な会計制度の整備はなかなか進展しなかった。長い年月をかけて独自に発展してきた諸制度を一本化することも、商業と統治という二面性を解決することも容易ではなかったであろう。

　さらに、D. ピアーズは、本国議会ではインド問題にあまり関心が払われず、インド統治に関する意思決定機関が統合されなかったことを指摘する[8]。議会にはインドに利害をもつ議員が数多くいたが、政治的立場や利害が異なり、協力して何らかの行動を起こすような一枚岩にはならなかった。自由貿易が声高に叫ばれるなか、それと対峙する存在であるEICが、議会に対して自らの利害を積極的に主張することもなかった。EICの取締役会（the Court of Directors）にせよ、インド監督庁（the Board of Control）にせよ、特定機関がインド統治に関する唯一の意思決定機関としての機能を発揮するにはいたらなかったのである。

　以上のような問題点を認識しつつ、次項では、年次報告に基づいてJ. F. リチャーズが晩年に整理した統計、および1859年にW. サイクスがEIC統治期のインドの財政状況をまとめた報告書を利用して、EIC統治期のインド財政の全体像を概観しよう[9]。

第1章　インド財政と東部インドにおける塩専売　41

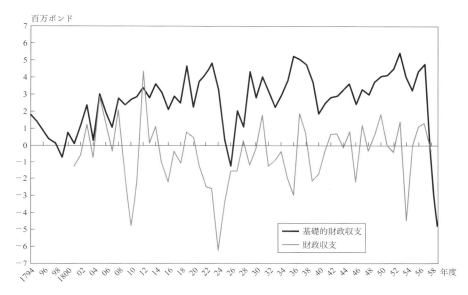

図 1-1　EIC 領の財政収支（1794〜1859 年度）

出所）John F. Richards, 'The Finances of the East India Company in India, c. 1766-1859', Working Papers no. 153/11, Economic History Department, London School of Economics and Political Science, Aug 2011, tables 5, 7, 9, 11, 12 ; Colonel Sykes, 'The Past, Present, and Prospective Financial Conditions of British India', *Quarterly Journal of Statistical Society*, 22-4, 1859, pp. 474-475 より作成。

注）基礎的財政収支は，歳入から歳出（ただし，歳出からインド債務の利払いの項目を差し引いたもの）を差し引いたものであり，財政収支は，歳入にインドにおける借入れおよびイギリスにおける社債発行額をくわえた額から，歳出に本国費・イギリスにおける社債その他債務利払いおよびインド・イギリスにおける債務償還費を含めた額を差し引いたものとして計算した。

2）インド財政概観

図 1-1 は，1794 年度から 1859 年度までの EIC 領の基礎的財政収支と 1801 年度から 58 年度までの財政収支を示している。基礎的財政収支は，1799 年度，1826 年度，1858 年度，1859 年度における赤字を除いて黒字であった。上記の赤字年度はいずれも，第 4 次マイソール戦争，第 1 次ビルマ戦争，インド大反乱の最中であった。すなわち，戦時に財政が悪化したものの，EIC 統治期のインド財政は継続的に戦争を遂行してもなお十分な歳入があったのである。さらに，19 世紀前半のインドはアヘン，インディゴ，綿花を中心とした輸出貿易の発展により貿易収支は黒字であり，貨幣素材となる貴金属も輸入されていた。

42　第Ⅰ部　東インド会社の塩専売制度と市場

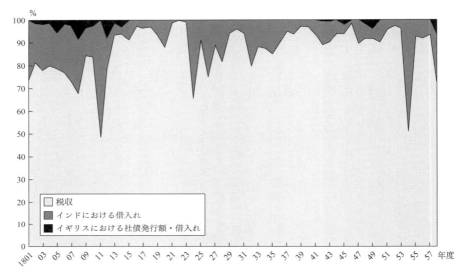

図1-2　EIC領の歳入に占める税収と借入れの割合（1801～58年度）

出所）Richards, 'The Finances of the East India Company', table 5 ; Sykes, 'The Past, Present, and Prospective Financial Conditions', p. 474 より作成。

対照的に，財政収支は，激しい変動があるものの赤字基調である。とりわけ，1810年度，1824年度，1854年度およびそれらの前後に赤字幅が拡大している。基礎的財政収支が黒字であるにもかかわらず，なぜ財政収支は赤字なのだろうか。

　1810年，1824年，1854年およびそれらの前後に財政収支が急激に悪化したのは，新たな借入れと債務の償還とのギャップが生じたためと考えられる。インドおよびイギリスで発行する社債（公債）やその他の借入れは，地税を中心としたインドにおける税収を補完するEICの歳入の主要項目である。歳出は軍事費や行政費などの諸経費と債務償還費，債務利払いで構成される。それぞれの割合は図1-2と図1-3に示されている。領土が急激に拡大していた19世紀初頭，年利12パーセントを超える高利の借入れが頻繁におこなわれた。そのため，図1-2では歳入に占める借入れの割合が大きくなっている。頻繁な借入れによって債務が増加したため，1810年度に債権者に対してより低利の社

第1章 インド財政と東部インドにおける塩専売　43

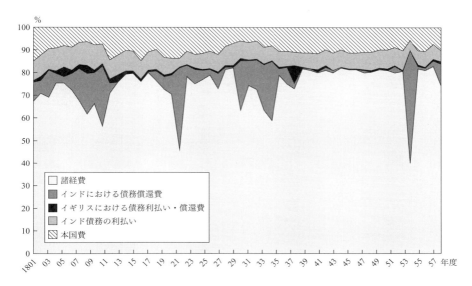

図 1-3　EIC 領の歳出に占める諸経費と債務利払い・償還費の割合（1801〜58 年度）

出所）図 1-1 に同じ。
注）1810 年まで，インドからイギリスへの貢納にあたる本国費には「イングランドにおける行政諸経費」にくわえて「インド産品買付け費用」が含まれている。なお，1811〜14 年度は不明である。

債への借換えや償還を促す政策がとられたのである[10]。その際，上述のようなギャップ生まれ，財政赤字が拡大した。同様の政策は，1824 年度や 1854 年度にもとられたが，財政赤字は緩和されず，インド債務も一時的に減少するだけで増加の一途をたどった（図 1-4 参照）。

　財政赤字やインド債務が増加した要因として，膨大な軍事支出が指摘される。とくに，1770 年代から 80 年代半ばにかけてのイギリスは危機の時代であった[11]。アメリカ植民地を失い，インドでもマイソールやマラーターとの戦いに敗れた。アメリカやインドにおけるフランスとの対抗関係も予断を許さなかった。1780 年代半ば以降，EIC はインドにおける領土拡大を確実なものにしていったが，継続的につづく戦争によって EIC の債務は膨らむ一方であった。実際に，18 世紀後半以降，マイソール戦争，マラーター戦争にくわえて，ビルマ戦争，スィク戦争，アフガン戦争などの戦争を遂行するために大規模な借

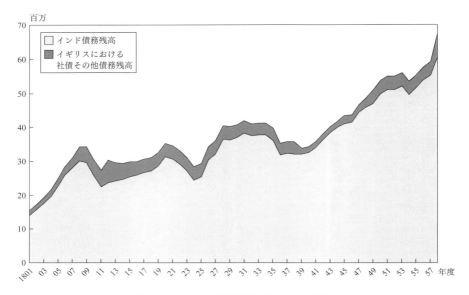

図 1-4　EIC 領の債務残高（1801〜58 年度）

出所）Sykes, 'The Past, Present, and Prospective Financial Conditions', p. 474 より作成。

入れがおこなわれた。さらに 1857 年のインド大反乱にも莫大な戦費が必要であった。

　戦費のための借入れが財政赤字や債務の主因であろうか。前掲図 1-2 に示されているように，歳入に占める借入れの割合が急増することもあったが，19 世紀初期には 20 パーセント以上あった借入れへの依存度はしだいに縮小していた。それにともない，歳出では，償還費の割合がしだいに縮小した。その一方で，前掲図 1-3 によれば，インド債務利払いとインドからイギリスへの「貢納金」という二つの項目が恒常的に 20 パーセント程度のシェアを占めている。すなわち，これら二つの支出項目が財政収支を悪化させ，EIC 財政を圧迫していたと考えられるのである。特許状が改正される 1813 年までの貢納金には，EIC によるインド産品買付け費用（インヴェストメント）とロンドン本社にかかわる諸経費が含まれる。前者について，EIC は，領土支配から得られる歳入を利用して，綿・絹製品，生糸，硝石などのインド産品を買い付け，それをロンドンで売却するという形

で，利益をイギリスに移転していた。後者は，いわゆる本国費にあたり，本社関連の諸経費のほか，インド統治のために本国で設立された文官養成学校および陸軍士官学校の諸経費，本国からの派兵などにともなう軍事関連諸経費，年金や恩給などで構成される[12]。

インドからイギリスへの送金・利益移転問題とインドの現地経済との関係については多くの議論（いわゆる「富の流出」論）があるが，少なくとも財政構造を検討するかぎり，送金・利益移転はEIC統治期のインド財政を悪化させたことは確かであろう。対照的に，この送金・利益移転はイギリス財政にとってきわめて重要な意味をもった。なぜなら，この利益移転があったからこそ，19世紀前半のイギリスが膨大な軍事支出を対外借入れに依存することなく切りぬけられたからである[13]。このように，1770年代以降，イギリスとEIC領土との財政・金融を通じた関係が強まった。EICへの投資はイギリスの投資家にとって重要な収入源となったため，本国の取締役会にとって投資家の利益を守り，EICの財政を安定化させることが一層重要になっていったのである[14]。

次に，EICの歳入および歳出の内訳を詳細にみてみよう。図1-5に示されているように，歳入は，1782年度から1859年度まで，1830年代前半の落込みを除いて順調に増加している。歳入項目別割合では，50〜70パーセントを占める地税がつねに最大であった。しかしながら，農業に依存した税である地税は必ずしも恒久的に安定した財源とはいえなかった。インド農業は南西モンスーンがもたらす豊かな恵みを享受していると同時に，その遅れや乱れが凶作を招くという不安定な側面を合わせもっていたからである。したがって，歳入を安定化させるためには地税を補完する他の財源も必要であった。初期には，領土拡大にともなう占領地などからの貢税や報奨金が大きな割合を占めていたが，この項目はあくまでも臨時収入であり，恒常的な収入ではなかった。

そこで重要な役割を果たしたのが，塩専売である。1772年にベンガルではじまった塩専売は，10〜17パーセントのシェアをもち，地税に次ぐ主要な財源となった。19世紀に入ると，塩専売地域は地理的にも拡大し，1804年には前年にベンガル管区に併合されたオリッサに，1805年にはマドラス管区にも導入された。とはいえ，図1-6が示すように，塩専売収入の大半は，とくに初

46　第Ⅰ部　東インド会社の塩専売制度と市場

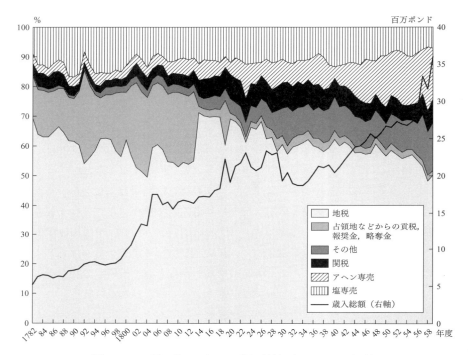

図 1-5　EIC 領の歳入に占める項目別割合（1782〜1859 年度）

出所）Richards, 'The Finances of the East India Company', table 6 より作成。

期には，ベンガル管区で徴収されたものであった。ベンガルにおける塩専売は，地税と領土拡大にともなう臨時収入に依存した不安定な財政構造を支持し，急速に領土が拡大する時期のインド財政を安定化させる役割をになっていたのである。

　暫定的な占領地はしだいに EIC 領に併合されたため，それまで臨時収入であった貢税などは恒久的な地税（一部は関税）へと変化した。その結果，図 1-5 に示されているように，1814 年度以降臨時収入が縮小し，地税の割合が増加した。それにともなって，10 パーセント前後で推移していた塩専売のシェアは，EIC 統治が終了する頃には約 7 パーセントにまで低下した。塩専売におけるベンガル管区の割合も 1830 年代以降次第に縮小し，1850 年代には 50 パ

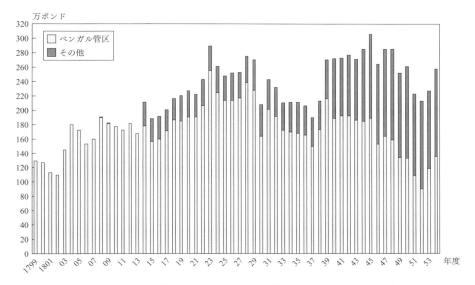

図1-6 EIC領の塩専売収益に占めるベンガル管区の割合（1799〜1854年度）

出所）Richards, 'The Finances of the East India Company', table 6 ; Accounts, presented to the House of Commons, from the East India Company, respecting their Annual Revenues and Disbursements, BPP, 1801-2 (102) ; 1806 (158) ; 1808 (240) ; Accounts respecting the Annual Revenues and Disbursements, Trade and Sales of the East India Company, BPP, 1810 (228) ; 1812 (343) ; 1813-14 (113) ; 1817 (334) ; 1819 (229) ; 1822 (433) ; 1824 (346) ; 1826-27 (330) ; 1830 (398) ; 1831-32 (459) ; Accounts respecting the Annual Territorial Revenues and Disbursements of the East India Company, BPP, 1835 (235) ; 1839 (123) ; 1841 Session 2 (22) ; 1844 (500) ; 1847 (541) ; 1850 (479) ; 1852-53 (505) ; 1856 (104) より作成。

ーセント程度であった（図1-6参照）。1836年に東部インドにおける塩専売制度が見直され，それ以降不採算の塩田を整理するなど縮小に向けた動きが加速したからである。しかも，1840年代以降のベンガル管区の塩専売では，オリッサの占める割合が増加していた。

塩専売に代わって重要性を増したのがアヘン専売である。そのシェアは，アヘン戦争後の1840年代に急速に拡大し，地税に次ぐ主要財源となった。

次に，EIC統治における歳出の内訳をみてみよう。図1-7は，1830年代の停滞期を除いて歳入と同様に歳出も増加していたことを示している。その内訳では，とりわけ軍事費の割合が高い。しかし，ここで留意しておきたいのは，統治にかかわる諸経費の増加が軍事費だけに起因するわけではないことである。

第 I 部　東インド会社の塩専売制度と市場

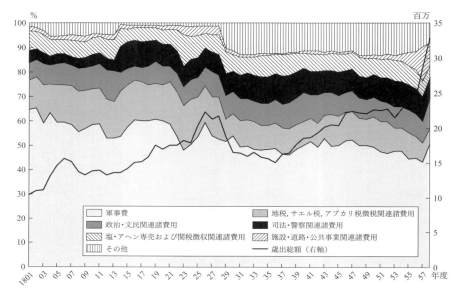

図1-7　EIC領の歳出に占める項目別割合（1801〜58年度）

出所）Richards, 'The Finances of the East India Company', table 7 より作成。

　図1-7で明らかなように，軍事費が占める割合はむしろ低下傾向にある。地税や専売など徴税関連の諸費用の割合も低下している。着実に増加しているのは，司法・警察関連諸費用および政治・文民関連諸費用の割合である。統治機関として必要不可欠なこれらの行政諸費用は，領土拡大とともに増加し，軍事費以上に削減がむずかしい支出項目でもあった。とりわけ，人件費の増加が指摘される。1773年のノースの規制法によってEIC社員の私的な商業活動が禁止されると，行政官となった社員にはそれまでの収入が維持できるだけの高給が与えられた。1793年には，汚職の誘惑にさらされながら劣悪な気候条件のもとで働く社員が，行政官としての責任感をもって職務を遂行できるように，給与が引き上げられた。広大で地理的にも文化的にも多様な領土にくわえ，行政，司法，警察にかかわる職の細分化は，さらなる人件費の増加をもたらした。このように，EIC の「脱商業化」は巨額の支出をともなったのである。

その一方で，EIC 統治がはじまると，公共事業やインフラストラクチュアの補修など公共の福祉に対する支出が著しく制限されるようになった（図 1-7 参照）。その結果，19 世紀初頭には，北インドの数 100 マイルにおよぶヤムナー川運河網や南インドのカーヴェリ川デルタの灌漑用貯水システムは機能しなくなってしまったという[15]。EIC 統治以前のインドでは，道路・堤防などの補修や灌漑用貯水池の整備を中心とする公益への支出が統治者としての義務であったことを考えれば，リチャーズが指摘するように，EIC には国家としてきわめて重大な瑕疵があったといえよう[16]。安定したインド財政を重視する本国の取締役会は，公共事業費自体を浪費とさえみなしていた。

EIC が体系的にインフラストラクチュアの改善に着手したのは，1833 年の特許状改正以降のことである。それにより，主要都市を結ぶ幹線道路，ペーシャワル―デリー―カルカッタ道，カルカッタ―ボンベイ道，ボンベイ―アーグラー道の改修に 220 万ポンドが支出された。さらに，1850 年代には本国議会で公共事業の拡大を求める動きがみられはじめ[17]，資金調達手段として公共事業債が発行されるなど公共事業費が急速に膨らんだ。こうして，1850 年代には幹線道路の補修や整備のみならず，北インドではハリドワールとカーンプルを結ぶガンガー運河が完成するなど一部地域では灌漑の整備もはじまった[18]。

3）財政からみる「インド的軍事財政主義」

EIC 統治期のインド財政の特徴を，ピアーズは軍事財政主義（ミリタリー・フィスカリズム）と指摘する。EIC の税収が EIC 軍の維持費に支出された一方，軍の存在は支配地域における効率的な徴税環境の導入と維持という役割をになったからである[19]。また，EIC 軍の展開には現金需要の拡大や大規模な物資調達をともなったため，在来の金融業者や商人の活動が刺激され，現地経済が活性化した。統治をになう人材面では，EIC は，イギリスで専門の教育機関を設立し，インド統治のための本国出身軍人・文官の養成をおこなった一方，急速に拡大する現地の軍事・行政機構のなかに積極的に現地の人々を取りこんだ。EIC 軍は，18 世紀半ば以降各管区の常備軍（ベンガル管区軍，マドラス管区軍，ボンベイ管区軍）として編成された。その兵力の大部分は現地採用であり，とくに在地の有力層が選択

50   第 I 部　東インド会社の塩専売制度と市場

的に採用された[20]。インド兵の数は 1793 年の約 7 万人から，一時的な停滞期があるものの，1850 年代半ばには 25 万人を超えるまでに増加した[21]。行政機構にもまた，高位カーストを中心とした現地の人々が採用され，徴税をはじめとするさまざまな業務に従事するようになった。軍事・行政双方において，在地の有力層との連携が基盤となった統治体制が形づくられていったのである。

　インド的軍事財政主義の特徴を備えた EIC 統治は，その統治がはじまる以前の時期から連続的に捉えられている[22]。いわゆる「長期の 18 世紀」である。その「長期の 18 世紀」は，どうやら 1830 年代に終わったとみられている[23]。政治的には，分権的な政治体制から EIC を唯一の主権国家とする体制に変容し，経済的には発展から衰退に転じた。19 世紀の第 2 四半世紀は，C. A. ベイリーが「空隙の時代」と呼ぶ，物価の下落と旧エリート層・支配層の没落にともなう消費と投資の低迷に特徴づけられる「不況」の時代として考えられるようになった[24]。もちろん，この時期の不況の実態については異論もあり[25]，今後のさらなる検討を待たねばならないが，少なくとも，支配層・エリート層が再び市場を活性化する役割をになうのは，かれらに代わった国家による公共事業や鉄道建設などへの投資が活発になる 1850 年代以降のことであった。

　こうした観点から EIC 統治期のインド財政の趨勢をみると，EIC がようやく国家としての役割をにないはじめたのと時を同じくして，塩専売の財政上の役割が急速に縮小しはじめたことになる。まさに，1836 年における東部インドにおける塩専売制度の見直しは，国家と経済・在地社会との関係，国家と徴税・軍事との関係が大きく変化する潮流のなかに位置づけられるのである。

2　塩専売制度の変遷──1772〜1863 年

　前節で述べたように，塩専売は EIC 統治期，とりわけその初期を財政的に支えた重要な財源であった。EIC はどのような政策によって塩専売収益を増加させ，なぜ見直しを余儀なくされる 1836 年までの約 70 年にわたってその収益を維持しえたのであろうか。本節では，塩専売がきわめて高い利潤を生みだし

ていた 1780 年代から 1820 年代を中心に，その前後の時期との比較を踏まえて，その政策の特徴を明らかにしたい。

1）専売制度前史

　太守時代のベンガルでは，塩は政府の主要財源の一つであった[26]。政府は，製塩に課税するとともに，塩販売独占権の特権商人への販売益を財源としていた。塩は，塩田領主であるザミンダールに対して製塩資金を融通する商人（産地商人）に引き渡され，その後塩の卸売商人（特権商人）の手を経て市場に供給された。政府や特権商人は，生産から流通までの過程を緩やかに統制していたものの，塩田が広範囲に点在していたため，この過程を独占するような組織は確立しえなかったという。

　1757 年のプラッシーの戦いでの勝利によって，EIC の社員や民間商人が，ムガル皇帝や太守から獲得した特権を濫用し，域内商品（とくに塩，ビンロウジ，タバコ）の私的な取引へと一気になだれこんだ[27]。とりわけ，1760〜64 年にベンガル知事であったヴァンシタート（H. Vansittart）の塩取引は，他の社員による私的塩取引量の合計に匹敵するほど大規模であった[28]。社員らの参入によって，18 世紀半ばに 100 マンあたり 40〜60 ルピーであった塩価格は，1762 年にはカルカッタで 156 ルピー，パトナーで 270〜350 ルピーにまで上昇したという[29]。かれらは莫大な利益を獲得し，塩価格高騰による塩市場の混乱，ザミンダールや塩商人の経営の悪化など数々の問題を引き起こした。

　1765 年に EIC が徴税権を獲得すると，同年にベンガル知事に就任したクライヴ（R. Clive）は，特権濫用問題に対処すると同時に EIC 幹部の私的な利益を守るため，幹部約 60 名で構成される取引協会（the Society of Trade）を組織した。取引協会は，塩，ビンロウジ，タバコを独占的に扱う組織であり，政府に任命された委員会によって運営された。塩の場合，取引協会が生産者から塩を買い占め，域内流通をになう在来商人にのみ販売した。同時に，域内市場の混乱を抑制するために社員の私的な商取引は製塩地内に限定された。具体的には，取引協会は請負人を通じて生産者から塩を買い付け，その請負業務を社員の私的活動として認めたのである[30]。実際の買付けにはかれらのバニヤン（代理

人）があたった。このように，製塩過程に直接的な利害をもっていなかった社員とかれらのバニヤンが製塩に深く関係するようになると，製塩をおこなうモランギや産地商人は一層窮地に立たされることになった。

EIC の取締役会は，取引協会の活動を認めず，社員の特権濫用や一部商品の独占的取引を EIC の名誉や尊厳を著しく傷つけるものとして厳しく非難している[31]。その結果，1767 年 9 月には取引協会の活動は停止された。ただし，取締役会の不承認にもかかわらず，塩に関しては形を変えて協会の活動はつづけられた。1768 年には，取締役会の強い要求により，塩生産と取引は現地商人を含むすべての人に開かれ，EIC 政府への物品税の支払いを条件に自由な生産と取引が可能になった。しかし，取引協会が生産を独占していた 1767 年度の EIC 政府の塩税収入が 6 万 1663 ポンドであったのに対して，1770 年には 1 万 6907 ポンドに落ちこんだ。この制度は 1772 年までつづいたが，税収が増加することはなかった。また，禁止されたとはいえ，EIC 社員を含むヨーロッパ系商人やかれらのバニヤンによる製塩過程への介入もつづいたのである。

２）専売制度の確立と徴税請負制度——1770 年代

1772 年に取引協会解散後の混乱した塩市場を収拾し，財源を確保する目的で，EIC 政府自身が製塩に介入した。EIC による塩専売が開始したのである。政府は，地税と同様に，請負による徴税方法を採用した[32]。政府は，製塩場（構造については補論 2 を参照）の 5 年間の使用権を競売にかけ，落札者を徴税請負人として任命した。徴税請負人は，落札後に政府と契約を結ぶと，製塩費用見積り額の 4 分の 3 を政府から前借りし，製塩シーズン終了時に前借り分を返納したうえで契約時に定められた利潤の一部を納めた。ザミンダールが徴税請負人となることもあったが，その多くは，EIC 社員を含むヨーロッパ系商人やかれらのバニヤンであった。EIC 社員は，1773 年に私的な商業活動が禁止されてからも，バニヤン名義で実質的な徴税請負人として製塩にかかわりつづけたのである。この制度は，政府にとって，徴税請負人の資金力とかれらのバニヤンの経営手腕を有効活用し，製塩および塩の販売にかかる費用と労力を節減できる制度として期待された。

第1章 インド財政と東部インドにおける塩専売   53

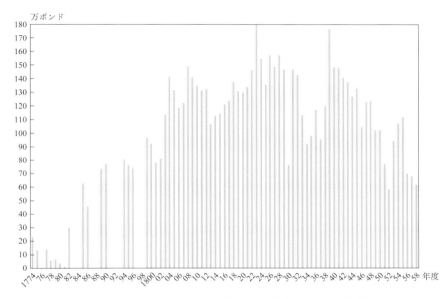

図 1-8 ベンガル管区における塩専売利益（1774～1858年度）

出所) BRC-Salt, P/98/26, 28 Jul 1794, no.5 ; P/98/27, 20 Jul 1795, no.2 ; P/98/31 18 Jul 1796, no.1 ; General Account of the Produce, and of the Receipts, Disbursements and Profits of the Salt, BRP-Salt, P/88/72, 27 Aug 1789 ; General Account of the Produce, and of the Receipts, Disbursements and Profits of the Salt, BRP-Salt, P/88/74, 30 Aug 1790 ; Accounts, presented to the House of Commons, from the East India Company, respecting their Annual Revenues and Disbursements, BPP, 1801-2 (102) ; 1806 (158) ; 1808 (240) ; Accounts respecting the Annual Revenues and Disbursements, Trade and Sales of the East India Company, BPP, 1810 (228) ; 1812 (343) ; 1813-14 (113) ; 1817 (334) ; 1819 (229) ; 1822 (433) ; 1824 (346) ; 1826-27 (330) ; 1830 (398) ; 1831-32 (459) ; Accounts respecting the Annual Territorial Revenues and Disbursements of the East India Company, BPP, 1835 (235) ; 1839 (123) ; 1841 Session 2 (22) ; 1844 (500) ; 1847 (541) ; 1850 (479) ; 1852-53 (505) ; 1856 (104) ; Return of Gross Amount of Indian Land Revenue an Receipts from Tributes for Each Presidency ; Report on the Commissioner appointed to inquire into and Report upon the Manufacture and Sale of, and Tax upon Salt in British India, 1856 [2084-I] [2084-II] [2084-III] [2084-IV] pp. 144-145 ; Return of Customs, Salt and Opium Revenues, 1834-58, BPP, 1859 Session 2 (200) より作成。

　しかしながら，図1-8にあるように，専売利益は毎年減少し，ついに1776年度には1,473ポンドの損失を出すにいたった。この損失の要因として，徴税請負人と役人層の腐敗がモランギの労働環境を悪化させ，製塩の失敗を招いたことが指摘されている[33]。また，製塩の失敗によって，モランギが「密売人」が提示するより良い条件で塩を生産するようになったことも原因として考えられている[34]。こうしたなか，政府は，1777年に徴税請負制度の改編を試み，

54 第Ⅰ部 東インド会社の塩専売制度と市場

徴税請負人による不正や制度の濫用を防止して専売利益を回復させようとした。新たな制度では、塩田の使用期間が年度ごとに更新され、徴税請負人は製塩費用の全額を政府から前借りすることになった。この結果、1777年度には専売利益が一時的に増加した。

しかしながら、1770年代後半にはコロマンデル海岸やオリッサからの安価な塩の流入によって塩価格が低下し、専売利益は再び減少した[35]。また、同時期におけるベンガル塩の過剰生産も塩価格の低下に拍車をかけた[36]。P. J. マーシャルによれば、この塩価格の低下が、EIC社員を含むヨーロッパ系商人とかれらのバニヤンの製塩事業からの撤退を促したという。実際に、ヘイスティングズ（Warren Hastings）のバニヤンであったカントゥ・バブゥや、ヴェレスト（Harry Verelst）のバニヤン、ゴクル・ゴーシャルら豪商が製塩および徴税請負から撤退した[37]。

こうして、1770年代末には、徴税過程において生産者と政府との間に介在する徴税請負人が排除され、徴税権の国家への一本化に向けた改革が加速した。以下にみる1780年に導入された製塩区制度は、それを実現するための制度であり、製塩区制度のもとでは国家が生産者を管理し、そこから税が徴収された。国家以外に取り分を主張する者は、基本的に排除されることになったのである。

3）製塩区制度の導入と高塩価政策──1780年代～1820年代

1780年に徴税請負制度が廃止されると、塩専売に関するあらゆる業務は、塩部局（Salt Department）という専門部局の担当となった。塩部局は、初期には収税局（Board of Revenue）管轄下におかれた。後に行政機構の改編によって、その管轄は、1793年には商務局（Board of Trade）に、1819年には新設された関税・塩・アヘン局（Board of Customs, Salt, and Opium）に移管された。具体的なベンガル管区における製塩管理機構については、図1-9を参照されたい。

新たな制度では、ベンガル湾岸に広がる製塩地域が製塩区（Salt Agency）と呼ばれるいくつかの地域に分割され、塩部局が製塩区を統括した（図1-9、巻末地図1参照）。ベンガル地方西端のミドナプル県には、ヒジリおよびトムルクという二つの製塩区が設置され、東部にはブルヤ（ノヤカリ）およびチッタゴ

第1章　インド財政と東部インドにおける塩専売　　55

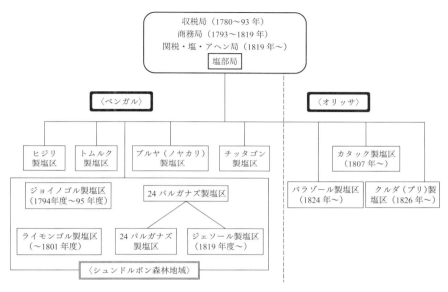

図 1-9　ベンガル管区製塩管理機構
出所）筆者作成。

ン製塩区がおかれた。両者にはさまれたシュンドルボン森林地域では，トゥウェンティ・フォー・パルガナス（以下，24 パルガナスと略）製塩区とライモンゴル製塩区が設置されたが，後者は 1801 年に高コストを理由に廃止された。ジョイノゴル製塩区は 1794～95 年度に設置されたものの，同じく高コストのため実験的な段階で廃止された。1819 年には，この地域における製塩の拡大と管理の徹底のため，24 パルガナス製塩区の東半分がジェソール製塩区として独立した。

この製塩区制度は，1863 年に塩専売制度が廃止されるまで継続することになった。1804 年にオリッサにおいても塩専売が開始すると，塩部局はオリッサの各製塩区も統括した。ただし，後に詳述するように，オリッサ塩は会計上ベンガル・ビハールに統合されたが，ベンガル・ビハールに移入されるオリッサ塩はあくまでも「外国塩」としてベンガル塩とは区別された。

各製塩区には，政府から任命された製塩区長（Salt Agent）が配置された。製

56 第Ⅰ部 東インド会社の塩専売制度と市場

塩区長の最も重要な役割は，製塩区に割りあてられた量の塩を生産することで
あった。そのために，モランギとの契約，モランギへの製塩資金の受渡しと清
算，製塩工程の監督，塩の保管と商人への引渡し，不法生産や密売の取締りに
あたった。製塩区はいくつかの実質的な製塩単位として機能する生産地区から
構成され，そこで製塩作業がおこなわれた。各生産地区で生産された塩は，最
寄りの塩専用埠頭の政府所有の塩倉に集められ，出荷までの間保管された。こ
の制度が導入された当初は，産地（塩埠頭名）別に決められた価格で，製塩区
長から買付けを希望する塩商人に売却された。商人への売却益から生産費を差
し引いた額が塩税として政府の財源となった。後述するように，1788年に競
売制度が導入されると，すべての塩はカルカッタの塩部局を通じて販売される
ことになった。

　政府が製塩区長を通じて製塩を管理する製塩区制度は，政府と実際に製塩に
従事するモランギとの間に存在していたザミンダールや商人による製塩および
塩税徴収にかかわる中間利害を排除するものであった。すなわち，この制度は，
製塩をおこない，塩田を経営する権利だけではなく，塩やその取引にかかる税
や取り分を徴収する権利を国家だけに認める重要な制度であった。

　もっとも，旧利害の排除は，暴力を含む抵抗をともなった[38]。塩田が強大な
ザミンダールの所領にある場合には，生産された塩を製塩区長に納めることを
条件にかれらに塩田経営を認めざるをえなかった。とはいえ，製塩の失敗や商
人への負債などが原因で塩の納入に支障をきたすようなことがあると，その塩
田経営権はすぐさま EIC に奪取されることもあった[39]。補償金を付与し，かれ
らに塩田経営を断念させる政策も実施された[40]。この補償金はヒジリおよびト
ムルク製塩区で支払われ，その額は年間7万〜8万ルピーにのぼり，両製塩区
の主要支出項目となったものの（第3章図3-5参照），塩田経営権を国家が独占
し，塩田経営と塩税徴収の過程からザミンダールを排除するために必要な過渡
的な費用であったと考えられる。

　いずれにせよ，ザミンダールらの旧利害や商人が完全に製塩から排除された
わけではなく，次章以降で検討するように，不法生産や密売という形で，それ
まで有していた製塩にかかわる権利を主張し，後に専売制度を動揺させる影響

力をもつようになった。

　前掲図1-8にあるように，塩専売利益は，1780年代には凶作による減収があったものの，安定的に増加した。しかし，領土拡大にともなう軍事・行政費と私的な商業活動を禁止されたEIC社員への給与を捻出しなければならない政府は，さらなる税収増加の必要性に迫られていた。こうしたなかで1788年に塩の販売法の見直しがおこなわれたのである。それまでは，各製塩区，カルカッタ，ナラヨンゴンジにおいて希望者に希望の量が売却されていたが，新たな販売法では，すべての塩がカルカッタにおける競売で販売されることになった。競売は，カルカッタ取引所で開催され，その回数は，年4回（原則として3，5，7，9月）に限定された。後述するように，政府の厳しい統制のもとで年間供給量も制限された。政府は，供給量制限と競売を組み合わせた販売法によって，競売参加者間の買付け競争を誘発し，塩価格が上昇することを期待していた。すなわち，新たな政策は，塩価格の上昇によって塩税収入の増加を目指す，高塩価政策と呼びうるものであった。

　政府は，最低応札量である1ロットを1,000マン（約37トン）と大容量に設定した。このことは，限られた富裕層のみを買付い人の対象にしていたことを示している。実際に，カルカッタの資産家や，新たな商機をつかんだカルカッタや地方の新興商人が競売に参加し，価格をつりあげた。政府の期待通り，高価格政策は税収の大幅増加をもたらしたのである。制度改革時の1781年度の塩専売利益は8,427ポンドにすぎなかったが，1794年度には80万6781ポンド，1803年度には約113万ポンドにまで増加した（図1-8）。

　こうして，塩は地税に次ぐ主要財源として，EICという新国家を財政面で支えるようになったのである。

4）専売制度の行詰まりから廃止へ──1830年代〜63年

　高塩価政策のもとで塩専売利益は順調に増加した。しかし，前掲図1-8に示されているように，塩専売利益は，1820年代後半から減少傾向に転じ，1830年代初頭の一時的な回復をのぞいて，1830年代前半から半ばにかけて急減している。この要因は第3章以降で詳細に検討するが，従来指摘されてきたイン

58　第 I 部　東インド会社の塩専売制度と市場

ド塩市場の開放を希求する本国の産業・海運資本の圧力だけではなく，高塩価
政策期の専売制度が抱えるさまざまな矛盾が一気に噴出した点が指摘できる。
塩専売利益が減少した結果，政府は 1836 年に高塩価政策，すなわち競売によ
る販売制度を放棄し，1788 年以前に実施していた固定価格での販売制度を復
活させた。また，EIC は販売制度の改編によって専売制度を維持しつつ，1833
年の商業活動停止後の民間塩輸入の拡大をうけて，関税収益と専売収益を併用
する政策に転じたのである。

　塩専売利益は 1830 年代末に回復したものの，1840 年代以降，再び下落の一
途をたどった。1840 年にブルヤ製塩区が，1846 年には 24 パルガナズ製塩区
（ジェソール製塩区はそれ以前に再合併されている）が廃止された（第 4 章）。1840
年代以降は，ベンガル製塩業の衰退によって，図 1-8 に示されている専売利益
の大半がオリッサにおける利益であったことにも留意が必要である。

3　塩専売制度の基本構造——高塩価政策期を中心に

1）供給量の推移

　高塩価政策にとって重要な意味をもつ EIC の供給量を数量的に把握してお
こう。図 1-10 には，1790 年から 1829 年までの競売における年間販売量が折
れ線グラフで示されている。一部の EIC による直売と民間輸入を除いてすべ
ての塩は競売を通じて販売されるので，競売における年間販売量が専売地域へ
の年間供給量に相当すると考えて差しつかえないであろう[41]。年間供給量は，
競売開始時には年間 300 万マンに設定されたが，需要にあわせて増加し，ピー
ク時の 1820 年代には 500 万マンに達した。

　図 1-10 の棒グラフは，1781 年度から 1830 年度までのベンガル塩・外国塩
別供給量を示している。両者の総和である供給量と競売における年間販売量
（供給量）との間にずれが生じているのは，競売における販売量が 1〜12 月の
単位で計算されているのに対して，ベンガル塩・外国塩別供給量がベンガルの
塩会計年度で記録されているためである。塩会計年度は，ベンガルの製塩スケ

第 1 章　インド財政と東部インドにおける塩専売　59

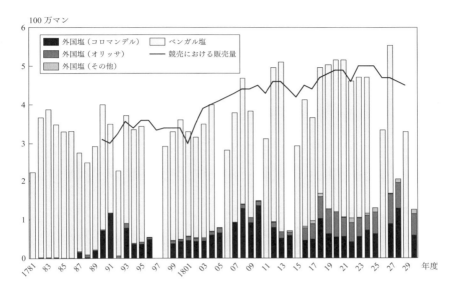

図 1-10　東部インドにおけるベンガル塩・外国塩供給量（1781〜1830 年度）

出所）BRP-Salt, P/89/2, 5 Dec 1792；P/100/13, 26 Dec 1817, no. 4；P/100/23,16 Dec 1818, no. 1；P/100/28, 24 Sep 1819, no. 2；P/100/36, 20 Oct 1820, no. 4；P/100/43, 14 Sep 1821, no. 3A；P/100/52, 24 Sep 1822, no. 8A；P/100/61, 30 Sep 1823, no. 11；P/100/72, 19 Nov 1824, no. 29；P/101/12, 28 Feb 1826, no. 5；P/101/31, 4 Dec 1827, no. 7；P/101/42, 16 Sep 1828；no. 68；P/102/7, 23 Dec 1831, no. 3；P/102/28, 27 Dec 1832, no. 27；P/101/52, 10 Jul 1829, no. 16；P/102/9, 27 Jan 1832, no. 20；P/105/35, 28/2/1837, no. 12；BRC-Salt, P/98/26, 28 Sep 1794, no. 5；P/98/27, 8 May 1795, no. 4；P/98/27, 20 Jul 1795, no. 2；P/98/32, 18 Jul 1796, app. no. 1；P/98/35, 25 Jul 1799, no. 8；P/98/43, 5 Aug 1802, no. 3；P/99/16, 30 Jan 1806, no. 2；P/99/26, 11 Sep 1807, no. 2；P/99/30, 12 Aug 1808, no. 3；P/99/34, 25 Aug 1809, no.2；P/99/39, 29 Oct 1810, no. 3；BT-Salt, General Statement of the Produce etc., vol. 75, 4 Aug 1812；vol. 85-2, 17 Aug 1813；vol. 95, 23 Aug 1814；vol. 113, 16 Aug 1816 より作成。

注）ベンガル塩供給量のデータは，1796，1797，1805，1810，1814，1825，1828，1830 年度が欠損している。外国塩については，1797，1806，1811，1815，1826，1829 年度が欠損している。

ジュールに対応したものであり，10 月 1 日から翌年 9 月 30 日までを指す。それに対応する外国塩の年度は，翌年 5 月 1 日から翌々年 4 月 30 日として塩会計報告書に記載されている[42]。

　高塩価を維持するうえで専売地域における塩の供給量を統制することは必要不可欠であった。年間供給量の統制は，専売地域内における生産量の統制と専売地域外からの塩輸入の統制という二本柱でおこなわれた。

　専売地域内における製塩は，製塩区における海塩生産に限定され，その他の

60　第 I 部　東インド会社の塩専売制度と市場

地域ではあらゆる食用塩化物の生産が禁止され，厳しい取締りの対象とされた。製塩区内においても，カルカッタと各製塩区の二つのレヴェルで生産量が統制された。カルカッタでは，製塩区長からの報告に基づいた各製塩区の生産量予測，塩価格動向に関する各地の商務拠点駐在官（Commercial Residents）報告，カルカッタにおける塩価格，在庫量が総合的に判断され，毎年 1 月に，年間供給量と各製塩区の生産割当て量が算出された。とくに価格情報は重要であり，地方市場で価格が低落傾向にあれば翌年度の供給量を減らし，価格が高すぎると判断されれば供給量を増加させるという調整がおこなわれた。製塩区のレヴェルでは，製塩区長が年間割当て量を確実に生産するという重大な責任を負った。割当て量に満たなければ収益が減少し，過剰に生産されれば塩価格の下落を招く可能性があったからである。

　政府は，専売地域とその近隣地域との明確な境界を設定し，民間による専売地域内への塩輸入を禁止した。安価な塩の流入による価格下落を防止するためである。こうして，ベンガルの主要輸入品であった北インドやラージャスターンからの岩塩・湖塩や，コロマンデルやオリッサ産の海塩の輸入が基本的に途絶したのである。ビハールとそれ以西の地域との境界付近およびベンガルとオリッサの境界には関所群が設置され，巡回監視や積荷検査を通じて陸路・河川路による密輸が厳しく監視された（巻末地図 5 参照）。

　海路による民間塩輸入は，1813 年の特許状改正によって可能ではあったが，その実態は制限されたものであった。カーボ・ヴェルデ諸島などからの安価な外国塩流入を懸念した政府が，1817 年以降イギリス船籍では 1 マンあたり 3 ルピー，外国船籍では 6 ルピーという高い関税を課し，市場への流入を抑制する政策をとったからである[43]。

　このように，政府は当初東部インド塩市場を広域の塩市場から隔離しようとしていた。しかしながら，前掲図 1-10 に示されているように実際には外国塩が専売地域内で供給されていた。1780 年代には，外国塩の供給量は総供給量の 1 パーセントに満たなかったが，1820 年代には約 25 パーセントを占めている。主要な外国塩はコロマンデル塩とオリッサ塩であり，これらは「貿易品目ではなく財源であった」[44]ため貿易統計には記載されていない。しかし，政府

第1章　インド財政と東部インドにおける塩専売　61

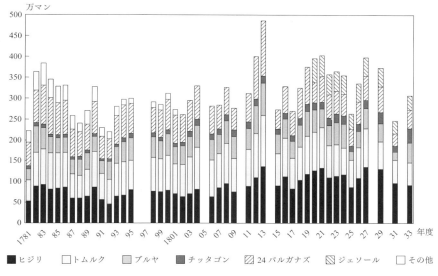

図 1-11　ベンガル製塩区別生産量（1781～1833 年度）

出所）BRP-Salt, P/89/2, 5 Dec 1792 ; P/100/13, 26 Dec 1817, no. 4 ; P/100/23,16 Dec 1818, no. 1 ; P/100/28, 24 Sep 1819, no. 2 ; P/100/36, 20 Oct 1820, no. 4 ; P/100/43, 14 Sep 1821, no. 3A ; P/100/52, 24 Sep 1822, no. 8A ; P/100/61, 30 Sep 1823, no. 11 ; P/100/72, 19 Nov 1824, no. 29 ; P/101/12, 28 Feb 1826, no. 5 ; P/101/31, 4 Dec 1827, no. 7 ; P/101/42, 16 Sep 1828 ; no. 68 ; P/102/7, 23 Dec 1831, no. 3 ; P/102/28, 27 Dec 1832, no. 27 ; P/101/52, 10 Jul 1829, no. 16 ; BRC-Salt, P/98/26, 28 Sep 1794, no. 5 ; P/98/27, 8 May 1795, no. 4 ; P/98/27, 20 Jul 1795, no. 2 ; P/98/32, 18 Jul 1796, app. no. 1 ; P/98/35, 25 Jul 1799, no. 8 ; P/98/43, 5 Aug 1802, no. 3 ; P/99/16, 30 Jan 1806, no. 2 ; P/99/26, 11 Sep 1807, no. 2 ; P/99/30, 12 Aug 1808, no. 3 ; P/99/34, 25 Aug 1809, no. 2 ; P/99/39, 29 Oct 1810, no. 3 ; BT-Salt, General Statement of the Produce etc., vol. 75, 4 Aug 1812 ; vol. 85-2, 17 Aug 1813 ; vol. 95, 23 Aug 1814 ; vol. 113, 16 Aug 1816 より作成。

注）ベンガル塩供給量のデータは，1796，1797，1805，1810，1814，1825，1828，1830 年度が欠損している。なお，1831 年度および 1833 年度については，政府が推計した生産量である。

勘定で「輸入」され，専売制度にとって欠かすことのできない存在になっていた。この点については，後述しよう。

次に，ベンガルにおける塩の生産量の推移をみてみよう。塩価格を高値で維持するためには厳格な供給量統制が必要であり，そのためには生産量も統制の対象であった。図 1-11 は，製塩区制度が導入された 1781 年度から 1833 年度までのベンガルにおける塩生産量を製塩区別に示している。古くからの産地であったミドナプル県のヒジリ，トムルク両製塩区の生産能力がとくに高く評価され，それぞれ 80 万マンの年間割当て量があった。この期間を通して両製塩

区の生産量が総生産量の 50 パーセント以上を占めていた。

　一般的に，製塩業は天候の影響を受けやすいため生産量は大きく変動した。例えば，1780 年代後半から 90 年代前半にかけて暴風雨による凶作が頻発した一方，1812 年度および 1813 年度は例外的な大豊作を経験した。このような豊凶があるものの，平均的な生産量は，1780 年代から 1810 年代半ばまでは約270 万マンであり，供給量の増加にともない 1810 年代後半から 20 年代半ばにかけて約 370 万マンにまで比較的安定的に増加している。

　しかしながら，1820 年代後半以降の生産量には激しい変動がみられる。1825 年度や 1831 年度は，悪天候による大凶作のため生産量が激減した。また，データが欠損しているため具体的な生産量を把握できないものの，1828 年度は過去に類をみないほど大規模な凶作にみまわれたのである。したがって，天候に左右されやすい製塩業から安定的な税収を獲得するためには，それを補塡するための追加的政策が必要となった。それが外国塩輸入である。この点については節をあらためて検討しよう。

2）製塩の管理と生産量調整

　製塩を管理し，生産量を調整することは，供給量統制には必要不可欠であった。ベンガルではどのような製塩法がとられ，EIC はどのように管理しながら生産量を統制していたのであろうか。

　インド沿岸部における海塩生産では天日製塩法が一般的であったが，ベンガルでは採鹹工程を経て集めた鹹水を煎熬し結晶化させるという採鹹・煎熬製塩法がとられた。高湿のベンガルでは太陽光だけで塩を結晶化させる天日塩（カルカッチ）の生産には不向きであった一方，原料である海水と燃料としての草や藁などの低カロリー燃料に恵まれていたため煎熬塩（パンガ）生産に向いていたからである。

　製塩シーズンは，10〜11 月から雨季に入る直前の 6〜7 月までである。10〜11 月は整地などの準備と採鹹工程にあてられ，煎熬工程は 12 月あるいは1 月以降におこなわれた。具体的な製塩方法については，補論 2 を参照されたい。

　製塩をおこなう者は，規模の大小や地域差にかかわらず，モランギという呼

称で把握された[45]。モランギは製塩に関する専門的技能と知識をもつ者であり，製塩労働者とは区別される[46]。製塩業が縮小する 1840 年代以前には，6 万～8 万人のモランギが製塩に従事していたと推計される[47]。このモランギ人口は，1823 年の警察による人口推計にしたがえば，製塩地域であるミドナプル県，24 パルガナズ県，ジェソール県，チッタゴン県の人口の約 1.3～1.8 パーセントにあたる[48]。しかし，実際には，モランギ以外にも人足，壺作り，樵夫，船頭，車夫などの多様な職をもつ人々が製塩にかかわっていた。例えば，1853 年におけるトムルク製塩区のモランギ数は 2,303 人であるが，関連の労働者数は 1 万 8022 人（うち 1 万 4407 人が人足）にのぼった[49]。モランギ数の 8～9 倍の人口が製塩に関係していたのである。製塩業は，雇用面からみてベンガル湾岸地域の一大産業だったといえよう。

製塩区制度のもとでは，モランギは，製塩シーズン前に，製塩区長と契約を結び，製塩作業に必要な製塩資金（前貸し金）を受けとった。その契約とは，各モランギが割り当てられた量の塩を生産し，シーズン終了時までにその量を製塩区長に引き渡すという内容のものであった。モランギが受けとる製塩資金には製塩の必要経費がすべて含まれているため，基本的には，モランギがシーズン中に必要な燃料や煎熬用の土器製の壺，製塩労働を手伝う人足の調達の責任を負った。

先述したように，製塩区長には割り当てられた年間生産量を守るという重大な責任があったが，それは容易なことではなかった。塩の不作をもたらす主因は豪雨，嵐，高潮などの自然災害であり，その被害を最小限にとどめることが生産量の維持にとって重要であった。例えば，トムルク製塩区において 1794 年 10 月末に発生した高潮は，塩田を水没させ，生産量を激減させた[50]。同じくトムルクを 1833 年 5 月に襲った暴風雨は洪水を引きおこし，出荷待ちの塩を流出させただけではなく，翌シーズンのモランギの食糧事情を著しく悪化させた[51]。これらの事態に対応するため，製塩区長は自らの判断で塩田や塩倉の周囲に土手を築き定期的にその点検をおこなっていた。しかしながら，自然の猛威は凄まじく，土手の整備と定期点検だけでは期待した効果は得られなかったようである[52]。

64 第Ⅰ部 東インド会社の塩専売制度と市場

　製塩区長は，被災したモランギの救済にも尽力した。例えば，1824 年 7 月にヒジリ製塩区で洪水が発生したとき，製塩区長は迅速に米，豆類，唐辛子などの食糧の配給をおこなった[53]。別の機会には，製塩区長は決められた年間生産量以上の塩の生産を認めるよう政府に願いでている[54]。高温多湿の不健康な環境に起因した「卒中，麻痺，炎症熱，コレラ」[55]などの病気が蔓延した際にも，同様に早急な対応がとられた[56]。

　24 パルガナズ製塩区長グッドラッド（R. Goodlad）が「製塩の成功は，製塩に必要な資金を，かれら〔モランギ──引用者注〕が必要とするまさにその時に準備できているかどうかに大きく依存して」いると指摘するように[57]，前貸しのタイミングにも製塩区長は注力した。1793 年に，銀不足によってルピー銀貨の支給が遅れたとき，グッドラッドは，ベナレスの大シュロフ，ゴーパール・ダース・ハリ・キシェン・ダースから個人的融資を受け，それをモランギへの前貸し金としたほどである[58]。

　多くの製塩場が密林に存在する 24 パルガナズ製塩区では，さらなる工夫が必要であった。モランギが製塩場から戻る 7 月末に，シーズンに先駆けて 1 回目の前貸しがおこなわれた。かれらが「疲れ果て，製塩シーズンが終わって塩田が不毛になっている」時期だったからである[59]。製塩区長にとっても，この前貸しは，製塩の状況と次シーズンに製塩に従事する人数を把握するとともに，激励や労いの言葉をモランギに直接かける機会でもあったため，製塩の成功に欠かせなかったという。10 月初旬の 2 回目の前貸しは，モランギが必要な物資をもって密林に向かい，塩田を整備し，燃料を確保するために利用された。製塩準備を終えたモランギが約 40 日後に農作業のために戻ってくると，3 回目の前貸しがおこなわれた。かれらは，その資金で地代を支払い，1 月初めには再び製塩作業に復帰した。さらに，貧しいモランギには製塩区長の判断で，追加的に資金が融通された。このように，製塩地域の多様な自然環境，燃料やその他必要なものの調達可能性，モランギと土地所有者との関係などの諸要因が支払いのタイミングを決定していたのである[60]。

　こうした前貸しの分割には，モランギが前貸し金をだれにも横取りされず，製塩だけに使用できる環境を作るという役割ももっていた。モランギは，役人

に賄賂を要求されないよう，藁，籠，煎熬用の壺をはじめとする現物支給をしばしば要求した[61]。こうした環境からモランギを守るため，ヒジリ製塩区では，11月半ばにおこなわれる第1回目の前貸しは製塩区内の各生産地区事務所で，2月の2回目の前貸しは，製塩区長と助手がモランギの製塩現場をめぐって，モランギに直接手渡された[62]。1819年条例（第10条第2項）は，役人，地主，商人による強要や搾取からモランギを保護するために制定されたものであり，違反者に対する罰則も明記された。

　燃料確保も製塩成功の鍵を握った。モランギは，シーズン開始前後の時期に製塩区長から支給される前貸し金を使ってシーズンを通して必要な燃料を確保した。製塩区内やその近隣地域では，「燃料採取が可能な土地で採取される燃料は，太古の昔から塩の煎熬用であり，その土地を製塩業のためにとりおくものと認識されてきた」といわれ，モランギがその費用を支払うことはなかった[63]。収穫後の田では，慣習的に藁が製塩用に残された[64]。モランギが支払う1ビガ（約3分の1エーカー）あたり4アナの藁使用料は，市場価格よりもはるかに安価であった。

　モランギがこうした慣習的な方法で燃料を調達できない場合，市場で藁を購入するか，遠隔地で草を調達せざるをえなかった。それにかかる費用はモランギが負担することになっていた。とはいえ，燃料不足は凶作の原因となるので，製塩区長はモランギの燃料調達を補助することもあった。例えば，1788年のヒジリ製塩区では土手の決壊によって燃料採取地が水没したとき，製塩区長は，モランギがトムルク製塩区内において粗朶の採取をおこなえるようトムルク製塩区長の許可をとりつけた[65]。24パルガナズ製塩区では，草地の所有者が，モランギの慣習的燃料採取権を否定し，草地賃貸料を支払うよう要求しはじめると，支払いが困難なモランギに代わって製塩区が賃貸料を負担した[66]。ヒジリやトムルク製塩区では，燃料が安価なときや調達が容易な時期に買いたたせるように，予備的な前貸しを実施するなど，柔軟な対応でモランギの燃料調達を支えたのである[67]。

　以上のように，割当て量を正確に生産するには細やかな調整が必要であった。しかし，予定生産量に満たないことも多く，その場合には，収益を確保するた

66　第I部　東インド会社の塩専売制度と市場

めに総供給量を何らかの方法で増やす必要があった。そのため，次節で検討するように，外国塩が輸入されるようになったのである。他方，過剰生産の場合は，余剰生産分が禁制塩として市場に流入するおそれがあるため，徹底的な取締りで対応した。まず，この点をみてみよう。

3）不法生産・密輸抑制策

　専売地域における高価格は，専売地域内での不法生産や隣接する地域からの密輸を誘発した。そのため，政府は，重層的な抑制政策を通じて，これらの問題に対処しようとした。第1に，カルカッタと製塩区の二重のレヴェルにおける不法生産抑制策があげられる。カルカッタのレヴェルでは，供給量の増減を通じて価格を調整し，不法行為の誘引となる塩価格の過度な上昇の抑制が目指された。製塩区のレヴェルでは，塩の生産から輸送，保管にいたるあらゆる過程が多数の役人によって注意深く監視された。役人にくわえて，製塩区長直属の情報屋が雇用され，不法行為に関する情報収集も積極的におこなわれた。

　第2に，不法生産塩の市場への流入を防ぐため，製塩区境界および専売地域と近隣地域との境界には塩専門の関所網が設置され，そこを拠点に塩荷の検査と巡回監視が実施された。この塩関所は，1793年条例第30条で製塩区長の管轄下に設置された。さらに，1801年には，塩関所を地域別に統括する西部，中部，東部，ビハールという四つの塩取引監督区（Superintendency of Salt Chowkies）が設置され，それぞれに塩取引監督区長が任命された[68]。塩取引監督区長は，製塩区長，商務拠点駐在官あるいは収税官の管轄下におかれた。西部，中部，東部塩取引監督区には，それぞれ，ヒジリおよびトムルク製塩区，24パルガナズおよびジェソール製塩区，ブルヤおよびチッタゴン製塩区が含まれ，製塩区から市場への不法生産塩の流出を阻止する目的があった。ビハール塩取引監督区は，西方からの北インド産塩の専売地域内への流入を取り締まることが主要な任務であった。

　各塩取引監督区はいくつかの塩関所で構成され，各関所の立地は地形や輸送ルートに関する入念な情報に基づいて決定された。各関所には，関所長が任命され，その下に事務員，計量人，下男らが雇用された。関所によっては傭兵

が常駐することもあった。その場合，傭兵をともなっての巡回監視も関所長の重要な任務の一つであった。各関所では，関所長のもとで，関所を通過する塩の計量と塩荷に付帯したロワナの点検がおこなわれた。ロワナとは，製塩区内の塩倉で現物と引換えに発行され，製塩区外への搬出を認める納税済み通過許可証のことである[69]。

　関所での監視にくわえて，製塩区内では情報に基づく不法生産塩の押収や不正の摘発もおこなわれた。24パルガナズ製塩区長ドイリー（J. H. D'Oyly）によれば，情報屋からの情報提供に基づいた家宅捜査こそが，経験上不法生産塩を押収する最適な方法であったという[70]。また，1815年8月には，ヒジリ製塩区長クロムリン（C. R. Crommelin）は，「密売人」として知られていた地主（タルクダール）ジョゴンナト・ブイヤの屋敷を深夜に急襲して大量の塩を押収した[71]。その際，クロムリンは，私的に雇用した情報屋から提供されたブイヤ邸の詳細な情報と見取り図をもとに入念な計画をたて，172名もの傭兵を引きつれて急襲したのである。

　1791年に不法な生産や輸送に関する情報提供者に報奨金が与えられるようになると，モランギや役人も情報提供に積極的にかかわった[72]。情報提供に基づいて押収された塩は，塩部局によって販売され，その販売額の25パーセントが情報提供者の取り分とされたからである。こうした情報提供が功を奏し，不法生産塩の押収量は増加した。しかしながら，虚偽の情報によって報奨金を受けとるという制度の悪用が横行するようになった。情報提供によって得られる報奨金額は1マンあたり約1ルピーであり，これは政府がモランギから買いとる塩の価格よりも2〜8アナ高かった。さらに，この報奨金制度では，塩取引監督区長や製塩区長などの高官には，より多くの取り分が認められたため，不正を防ぐことができなかった。

　1819年に，塩専売の管轄が商務局から関税・塩・アヘン局に移行すると，この報奨金制度は廃止された。1819年条例第10条では，塩取引監督区内の塩の押収に関する判断は，カルカッタの塩部局ではなく，現場の塩取引監督区長に委ねられることになった。また，製塩区内外の治安判事（マジストレート）や，カルカッタ，フゥグリ，ダカ，チッタゴン，バラゾール税関の収税官にも禁制塩押収の権限が

68   第 I 部　東インド会社の塩専売制度と市場

与えられた。ビハールでの押収の権限は，パトナー，ビハール，シャーハーバード，ガージープルの市裁判所（the City Court）の治安判事，パトナー税関収税官，ガージープル税関副収税官，ビハール州内のアヘン生産区長（the Opium Agent）および副区長がもつことになった[73]。禁制塩の押収にはしばしば暴力をともなうため，警察の介入も認められた。

4　専売制度のなかの外国塩

　先に述べたように，政府の初期の政策は，外国塩を東部インド塩市場から徹底的に排除し，専売制度をベンガル塩のみで成立させようとするものであった。しかし，実際には，前掲図 1-10 に示されているように，外国塩が供給されていた。これらの外国塩のほとんどは，政府勘定で「輸入」され，貿易統計にあらわれないコロマンデル塩とオリッサ塩であった。外国塩の供給量は 1820 年代には全体の約 25 パーセントを占め，1820 年代後半にベンガルで凶作がつづくとその割合はますます上昇した。なぜ，政府は高塩価政策をとるなかで，外国塩を自ら輸入し，販売するようになったのであろうか。その背景を検討しよう。

1）コロマンデル塩輸入の開始

　1780 年以降塩輸入は禁止されていたものの，さまざまな理由から実際には外国塩が輸入されていた。第 1 に，フランスの存在があげられる。EIC 政府は，フランス領シャンデルナゴルを経てベンガルに輸入されるコロマンデル塩を抑制することができなかった。この問題に対処し，コロマンデル塩輸入量を把握する目的で，1784 年の英仏協定において，政府はフランスから年間 20 万マンのコロマンデル塩を買い付けることに合意した。

　しかし，実際には，1784 年からの 10 年間に 20 万マンを大幅に超過した平均 31 万 5000 マンの塩が輸入された。超過分が押収され，ベンガルで販売されたためである。この超過分は結果的には政府の税収増加につながった[74]。フラ

ンスにとっても，この協定による塩輸入には大きな魅力があった。なぜなら，ベンガル―コロマンデル間の沿岸交易では塩以外に適当なベンガル向け輸出品がなかったからである。このことは，沿岸交易の主導権をめぐる英仏間競争においてフランスの優位を決定的なものにした。

　財政目的でおこなわれた政府の塩輸入政策と沿岸交易におけるフランスの優位に対して，マドラスに拠点をおくイギリス商人には不満が鬱積していた。本国貿易が EIC に独占されている状況下で沿岸交易は民間商人の重要な投資先だったからである[75]。

　こうしたなか，1790 年にベンガルは塩の大凶作にみまわれた。凶作は塩税収益の大幅な減少を意味するので，政府は，政策を転換し，一定量のコロマンデル塩の輸入を開始したのである。塩輸入の方法として採用されたのが塩輸入の請負制度である。請負人には，ロウバック・アボット（Roebuck and Abbott）商会，チェイス・チェイニー・マクダウェル（Chase, Cheney and McDowell）商会をはじめとする在マドラスのイギリス系商会 7 社が選ばれた。請負人の一人が「フランスの対ベンガル交易を大いに弱体化させた」と歓喜するほどこの政策転換はかれらの活動にとって重要であった[76]。

　請負人には十分な数の船舶がなかったため，塩の輸送には在来テルグ船が利用された。しかし，テルグ船主が十分な備船料が支払われないことを理由にしばしば船の貸出しを拒否したため，この請負制度による塩輸入は頓挫した。円滑なコロマンデル塩輸入を希求する政府は，1796 年にテルグ海運業者にも塩の輸入許可を与えた。これを輸入許可（the Madras Permit）制度という。その結果，テルグ船備船料が高騰し，高コスト化した請負制度は 1807 年に廃止された。こうして，コロマンデル塩輸入は，テルグ海運業者を主軸とした輸入許可制度に一本化され，安定したシステムとなった。1805 年のマドラス管区において専売制度が導入されたことも，ベンガル―コロマンデル間の塩交易を安定化させる一助となった。

　輸入許可制度の基本的な仕組みについて簡単にふれておこう。コロマンデル塩の輸入量は，ベンガルにおける生産量・価格・在庫量によって毎年決定された。マドラス政府（マドラスの EIC 政府）は，マドラス管区内の塩生産諸県の

70 第1部 東インド会社の塩専売制度と市場

生産状況および在庫量に応じて，ベンガル政府から通達される輸入許可量を各県に割り当て，販売価格を決定した。輸入業者は，マドラス管区諸県の収税事務所で，塩を買い付け，許可証を受けとり，カルカッタに輸送した。カルカッタでは，許可証と引換えにベンガル政府が塩をあらかじめ決められた価格で買いとった。マドラス管区内およびカルカッタまでの輸送費は輸入業者の負担であったが，カルカッタではベンガル政府が許可証記載量を基準に買いとったので，輸送中に発生する損耗分はベンガル政府の負担となり，輸入業者には有利であった。

　ベンガル政府による買取り価格は，1796年の輸入許可制度導入時には100マンあたり57ルピーであったが，1806年には66ルピーに引き上げられた。価格・条件ともに輸入業者に一層有利になった背景には，コロマンデル塩の安定供給を求めるベンガル政府だけではなく，この交易を利用して穀物供給の安定化を目指すマドラス政府の意向があった。

　マドラス政府は，ベンガルからの穀物輸入を中心とした沿岸交易の重要性を強く認識していた[77]。その主なにない手はゴダヴァリ河口のコリンガに拠点をおくテルグ船であった。在来船の利点は，第1に，ヨーロッパ船よりも安価にベンガルから穀物を輸入できることであった。第2に，マドラスがベンガルからの穀物輸入を継続させるうえで，コロマンデル塩は適当な帰り荷であった。最後に，この穀物・塩交易によって，テルグ船が沿岸に点在する塩積み出し港をめぐることは，マドラスをはじめとする南部コロマンデル諸港とコリンガなど北部コロマンデル諸港を結ぶもみ米の流通を活発にする役割をもっていたのである。

　しかしながら，テルグ船主にとって，塩交易はあくまでも副次的なものであり，十分な利益が得られるベンガルからの穀物荷の見込みがないかぎり，塩輸送のためだけに船をベンガルに遣るのを嫌った。穀物交易の増減によって，沿岸交易に従事する在来船数は容易に変化したので，ベンガル，マドラス両政府は，奨励策を通じて積極的に在来船の確保につとめた。

　コロマンデル塩輸入の安定化をめぐっては，輸送手段の確保にくわえ，高品質塩の調達という課題もあった。一般的に，天日塩は，煎熬塩よりも不純物が

第1章　インド財政と東部インドにおける塩専売　**71**

多く，結晶が粗く，外見も悪かった。とくに茶や黒の低品質天日塩は，東部イ
ンド市場では売れなかったので，ベンガル政府がこれらの低品質種を輸入する
メリットはまったくなかったのである。

　この問題を解決するために，両政府は，最上級の白い天日塩の調達に尽力し
た。上質天日塩は，コロマンデル海岸最南端のタンジョール県とネロール・オ
ンゴール県で生産された。しかし，これらの南部諸県は生産および輸送費用が
高いためマドラス政府にとって利益が少なかった。120マン（1ガース）あた
りの生産費およびベンガルまでの輸送費は，北部のラジャムンドリ県で11.94
アルコット・ルピーであったのに対して，タンジョール県，ネロール・オンゴ
ール県では，それぞれ12.55，12.97アルコット・ルピーであった[78]。なぜなら，
南部諸県では1805年の専売制度成立時点で塩田の多くが民間所有であったた
め，補償費用がかさみ，それが生産費を押しあげたからである。また，輸送距
離の長さが高い輸送費の原因であった[79]。

　これらの事情から，上質塩生産県のなかでは輸送距離が比較的短いネロー
ル・オンゴール県において生産拡大が奨励され，低質のラジャムンドリ塩の質
の改善がはかられることになったのである。

　図1-12は，1811～17年度のラジャムンドリ県およびネロール・オンゴール
県の生産量，地域（県）内消費量，内陸市場向け移出量，対ベンガル輸出量を
示している。この期間の平均では，ラジャムンドリ県では生産量の約54.6パ
ーセント，ネロール・オンゴール県では約33.4パーセントがベンガル市場向
けに生産されていた[80]。とりわけラジャムンドリ県は，ベンガル市場への依存
度が高かった。

　さて，ラジャムンドリ県では1811年度および1812年度，ネロール・オンゴ
ール県では1811～13年度にかけて，生産量が飛躍的に増加している。これは，
ベンガルで予定生産量300万マンに達しない凶作がつづいたためである（前掲
図1-11）。対照的に，1812～14年度にベンガルで大豊作による過剰生産がおき
ると，ベンガルへの供給量は制限された。そのため，両県では生産量自体が大
幅に削減され，ベンガル向けには前年までの備蓄が充当された。こうして，北
部コロマンデルを中心に，ベンガル市場に依存する形の輸出主導型製塩業が発

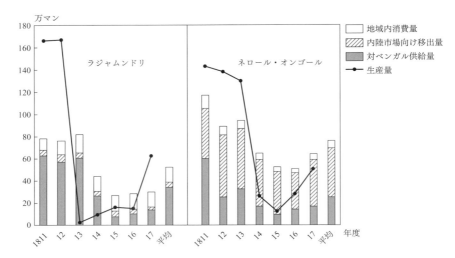

図 1-12 ラジャムンドリ県およびネロール・オンゴール県における塩生産量・移出量・対ベンガル供給量（1811～17年度）

出所）BRC-Salt, P/100/23, 16 Dec 1818, nos. 14, 16, 17 より作成。

展していった。

　以上のように，ベンガル政府は，総供給量を調整する目的でコロマンデル塩を積極的に輸入しはじめたが，コロマンデル塩輸入拡大には，政府の高塩価政策に関連したもう一つの重要な目的があった。政府が当初から意図していたわけではないが，コロマンデル塩が，東部インド市場における不法生産と密売を抑制する役割をにないはじめたのである。煎熬塩であるベンガル塩とは異なり，天日塩であるコロマンデル塩は東部インドでは好まれなかった。そのため，価格が低く抑えられただけではなく，ベンガル塩と市場で競合することがほとんどなかった。しかも，安価なコロマンデル塩が正規の政府塩として供給され，消費されたのは，主にビハールやベンガル北西部を中心とした遠隔地であった。これらの地域は，政府塩が不足しがちで，不法生産された煎熬塩・食用塩化物・北インド産塩などの安価な禁制塩の一大消費地であった。安価な政府塩としてのコロマンデル塩は，結果的に，不法生産や密輸の可能性を排除し，ベンガル塩の高値を維持していたのである。これは貿易や市場構造を利用した「市

第1章　インド財政と東部インドにおける塩専売　**73**

場指向型」とも呼ぶべき禁制塩対策であった。

2）オリッサ塩の取込み

　オリッサ沿岸部では製塩業が盛んであり，ベンガルに隣接するオリッサ北部では主に煎熬塩，コロマンデル海岸につながる南部では天日塩が生産された。マラーター統治下のオリッサでは，塩の生産と取引が奨励され，それらについて重税が課せられることはなかったという[81]。オリッサ塩はマラーター領内で消費されるだけではなく，ベンガルやビハール，南インドに輸出されていた。

　1772年にベンガルとビハールで塩専売を開始したEICは，オリッサ塩の輸入を禁止した。しかし，オリッサ塩の専売地域への流入はつづき，塩価下落の原因として，政府の頭痛の種でありつづけた。1790年には，マラーターのオリッサ総督に対してオリッサ塩の買取りを提案したものの，受け入れられなかった[82]。そこで，政府は，政府勘定で一定量を輸入し，オリッサ塩を正規のルートで取りこむ政策をとった。

　オリッサ塩の1787年度から97年度までの年間輸入量は，平均4万4200マンにすぎなかった（前掲図1-10参照）。1796年度以降，オリッサ塩がヒジリ製塩区内のラスルプル塩埠頭に輸入されるようになると輸入量が増加しはじめた。増加したとはいえ，輸入量はかぎられていたので，政府の政策は密輸阻止という大きな効果はもたらさなかったであろう。実際に，1802年の報告によれば，正規の輸入量を大幅に上回る年間20万マンもの塩がマラーター領内から密輸されていた[83]。

　1803年にオリッサがベンガル管区に併合されると，翌年にはオリッサにおいても塩専売が開始された。ベンガルと同様に製塩区制度が導入され，1807年にはカタック製塩区が設置された[84]。とはいえ，安価なオリッサ塩はベンガル，ビハールでは「外国塩」として扱われ，同じ管区内でも自由な流通は認められなかった。政府は，それまでと同様の政策で，正規ルートで一定量のオリッサ塩を輸入し，オリッサの余剰塩を東部インド塩市場に吸収しようとした。

　高質な煎熬塩であるにもかかわらず[85]，カルカッタの競売で高値がつかないオリッサ塩は[86]，政府にとって財政上のメリットは少なかった。高値がつかな

かったのは，塩買付け人がオリッサ塩を敬遠したからである。なぜなら，ラスルプル塩埠頭からカルカッタまでの輸送費と滞船料が高額だったからである。専売開始直後のオリッサ塩輸入は，財政上の負担となっても専売地域における塩価格維持のためにとらざるをえない政策だったといえる[87]。

1813年に，オリッサ塩を含むすべての外国塩が，カルカッタのフーグリ川対岸のシャルキヤ塩倉で引きとられるようになると，輸送費・滞船料問題が解決され，品質の高いオリッサ塩はカルカッタの競売で高値で落札されるようになった。また，1815年にオリッサ南部がカタック製塩区に入ると生産量が拡大し，ベンガル向け輸出量が大幅に増加した（前掲図1-10参照）。

EIC は，1817年の兵士の大反乱などを鎮圧し，オリッサの広い地域を平定したのち，1824年にはバラゾール製塩区，1826年にはクルダ製塩区を新設し，オリッサにおける塩専売を拡大させた[88]。

おわりに

EIC 統治期のインド財政の特徴として，基礎的財政収支の黒字に対する財政収支の赤字があげられる。この背景には，インドからイギリスへの利益移転があった。それにくわえて，EIC 領においても，領土の拡大と統治の深化にともなって増加する軍事費や行政費を滞りなく捻出する必要があったため，安定的な財政基盤の確立が目指されたのである。そうした状況下で，塩専売は，EIC という独特な新しい国家を財政的に支える重要な役割をになうこととなった。

18世紀後半以降，塩専売収益は，税収の約10パーセントを占め，地税に次ぐ主要財源であった。とりわけ，塩専売の中心となった東部インドにおいて1780年代の一連の制度改革を経て採用された高塩価政策は，収益の増大をもたらした。専売地域内の高塩価によって収益を増加させるこの政策の柱は，政府による供給量制限と競売を通じた販売であった。この政策は，不法生産や近隣地域からの密輸という問題を内包していたため，結果的に，ベンガル塩のみならず，コロマンデル塩とオリッサ塩という外国塩を取りこんだ専売制度とな

った。このことは，専売地域内に，政府塩と禁制塩という区別だけではなく，煎熬塩と天日塩という異なる種類の塩が流通するようになったことを意味した。外国塩を含んだ厳格な供給量統制をおこなった政府の政策は，禁制塩市場の拡大を抑えこみ，収益の増大を実現しえたのである。

　塩専売は，ベンガル管区以外の地域にも拡大し，EIC領全体では主要財源の一つでありつづけたものの，その役割は相対的に縮小していった。その主因は，東部インドにおいて塩専売収益が減少したことにほかならない。このことは，高塩価政策がしだいに機能不全におちいったことを示唆している。

　それでは，なぜ高塩価政策が機能しなくなったのであろうか。本章で明らかにしたように，高塩価政策の柱は，政府による供給量統制と競売を通じた販売法であり，供給量統制には生産制限と外国塩の包摂といった諸政策をともなった。すなわち，これらの諸政策を実施し，効果を発揮させるには，塩の買い手である商人，生産者であるモランギ，そして種類や価格が異なる塩の種類の存在，といった現地社会・市場との関係が重要な鍵となっていたのである。政府は，収益増大を可能にすべく，高塩価政策を通じて生産に介入し，市場を再編したが，同時にこのことは現地社会や市場の自律的な動きに規定される可能性を潜在的に有していたのである。

　他方，EIC統治期のインド財政の動向は，高塩価政策が行き詰まり，東部インドにおける塩専売収益が縮小するのと並行して，EICが国家としての役割を果たしはじめたことを示していた。この両者の関係はどのように議論できるのであろうか。高塩価政策の限界がもつ意味は，単なる一つの政策の範疇を超えた問題なのである。

　これらの点について，次章以降で詳細に検討しよう。

補論 2　ベンガル製塩法

　トムルク製塩区の事例をもとにベンガルにおける製塩法を説明しておこう[1]。

　製塩場（*khalari*）は，塩田（*chattar*），用水路，河川につながる塩水池（*juri*），煎熬小屋（*bhunri ghar*）で構成された（図補 2-1 参照）。一つの製塩場の大きさは，モランギが一人で管理できる大きさとされ，3,750～7,500 平方メートルである。一つの製塩場には，多くの場合三つの塩田があった。

　製塩作業は，乾季の間，すなわち 10～11 月頃から 6～7 月頃までおこなわれた。10～11 月は製塩準備期間にあたる。製塩準備は，塩田の整地からはじまった。色が良く，品質の高い塩を生産するためには，塩田内の植物を根こそぎ取り除かなければならない。そのためには，準備期間だけではなく製塩のオフシーズンである雨季にも塩田を定期的に耕し，植物の繁殖を抑えることも重要であった。モランギは，塩田作りのために掘った土を利用して塩田の周囲に土手を築いた。大潮時に塩田が水没し，その後水が引くと，この土手は塩水が塩田から流れでるのを防ぐのである。塩田が塩水で満たされると，そこを耕し，モランギあるいは人足が 2 頭の雄牛に引かせた地ならし機でならした。この状態で 5，6 日ほど日光にさらすと，塩田の地表に塩分を含む土があらわれる。これは，泡のような状態の土であり，この状態になると，「作物の収穫」の工程に移行する。熟練のモランギは一見で収穫期が判断できたという。

　塩田の準備とともに，モランギは，大潮時に海水を溜める塩水池を整備した。塩水池の面積は 250～500 平方メートルで深さは約 2 メートルであった。この規模が約 20 日間分の生産に必要であった。雨季には塩水池に雨水が大量に流入するため，モランギは雨季が終わった頃（9 月末）にその水を排出し，底に堆積した塩をさらっておいた。そこに，10 月あるいは 11 月初めの最初の大潮の時に再び海水が流れこむのである。

　この準備期間中に，モランギは，シーズン中に必要な燃料と煎熬用の壺も調達しておく必要があった[2]。

補論 2　ベンガル製塩法　77

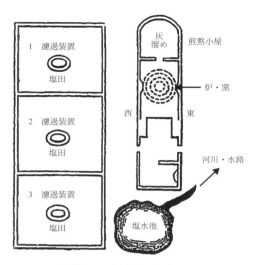

図補 2-1　製塩場の見取り図

　作物の収穫にあたって、まず、7〜8 人がぴたりと横一列に並んだ状態で塩田をくまなく踏みしめる。これは chappakurna と呼ばれる工程であり[3]、身体の重みでさらに塩田を平らにするのである。その後、日光にさらして水分を蒸発させると、塩分を含んだ粉状の物質（鹹砂）が地表に上がってくる。

　鹹砂がとれると、鹹水の生産がはじまる。各塩田の真ん中に、高さ 2 メートル程度の円錐形の土製の濾過装置（maidah, 沼井台）が築かれた（図補 2-2 参照）。この装置の底面の直径は約 5.5 メートルであった。上部には約 66 センチメートルの深さで、直径 2.2 メートルの水盤部分がつくられた。この水盤の土台は、粘度、灰、土で作られたきわめて滑らかで固く、水を通さないつくりであった。この水盤の底の真ん中に開けられた穴には土器製の壺がはめこまれた。そこから、管の役割を果たす中空のアシや竹などが差しこまれ、それを伝って濾過装置そばの鹹水受け（nad）に鹹水が溜まる仕組みである。この土器製の壺の上には竹で組んだ軽い枠がおかれ、その上には藁が敷かれた。

　モランギは、塩田にかがんで、鉄製のへら（khurpa）で自分のまわりの鹹砂をかき集め、1.5〜1.8 メートル間隔で小さな山をつくっていった。いくつかの

管（竹，アシなど）　　鹹水受け

図補 2-2　濾過装置の構造

山ができると，2人がかりで2本の竹と縄で編んだ道具で一度に0.5～2マン（18.5～74キログラム）の鹹砂を濾過装置に運び，濾過装置にのぼって上から水盤に投入した。水盤が満杯になるまで28～36回繰り返された。3，4人で鹹砂を踏み固めた後，モランギは塩水池から塩水を間隔をあけながら丁寧に注ぎいれた。そうすると，鹹砂の塩分を含んで塩分濃度が高まった鹹水が管を伝って鹹水受けに溜まるのである。この方法では，約1,270リットルの塩水から約509リットルの鹹水が生産されたという。鹹水受けに溜まった鹹水は，煎熬小屋の外に設置された鹹水槽（thanna nad）に貯蔵された（図補2-3参照）。鹹水が煎熬に使用できる状態になるには，不純物が完全に底に沈殿する必要があり，それには約24時間かかった。この工程は不純物が少ない塩を生産するうえで重要であったという。濾過装置内に残った土は「肥料」として塩田の地味回復のために活用された。

　12月あるいは1月初旬になると煎熬シーズンがはじまった。煎熬小屋の大きさは，南北に約11メートルで，東西に約3.5メートルという細長い建物であった（図補2-3参照）。壁の高さが，南側が約1.5メートルに対して北側が約3メートルと高くなっていたのは，北側に約1.2メートルの高さの窯が設置されたからである。南側の部分は道具置き場とモランギや人足たちの生活の場を兼ねていた。煎熬小屋脇には188平方メートルほどの煎熬用燃料置き場（jalan thana）も確保された。

　一つの製塩場に，炉床（chula）は1～3カ所設けられた。炉床には高さ約1.2メートルの円柱形の窯の土台部分が築かれ，その天井は直径約2.2メートルであった。それは固い粘土製の丈夫なものであり，数年使用可能であった。この天井の上には，200～225個の円錐形の土器製の壺がピラミッドのような形に

図補 2-3　煎熬小屋

丁寧に並べられた。それぞれの壺は土台部分と同じ泥や粘度でしっかりとつなぎとめられた。したがって，この窯は，小さな壺の集合体という形の一つの円錐型という構造であった。この窯は jhant chakkar と呼ばれる。それぞれの壺には約 1.4 キログラムの鹹水が入る。すべての壺が鹹水槽から運ばれた鹹水で満たされると，点火され，煎熬作業がはじまるのである。4～6 時間の煎熬で，合わせて 2～3 マンの塩（籠 2 杯分）の塩が生産可能であった。

　モランギは，壺内で塩の結晶がはじまると，ヤシと竹でできた匙で鹹水を補給した。すべての壺が結晶化された塩で満たされるまで，この作業がつづけられた（図補 2-4 参照）。窯焚き夫は，炉の南側に座って，窯の火を管理し，火が消えないように，竹棒や二叉を使って燃料を補給した。一回の煎熬で 4 人の男がもち運べるだけの草や藁を消費したという。灰が溜まると，人足が，木製の熊手を使って炉の裏側にある穴から煎熬小屋外に灰を押しだし，灰溜めに集めた。

　塩の結晶化が終わると，壺から鉄製杓子で塩をかきだし，窯天井の左右におかれた籠 (jura) に入れた。この籠に入れておくことで，モランギが次の煎熬作業をおこなっている間にさらに水分が排出されるのである。この水分は，gacha と呼ばれる高品質の塩の原料にもなった。煎熬小屋には，人間，動物，木などの形の藁束がおかれ，籠から排出される水分がその上に滴り落ちるよう

図補 2-4 煎熬小屋内部（炉，窯，煎熬作業をする モランギ，窯焚き夫）

写真 1 マスカル（モヘシュカリ）島の塩田

鹹砂を集める人々。現在では，天日製塩によって鹹砂が生産され，ナラヨンゴンジなどの製塩工場で精製されているようである。

出所）筆者撮影，2003 年 1 月 25 日。

になっていた。そこで結晶化された塩が高品質の *gacha* 塩である。この塩は，役人やモランギに慣例的に認められてきた取り分であったが，密売の温床と考えられ，生産は禁止された。

　製塩が順調にいくと，2月後半から3月前半頃には鹹砂がなくなる。すなわち，塩田の地味が落ち，作物の収穫ができなくなるのである。ここで，塩田の地味を回復させるため，第2製塩シーズン（*dusra sajan*）が開始する。モランギは再び同じ作業をおこない，春の大潮の到来を待った。3〜4月は，河川の塩分濃度が最も高まるため，鹹砂の生産に適していた。十分な量の鹹砂を生産するためには，大河川の近くであれば1〜2回，大河川から遠い塩田では4〜5回，塩田を水没させる必要があった。この時期は非常に重要とされ，塩田の準備を入念におこない，4月から5月にかけて何度か塩田を浸水させると，その間に雨が降らなければ，翌年の2月まで塩をとることができたという。

第 2 章
東部インド塩市場の再編

はじめに

　東部インド塩市場は EIC 政府の塩専売政策のもとで再編された。専売地域は，地理的にはベンガルとビハールに限定され，そこでは，政府塩のみが消費されることになったのである。この政策は，塩の高価格を支えるうえできわめて重要であった。しかしながら，政府の当初の政策意図に反し，結果的に，政府塩には，ベンガルの製塩区で生産される煎熬塩だけではなく，政府勘定で輸入されたオリッサ産の煎熬塩とコロマンデル産の天日塩が含まれることになった。また，高塩価政策の影響で，不法生産塩や密輸塩の市場も存在し，東部インド塩市場の一部を構成していた。換言すれば，正規，不正規を含むさまざまな塩が流通し，東部インド塩市場は，決して一つの種類の匿名の政府塩だけが流通する市場ではなかったのである。

　それでは，外国塩と不法生産・密輸塩を含む種類の異なる塩は，どのようなルートで流通し，東部インドのどこで消費されたのだろうか。どのような要因によって，それぞれの種類の塩の市場が決定されたのであろうか。また，それは高塩価政策とどのように関係づけられるのであろうか。本章では，製塩区境界付近の塩関所でおこなわれた納税済み通過許可証検査の記録，外国塩の輸入記録，不法生産・密輸に関する報告書類をもとに，これらの問いに答え，高塩価政策のもとでの東部インド塩市場について検討しよう。

1　地域市場圏の形成

1）流通ルートと塩集散地市場の機能

　ガンガー，ブラフマプトラ川の下流域に位置する東部インドは河川交通網が発達していた（巻末地図1，地図2，地図3参照）。図2-1は，1841年度におけるカルカッタとガンガー中流域のミルザープルとの間の年間商品・旅客輸送量を示している。このルートは，東部インドの大動脈の一つである。すでに蒸気船の河川航行が開始していたものの，商品輸送量の90パーセント以上が在来船を利用した舟運に依存していた。その輸送量は年間約105万6600マン（約4万トン）であった。官有蒸気船管理官（Controller of Government Steam Vessels）ジョンストン（J. H. Johnston）の推計によれば，1830年頃の東部インドには内陸商業に利用される在来船が約6万隻あり，その輸送容量は32万トンであった[1]。しかし，需要はその容量をはるかに超えていたという。物流自体の増加による需要増加にくわえて，輸送には多くの場合武装警備隊用の船を同行させる必要があったからである。

　カルカッタとパトナー（さらに上流の北インド諸都市）を結ぶ，東部インド河川交通網最重要ルートは，雨季には，フゥグリ川からバギロティ川あるいはジ

図 2-1　カルカッター ミルザープル間年間商品・旅客輸送量（1841年度）

出所）John Bourne, *Indian River Navigation : A Report* (London: W. H. Allen, Co., 1849), p. 50 より作成。

84　第Ⅰ部　東インド会社の塩専売制度と市場

ョロンギ川を経由してガンガーに抜け，乾季には，水量が十分ではないバギロティ川を避け，年間航行が可能な南部のシュンドルボン森林地帯を迂回してガンガーに出るルート（シュンドルボン・ルート）をとる。そしてガンガーを遡上するのである。東部では，南北をつなぐメグナ川，ジョムナ川，ブラフマプトラ川，それらとガンガーを結ぶルートが主要な河川交通路であった。内陸商業における主要取引品の一つであった塩は，これらのルートを経由して，ベンガル湾岸地域から各地へと移出された。

　ベンガル湾岸の製塩区で生産された塩は製塩区内の政府倉（ゴラ）に保管され，競売で買い付けた卸売商人に引き渡された。その後，塩は塩集散地市場に設置された卸売商人所有の倉に輸送・保管され，そこから東部インド各地に移出された。ここでいう塩集散地市場とは，製塩区内の政府倉から他の市場を経由せず直接塩が運ばれる河川沿いの卸売市場（ガンジ）と定義しよう。製塩区近郊の河川交通の要衝が多いが，パトナーやシラジゴンジなどの遠隔地も含まれる。

　製塩区近郊の塩集散地市場には塩関所（チョウキ）が設置され，塩荷が通過する際にそれに付帯するロワナを精査する役割をもっていた。ロワナには，塩の詳細，買付け人名，塩の最終移出地などの情報が記されていた。1824 年 4 月，6 月，8 月，11 月および 1825 年 11 月の西部塩取引監督区（Superintendency of Western Salt Chowkies）内の塩関所におけるロワナ記録をもとに，集散地市場からどの地域に移出されたのかをみてみよう[2]。

　ヒジリ，トムルク製塩区近郊では，ルプナラヨン川沿いのガタル，カンシャイ川沿いのカシゴンジ，ダモダル川沿いのアムタが主な集散地であった[3]。1846 年の記録では，ガタルは「ミドナプル県北部，ブルドワン県およびバンクラ県の南部，フグリ県の西部，そして（中略）ジャングル・モホル〔ベンガル西部内陸部——引用者注〕全域への政府塩供給の一大中心地」であったという[4]。ガタルとカシゴンジに集まった塩の多くは，内陸部のチョーターナーグプル地域に運ばれた。最大の移出先はチャトラーで，全体の 40 パーセントを占めた。そのうちの 70 パーセントはガタルから，22 パーセントがカシゴンジからであった。アムタに集まった塩の多くは，ダモダル川を利用してブルドワン県周辺地域に運ばれた。ガタルにはヒジリ塩とトムルク塩の両方が集まっ

写真2 ナラヨンゴンジ・塩埠頭（シットロッカ川沿い）

奥の木造船は塩運搬船。左側に見えるのが製塩会社の倉庫兼工場群。チッタゴンなどから船で鹹砂が運ばれ、工場で精製、梱包され、販売されている。現在では煎熬による結晶化はおこなわれていない。

出所）筆者撮影、2003年1月20日。

たが、カシゴンジはヒジリ塩、アムタはトムルク塩に特化した市場であった。

フゥグリ川沿いのシュタヌティ（カルカッタ）やボドレッショルなどの集散地は、ヒジリおよびトムルク塩だけではなく、一部の24パルガナズ塩の集散地でもあり、関所記録によれば、これらの市場から移出される塩の最大の移出先はパトナーであった[5]。乾季には、これらフゥグリ川沿いの集散地から、シュンドルボン・ルートを通ってガンガーに抜け、シラジゴンジやラジシャヒ県・ノディヤ県内各地にも供給された[6]。

パトナーには、他の集散地市場にくわえて、製塩地や外国塩の集散地であるシャルキヤからも直接塩が移出されているため、パトナーもまた集散地市場の一つに数えられる。パトナーからは、ビハール州各地、とくに西部と北部に移出された。ビハール東部にはベンガルの他の市場から、南部にはミドナプル県内の市場から供給されていた。

ジェソールのゴパルゴンジ関所の塩仕向地記録によれば、そこを通過する塩の60パーセントがモドゥカリ向けであり、30パーセントがシラジゴンジであった。そのことから、24パルガナズ塩とジェソール塩の最大の集散地は、モ

86　第Ⅰ部　東インド会社の塩専売制度と市場

ドゥカリとシラジゴンジであったことが分かる[7]。

　ベンガル東部最大の集散地は，ナラヨンゴンジであった。1838年のナラヨンゴンジの人口は6,252人と推計され，「そのうち5分の3がヒンドゥー教徒で，数名のギリシャ商人とともに，塩取引にのみ従事している人々で」[8]あったという。ブルヤ製塩区からだけでも年間20万～30万マン（7,400～1万1100トン）の塩が移入され[9]，こうした塩運搬用には160艘ものスループ船が利用された[10]。ナラヨンゴンジからは，ベンガル北部・北東部のラジシャヒ，ロングプル，ディナジプル，シレット県などの市場に移出された。

　塩集散地の塩倉に集まった塩は，近隣の卸売市場，常設市（バザール），定期市（ハート）に供給されたり，さらに遠隔地の卸売市場に移出されたりした。図2-2をみてみよう。これは，1832年11月および1833年11月の煎熬塩最低価格の平均を主要卸売市場別に示したものである。集散地市場であるパトナー（マールフガンジおよびマハーラージガンジ），ボドレッショル，カルナ，カトヤ，ジヤゴンジ，モドゥカリ，シラジゴンジ，ナラヨンゴンジ，ナルチティにおける価格が他の周辺卸売市場よりも低廉である。例えば，ダーナープル，ラルーガンジ，アーラーで塩がパトナーよりも高価なのは，これらの市場にパトナーから塩が供給されていたからである。同様に，バコルゴンジの塩価格は，近隣のナルチティから供給されるためナルチティよりも高い。かぎられたデータであるが，東部インド主要塩卸売市場の価格が，それらから塩供給を受ける他の卸売市場の価格に影響を与えていたことを強く示唆している。これらの塩集散地市場の商人の倉には常時大量の塩が貯蔵されていた。例えば，1829年11月，ジヤゴンジの塩倉には5万～6万マンの塩が貯蔵され，その量は11月頃の通常の量であったという[11]。同じ時点のカルナとカトヤの貯蔵量は，それぞれ1万～1万2000マン，1万マンであった。1846年のナルチティの記録では，1月，4月の貯蔵量はそれぞれ2万5000マン，2万1000マンであった[12]。倉持ち商人は倉の貯蔵量を調整しながら，価格を調整していたのである。第8章で詳述するように，主要市場に倉をかまえることは，卸売商人の経営にとって必要不可欠であったのみならず，政府の市場への介入をむずかしくしていた。

　こうした集散地市場の機能と河川に依存した流通ルートを考慮すると，東部

第 2 章　東部インド塩市場の再編　87

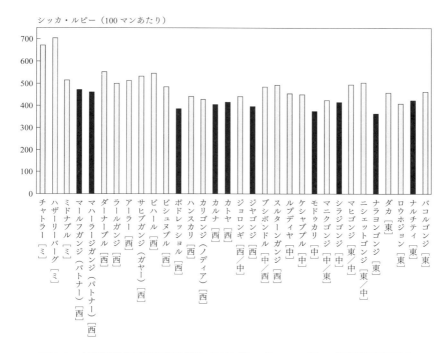

図 2-2　主要卸売市場別煎熬塩価格（1832 年 11 月，1833 年 11 月最低価格平均）

出所）BRP-Salt P/104/84, 15 Jan 1834, nos. 13-38 より作成．
注 1）［ミ］，［西］，［中］，［東］は，それぞれ，ミドナプル以西地域，西部地域，中部地域，東部地域市場圏内の市場であることを示す（表 2-1 参照）．
　 2）黒い棒グラフは塩集散地であることを示す．
　 3）地域で異なる重量単位（マン）はすべて 82 シッカ・ウェイトのマンに換算した．

　インド塩市場には，大きく分けて四つの地域市場圏があったと考えることができる（巻末地図 2）．表 2-1 をみてみよう．各地域市場圏では，異なる種類の塩が流通し，それらの塩は異なる集散地市場を経て供給された．
　例えば，先述したように，ヒジリ塩とトムルク塩，一部の 24 パルガナズ塩は，ボドレッショルなどのフゥグリ川沿いの集散地市場からベンガル西部からビハールにかけての地域に供給された．シャルキヤ塩倉に輸入される外国塩も同様のルートでベンガル西部からビハールにかけての市場に移出された．これが西部地域市場圏を構成している．この点では，先述したような河川舟運への

88　第 I 部　東インド会社の塩専売制度と市場

表 2-1　東部インド地域塩市場圏

地域市場圏	主な塩の種類	主要塩集散地	卸売商人の主要拠点	主要商人 コミュニティ
西　部	ヒジリ トムルク 24 パルガナズ コロマンデル オリッサ	ガタル アムタ ボドレッショル カルナ カトヤ パトナー シャルキヤ（外国塩）	カルカッタ （ハートコラ，シュタヌ ティ，チトプル） カルナ カトヤ フッグリ川沿い卸売市場	ベンガル系 ティリ ショドゴプなど ビハール系 カルワールなど
中　部	24 パルガナズ ジェソール ブルヤ	モドゥカリ シラジゴンジ	フォリドプル県 タリゴンジ	ティリ シャハ
東　部	ブルヤ チッタゴン ジェソール	ナラヨンゴンジ ナルチティ	ナラヨンゴンジ ダカ県・フォリドプル県	シャハ ティリ ギリシャ系
ミドナプル 以西	ヒジリ	カシゴンジ	カシゴンジ ミドナプル県	？

出所）筆者作成。

依存が，地域市場圏形成の背景になっていたといえよう。もちろん，地域市場圏の存在は，単に地理的条件に規定された市場の分断を意味するわけではない。市場圏によって価格動向は異なっていたし，表 2-1 にも示されているように，カーストの異なる卸売商人グループが地域的な塩取引を寡占していた。かれらの間には，カーストだけではなく，服装，言葉，商習慣，立ち居振る舞いなど多岐にわたる相違があった[13]。東部インドが地域によって文化的にも社会的にも均質ではなかったことが，市場圏の形成に強く影響していたのである。価格や商人活動については，後につづく章に譲るとして，本章では，各地域市場圏が形成された背景を，嗜好の相違に注目して検討しよう。

2）嗜好と市場──煎熬塩と天日塩

　東部インド塩市場には，異なる製塩法で生産される煎熬塩と天日塩が流通していた。注目すべきは，天日塩が消費される市場圏が西部地域に限定されて

いたことである。天日塩は，ベンガルでは不人気であった。とくに「赤」や「黒」と呼ばれる不純物が多い天日塩は市場でまったく買い手がつかなかった[14]。天日塩が敬遠されたのは「味覚と宗教上の偏見」からであり，その消費は「輸入品を好む特定の階層」に限定されたという[15]。関税・塩・アヘン局のパーカー（H. M. Parker）によれば，ヒンドゥー教徒が一般的に外国塩を嫌うのは，それが輸送中に動物性油脂や皮革品に触れた可能性が高いからであった[16]。しかし，クロファード（John Crawfurd）が指摘するように，同じ外国塩であるオリッサ塩が敬遠されるどころかむしろ好まれていたことを考慮すれば[17]，やはり天日塩に対する偏見が根強くあったと考えるのが妥当であろう。他方，天日塩の主要市場の一つであるベンガル西部のビルブム県では，天日塩は，煎熬塩の「精製過程で骨灰が使用されていると信じる」[18]一部のヒンドゥー教徒に好んで消費された。

　1800年代から10年代初めにかけて，EIC商務拠点で天日塩の売買が確認されたのは，パトナー，マルダ，ジョンギプル，カシムバジャル，ショナムキ，シャンティプルであり，いずれも西部地域市場圏に含まれる[19]。1830年代初頭における24県の治安判事からの報告においても，天日塩の取引が確認された地域は，西部地域市場圏内に限定された[20]。ベンガル東部では，商務拠点の記録，関所記録ともに，天日塩が移入されたり，消費されたりした形跡がみられない。ベンガル東部では，天日塩の需要がほとんどなかったのである。

　天日塩市場は，なぜ西部地域に限定されたのであろうか。嗜好にくわえて，以下の点も指摘されよう。第1に，輸送ルートがあげられる。先述したように，すべての外国塩はフゥグリ川沿いのシャルキヤ倉から移出されるので，外国塩である天日塩はヒジリ塩やトムルク塩と同じ輸送ルートをたどった。表2-2は1851年度および1852年度にフゥグリ川沿いのバブゥゴンジ塩関所を通過した塩の年間平均量を示している。同関所を通過した塩の大半はフゥグリ川上流の西部地域市場圏各地に移出された。同関所を通過した塩のうち，天日塩と岩塩は全体の53.7パーセントを占め，ベンガル塩やリヴァプール塩などの煎熬塩通過量よりも多かったことは，西部地域市場圏では多様な種類の塩が消費されていたことを示している。また，同期間の天日塩と岩塩の通過量は，同年にお

90　第 I 部　東インド会社の塩専売制度と市場

表 2-2　バブゥゴンジ関所を通過した塩の種類別量および割合（1851 年度，1852 年度平均）

ベンガル塩およびその他煎熬塩		リヴァプール煎熬塩		天日塩および岩塩	
量（マン）	割合（%）	量（マン）	割合（%）	量（マン）	割合（%）
952,175	34.6	322,699	11.7	1,479,687	53.7

出所）Letter from H. J Bamber to G. G. Mackintosh, Officiating Controller of Government Salt Chokies, 8 Jun 1852, Controller of Salt Chaukis, Letters Received from the Superintendent of the Western Salt Chaukis, vol. 7, WBSA より作成。

けるそれらの平均輸入量（144 万 3644 マン）にほぼ相当した[21]。このことは輸入された天日塩と岩塩のほぼ全量が西部地域市場圏および一部の中部地域市場圏に供給されていたことを示している。

　第 2 は価格である。価格の詳細は第 6 章にゆずるが，製塩地から離れた市場では高い輸送費に起因して価格が上昇する傾向にあったため，安価な天日塩の存在は消費者にとって重要であった。1800 年から 24 年までのパトナーにおける塩価格の推移をみると，煎熬塩価格は 100 マンあたり 445 ルピーであったのに対して，天日塩は 372 ルピーであった[22]。

　以上のように，東部インド塩市場では，匿名の塩が流通し，消費されるのではなく，産地別に異なる特徴をもつ塩が消費されていた。一般に，市場の形成が河川交通路によって強く規定されることはいうまでもない。しかし，天日塩に関していえば，嗜好も重要な市場の決定要因であった。次章以降で検討するように，煎熬塩についても，質や儀礼的価値によって異なる評価が存在した。地域間で異なる嗜好の存在は，社会的・文化的な多様性が地域市場圏の形成に深く関係していたことを強く示唆している。このことは，政府の塩政策に多大な影響を与えただけではなく，19 世紀前半における対外関係や生態環境を含む環境変化のなかで，ベンガル製塩業の衰退とリヴァプール塩の流入をもたらす一つの要因となっていくのである。

2 環ベンガル湾塩交易ネットワークの形成

1）ベンガル—コロマンデル交易における塩

　前章で検討したように，コロマンデルからの塩「輸入」は，塩の高価格を維持したい政府の政策にとって必要不可欠であった。しかし，この輸入は，貿易統計から除外されていたので実態は不明である。そこで本節では，まず，ベンガル—コロマンデル交易全体における塩の重要性について検討しよう。

　まず，貿易統計から19世紀前半のベンガル輸入貿易における塩のシェアを1820年度および1821年度を例にみてみよう。両年度の平均商品輸入額は1998万3570ルピーであった[23]。そのうち塩の平均輸入額は，6万4050ルピー（2万1430マン）であり，総輸入額の0.32パーセントにすぎなかった。しかしながら，実際には，279万5997ルピー相当[24]（93万1999マン）の塩が，主にコロマンデルとオリッサからEIC勘定で「輸入」されていた[25]。この塩輸入額は商品輸入総額の14パーセントに相当した。また，このうち，コロマンデル塩（マドラス輸入許可塩）の輸入額は，105万3696ルピー相当（35万1232マン）であった。貿易統計上，両年度におけるコロマンデルからの平均輸入額が102万5503ルピー（商品74万4538ルピー，地金28万965ルピー）であったことからも明らかなように，貿易統計から塩交易を含めた両地域間交易の実態および沿岸交易の規模を正確に把握することはできないのである。こうした史料上の制約が，塩の重要性とEICの役割を不明瞭にし，南アジアの地域間交易研究において19世紀前半への関心を希薄にさせていた大きな原因といえよう。

　さて，コロマンデルからの塩輸入は，大規模な沿岸穀物交易によって可能になっていた。18世紀前半，南インドにおける農業不振と相次ぐ戦乱によって，コロマンデルは，恒常的な穀物不足地域におちいり，ベンガルからの穀物供給に依存しはじめた。それゆえ，両地域には穀物を軸とした新しい交易パターンが形成された[26]。この交易の中心的ない手となったのが，北部コロマンデルのテルグ商人であった。遠隔地交易，とくに南インド・東南アジア間交易からの後退を余儀なくされたかれらは，資本・船舶をこの穀物交易に投下するよう

になった。イギリスや他のヨーロッパ系商人も，テルグ商人とのパートナーシップによって穀物交易に参入した。こうして，18世紀半ばには穀物交易を中心とした沿岸交易が飛躍的に拡大したのである[27]。とくに重要な交易ルートは，①マドラス，ポンディシェリとタンジョール県諸港を結ぶルート，②マドラスとオリッサ・北部コロマンデル諸港を結ぶルート，③これらすべての地域（インド東岸）とベンガルを結ぶルート，の3ルートであった。いずれのルートにおいても中継地となるマドラス港の機能はとりわけ重要で，ベンガル，北部コロマンデルおよびタンジョールから輸入された穀物は，マドラス港を経由して，近郊地域，西インド各地，セイロンに輸出された[28]。この交易で取引される主な穀物は，ベンガル産米と北サールカール諸港（なかでもオリッサ境界のガンジャムやカリンガパトナム）から輸出されるもみ米であった。

マドラス政府（マドラスのEIC政府）は，穀物の安定的な確保と穀物交易を通じた同管区内諸港の活性化におけるテルグ商人の活動を重要視していた。ベンガル穀物の帰り荷には，塩以外に，ビンロウジ，貝殻，椰子製品，胡椒，粗布があった。空荷になることもしばしばあったが，穀物交易による利益が大きいので，バラスト不足という危険を冒してでもカルカッタに船を送ることができたといわれる。1796年に塩輸入許可制度が導入されると（第1章参照），テルグ商人にとって，ベンガルへの塩輸入は航行上の安全性を確保できるだけではなく，その利益をカルカッタでの滞在費および拠点港コリンガにおける船の修繕費に充当できるようになった。

コロマンデルのテルグ船は，以下のような年間スケジュールで，カルカッタ―コロマンデル海岸諸港間を往来した[29]。港の位置については，巻末地図4を参照されたい。

テルグ船は，8月から9月にかけて，塩荷をコリンガからカルカッタに輸送し，カルカッタで米荷を積みこんだ後，1月末にマドラス港に寄港した。その後，北部コロマンデル諸港に向かい，再びもみ米を積んでマドラスおよび他の南部諸港に寄港した。3月から6月の間に，ネロール・オンゴール県諸港[30]で塩荷を積んだ後，コリンガ港で塩荷を一度おろし，次の航海に向けて船の修繕をおこなった。第2航行シーズンである1月から2月にカルカッタに向かう船

もあった。このように，テルグ船による交易パターンは，マドラス管区内の穀物需給を調整し，コロマンデル諸港の経済活動を活性化する機能を果たしていたのである。

2） 塩交易のにない手

　輸入商人は，三つのグループに大別される。第1は，ゴダヴァリ河口の町々に拠点をおくテルグ商人である。かれらは，ネロール・オンゴール塩とラジャムンドリ塩輸入の大半を手中におさめていた。第2は，マドラス港からの塩輸入を中心におこなうイギリス，ポルトガル商人である。第3に，ナガパティナム，ナゴールを拠点にするチューリア・ムスリムやヒンドゥー商人である。かれらはタンジョール塩を扱った。

　最も重要な役割をになっていたのは第1グループのテルグ商人である[31]。表2-3は，1818年の主要テルグ塩輸入業者のリストである。かれらは，3〜6月にネロール・オンゴール県トゥマラペンタなどの塩港で，9月にはコリンガ港で塩輸入許可を得ている。第2航行シーズンである2月を利用することで，船を有効利用することも可能であった。例えば，ナルカダミリ・クリシュナイアは，船名および船長が同じスループ船，ドニー船各1隻を，2月にドゥルガラージュパトナムから，9月にコリンガから年間2回送っている[32]。かれらの活動は，先述したようなベンガル―コロマンデル間を結ぶテルグ塩船の典型的な動きを示している。

　表2-3の主要なテルグ塩輸入業者は，多数の船舶を所有する大船主兼輸入業者であった。1818年（2〜9月）のラジャムンドリ，ネロール・オンゴール，ヴィザガパトナム3県からの合計輸入量は，31万1972マンであり，かれらはそのうち約38パーセントのシェアをもっていた。そのなかでも，グティナデヴィのチェマクルティ・バーライアシェッティは，その所有船の数・積量からみて，とくに大規模な船主兼輸入業者であったとみられる。所有船のなかには，ヨーロッパ船に匹敵する1万2000マン（444トン）の積載量をもつスノウ型帆船もあった[33]。クーンチプルティ・レッディやテルクーティ・ラームドゥのように，所有船舶以外にも傭船を利用する業者もいた。かれらの多くは商業コミ

表 2-3 主なコロマンデル塩輸入業者（ラジャムンドリ県，ネロール・オンゴール県，ヴィザガパトナム県）（1818 年）

輸入業者	輸入業者居住地	船主	船主居住地	船の種類	輸入量（マン）	積出港	産地（県名）	許可月
チェマクルティ・バーライアシェッティ	グティナデヴィ	チェマクルティ・バーライアシェッティ	グティナデヴィ	スノウ	3,000	トゥマラペンタ	ネロール・オンゴール	5月
				〃	7,200			
				〃	3,600			
				〃	3,480			
				スループ	2,580			4月
					2,220			
				ブリグ	4,200	イスカパリ		6月
クーンチプルティ・レッディ	〃	クーンチプルティ・レッディ	〃	スループ	3,000	トゥマラペンタ	ネロール・オンゴール	5月
				〃	2,820			
				〃	3,780			
				〃	600			
		チョップルティ・ブラフマイア		〃	1,500	コリンガ	ラジャムンドリ	9月
		マーデパーリ・ブッライア			2,400			
		バルプ・クリシュナイア			3,480			
テルクーティ・ラームドゥ	タラレプ	パーヌバットゥ・チンナ・ラームドゥ	?	〃	3,600	トゥマラペンタ	ネロール・オンゴール	4月
				〃	3,600			
		テルクーティ・ラームドゥ	タラレプ	〃	2,820			
					3,120			5月
		アッパンナ・ラージャッパ	?	ドニー	1,740			
		テルクーティ・ラームドゥ	タラレプ	スノウ	1,980	コリンガ	ラジャムンドリ	9月
ナルカダミリ・クリシュナイア	ニラパリ	ナルカダミリ・クリシュナイア	ニラパリ	ドニー	1,140	ドゥルガラージュパトナム	ネロール・オンゴール	2月
				スループ	3,000			4月
				〃	1,620	イスカパリ		6月
				〃	3,120			
				スノウ	3,732	コリンガ	ラジャムンドリ	9月
				スループ	2,100			
				ドニー	660			
ボナール・ランガナーヤクル	ナルサプル	ボナール・ランガナーヤクル	ナルサプル	スループ	2,820	イスカパリ	ネロール・オンゴール	5月
				ブリグ	3,690			6月
				スループ	3,300	ズバラディン		
					1,800	コリンガ	ラジャムンドリ	9月
コッル・チンナイア	ベンダムールランカ	コッル・チンナイア	ベンダムールランカ	スループ	3,360	コッタパトナム	ネロール・オンゴール	5月
				ブリグ	3,360	イスカパリ		
				スノウ	420	コリンガ	ラジャムンドリ	9月
アッラーダ・ヴェンカタ・レッディ	ニラパリ	アッラーダ・ヴェンカタ・レッディ	ニラパリ	スループ	2,700	ズバラディン	ネロール・オンゴール	5月
				スノウ	2,850	コリンガ	ラジャムンドリ	9月
ガルダ・レッディ	ヴィザガパトナム	ガルダ・レッディ	ヴィザガパトナム	ブリグ	5,160	ズバラディン	ネロール・オンゴール	3月
				〃	3,900			4月
		グランディ・ランガナーヤクル	?	スループ	2,760	イスカパリ		5月
		ガルダ・レッディ	ヴィザガパトナム	スノウ	3,960	ヴィザガパトナム	ヴィザガパトナム	8月
				スループ	2,850			
合　計					119,022			
総輸出量（ラジャムンドリ／ネロール・オンゴール／ヴィザガパトナム 3 県）					311,972			

出所）BRC-Salt, P/100/20, 29 May 1818, no. 26；P/100/21, 24 Jul 1818, nos. 6, 7；28 Aug 1818, no. 6；P/100/22, 2 Oct 1818, no. 15；P/100/23, 4 Dec 1818, no. 7 より作成。

ユニティであるチェッティに属すると思われる[34)]。

　北部コロマンデルのテルグ塩船にとって，マドラス港もチングルプット塩の重要な積出し港であった。しかし，マドラス港での塩の積出しは1〜2月の第2航行シーズンに限定されていたようである。例えば，1823年10月から24年9月にテルグ商人に発行された輸入許可証のうちマドラス港のものは，すべて1824年2月である[35)]。2月に限定されていたのは，マドラス港からの輸入では，第2グループであるイギリスおよびポルトガル船のシェアが大きかったからであろう。1819年度のマドラス港からの輸入量は34万9770マンであり，そのうちヨーロッパ船のシェアは74パーセント（25万8830マン）であった[36)]。大型のヨーロッパ船による塩の積出しは，マドラス，コヴェロン，イスカパリなどの比較的大きい港に限定された[37)]。

　タンジョール塩は，高品質であるものの，コスト面でベンガル，マドラス両政府にとって不都合であった（第1章）。こうしたなか，他県における生産量激減などの非常事態への備えとして，また，「対カルカッタ交易をおこなうラッバイ商人の利益」[38)]のために，両政府は一定量をタンジョールに割り当てていた。元来アラブを意味する「ラッバイ商人」の定義をめぐっては議論が分かれるが，一般的には，かれらはチューリアと呼ばれる南部コロマンデルのムスリム商人の一つのコミュニティと考えられている[39)]。チューリア商人は，9〜10世紀にコロマンデル海岸に定住しはじめたアラブ商人がタミル人と同化して形成されたムスリムの商業コミュニティであり，他のムスリム商人とは区別される。チューリア商人は，17世紀初頭にはすでにナガパティナム，ナゴール，ポルト・ノヴォなど南部コロマンデル主要港の有力海運業者となり，インド沿岸交易のみならず，東南アジア諸地域との交易において中心的存在であった[40)]。

　表2-4は，1818年のカルカッタにおけるタンジョール塩輸入量および輸入業者・船主を示している。輸入業者14名中8名がヒンドゥーであり，残りがムスリムである。ムスリム商人には，チューリア商人であるラッバイ2名とマラッカイヤール2名の名前がみられる。ヒンドゥー商人の多くは，タミル系チェッティ商人であろう[41)]。タミル系のナカラッタル・カーストの商人は，イン

96　第 I 部　東インド会社の塩専売制度と市場

表 2-4　タンジョール塩輸入業者（1818 年）

	輸入業者・船主	船主居住地	輸入量（マン）
ヒンドゥー	Canagasabah Chetty	？	4,200
	Savendralinga Chetty	ナゴール	3,600
	Teyoraya Chetty	ナガパティナム	3,120
	Neelacunda Chetty	〃	3,000
	Saumynada Chetty	ナゴール	2,640
	Adevaraga Chetty	〃	1,440
	Vencata Row	〃	3,120
	Vencata Row	〃	2,880
ムスリム	Maramadoo Tumby Maricoir（マラッカイヤール）	ナゴール	9,600
	Majamadellee Maricoir（マラッカイヤール）	〃	4,200
	Causemaumiah Labby（ラッバイ）	ナガパティナム	3,600
	Labayvapomalimee（ラッバイ）	ナゴール	2,400
	Cunder Saib	〃	4,200
	Seeadennaina Nagoda	〃	840
合　　計			48,840

出所）表 2-3 に同じ。

ドから東南アジアにかけて広域の流通ネットワークを築いたナットゥコッタイ・チェッティヤールとして知られる。このコミュニティは，19 世紀前半期に内陸における塩取引から国際商業・金融業へとしだいに活動の重点を移していった[42]。その過程で，かれらもまた，カルカッタとマドラスを結ぶ塩・穀物交易を重要な活動の一つとしていた。

　18 世紀以降のオランダやイギリスの進出によって環ベンガル湾交易が再編されると，北部コロマンデルのテルグ商人が沿岸交易に特化したのに対して，南部コロマンデルの商人は，コロマンデルからの綿布輸出を軸にした環ベンガル湾交易を維持していた。イギリス商人を中心とするヨーロッパ系商人の環ベンガル湾における活動は，ベンガル湾より東のペナン以東の地域とアラビア海沿岸地域とを結ぶより広い交易関係のなかの一部であった。18 世紀後半から 19 世紀前半にかけて，こうした異なる 3 つの交易パターンが，環ベンガル湾塩交易ネットワークを補完しあっていたといえよう。

　環ベンガル湾交易の維持は，沿岸交易にとってきわめて重要であった。なぜなら，造船拠点でもあったコリンガでは，造船用建材をビルマから，帆柱・帆

第2章　東部インド塩市場の再編　97

材をマレー半島やスマトラ島西部から輸入するなど[43]，造船業自体が環ベンガル湾交易で支えられていたからである。塩は，こうした環ベンガル湾交易を維持するだけではなく活性化させる役割をもち，第3章で検討するように，その重要性は，穀物交易の縮小によってますます大きくなっていったのである。

3　禁制塩市場の形成

1）禁制塩市場の規模

　専売制度下の東部インドでは，政府による生産量制限および高価格政策のために，専売地域内における不法生産や近隣地域からの密輸は避けられなかった。禁制塩の取締りは政府の塩政策における主要課題の一つでありつづけた。不法生産塩や密輸塩市場の規模を正確に明らかにすることは不可能であるが，人口推計ならびに政府の供給量をもとに1人あたりの塩消費量，および禁制塩市場の規模を推計してみよう。

　H. T. コールブルックは，18世紀末における禁制塩を含む年間塩消費量を400万マン，1人あたりの年間塩消費量を5〜5.5シェル（約4.65〜5.12キログラム）という見積りに基づいて，18世紀末のベンガル，ビハールの人口を3000万人と見積もった[44]。同じ時期の政府の年間塩供給量が約300万マンであったので（第1章），コールブルックは禁制塩市場の規模を全体の約4分の1，約100万マンとみなしていたことになる。

　1823年に実施された警察による人口調査では，ベンガルおよびビハールの人口は約3559万3307人と推計されている[45]。この調査の概要を確認しておこう。この調査は，各県の警察区ごとに規模別に村落数を把握することからはじまった。村落の規模は，村落内の世帯数で決められ，100戸以下，100〜250戸，250〜500戸，500〜1,000戸，1,000〜2,500戸，2,500〜5,000戸，5,000〜1万戸，1万戸以上と分割された。調査の信憑性を高めるために，150戸以上の村落についてはさらに村落名，各村落の主要地所名とその所有者名，主要定期市名が明記された。調査には，各警察区の署長があたった。なぜなら，かれらは管轄

98 第I部 東インド会社の塩専売制度と市場

の警察区内におけるザミンダールやその配下と十分にコミュニケーションがとれているので，上記の情報を正確に把握できると判断されたからである。

　つづいて，同調査は村落規模別に村落数を推計し[46]，コールブルックの調査に基づいて世帯人数を5人[47]として各警察区の人口を計算した後，警察区人口の総和を県の人口とした。例えば，ブルドワン県カトヤ警察区には規模が異なる村落が153あり，上記の計算に基づいた同人口は1万6039人と推計された。ブルドワン県内13の警察区について同様に人口を推計し，その総和である118万7580人が同県の人口とされた。こうした手順ですべての県について同様の方法で人口を推計し，それに1822年の警察調査に基づいたカルカッタ市人口およびベンガル内部の外国植民地の人口をくわえたのである[48]。

　この1820年代前半の推計を18世紀後半のコールブルックらの推計と比べると，この時期に大幅な人口増加があったことがわかる。ベンガルでは1770年の大飢饉による大幅な人口減少の後，しだいに人口が回復していた。政府は，ブルドワン，ノディヤ，ラジシャヒ県などでは，野生の豚や牛が闊歩していた荒蕪地が次々に耕作地に転換されていったことからみて，この推計が示す人口増加が妥当なものであるとの見解を示していた[49]。

　さて，次にこの1823年の人口推計に基づいて1人あたりの塩消費量を確認しておこう。1821〜25年の年平均塩供給量は約484万マンであったので，1人あたりの年間供給量は5.18シェル（約4.8キログラム）[50]となる。コールブルックが1人あたりの年間塩消費量を5〜5.5シェルと見積もっていたので，政府は十分な量の塩を供給していたことになる。

　もちろん，このように主張するためには，コールブルックの見積もりがこの時期にも妥当であったことを検証する必要がある。そこで，当時の人々の塩消費量を確認しておこう[51]。1829年に関税・塩・アヘン局は，カルカッタにおける塩消費量調査を実施した[52]。この調査では，異なる収入グループに属する33家計が選ばれた。そのなかには，1カ月の収入が5万ルピーを超えるモッリク家や1万8000ルピーのタゴール家のような富裕層から，4ルピーの貧しい下男の家計も含まれる。33家計の1人あたりの年間塩消費量は，2〜8シェル（約1.86〜7.44キログラム）とばらつきがあったが，平均値は5.38シェル（約

5.0 キログラム）であり，コールブルックの推計とほぼ一致する。一般に，富裕な家計は，より多くの塩を消費していたが，貧しい家計のなかには 33 家計の平均以上の量を消費する家計もあった。例えば，月収 4 ルピーのバラモン家計における 1 人あたり年間塩消費量は 7.5 シェルであり，月収 6 ルピーの仕立屋は 7 シェルを消費していた。かれらが消費する塩の質を知ることはできないが，必ずしも，所得の相違が消費量を決定しているわけではなかったようである。

このように，政府が人口および塩消費量をできるだけ正確に推計し，適正な規模の供給量を維持しようとしていたにもかかわらず，実際には，19 世紀以降も正規の生産量の 3 分の 1 から 4 分の 1 が禁制塩として市場に供給されつづけた。商務局は 1793 年に「組織的な塩の密売が大規模におこなわれ，これまでの押収はそのごく一部にすぎない」[53]との認識を示した。1812 年には，24 パルガナズ製塩区長は，「この製塩区内の各地で，生産量の 3 分の 1 が不法に移出されて」[54]いると嘆いている。また，1834 年には，ヒジリ，トムルク，24 パルガナズ製塩区だけで，少なくとも年間 100 万マンの塩が不法に移出されていると考えられた[55]。この量は，同年の総供給量の約 4 分の 1 に相当した。

人口推計に基づけば十分な量を供給していたとはいえ，先述したように，実際には，政府や商人の倉に保管され，必ずしも市場に出回っていない塩もあった。また，史料制約の問題から量を推計することはできないが，皮鞣しや鉛丹生産，魚の塩漬け加工など工業用にも塩は使用されていた。さらに，1826 年以降，アッサムも専売地域に含まれている。こうした条件を考慮すれば，政府の推計以上に塩は不足していたはずである。

2）禁制塩の供給源①——製塩区内における不法生産

禁制塩の主要供給源は，製塩区内において余剰生産された煎熬塩，近隣地域からの密輸塩，専売地域内における食用塩化物生産であった。

まず，製塩区内における余剰生産についてみよう。正規塩も禁制塩も，同じ産地で生産される煎熬塩であるため，見分けがつかないうえ，製塩区外に一度運びだされてしまえば取り締まることができない。したがって，この供給源が政府にとって最大の懸案であった。ヒジリ製塩区における一般的な不法行

為は，モランギが「煎熬工程監視役人と結託して，政府との契約に基づいて生産した塩の一部を納屋または住居内に埋めておき，製塩地域近郊に在住する商人に売却する」というものであった[56)]。また，モランギは製塩シーズン終了間際に余剰に塩を煎熬し，同様の方法で商人に売ることもあった。

　土地所有者やモランギが所有する隠し塩田も不法生産の温床であった。例えば，塩田が含まれる地所を所有する地主シュリカント・ナグとその息子ピタンボルは，政府塩のみならず禁制塩の商いに従事していた[57)]。かれらは，ヨーロッパ系商人のバニヤンとしても活動していたようである[58)]。1811年初め頃にシュリカントが死去すると，ピタンボルは長期間におよぶ組織的な不法塩生産と密売を自白した[59)]。1818年には，西部塩取引監督区内で230カ所もの隠し塩田が発見された[60)]。この隠し塩田所有者には，89カ所の隠し塩田を11の村に所有していたブルドワン王テジチャンドラ・バハードゥルも含まれた。1822年2月には，ブルヤ製塩区内の大地主プランキシェン・ビッシャスが，隠し塩田所有の罪で告訴されている[61)]。

3）禁制塩の供給源②——近隣地域からの密輸

　密輸塩には，オリッサ塩（煎熬塩），北インド塩（主に湖塩），コロマンデル塩（天日塩），アラカン塩（煎熬塩）の4種類があった。オリッサ塩と北インド塩は陸路・河川路で，コロマンデル塩とアラカン塩は海路で密輸されることが多かった。

　なかでも，ベンガル塩と見分けがつかないオリッサからの密輸が政府にとって最大の問題であった（巻末地図5参照）。オリッサ塩が隣接するヒジリ製塩区に入ってしまえば，「ヒジリ塩」として正規ルートで市場に供給された[62)]。さらに，内陸部の山岳・丘陵地帯を通じた密輸ルートも存在した。西部塩取引監督区長カニンガム（W. Cunningham）の1802年の報告によれば，マラーター領オリッサから年間約20万マンの塩が密輸され，そのうちの半分以上がプルリヤ地方のボルラムプル関所管轄地域，とくにパトクムとボラブムを経由していたという[63)]。ボラブムの埠頭では，当地のザミンダールのゴマスタ（代理人）が密売人と交渉し，密輸塩に対して慣習的な税を課していた。その税額は，ザ

ミンダールとそのゴマスタ，および埠頭役人の3者で分配されたという[64]。さらに，ボルラムプル地域を通過した塩の3分の2は，チョーターナーグプルのザミンダール地所内に運ばれた。1803年にオリッサがEIC領に併合されて以降も問題は解消されず，オリッサ塩は引きつづきマユルバンジ地方とシンブム地方を経由して内陸部に供給された[65]。大きな問題は，ヒジリ塩もこの密輸ルートを通じてオリッサ塩とともに密輸出されたことである[66]。

ラージャスターン塩（サマール塩，サルンバル塩，バルンバル塩，サンバル塩など）は，主に北西州のミルザープル，ベナレス，ガージープルからビハールに密輸された。1810年代半ばの記録では，これらの地域から密輸される塩の量は，年間37万3783マンと推計されている[67]。とくにミルザープルからの密輸は大規模であり，ロータス丘陵を経由してシャーハーバード県南部に，そしてバクサルから同県北部に供給された。ミルザープルに西方から輸入された塩の約41パーセント（約22.5万マン）は，ビハール向けであった。

これらの塩はガンガーを下ってパトナーにも密輸された。北インド産塩のパトナーでの卸売価格は，1マンあたり1.75ルピーから2ルピーであり，小売では約2.5ルピーと安価であった[68]。また，パトナーに密輸された塩は，対岸のハージープルを経由してガンダック川をさかのぼり，ビハール北部のティルフト県に運ばれることもあった。辺境にあるため監督がむずかしいティルフト県やサーラン県には，西側の隣接地域から直接密輸されることも多かった。

海路の密輸ルートも存在した。コロマンデル塩は，シャルキヤに向かう途中の塩運搬船から密輸されたり，シャルキヤ到着後に塩埠頭や停泊中の船から不法に買いとられたり，盗まれたりした[69]。塩運搬船には，在来船もヨーロッパ船も含まれる[70]。コロマンデル塩の政府買取り価格が100マンあたり72ルピーであったのに対して，密売人はその価格をはるかに上回る250〜300ルピーで買いとったといわれる。シャルキヤ近辺で密輸されたコロマンデル塩は，対岸のシュタヌティの小売商に売却された。小売商は，密輸塩を正規のコロマンデル塩と混合して販売した。この組織的な密売に気づいた西部塩取引監督区長は，1812年にシュタヌティにおける密輸取締りを強化し，小売商に日々の売上げを関所役人に報告することを義務づけた。しかし，この試みは，小売商の

102　第Ⅰ部　東インド会社の塩専売制度と市場

強い反発を招き，度重なる店舗閉鎖（ポルタ）による抗議によって挫折した。

　ベンガル東南部地域では，アラカン塩が密輸されていた。モグと呼ばれるアラカン商人の塩船がたびたび東部塩取引監督区内で拿捕された事実が示すように[71)]，アラカン半島とベンガル東南部との間を往来するモグ商人が，そのにない手であった。また，正規にチッタゴンに輸入されたアラカン塩の損耗量がきわめて多かったことから，政府は一部の塩がチッタゴン到着以前に横流しされたとみていた[72)]。内陸部のロングプル県で大量のアラカン密輸塩が発見されたことは，アラカン塩の密輸が大規模かつ広範囲におこなわれていたことを示している。

4）禁制塩の供給源③──食用塩化物

　最後に，海塩ではない食用塩化物についてみておこう。

　ベンガルでは，ヌンチャイあるいはヌナジョルと呼ばれる植物を燃やした灰が食用塩として利用されていた。24パルガナズでは，ヌンチャイは以下のような方法で生産された[73)]。まず，ナルと呼ばれる植物の根をその周りに付着した土とともに乾燥させ，それを焼いてボウドと呼ばれる赤色の物質を生産する。このボウドは25〜30パーセントが塩分でできている。ボウドから塩分を採取すればヌンチャイの完成である。

　硝石生産が盛んなビハールでは，カリ（*khari*）と呼ばれる副産物が食用塩として消費されていた[74)]。EICの貿易独占が終了して以降，硝石生産を制限できなくなると，副産物が食用塩として広く利用されはじめたのである。カリは，2月から3月にかけて硝石が枯渇した土地から白い物質（*rych*）を採取し，12月から1月のうちに刈りとっておいた稲の刈り株とともに焼いたものである。ビハールにおけるカリの主要産地は，ティルフト，サーラン両県であり，とくにダルバンガー周辺が拠点であった。

　カリのなかでも，低質カリは家畜用または工業用に消費された。とりわけ品質が劣るものは鉛丹生産に利用されていたようである[75)]。低質カリは，きわめて苦味が強く，外観も悪いので，煎熬塩とブレンドして売られることはなかった。そのため，政府は低質カリを厳しく取り締まることはなく，年間約9,000

ルピーを支払うことを条件に，工業用として生産するライセンスを与えていた[76]。

政府の懸案は，高質のフル・カリ（*phul khari*）であった。フル・カリは，家畜用として利用されることもあったが[77]，一般的には海塩と混ぜて食用に利用された。フル・カリがブレンドされた煎熬塩は，パトナー市およびその近郊で広く販売され，市内のマールフガンジでは公然と売られていた[78]。1815 年頃の推計では，年間 7 万 5000 マンのフル・カリが生産されていたという[79]。その価格は 1 マンあたり 10〜12 アナときわめて安価であった。1826 年にカリ生産は厳しく制限されたが，1829 年にはその生産量は 41 万マンにまで増加していた[80]。

硝石生産の副産物として，廃水を煎熬して生産される，パクワ（*pakuwa*）と呼ばれる塩化物もあった[81]。硝石 1 マンあたり，15〜20 パーセントのパクワが生産可能であった。パクワはカリと同様にティルフト，サーラン両県で盛んに生産された。その生産量は，1815 年には年間約 7 万 5000 マンであり，1829 年には 10 万マンにまで増加した[82]。パクワは，最も貧しい階層の人々が消費する塩であるといわれ，時には目に障碍を与えることもあった。政府は，硝石生産者がパクワを生産し，消費することについて黙認していた。パクワが他の塩とブレンドされて売られることは滅多になかったものの，パクワは単体でチョーターナーグプルを含む広い地域で食用として販売されていた。

次章で検討するように，1820 年代における専売制度の動揺とそれにともなう塩市場の変容によって，政府塩のビハール市場への供給が減少したために，代替物として，これらの塩化物の生産が拡大したと考えられる。

5）不法生産，密売，密輸組織

政府による厳しい取締まりにもかかわらず，不法生産や密輸は組織的におこなわれていた。不法生産あるいは密輸された塩は，どのようにして産地から運びだされ，市場で売買されたのであろうか。

モランギが余剰に生産した塩は，パイカールと呼ばれる行商人や小売商のフェリヤによって不法にもちだされることが一般的であった。パイカールは，現

金，米，燃料で塩を買い付け，近隣の定期市や村々で売りさばいた[83]。24 パルガナズ製塩区長とバルイプル塩取引監督区長を兼務していたプラウデン（T. Plowden）は，フェリヤが「関所役人に賄賂を握らせ，情報屋を雇い，その情報屋を通じてモランギと塩の買取り契約を結んでいた」と指摘している[84]。こうした商人だけではなく，ヨーロッパ系商人のなかにも代理人を通じてモランギから直接塩の買付けをおこなう者もいた[85]。

ザミンダールやタルクダールもまた，不法生産だけではなく密売にも関係していた。ヒジリ製塩区内のザミンダールは，モランギに製塩資金を貸し付けて不法生産に従事させ，地所内の農民を通じて生産物を受けとった[86]。ザミンダールはその塩を屋敷に隠し，後日「山岳・丘陵地域に住むザミンダールにかれらのゴマスタを通じて」売り払ったという。

禁制塩はしばしば「邪魔する者を撃退するために竹や棍棒で武装した大集団に守られた人夫たちによって夜間に」[87]運びだされた。中部塩取引監督区内の関所役人らは巡回中に 120 マンの不法生産塩を 30 頭の荷牛で運ぶ密輸団を発見したが，密輸団を護衛していた 18 名の武装集団に打ちのめされ，逃走を許してしまったという[88]。

武力を利用した密輸だけではなく，より巧妙な方法での密輸もみられた。政府塩を正規に扱う大商人がかかわる不法な塩の移出である。これは，サダ・ロワナ（sada rowana）と呼ばれた[89]。商人は役人から正規に買い付けた塩のロワナを手に入れる際，日付がサダ，すなわち白紙のロワナを入手した。サダ・ロワナを繰り返し使えば，ロワナに記載された量の塩を何度でも運びだすことが可能であった。

1806 年に，西部塩取引監督区長，ロウ（M. Low）とカルカッタの主要塩商人との間にある事件がもちあがった[90]。商人には，キシェン・パンティ，ションブ・パンティとその息子のボイクント，タクル・ノンディ，チョイトン・クンドゥといった名立たる豪商が含まれた。この騒動は，キシェン・パンティおよび他の 3 名の商人の船団が余剰塩を積載している疑いで拘留されたことからはじまった。ロウの推計によれば，これらの大商人はサダ・ロワナのシステムを利用して年間約 10 万マンの塩をヒジリ製塩区から不正に運びだし，ヒジリ

製塩区の役人らは 1,000 マンあたり 1,200 ルピー，関所役人らは 1,000 ルピーを賄賂として受けとっていたという。

商人らは，余剰積載問題は役人の不正によるものと反論した。なぜなら，密売人を捕まえたり，捕まえる補助をした場合に報奨金が支払われるため，役人が故意に商人の塩船に余剰塩を混ぜる可能性があったからである。1806 年 3 月 7 日，カルカッタの 51 名の塩商人が塩の返還と計量・検査システムの見直しを求める陳情をおこなった。しかし，政府が塩の押収を決めたため，商人は翌週に予定されていた競売をボイコットするという抗議をおこなった。

事件の真相は不明であるが，塩船が拘留されたとき，キシェン・パンティら商人からロウに対して 7 万 5000 ルピー（後に 10 万ルピーに増額）の賄賂の申し出があったことや，ロウの前任者であったキング（J. King）が不正行為の便宜をはかる見返りとして，同じ商人らから 10 万ルピーの賄賂を受けとっていた事実を考慮すれば，大商人らによる組織的密輸がおこなわれていた可能性が高いだろう。1829 年になっても依然として大商人が加担したサダ・ロワナ方式による密売は広くおこなわれていた[91]。

キングの例にもみられるように，政府の高官もまた，禁制塩の取引に深く関係していた。前出のロウは，1811 年にシャルキヤ倉からの塩の横流しに加担していたことが明らかになり[92]，塩取引監督区長をつとめたキンロッホ（J. Kinloch）もまた 1818 年に塩の密売に関与した疑いで裁判にかけられている[93]。このように，大規模な禁制塩の流通には，モランギや小商人，現地の小役人だけではなく，主要な塩商人や政府の高官もかかわり，きわめて組織的なものだったのである。

商人にとって，役人への賄賂は嵩高商品である塩を大量に円滑に移動させるために重要な戦略であった。この不正に関与しなければ，同じ量が，パイカールやフェリヤによって市場に供給されたにすぎない。不法生産や密輸へのインセンティブを与える政策がつづくかぎり，禁制塩市場は東部インド塩市場の一部を形成しつづけていたのである。したがって，商人が市場における価格統制力を維持するには，禁制塩の供給量も同時に統制する必要があったといえるだろう。その一方で，かれらは自分たちが統制できない禁制塩の流通，例えばビ

ハールにおける北インド産塩の流入については，積極的に政府にはたらきかけ，抑制するよう求めていた。

おわりに

　専売制度の導入によって，東部インド塩市場は大きく変容した。地理的に市場はベンガルとビハールに収斂し，消費される塩の種類も限定された。しかしながら，実際には，正規，不正規をとわず，さまざまな種類や銘柄の塩が流通し，消費されていた。

　さらに，EIC の政策は，東部インド市場への塩供給地域を，ベンガルだけではなく，コロマンデル海岸を中心とするベンガル湾岸地域一帯へと拡大させた。政策のみならず東部インドにおける需要が，ベンガル湾岸地域一帯の製塩業と塩取引を活発にし，既存の流通ネットワークを刺激した。東部インド塩市場は，決して近隣地域から疎外された市場ではなく，リージョナルなレヴェルでの交易を活性化すると同時に，その変化からも影響を受けていたのである。こうして，東部インド塩市場には，産地の異なるいくつかの煎熬塩のみならず天日塩が大規模に流通することになった。

　本章で明らかにされたように，東部インド塩市場は，①河川流路を中心とした地理的環境，②製塩地域と市場を結びつける主要集散地市場の機能，③嗜好，④価格という主要な四つの条件によって形成されていた。また，これらの条件によって，市場は大きく分けて四つの地域市場圏に分断されていた。こうした地域市場圏，とくに西部と東部には明らかな嗜好の差が存在した。西部では煎熬塩と天日塩の両種類が消費されたのに対して，東部では天日塩が消費されることはなかった。遠隔地の住民や貧困層にとって価格は塩を選択するうえで最重要の指標であったと考えられるが，塩に対する評価（品質や儀礼的価値など）には明白な地域差がみられたのである。重要なことに，こうした地域で分断された市場は，禁制塩市場の拡大を抑制し，価格を高値で維持しようとする政府の政策を支えた。

政府は，「市場指向型」の禁制塩対策によって市場を巧みに利用し，塩専売収益の増加を実現させた。その一方で，政策が成功し，専売地域内で塩の高値が維持されたことは，とりもなおさず，不法生産と密輸を誘発しつづけたことを意味する。EIC は，政府塩の生産・流通のみならず，正規の政府塩であるコロマンデル塩とオリッサ塩の生産と輸入を促進し，禁制塩の（不法）生産と（密）輸入も刺激していた。すなわち，高塩価政策は，政府塩と外国塩のみならず禁制塩を含んだ市場に支えられた脆弱なものだったともいえる。市場は，政府が抑制しうる能力を超えて機能し，やがて政策の効果を著しく弱体化させはじめた。この点が次章の課題である。

第3章

専売制度の動揺
——高塩価政策の行詰まりと禁制塩市場の拡大（1820年代後半〜36年）

はじめに

　第1章で検討したように，高塩価政策が功を奏し，塩専売利益は1790年代以降確実に増加した（第1章図1-8参照）。しかしながら，それは1820年代後半には豊作の年を除いて低迷した。高塩価政策廃止後の1830年代後半には一時的に回復したものの，1840年代には相次ぐ製塩区の廃止にともなって減少し，ベンガル管区における塩専売収益において，オリッサ製塩区の割合が増加した。なぜ，塩専売は1820年代末以降それまでのように利益をあげることができなくなったのであろうか。

　第1章，第2章で検討したように，政府が採用してきた高塩価政策は，不法生産と密輸を刺激するという制度上の欠陥を内包していたため，東部インド塩市場には政府塩（高価な煎熬塩と安価な天日塩）だけではなく大規模な禁制塩市場も存在した。高塩価政策は，その三つの市場のバランスに支えられてきたのである。換言すれば，高塩価政策は，三つの市場のバランスが崩壊すると機能不全におちいってしまうという脆弱なものでもあった。高塩価政策が行き詰まり，もはや塩の高値を維持できなくなると，それに支えられた専売収益も減少せざるをえなかったのである。

　なぜ，高塩価政策は挫折したのであろうか。本章では，その原因となる三つの市場のバランスの変化，とりわけ塩価格の低下の原因となる禁制塩市場の拡大の要因を，以下の点から明らかにしよう。第1は，物理的な抑制策の限界で

ある。第2は，禁制塩市場抑制の一翼をになってきた外国塩の役割の変化である。さらに，収益を低下させた要因としてベンガル製塩業の高コスト化を指摘したい。このこともまた，上記の2点と関連して，不法生産の抑制を目的とする諸政策と嗜好を取りこんだ政策自体が動因となって生じた大きな変化なのである。

1　供給量統制策の破綻

1）落札済み在庫量の増大

　300万マンを上限として設定されていた年間生産量は，需要に合わせて増加し，1820年代半ばには500万マンに達した。しかしながら，1820年代末以降，政府による供給量は減少しはじめた。

　図3-1によって，政府塩の年間供給量（「競売における販売量」）と実際に市場に供給された量（「市場への供給量」）を確認しよう。市場への供給量は，競売での買付け人が政府の塩倉から実際に引きとった量を指す。落札済み在庫量は，買付け人が買付け後も引きとらずに政府の塩倉に保管されたままの塩の量を指す。したがって，市場への供給量は，競売における販売量から落札済み在庫量の前年からの増減分を差し引いた量として示されている[1]。

　市場への供給量は，1824年のピーク時には513万4460マンであったのに対して，1830～36年の年平均では431万3256マンまで大幅に減少している[2]。さらに，1824～25年をピークに競売における販売量，すなわち供給量自体が削減されている。たしかに，1820年代後半には断続的な凶作によって生産量自体が落ちこんだ（第1章図1-11参照）が，これまでの政策では，こうしたベンガル製塩業の不振による供給量減少は，収益の減少を招くため，コロマンデル塩やオリッサ塩の輸入によって回避されてきた。

　なぜ，供給量は1826年度以降継続的に削減されたのであろうか。供給量を調整する必要性は，落札済み在庫量増加問題から生じた。落札済み在庫量は，1795年からしだいに増加している。この在庫量は，元来，買付け人が投機を

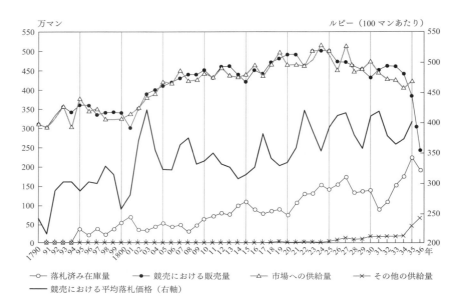

図 3-1　塩供給量と落札価格（1790〜1836 年）

出所）BRP-Salt, P/101/52, 10 Jul 1829, no. 16 ; P/102/9, 27 Jan 1832, no. 20 ; P/105/35, 28 Feb 1837, no. 12 より作成。
注 1 ）落札済み在庫量は，各年 1 月 31 日時点の量である。ただし，1830〜36 年については，前年 12 月 31 日の量である。
　 2 ）その他の供給量には，民間輸入と政府による小売販売が含まれる。

目的に退蔵した塩であった。かれらは，政府に倉使用料を支払いながら，同時に競売で塩の買占めをつづけることが可能な資金力をもっていた。しかしながら，1820 年代以降，こうした潤沢な資金力をもつ買付け人はもはや存在しなかった。資金繰りの悪化によって塩代金を支払うことができなかったり，買い手をみつけられない買付け人の塩が政府倉に残されるようになったのである（第 6 章参照）。

　図 3-1 に示されているように，1820〜21 年における市場への供給量は，競売における販売量が 490 万マンと大規模であったにもかかわらず，落札済み在庫量の増加によって減少している。これは政府塩市場の縮小を意味し，禁制塩市場を拡大させる懸念があった。関税・塩・アヘン局は以下の三つの政策によって落札済み在庫量の削減を試みた。第 1 に，投機目的ではなく実際に塩を市

場に供給する商人が容易に競売に参加できるよう年間競売開催数を増やした。競売は，1821年にそれまでの4回から5回に増加し，1825年以降は毎月開催されることになった。しかし，同局が期待したほどの効果はみられず，落札済み在庫量は増加しつづけた。

第2の政策として，遠隔地向け塩移出者に対する補助金があげられる[3]。この政策は1824年に実施され，塩移出量1マンあたり，パトナー向け7アナ，ロングプルおよびディナジプル向け6アナ，マルダおよびマイメンシン向け5アナ，ボヤリヤ向け4アナという補助金が支払われた。この結果，1824年における市場への供給量は511万2709マンと，過去最大量を記録した。また，これにより，1825年1月31日時点の落札済み在庫量は，前年度よりも減少した。同様の政策は，1827年と1830年にも実施され，いずれにおいても市場への供給量が増加し，落札済み在庫量が減少した。しかし，この効果も一時的なものにすぎなかった。

落札済み在庫量を削減する第3の政策は，供給量自体を削減することであった。1801年や1815年の事例が示しているように，競売による販売削減は落札済み在庫量を減少させ，市場への供給量を増加させる効果を発揮した。しかしながら，1822年や1826年における同様の政策は，落札価格を上昇させたものの落札済み在庫を減少させることはなかった。1826年以降，供給量が継続的に削減されたので，落札済み在庫量も軽減したが，1831年以降塩専売収益の減少に歯止めをかけるために再び供給量が増加すると，落札済み在庫量は急増したのである。

人口増加とそれにともなう塩の需要増を背景として，塩供給量の大幅な減少は，塩という生存に必要不可欠な鉱物の供給不足を招いたと考えられる。供給量の減少に関連して，1831年に，関税・塩・アヘン局は，塩専売が財政専売であるだけではなく，公益性の高い事業であるとの認識を示し，次のように述べている[4]。

　　〔われわれは──引用者注〕財政にとってきわめて重要なものとなった安定的
　　な塩税収入の維持と，われわれがつねに最優先に考えたいと切望している，

112　第I部　東インド会社の塩専売制度と市場

人々の充足に対する配慮という双方を満たせるようにこれまで努力してきた。

しかし，供給量が増加することはなかった。1832年から36年の5年間の市場
への供給量は平均年間420万9239マンであり，それに「その他の供給量」の
44万6266マンをくわえた465万5505マンがこの期間の平均年間供給量であ
る。この量は，その前の5年間（1826〜31年）の平均よりも30万マンも少な
かった。前章で検討した推計に基づいて1人あたりの年間塩消費量を5キログ
ラムとすれば，約224万人の年間塩消費量が不足していた計算になる。

　供給量が減少し，競売での落札価格が上昇傾向にあるにもかかわらず，市場
における煎熬塩価格は下落傾向がつづいた（第6章参照）。本書の冒頭に示した
パーマー（S. G. Palmer）の慨嘆は，この状況を受けたものであった。塩価格を
低下させるに十分な規模で塩が供給され，政府も買付け人も市場を統制できな
くなっていたのである。

2）不法生産・密輸抑制政策の限界と密売の拡大

　政府は一定規模の禁制塩市場の存在を認識していたものの，1830年代前半
になるまで，塩税収入に甚大な影響を与えるほどではないと考えていた。1829
年，関税・塩・アヘン局は，製塩区長および塩取引監督区長の報告をもとに，
「製塩区の境界地域でさえ政府塩の販売量は多く，しかも増加しており」，製塩
区を越えて「不法生産塩が内陸部に入ったことはなければ，入る可能性もな
い」との見解を示し，禁制塩を取り締まる条例や抑制政策が十分に機能してい
ると自信をみせていた[5]。実際に，その頃まで塩税収入は増加していた。しか
しながら，塩税収入が減少しはじめると，同局は禁制塩市場の規模が予想以上
に大規模であることを認めざるをえなくなった。すなわち，供給量が削減され
ているにもかかわらず塩価格が低下していることに困惑し，その要因を禁制塩
市場に求めはじめたのである。

　生産量制限と高価格を柱とした政策そのものが不法生産や密輸を誘発する原
因であったが，政府にはその政策を変更できなかった。なぜなら，供給量制限
による高価格維持が安定的な財源の確保という塩政策の目的に最も適合した手

段と考えられてきたからである。したがって，政府は，塩政策を変更せずに，不法生産や密輸問題を行政的，法的手段で抑制し，解決することを目指したのである。それは，第1章で検討したように，カルカッタのレヴェルでの供給量調整を通じた価格調整と不法生産および密輸の厳格な取締りであった。

製塩区からの不法生産塩の流出を効果的に抑制するために，1801年に，塩関所を地域別に統括する西部，東部，中部塩取引監督区が設置され，それぞれに塩取引監督区長がおかれた（第1章）。その機能の強化を目的に，1826年に，各塩取引監督区がいくつかの地域別監督区に細分化された[6]。さらに，収税官，製塩区長，関税・塩・アヘン局助役が塩取引監督区長職を兼務することになり，専任の塩取引監督区長職は廃止された。しかし，新たな制度は長くはつづかなかった。何らかの職と兼務した塩取引監督区長が職責を全うすることはむずかしく，適切な監督機能の不全は禁制塩の市場への流入を助長したにすぎなかった[7]。

EIC は，新たな禁制塩対策として，直売所（retail *gola*）における小売を拡大させた。この政策の元来の目的は，政府塩供給量が不足している地域において，政府塩を安価に供給し，当該地域への禁制塩の流入を抑制することであった。直売所は，チッタゴン丘陵部における政府塩不足に対応するため1795年にはじめてチッタゴン製塩区に設置された。直売所を通じた政府塩販売は，1810年にブルヤ，1816年にトムルク，1825年にジェソール，1831年に24パルガナズ，1832年にヒジリ製塩区へと順次拡大し，図3-2が示すように，チッタゴンとジェソールを中心に1820年代後半以降増加した。1826年条例第10条によって，関税・塩・アヘン局が適切と判断すれば，製塩区外においても直売所を設置することが可能になったからである。

ビハール塩取引監督区長ドイリー（C. D'Oyly）の提案を受け，関税・塩・アヘン局は，政府塩供給が不十分なビハールにおいても直売所を通じた塩販売の可能性を検討した。ドイリーの提案とは，ビハールにおける煎熬塩価格の下落を抑制しつつ，硝石の副産物であるカリなどの不法生産を減少させるために，政府塩として60万～100万マン規模の天日塩を小売販売することであった[8]。結晶が大きい天日塩はカリとのブレンドがむずかしいことにくわえ，安価な政

114　第Ⅰ部　東インド会社の塩専売制度と市場

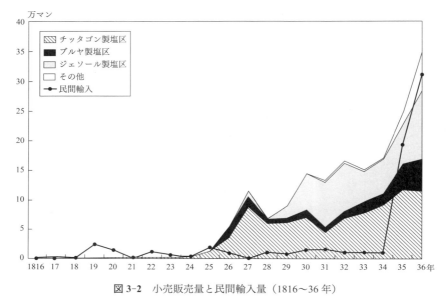

図 3-2　小売販売量と民間輸入量（1816～36 年）

出所）BRP-Salt, P/101/52, 10 Jul 1829, no. 16 ; P/102/9, 27 Jan 1832, no. 20 ; P/105/35, 28 Feb 1837, no. 12 より作成。

府塩が増加すれば不法生産や密輸そのものへのインセンティブが減少すると考えられたからである。

　しかし，ビハールにおける直売所設置計画が実現することはなかった。第 1 に，遠隔地への輸送費が高額であるため，天日塩を廉価で販売することはできなかった。第 2 に，「競売の買付け人がこれまで塩を供給してきた市場に，安価な政府の小売塩が流入しないと思う者は一人もいないだろう」[9]とする関税・塩・アヘン局の見解からも明らかなように，政府は，これまでの経験から，政府が市場に売り手として参入することに対する商人の猛反発を予期していた（第 8 章参照）。実際に，塩買付け人は，安価な小売塩と不公平な競争を強いられることに強い不満を示した[10]。政府にとっても，1 マンあたり 2.5 ルピーという廉価での小売販売を拡大させれば，競売での販売量が減少し，結果的に減収につながる懸念があった。1827 年には，ブルヤ製塩区内の主要市場であるロッキプルでは，小売販売拡大の結果として競売で販売された政府塩の移入量

第 3 章　専売制度の動揺　**115**

が減少した[11]。以上の諸事情が考慮され，直売所の設置場所は製塩区内および
その近隣地域に限定され，販売量も限定的だったのである。とはいえ，1830
年代に入ると競売での塩供給量の減少と落札済み在庫量の増加にともなって，
直売所の役割は大きくならざるをえなかった（前掲図 3-1 および図 3-2 参照）。

　政府は，主要な禁制塩供給源の一つであったオリッサにおける密輸対策も強
化した。オリッサでは，生産量の約 50 パーセントがベンガル向けに輸出され，
残りが域内消費にあてられた。域内消費用の塩は政府によって小売販売された。
煎熬塩の小売価格は，100 マンあたり 165 ルピーと決められていたが，ベンガ
ルへの密輸抑制を目的としてしだいに引き上げられ，1812 年には 220 ルピー
とされた[12]。同時に，EIC は消費者の不満を緩和するために，1 マンあたり
140 ルピーで天日塩の小売も開始した。しかし，1825 年以降オリッサ南部にお
ける天日塩生産が増加するにつれ，天日塩の小売価格は 100 マンあたり 100 ル
ピーにまで低下したのである。それを受けて，EIC は煎熬塩の小売価格も 215
ルピーにまで引き下げざるをえなかった。オリッサにおいて，密輸のインセン
ティブを取り除くことは容易ではなかったのである。また，カタック行政長官
は，供給源であるオリッサ側の密輸抑制策に自信をみせていたが，同時に，い
くつかの密輸ルートが依然として存在していることを認めていた[13]。

　最後に，「汚職」と「不正」に触れておこう。製塩区長や塩取引監督区長は
つねに現地役人の汚職や怠慢を問題にしていた。トムルク製塩区長メイソン
（B. Mason）は，現地役人のなかで「最も位が高い筆頭役人から最下位の小使い
にいたるまで，塩部局内のあらゆる現地役人は賄賂にまみれ」，「長きにわたっ
て不正が習慣になっている」[14]と指摘している。同製塩区の助役は，「なんと
いっても密売の抑圧の最大の障碍は塩部局，塩関所，警察の現地役人間の強力
な結託である」[15]と述べている。製塩区は，数ある組織のなかでもとりわけ
「金のなる木」であったといわれる。製塩区で雇用されれば，比較的給料がよ
いだけではなく，モランギから賄賂をもらえる機会にも恵まれたからである[16]。
トムルク製塩区の筆頭書記であったギリシュチョンドロ・ボシュの回顧録に記
されているように，モランギが政府から支給される前貸し金に対してすべての
役人が何らかの取り分をもっていたのである。製塩区長もこうした慣習に口を

116　第I部　東インド会社の塩専売制度と市場

はさむことはなかった。

　このように汚職や不正が蔓延し，抑制策の効果を弱めていた。ただし，第2章でも述べたように，イギリス人高官も不正にかかわってきた。P. ロブが「1830年代後半になるまで，徴税業務が比較的安定的で改善が進んでいる行政の一部門であると自信をもっていうことはできない」[17]と指摘しているように，これは塩専売にかぎったことではなく，初期のEICの行政機構全体が抱える問題でもあった。とはいえ，行政機構の上部ではしだいに汚職や不正が，EICが第一に回避すべき減収につながることが認識され，それらを取り締まる条例や規則の制定が進むと，かれら自身の行動も自らが制定した規則に束縛されるようになった。こうして役人の大半を巻きこむような不正自体は抑制されるようになった。

2　輸入圧力の高まりと市場の変化

1）沿岸交易構造の変化と天日塩価格の上昇

　行政的・法的対策と並んで市場指向型の対策もとられてきた。その要はコロマンデル塩であった。価格や嗜好などの諸条件によってベンガル西部およびビハールに限定されていた天日塩（コロマンデル塩）市場は，1830年代初頭には小規模ながらベンガル中部のラジシャヒ県やジェソール県に拡大した[18]。1820年代中頃まで，競売における天日塩価格は，ベンガル産煎熬塩よりも平均して100マンあたり約100ルピー低廉であった。しかし，1824年度から10年間の平均落札価格を比較すると（表3-1），コロマンデル塩とベンガル塩との価格差は100マンあたり10～22ルピーにまで縮小した。そのうえ，コロマンデル塩価格はブルヤ塩価格を超えたのである。市場においても天日塩価格の上昇が指摘されはじめた。商務拠点駐在官報告によれば，シャンティプルをはじめとするベンガル西部市場では，天日塩価格が煎熬塩価格に並んだという[19]。1810年代末まで，地方市場における天日塩の平均価格は100マンあたり約350ルピーであったが，1820年代には400ルピー，1830年代前半には450ルピーとな

り，煎熬塩との価格差が急速に縮小していたのである。

天日塩落札価格上昇の結果，政府にとってコロマンデル塩輸入による税収上のメリットが増加した。コロマンデル塩輸入・販売経費は100マンあたり76〜83ルピーで安定していた。この額はヒジリを除くベンガルの製塩区の塩生産・販売経費を下回った。コロマンデル塩輸入・販売経費の大半を占めるのは，塩輸入業者（船主）からの買取り価格であった[20]。このレートが100マンあたり66ルピーから72ルピーへと引き上げられたにもかかわらず，1806年には100マンあたり209ルピーであったコロマンデル塩輸入・販売による純利益は，1826年には280ルピーにまで増加した。これは，ヒジリ塩を除いたベンガル塩の生産・販売による純利益よりも大きかった[21]。

前章で明らかにしたように，天日塩の安定供給と質的改善は，元来政府が意図したものであった。しかし，皮肉にも，天日塩価格上昇は，廉価であるがゆえに天日塩がもっていた禁制塩市場拡大防止効果を弱めたのである。

東部インドの塩専売制度に一定量のコロマンデル塩輸入が取りこまれたことは，しだいに供給サイドの圧力を増大させた。コロマンデル海岸では，沿岸交易に従事する在来船数は減少傾向にあったものの，ベンガル，マドラス両政府の奨励によって，塩輸送に依存する小規模海運業者・船主を増加させた。また，多くの製塩業者が借入れ金で塩田開発を進めた。したがって，ベンガル政府の事情による一方的な輸入量調整は，コロマンデルの塩業・海運業者に多大な損害をもたらし，マドラスにおける塩専売制度の不安定化要因となりかねなかった。結果的に，ベンガル政府は供給サイドの事情をつねに考慮せざるをえなくなり，両地域間の塩交易における需要サイドの主導的役割はしだいに低下した。

同時に，沿岸交易自体にも大きな変化がみられた。第2章でみたように，塩交易ネットワークは沿岸穀物交易を軸とした現地商人のネットワークに依存し

表3-1 競売における平均落札価格（1824〜33年度）

製塩区	価格（100マンあたり）
カタック	435.58
24パルガナズ	419.15
ジェソール	408.46
トムルク	406.64
チッタゴン	388.94
ヒジリ	387.9
コロマンデル	**378.43**
ブルヤ	376.17

出所）BRP-Salt, P/105/21, 2 Feb 1836, no. 11H より作成。

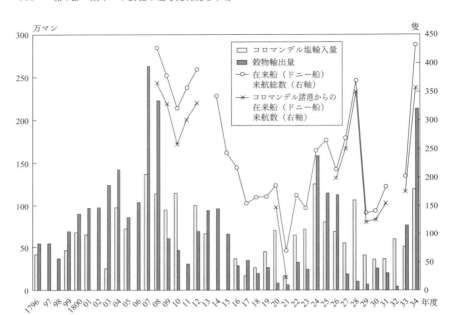

図 3-3 カルカッタのコロマンデル塩輸入量・穀物輸出量・在来船来航数
（1796～1834 年度）

出所）穀物輸出および在来船来航に関しては，BCR, P/174/13-45；Horace Hayman Wilson, *A Review of the External Commerce of Bengal from 1813-14 to 1827-28* (Calcutta : Baptist Mission Press, 1830), pp. 8-9 (tables) より作成。塩輸入に関しては，Appendix L to the Salt Report, BPP, vol.26, 1856；BRP-Salt, P/89/2, 5 Dec 1792；P/100/13, 26 Dec 1817, no. 4；P/100/23, 16 Dec 1818, no. 1；P/100/28, 24 Sep 1819, no. 2；P/100/36, 20 Oct 1820, no. 4；P/100/43, 14 Sep 1821, no. 3A；P/100/52, 24 Sep 1822, no. 8A；P/100/61, 30 Sep 1823, no. 11；P/100/72, 19 Nov 1824, no. 29；P/101/12, 28 Feb 1826, no. 5；P/101/31, 4 Dec 1827, no. 7；BRC-Salt, P/98/26, 28 Jul 1794, no. 5；P/98/27, 8 May 1795, no. 4；P/98/27, 20 Jul 1795, no. 2；P/98/32, 18 Jul 1796, app. no. 1；P/98/35, 25 Jul 1799, no. 3；P/98/43, 5 Aug 1802, no. 3；P/99/16, 30 Jan 1806, no. 2；P/99/26, 11 Sep 1807, no. 2；P/99/30, 12 Aug 1808, no. 3；P/99/34, 25 Aug 1809, no. 2；P/99/39, 29 Oct 1810, no. 3；BT-Salt, vol.75, 4 Aug 1812；vol. 85-2, 17 Aug 1813；vol. 95, 23 Aug 1814；vol. 113, 16 Aug 1816 より作成。

て発展したが，穀物の重要性が低下した一方で塩交易・製塩業が発展した結果，1820 年代には塩交易自体が沿岸交易の軸として機能しはじめた。

図 3-3 は，カルカッタ港の穀物輸出量・塩輸入量および在来船（ドニー船）来航数の推移を示している。カルカッタに来航する在来船の大半がコロマンデルからであった[22]。図から明らかなように，1826 年度まで在来船の来航数は穀物輸出量に対応して変動しており，在来船の穀物依存度はきわめて高かっ

た[23]。穀物輸出貿易が縮小すると，1805年には約250隻あったコリンガ周辺の在来船は，1818年には175隻にまで減少したという[24]。このうち165隻がベンガル―コロマンデル間の塩・穀物交易に従事していた。穀物交易縮小の背景として，1790年頃からタンジョールを中心として南インドの農業生産が回復し，マドラス周辺地域における穀物不足が緩和された点が指摘される[25]。1820年代半ばや1830年代前半の穀物輸出の急増は，南インドにおける凶作に起因した一時的なものであった。

　沿岸交易を支えてきたベンガルの対コロマンデル穀物輸出の減少は，コロマンデルからの塩輸入に支障をきたした。その結果，塩交易を維持するためには，追加的な奨励策が不可欠となったのである。ベンガル政府は，塩買取り価格を100マンあたり66ルピーから72ルピーへと引き上げ，塩輸入船に補助金を与える政策をとった。例えば，図3-3に示された1828年度の在来船来航数の急増は補助金の成果であった。マドラス管区側でも奨励策がとられ，1829年には，塩輸入業者に対する販売価格が24マドラス・ルピーから21マドラス・ルピーに引き下げられた。こうした塩交易奨励策の結果，コリンガ周辺の在来船数は1829年には約200隻にまで回復した[26]。穀物交易の縮小によって貿易統計上減少傾向にあったベンガル―コロマンデル交易は，実際には塩を軸に活性化されていたのである[27]。

　他方，穀物交易の縮小にともなう在来船数の減少は，塩交易へのヨーロッパ船の参入を活発にした。塩を軸にした交易への再編は，在来船だけではなくヨーロッパ船の参入によっても促進されたのである。パーマー商会（Palmer and Co.）をはじめとするカルカッタの大商会やビニー商会（Binney and Co.）などのマドラスの有力商会も参入した[28]。ヨーロッパ船にとって沿岸塩交易には魅力があった。第1に，先述したように，マドラス管区内の塩販売価格引下げとカルカッタにおける買取り価格引上げによって，塩交易による利益が増加していた。第2に，沿岸交易ではベンガル向けの主要商品であった銅の貿易が縮小し，ヨーロッパ船には綿織物以外に適当な商品がなかったため，塩荷の重要性が高まっていたのである。

　第3に，1820年代半ば以降ベンガルの対モーリシャス穀物輸出が拡大した

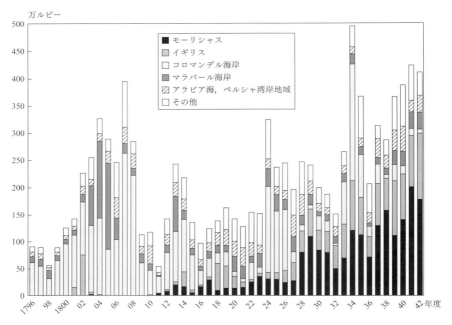

図 3-4　ベンガルの国・地域別穀物輸出額（1796～1842 年度）
出所）BCR, P/174/13-53 より作成。

ことが指摘できよう。ベンガルの穀物輸出額を地域別に示した図3-4をみてみよう。ベンガル穀物の輸出先は，コロマンデル海岸を中心とするインド諸地域が中心であったが，1810年代以降モーリシャスの重要性が増加している。これは，ナポレオン戦争を機に1810年にイギリスがモーリシャスを領有すると，モーリシャスが「米のほぼすべてをインドからの供給に依存する」[29]ようになったからである。当初は駐留イギリス軍への食糧供給が目的であったが，モーリシャスで輸出商品として砂糖生産が推進されると，サトウキビ栽培農家や製糖工場の労働者の食糧として，ベンガルからの穀物輸入が拡大した[30]。とくに1826年に製糖工程の動力化によってモーリシャス糖生産が飛躍的に増大し，イギリスでモーリシャス糖の輸入関税が引き下げられたことを契機として，イギリス，モーリシャス，インドを結ぶ貿易が拡大したのである[31]。ベンガルか

らの穀物輸出による利益がロンドン市場向けモーリシャス糖の買付け費用に充当できるため[32]，マドラスのイギリス系商会もカルカッタ―モーリシャス間貿易への参入を希求したのである。

しかし，マドラスから穀物荷を求めてカルカッタに向かうには，塩荷がなければ空荷になるため，在マドラス商会は在カルカッタ商会と比べて不利であった。そのため，在マドラス商会は，ベンガル政府によるコロマンデル塩輸入規制に反発し，しばしば抗議をおこなった[33]。1829 年に，パリー，デア商会（Parry, Dare and Co.）がマドラス収税官マレー（L. Murray）宛に送った書状には，「現在実施されている塩輸出規制は，カルカッタへの唯一の積み荷である塩に期待を抱いている船主にとって手痛い損失になるでしょう」と強い不満が示されていた[34]。同様に，アーバスノット商会（Arbuthnot and Co.）も以下のように不満を吐露した[35]。

　　われわれはまったく躊躇することなく以下のように申しあげます。コロマンデル海岸すべての地域における対カルカッタ塩輸出規制は，この商品に積み荷のすべてを依存している船主にとって深刻な問題となるでしょう。とくに，フランス島〔モーリシャス――引用者注〕からカルカッタに向かう船は，昨年当海岸で大量の塩荷を積みこんだので，間違いなく今年もそれを期待しているはずです。

こうして，ベンガルの貿易構造の変化が沿岸塩交易に影響を与え，塩の重要性を高めたのである。

こうしたなか，ヨーロッパ船の環ベンガル湾塩交易への参入は，カルカッタ向けアラカン塩輸入の開始によって一層促進された。ヨーロッパ船は，中国・東南アジアからの帰路にアラカン半島のアキャブに寄港し，塩荷を得てカルカッタへと向かった。イギリス商人による遠隔地貿易・アジア間貿易およびその拡大が，環ベンガル湾塩交易を活発にしたのである。

ヨーロッパ系商人の塩利害が拡大するにともない，塩の安定供給を必要とするベンガル政府はかれらに譲歩せざるをえなくなった。政府は，密輸を取り締まる立場から 1.875 パーセントに設定していた輸送時に発生する許容損耗率を，

在来船よりも構造上損耗が発生しやすい大型のヨーロッパ船に配慮し，最大 8 パーセントにまで大幅に引き上げた。この大幅な引上げは，コロマンデル塩密輸取締り政策の有効性を著しく低下させた。密売人に横流しした分を損耗として申請するという不正が，イギリス人を含む塩運搬船の船長らによって頻繁におこなわれたのである[36]。

　こうして，東部インドにおける塩専売制度が生みだした環ベンガル湾塩交易は，同地域における輸出主導型製塩業の発展と貿易構造の変化を背景として，1820 年代半ば以降ベンガル政府の統制から独立して機能しはじめた。ヨーロッパ系商人の参入は，こうした傾向に拍車をかけたといえよう。増大する供給サイドの圧力は，高価格政策の根幹を動揺させ，東部インド塩市場の変容をもたらすことにもなった。

2）煎熬塩市場の変化——オリッサ塩輸入の拡大

　1813 年に，すべての外国塩がシャルキヤ倉で受けいれられるようになると，カルカッタの塩買付け人は質の高いオリッサ塩を積極的に扱うようになった（第 1 章）。また，1815 年に，オリッサ南部の製塩区がカタック製塩区に併合され生産規模が拡大すると，オリッサの年間生産量の約 50 パーセントがカルカッタ向けに輸出されはじめた。オリッサ塩は競売で高値で落札され，1821 年 7 月の競売では，すべての銘柄のなかで最高値である 100 マンあたり 382.8 ルピーをつけた[37]。

　競売での高値は政府にとって収益の増加をもたらすはずであるが，オリッサ塩輸入・販売は税収上の魅力に乏しかった。なぜなら，1822 年に，カタック製塩区長ベッカー（C. Becker）が「シャルキヤ倉まで塩を輸送する船を十分に確保できない」と指摘するように[38]，産地からシャルキヤ倉までの輸送船不足に起因した高額の輸送費が収益を減少させていたからである。

　オリッサ塩輸入請負人レッデイル商会（Reddale and Co.）は，自社所有船舶数がかぎられていたため，契約を遂行するためには在来船を傭船せざるをえなかった[39]。しかし，在来船主は政府から奨励金が支払われないかぎり，塩荷用に船を貸しだすことはなかった。そのため，1818 年度には 100 マンあたり約 30

写真 3　シャルキヤ

シュタヌティ（ショバパジャル埠頭）からフゥグリ川対岸シャルキヤを遠望。倉庫や埠頭がみえる。
出所）筆者撮影，2015 年 3 月 15 日。

ルピーであった奨励金が，1822 年度には 110 ルピーにまで引き上げられたのである。同年度におけるオリッサ塩生産・輸入費用は 100 マンあたり 225.97 ルピーとなった。オリッサ塩輸入が安定化すると，この費用はカタック塩で 147.6 ルピー，バラゾール塩で 97.48 ルピーにまで低下したが，依然として他の塩よりも利益率は低かった。こうしたデメリットにもかかわらず，政府は密輸抑制のためにオリッサ塩の正規輸入ルートを確保しておく必要があったのである。

皮肉なことに，オリッサ塩輸入量の増加は，価格低下を防止するために同じ煎熬塩であるベンガル塩の生産量を抑制することになった。

3）環ベンガル湾塩交易ネットワークの拡大と産地間競争の進展

1820 年代初頭に，政府勘定によるアラカン塩のチッタゴンへの輸入がはじまった[40]。この背景には，陸続きのオリッサからの密輸と同様に，アラカン塩のベンガル東部への密輸問題があった。この輸入のにない手は，アラカン半島沿岸部を拠点とするモグ商人であった。アラカンからの塩輸入でもまた，在来商人による沿岸穀物交易ネットワークが利用された。グワをはじめとするアラカン半島南部に穀物を移出する在来船が，同地で塩荷を積みこみ，チッタゴンに輸送した。ベンガル市場向けアラカン塩の産地は，ペグー付近まで拡大した。

124　第 I 部　東インド会社の塩専売制度と市場

　第 1 次ビルマ戦争後の 1827 年には，アキャブにアラカン塩事務所が設置され，アキャブ港およびラムリー島北端のキャウクピュ港からアラカン塩がカルカッタ港にも輸入されるようになった。ヨーロッパ船によるアラカン塩輸入も開始し，それは，大型船の停泊に十分な港湾設備が整備された 1830 年代前半に本格化した。

　さらに，カルカッタにくわえてチッタゴンもコロマンデル塩の輸入港となった。1827 年に，チッタゴン丘陵地域における政府塩供給量不足を解消する目的で，安価なコロマンデル塩のチッタゴン港への輸入が開始されたのである[41]。当初の計画では，コリンガのテルグ船の利用が検討されたが，カルカッタ向け塩船の減少につながる可能性があったので却下され，代わりにチッタゴンの在来船が利用された。これは，チッタゴンの海運業者・船主に大きなビジネスチャンスとなった。こうして，インド東岸部とカルカッタを結ぶ塩交易ネットワークは，1820 年代には，チッタゴンおよびアラカン海岸に拡大したのである。

　このように，ベンガル塩は，産地間競争から隔絶されていたかにみえたものの，近隣諸地域から政府勘定で輸入された塩との競争にさらされていた。東部インド塩市場における産地間競争の激化は，ベンガル塩の高価格を通じて収益を確保するという政策を破綻に導く一因となった。同時に，ベンガル製塩業は，専売制度および製塩業を取り巻く環境の変化に対応できずに高コスト化し，競争力を失っていた。この点を次項で検討しよう。

3　ベンガル製塩業の高コスト化

1）製塩費用と製塩区の地理的環境

　ベンガル塩の競争力が低下した要因は，外国塩の競争力が高まったことだけではなかった。ベンガル製塩業自体がしだいに高コスト化しはじめていたのである。

　製塩区別 100 マンあたりの製塩費用を示した表 3-2 を用いて，前半（1798〜1819 年度）と後半（1820〜29 年度）を比較すると，チッタゴン製塩区を

表 3-2 製塩区別 100 マンあたり製塩費用（1798〜1829 年度）

製塩区	1798〜1819 年度 平均（前半）	1820〜29 年度 平均（後半）	全期間平均
ヒジリ	71.09	76.71	72.75
トムルク	71.26	95.17	78.34
ライモンゴル	148.01	—	148.01
24 パルガナズ	103.00	115.74	106.78
ジェソール	—	123.60	123.60
ブルヤ	94.66	116.42	101.11
チッタゴン	91.68	90.16	91.23
平　均	96.62	102.97	103.12

出所）BRP-Salt, P/100/13, 26 Dec 1817, no. 4；P/100/23, 16 Dec 1818, no. 1；P/100/28, 24 Sep 1819, no. 2；P/100/36, 20 Oct 1820, no .4；P/100/43, 14 Sep 1821, no. 3A；P/100/52, 24 Sep 1822, no. 8A；P/100/61, 30 Sep 1823, no. 11；P/100/72, 19 Nov 1824, no. 29；P/101/12, 28 Feb 1826, no. 5；P/101/31, 4 Dec 1827, no. 7；P/101/42, 16 Sep 1828, no. 68；P/101/70, 21 Jan 1831, no. 81；BRC-Salt, P/98/35, 25 Jul 1799, no. 3；P/98/43, 5 Aug 1802, no. 3；P/99/16, 30 Jan 1806, no. 2；P/99/26, 11 Sept 1807, no. 2；P/99/30, 12 Aug 1808, no. 3；P/99/34, 25 Aug 1809, no. 2；P/99/39, 29 Oct 1810, no. 3；BT-Salt, General Statement of the Produce, etc., vol. 75, 4 Aug 1812；vol. 85-2, 17 Aug 1813；vol. 95, 23 Aug 1814；vol. 113, 16 Aug 1816.

注）ライモンゴル製塩区は閉鎖にともない 1798 年度から 1801 年度のみ，1819 年に新設 されたジェソール製塩区は 1820 年度以降のみの数字である。

除いてすべての製塩区において製塩費用が増加し，生産性が低下していること が分かる。製塩費用が製塩区によって大きく異なっていたのは，各製塩区の地 理的環境の相違による。製塩環境に恵まれたヒジリ，チッタゴン製塩区の製塩 費用は期間を通じて比較的安定していたのに対して，トムルク，24 パルガナ ズ，ブルヤ製塩区では顕著に上昇していた。1819 年に 24 パルガナズ製塩区か ら独立したジェソール製塩区の費用も前者以上に高かった。なぜ，これらの製 塩区では，1820 年代になって製塩費用が増加したのであろうか。

　共通の要因として，先述した，遠隔地向け移出商への補助金制度を指摘しう る。この制度は落札済み在庫量の一時的な減少をもたらした一方で，塩専売全 体にとっては多大な出費となったのである。例えば，1824 年 2 月から 9 月ま でに支払われた補助金総額は 68 万 5006 ルピーにのぼり，これは 1824 年度の 支出総額の 17 パーセントを占めた[42]。この項目は全支出項目のなかで，モラ ンギへの前貸しに次ぐ主要項目となった。問題は，こうした一時的な費用だけ にとどまらなかった。

126　第Ｉ部　東インド会社の塩専売制度と市場

　製塩費用を項目別にみてみよう。製塩費用は，製塩区外における制度の運営
と維持にかかる間接費と製塩区内で発生する生産費（直接費）に分類しうる。
間接費には，塩部局や塩関所関係の経費，製塩区長および助手の報酬，塩取
引監督区長の報酬などが含まれる。生産費には，モランギへの前貸し金，
生産地区諸費用，生産地区から政府倉までの輸送費（製塩区内輸送費），塩田賃
貸料，草地賃貸料，塩田地主への補償金が含まれる。生産地区諸費用とは，製
塩区内各生産地区の運営と維持にかかわる諸費用で，現地役人の給料，事務所
や倉の修繕管理費などが含まれる。図 3-5 には，1810 年代半ばと 1820 年代半
ばにおける 100 マンあたりの製塩費用が項目別に示されている。間接費は，期
間を通じてどの製塩区においても大きな変化がみられないので[43]，製塩費用増
加の要因は生産費にあったといえよう。

　生産費のなかで最大の項目は，製塩費用全体の 60〜70 パーセントを占める
モランギへの前貸し金であった。前貸し金には，モランギの取り分，製塩に必
要な諸費用（人足代，燃料費，煎熬壺購入費など）が含まれている。100 マンあ
たりの製塩費用における前貸し金の割合はどの製塩区においても上昇していた。
表 3-3 には，製塩区別の前貸し金レートが示されている。このレートは，政府
のモランギからの買取りレート（100 マンあたり）を指し，製塩区内の生産地
区ごとの事情に合わせて決定された。どの製塩区においてもレートは 1820 年
代半ば以降上昇していた。後述するように，製塩区ごとに異なる諸条件が相ま
って，全体としてモランギの取り分を増加させていたのである。

　生産費のなかで前貸し金に次いで重要な項目は，生産地区諸費用である。こ
の費用の割合が 24 パルガナズ，ジェソール，ブルヤ，チッタゴン製塩区にお
いて高いのは，製塩場が広域に点在し，製塩管理費用がかさむためであった。
とくに，1820 年代になるとブルヤ製塩区でこの費用の増加が目立つ。これは
主として燃料調達の問題が関係している。この点については後述しよう。

　1820 年代に 24 パルガナズ，ブルヤ製塩区の生産性を低下させた要因として，
塩田賃貸料の増加もあった。製塩場が河川の浸食によって頻繁に失われるため，
生産量を維持するために新たな製塩場をつねに開拓する必要があったからであ
る。

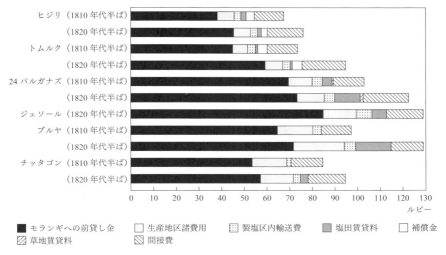

図 3-5 項目別製塩費用（100 マンあたり）（1810 年代半ばおよび 1820 年代半ば）

出所）BRC-Salt, P/100/13, 19 Dec 1817, no. 1 ; P/100/23, 16 Dec 1818, no. 1 ; P/101/31, 4 Dec 1827, no. 7 ; P/101/42, 16 Sep 1828, no. 68 より作成。

注）1810 年代半ばは 1816 年度および 1817 年度の平均，1820 年代半ばは 1826 年度および 1827 年度の平均を指す。

表 3-3 製塩区別前貸し金レート（100 マンあたり）（1814～29 年度）

年度	ヒジリ 最高レート	ヒジリ 最低レート	トムルク 最高レート	トムルク 最低レート	24 パルガナズ 最高レート	24 パルガナズ 最低レート
1814	43.75	—	62.50	—	87.50	56.25
1823	44.79	43.75	62.50	46.88	—	—
1827	56.25	—	75.00	59.50	87.50	75.00
1829	50.00	—	75.00	59.50	87.50	75.00

年度	ジェソール 最高レート	ジェソール 最低レート	ブルヤ 最高レート	ブルヤ 最低レート	チッタゴン 最高レート	チッタゴン 最低レート
1814	—	—	75.00	59.38	—	54.20
1823	87.50	75.00	66.41	60.42	66.41	60.42
1827	87.50	—	58.52	60.42	58.59	—
1829	—	—	89.75	74.14	71.88	68.75

出所）BT-Salt, vol. 86, 21 Sep 1813 ; BRP-Salt, P/100/53, 8 Nov 1822, nos. 1-15 ; P/101/22, 26 Jan 1827, nos. 9-21 ; P/101/49, 14 Apr 1829, nos. 11-24.

128 　第Ⅰ部　東インド会社の塩専売制度と市場

2）高塩価政策下のシュンドルボン森林地域における製塩業

　前掲表 3-2 にあるように，シュンドルボン森林地域（24 パルガナズ，ライモンゴル，ジェソール）の製塩費用はそもそも突出して高かった。これらの地域は，淡水の影響を受けやすいため，鹹水の採取により多くの労力を要した。また，製塩場が居住地域から離れているため，モランギは労働者や樵夫とともに，河川路を通って製塩場まで行かなければならなかった[44]。食料や煎熬壺も小舟で運搬するため，1,500〜2,000 艘の船団が必要とされる。すなわち，効率的な製塩をおこなうには困難な地理的環境にあったのである。

　さらに，この地域では，モランギは，コレラ病（胃腸炎）などの感染症をはじめとする病気やトラなどの野生動物被害にも直面した。ライモンゴル製塩区では，1789 年度に 439 人が命を落とした[45]。そのうち 309 人はトラに襲われ，115 人は病気で死亡したと記録されている。モランギは，トラ対策を頻繁に製塩区長に求めた。しかし，罠をしかけたり，小屋の周囲を豆のツルで作った柵で囲んだり，木の棒で音を立てて追い払うといった程度の対策しかとることができなかった。製塩区長は生産量を維持し，税収を守るために，こうした劣悪で危険な環境で労働するモランギの福祉と収入の確保に力を入れざるをえなかった。なぜなら，後述するように，モランギには別の雇用機会が豊富にあったからである。このことがさらなる製塩費用の増加につながった。

　前掲表 3-3 をみてみよう。シュンドルボン地域の製塩区で前貸し金レートが高いのは，上述したように，過酷な労働環境が指摘しうる。また，居住地域外に製塩場が点在し，監督がむずかしいため，不法生産や密売が誘発されやすいだけではなく，モランギが前貸し金受領後に逃亡しやすい環境でもあった[46]。広大な 24 パルガナズ製塩区では，製塩環境の相違を基準として生産地区ごとのレートに大きな差があった。例えば，1814 年度の最高レートと最低レートとの間には約 31.25 ルピーの差があったため（前掲表 3-3 参照），レートが低い生産地区から高い生産地区に逃亡するモランギが続出したのである。より高いレートを受けとれるように，偽名を使ってレートの良い生産地区で登録するモランギも後をたたなかった。こうした逃亡を防ぐには，生産地区間の前貸し金レートの差を縮小する必要があった。そのため，低いレートの生産地区のレー

トが引き上げられ，全体的な費用の増加につながったのである。

このように，シュンドルボン地域における製塩業は，地理的にも，管理の面でも大きな困難をともなうものであった。それにもかかわらず，この地域での製塩が維持されたのには理由があった。第1に，管理の目が届きにくく不法生産が容易な同地域における製塩を政府が断念すれば，むしろ不法生産を野放しにすることになるからである。

第2に，同地域で生産される塩が高値で取引されるため，財政上のメリットが大きかった。前掲表3-1によれば，カタック（オリッサ）塩を除いて，24パルガナズ塩，ジェソール塩，トムルク塩価格がベンガルの他の産地よりも高いことが分かる。すなわち，淡水の影響を受けやすい24パルガナズ塩やジェソール塩の方が，塩としての質が高いヒジリ塩やチッタゴン塩よりも高く評価されていたのである。クロファード（John Crawfurd）の証言が示唆するように，消費者には聖なるガンガーの影響を受けた土地で生産されたことに意味があった[47]。

24パルガナズ製塩区では，1820年代になると塩田賃貸料が増加している（前掲図3-5参照）。製塩が困難であるにもかかわらず，新たに地権者から塩田として使用可能な土地を借り受け，生産を拡大した結果である。

3）労働力確保とモランギの交渉力

第1章で検討したように，政府は，製塩の失敗を回避して塩専売収益を確保する必要があった。そのために製塩区長はモランギが製塩作業に集中できるようにさまざまな援助をおこなった。その一方で，政府は過剰生産も避けなければならなかった。価格を維持するための生産統制によって，各製塩区では生産能力が大幅に抑制されていた。それは，モランギの収入の減少も意味したため，モランギには，失われた所得を回復するために，政府との契約量以上の塩を生産し，闇ルートで売却しようとする強いインセンティブがあった。政府との契約では1マンあたり0.5〜0.875ルピーしか受けとれないなか，密売人が提示するより高いレートはモランギには魅力的であった[48]。

製塩区長は，情報屋や役人のネットワークを駆使し，不法生産の取締りにあ

たったが，モランギが不法生産を含む他の雇用機会に興味を示さないようにも
配慮した。大豊作の 1812 年度には，政府は余剰生産分を買いとる政策をとっ
た。これは，モランギの収入を増やし，余剰生産分が禁制塩として市場に流出
することを防ぐためであった。その結果，同年度における製塩量が急増したの
である（第 1 章図 1-11 参照）。政府は，この政策に満足し，以下のように述べ
ている[49]。

> 生産者によって政府倉に運びこまれた塩の量が大幅に増加し，それに付随し
> て生産地区から不法に運びだされていた塩の量が減少した。このことはモラ
> ンギに満足感を与えるという効果を生み，密輸全体を抑制することになった。

次年度も豊作になるとの判断から，同じ政策がとられた。同政策は一時的な政
策であったにもかかわらず，多くの製塩区では不法生産を抑制する目的で頻繁
に採用された。

　1822 年にも，関税・塩・アヘン局は，製塩区における不法生産・取引を抑
制する唯一の方法であると，この政策を評価している[50]。しかし，余剰生産塩
の買取りが恒常化した結果，モランギがつねに余剰塩を生産し，その買取りを
期待するようになった。そのため，モランギの期待に応えつつ，余剰塩生産を
抑制するためには，前貸し金レートを引き上げてモランギの定期収入を安定化
させなければならなくなったのである。こうした状況が，前貸し金レート上昇
の背景にあった（前掲表 3-3）。不法生産という雇用機会の存在が製塩費用を増
加させたのである。

　他の製塩区長とは異なり，ヒジリ製塩区長は当初からこの政策に難色を示し
ていた。なぜなら，80 万マンに生産量を抑制されているヒジリ製塩区は，そ
の 2 倍の生産能力があると予想されていたため，余剰塩を一度買いとれば，そ
の出費は間違いなく大規模になるからである[51]。ヒジリ製塩区長は，年間生産
量を 80 万マンから 110 万マンに引き上げることを政府に了解させ，モランギ
の定期収入を増加させる方法をとった。さらに，勤勉なモランギに対して広幅
生地，その他の多様な生地，赤いウールの水夫帽，小型の姿見などの景品を与
えた。ヒジリ製塩区特有の景品制度は，農業あるいは対岸のシャゴル島のジョ

ン・パーマー（John Palmer）所有地における製塩を除いて，他の雇用機会に恵まれていなかったので効果があったと考えられる[52]。

ヒジリとは異なり，トムルク，24 パルガナズ，ジェソール製塩区近郊ではさまざまな雇用機会が存在し，労働力確保をめぐって産業間の競争が生じていた。トムルクでは，1803 年には 3 工場しかなかった製糸工場が 1818 年には 37 工場に増加した[53]。1 カ月の賃金も 2.69 ルピーから 3.19 ルピーに上昇した。一般的な労働者の賃金が月 1.75〜2.125 ルピーであったことを考慮すれば，製糸工場の賃金は労働者にとって魅力的にうつったであろう。1803 年には製糸工場労働者 1,781 人のうち地元出身の労働者数は 825 人にすぎなかったが，1818 年には 3,104 人のうち 2,979 人に増加していた。24 パルガナズやジェソールでは，インディゴなどの商品作物栽培との間で労働力確保をめぐる競争が生じていた[54]。このように，製塩区では不法生産だけではなく他産業との労働力確保競争によって，モランギの交渉力が増加していたのである。

モランギにかぎらず，この時期の労働者は，一般的に政府に対して強い交渉力をもっていたようである。P. J. マーシャルによれば，18 世紀後半のカルカッタでは，労働力の確保がむずかしく，高賃金や強制をもってしても，労働力の安定供給は達成できなかったという[55]。農村の労働力は潜在的に都市の労働力になりうるが，農村部における安価な食糧と豊富な土地の存在が，この労働力の動員を困難にしていた。

労働力確保をめぐる競争はいたるところでみられた。政府専売のアヘン（ケシ）栽培でも，ジャガイモをはじめとする他の作物の栽培との間で競争が生じていた[56]。そのため，塩専売の場合と同じように，ケシ栽培農家への前貸しレートは 1823 年に引き上げられた。EIC に雇用されていた織布工は，製品を引き渡す契約で会社から前貸しを受けとった後にも，その製品を多様な国籍の民間商人に売り払っていた。S. チョクロボルティによれば，「イギリス東インド会社は，買い手市場において独占を実現することは不可能だった」と指摘している[57]。商品作物であるインディゴやケシの栽培農家も，市場で自由に商品を売ることもできた。ラームモーハン・ローイは，1820 年代後半に，インディゴ栽培農家が近隣の人々よりも良い衣服を着用し，恵まれた生活環境にいたと

132 第 I 部 東インド会社の塩専売制度と市場

観察している[58]。I. ラエの近年の研究も，1820 年代までの製藍業は直接間接を含め 93 万人もの雇用を生みだす産業であったことを統計的に明らかにしている[59]。このように，ベンガルの労働者は 19 世紀の少なくとも 1820 年代までは，強い交渉力を有していたのである。

4）燃料費負担の増加

　ベンガル製塩法では，製塩の成功と失敗は，燃料価格および燃料の調達可能性によってしばしば左右された[60]。

　主要燃料である草は荒蕪地（草地）で集められたが，荒蕪地は，洪水，河川による浸食，河川流路の変更などによってたびたび流失した。とくに，この問題は大河川の河口に位置するブルヤ製塩区で深刻であった。ブルヤ製塩区長アーウィン（J. Irwin）によれば，ションディプ島ではまったく燃料が調達できず，「同島の南部あるいは東部沿岸の広大な漂砂を通って燃料を運搬せざるをえなかった」[61]という。とくに引き潮時には砂州が四方に出現するので，燃料船が近づくのはきわめて危険で困難であった。1811 年度だけで，少なくとも 17 艘の燃料船が寄せ波にのまれた。ハティヤ島では，「ニラッキの森」[62]から十分な量の燃料が確保できていたが，メグナ川の浸食と耕地化の進展によって大部分の草地が喪失した。同島のモランギは，ドッキン・シャバズプル島南端地域から燃料を調達せざるをえず，大きな負担を強いられた。ブルヤ製塩区において 1820 年代以降生産地区諸費用が増加したのは，燃料問題が深刻になっていることの証左といえよう（前掲図 3-5 参照）。

　草と並ぶ主要燃料は藁であった。その価格上昇も燃料問題を悪化させた。問題はトムルク製塩区でとくに深刻であった。1800～07 年にかけてトムルク製塩区における藁価格は 1 カハン[63]あたり 0.57～0.67 ルピーであったが，1818 年の価格は 1.14～2 ルピーにまで上昇していた。カルカッタの発展にともなう燃料材や建材としての藁需要の増加が藁市場の形成と拡大をもたらしただけではなく，石炭市場の形成と石炭需給の逼迫が，代替燃料としての在来燃料の需要を増加させ，それが在来産業の燃料調達を困難にしていたのである（第 4 章）。こうしたなかで，農地の所有者や農民は利益を期待して市場で藁を売却

するようになり，モランギが有していた慣習的な藁使用の権利が失われていった。モランギは遠隔地から藁や草を調達するか，市場で藁を購入することを余儀なくされたのである。トムルク製塩区では，モランギへの前貸し金レートを引き上げることで（前掲表3-3参照），モランギの燃料調達を援助し，燃料問題を解決しようとした。こうして，トムルクでは製塩費用に占める前貸し金の割合がしだいに増加したのである。

　ベンガル煎熬塩生産が困難になるなかで，燃料を必要としない天日塩生産の復活が在来製塩業存続の切り札と考えられるようになった。ベンガルにおける天日塩生産は，1805年度を最後に全面的に中止されていた。1828年には，政府はプリンセプ（G. Prinsep）の製塩プロジェクトに対して3万2000ルピーを出資した[64]。このプロジェクトでは，政府から借り受けた24パルガナズ県内の土地で，近代技術を用いたハイブリッド製塩法——天日による採鹹と鉄鍋・太い薪による煎熬——が試みられた。シャゴル島のジョン・パーマー所領においても，シャゴル島協会による製塩事業が展開された。しかし，両事業とも期待通りの成果をあげることはできなかった[65]。パーマーは落胆し，「製塩についやした費用はもっぱらその成果を超えてしまっている」[66]と述べている。1830年にはチッタゴンで本格的に天日塩生産が再開したものの，その規模は限定的であった。

　マドラス政府はより効率的な生産が可能なコロマンデル塩の輸入量を増やし，ブルヤ製塩区を閉鎖すべきだとの進言をおこなった。それを受けて，1829年に，関税・塩・アヘン局はブルヤ製塩区の廃止の可能性を議論しはじめた[67]。しかし，翌年にはブルヤ製塩区の閉鎖は見送られることになった[68]。ブルヤ製塩区の閉鎖がベンガル東部における政府塩供給を大幅に減少させ，不法生産の拡大をもたらす可能性が高かったからである。また，専売制度を維持するため，不必要に外国塩に依存することを回避する必要もあったのである。

　高塩価政策をとる政府にとって，不法生産拡大を回避することは最優先課題であったため，製塩効率の高い製塩区への生産の集中や輸入の拡大によって危機を回避するという選択肢は非現実的であった。そのため不採算の製塩区も維持しつづけざるをえなかったのである。しかしながら，延命策の効果もなく，

ブルヤ製塩区は 1840 年に廃止された。その詳細は，第 4 章にゆずろう。

おわりに

　1820 年代後半には，高塩価政策はもはや安定的な塩専売収益を確保するために有効な政策ではなくなっていた。塩専売収益の確保は，生産制限，不法生産の拡大，煎熬塩価格の低下という負の連鎖に落ちこんだのである。こうした問題は，高塩価政策自体がもつ制度的欠陥，すなわち，不法生産や密輸を誘発しやすい制度であったことだけではなく，その問題を抑制するために外国塩を取りこんだことや，収益を増加させるために嗜好を利用したことが引きおこしたといえる。

　1820 年代後半以降のベンガル塩生産量の減少は，禁制塩市場を拡大させたのみならず，外国塩への依存度を高めた。さらに，天日塩価格の上昇は，安価な政府塩市場の縮小を意味し，不法生産や密輸を誘発したのである。皮肉にも，天日塩価格の上昇はベンガル政府による奨励策の結果でもあった。また，東部インド塩市場における需要にあわせて環ベンガル地域における製塩業が発展したことは，供給元地域の圧力を強め，ベンガル政府の一存で輸入量を統制することをむずかしくした。こうして，高価な煎熬塩，安価な天日塩，「適当な規模の」禁制塩市場のバランスが崩壊したのである。

　カルカッタのレヴェルで供給量統制が困難になったため，製塩区レヴェルでの取締りや不法生産抑制政策の重要性が増加した。労働力が希少で，不法生産を含む雇用をめぐって競争相手となる産業が多数存在するなかで，製塩区長はモランギへの前貸し金を増加させざるをえなかった。当然のことながら，ベンガル製塩業は高コスト化した。政府は，条例の制定，監督の徹底，定期巡回，諜報，警察の動員など法や行政の範疇で不法生産・密輸問題の解決をはかった。こうした政策は，「不正な」イギリス人高官，現地役人，ザミンダール，商人，モランギを含む，きわめて巧妙な密売システムによって妨害され，効果を発揮したとはいいがたい。何よりも，政府には，そもそも不法生産・密輸の原因と

なっている硬直化した高塩価政策を見直そうとするインセンティブはなかったのである。むしろ，製塩費用が高額で地理的に困難な地域においても，そこで生産される塩が高値で取引されることを重視し，製塩業の維持・拡大をはかった。

製塩費用の削減のため，近代的製塩法や天日製塩法の導入も試みられたが，効果は限定的であった。在来の煎熬塩生産においても，藁や草から薪や石炭などの高カロリー燃料への転換は，大規模な投資と技術革新が必要なため，塩専売収益が減少するなかではむずかしかった。何よりも，燃料転換は塩の品質変化をともなうため，消費者の嗜好に依存した政策をとる政府にとってありえない選択肢であった。嗜好や塩の種類別価格を取りこんだ政策もまた，禁制塩市場を拡大させ，ベンガル製塩業を高コスト化させたのである。それは，とりもなおさず，専売収益の減少の一因となった。

本国において専売制度への批判が高まるなかで，政府が財源確保を目的とする専売制度を維持するためには，塩専売収益の減少を食いとめることは喫緊の要事となった。そこで，1836 年に，政府は，競売による販売制度に代わって銘柄ごとの固定価格での販売方法を採用し，事実上高塩価政策を断念したのである。折しも，1833 年に EIC の商業活動が禁止されると，民間による外国塩輸入が本格的にはじまり，自由貿易圧力がさらに強まっていた。政府は，塩の輸入関税を併用することで市場を一部開放し，専売制度自体の保持には成功したのである。

第 4 章
専売制度の終焉
—— 燃料危機，嗜好，そしてリヴァプール塩流入（1840 年代～50 年代）

はじめに

　政府の高塩価政策は，不法生産の増加および輸入塩市場の拡大によって機能不全におちいった。この問題は，高塩価政策自体が内包していた制度的欠陥に起因していた。1830 年代になって，制度的欠陥が減収という形であらわれると，イギリス本国では EIC による塩専売の存続をめぐる議論が活発になった。塩政策の大幅な見直しを迫られた政府は，1836 年に高塩価政策を放棄し，関税収入との併用で塩税を確保する政策を打ちだしたのである。これによって政府は何とか「財政にとってきわめて重要なものとなった塩税収入の維持」[1]に成功した。

　本国で EIC の塩専売の存続について議論された背景には，1833 年の EIC の商業活動の停止をはじめとする自由貿易主義的政策への転換があった。民間貿易商人の塩専売に対する不満は，民間輸入が認められたとしても，塩専売が東部インド域内の市況の予測を困難にし，自由な貿易を阻害していることであった[2]。本国では，チェシア製塩業が，近隣のリヴァプール海運業とランカシア石炭産業の発展と相まって 18 世紀後半以降急速に発展し，新規市場の開拓を模索していた。自由貿易を希求するこれら北部イングランドの産業・海運利害が EIC の塩専売に圧力をかけつづけ，実際に 1840 年代半ば以降チェシア塩（リヴァプール塩）が東部インド市場に大規模に輸入されるようになった。1863 年には塩専売が撤廃され，その頃までにはベンガル製塩業も衰退した。

第4章 専売制度の終焉 **137**

しかし，専売制度の終焉とそれにともなうベンガル製塩業の衰退を，単に，独占に対する自由貿易の勝利，あるいはイギリス資本・近代産業による在来産業の破壊と捉えることができるのであろうか。本章では，ベンガル製塩業の衰退とリヴァプール塩の流入という二つのプロセスの関係を再検討しながら，塩専売が廃止されるにいたった要因を明らかにする。とくに，消費面における嗜好と生産面における燃料という二つの要素に焦点をあてたい。これらの要素は，地域の文化や自然環境，あるいはその変化と密接に関係し，二つのプロセスだけではなく，市場の動向や，禁制塩市場という問題を抱えつつ嗜好を取りこんだ政策を展開してきた政府にも多大な影響を与えていたからである。

1　燃料市場の形成とベンガル製塩業の縮小

1）東部インドにおける炭田開発と石炭需要の増加

インド地質調査部長，フォクス（C. S. Fox）は，ベンガル西部のダモダル渓谷における天然コークスや露頭火災の痕跡から判断し，次のように述べている[3]。

インドでは石炭は古くから知られていたが，（中略）この国の文学や言語をみると石炭について何も語られていないことに気づく。すなわち，こうした謎めいた火について触れた民話，伝説，物語がないのである。（中略）確実にいえることは，サムナー（John Sumner）とヒートリー（Suetonius Grant Heatly）が 1774 年に発見し，ヘイスティングズ（Warren Hastings）から炭田開発の許可を得るまで，現地の人々によって石炭が採掘されたり，取引されたりしたことはなかったということである。

このように，インドにおける本格的な炭田開発は 18 世紀後半にダモダル渓谷ではじまった[4]。商業的採掘がおこなわれるようになったのは，1815 年にラニゴンジ炭鉱で立坑が完成してからのことである。その後，1828 年に蒸気船フゥグリ号がガンガーにおける実験航行に成功すると，石炭需要が急速に増加し

た。蒸気船は，19世紀半ばに鉄道用石炭需要が増加するまで最大の石炭消費者であった。蒸気船の航行には燃料が必要なため，蒸気船数の増加と定期運航が初期の石炭産業の発展に貢献したといえよう。

　第2章でみたように，河川交通網が発達したベンガルでは，域内交易だけではなく，ガンガーやブラフマプトラ川などの北インドや北東部インドと河川を通じた活発な交易がおこなわれていた。官有蒸気船監督官ジョンストン（J. H. Johnston）が「需要は備船可能な容量をしばしば超過しており，公用での備船はつねにむずかしく，緊急時には船を徴用せざるをえない状況である」[5]と指摘したように，発達した河川交通網が存在しているとはいえ，急激に増加する需要とスピードには十分にこたえることはできなかった。ジョンストンが推計したベンガルの輸送容量32万トンのうち年間約2万5000トンが公用に利用されていたが，実際に利用可能な容量は7,000〜8,000トン程度であったという[6]。なぜなら，在来船による輸送には，実際に貨物輸送に利用される船だけではなく，武装警備隊を乗せた船を同行させる必要があったからである。こうした状況下で，より安全で，安価で，スピーディーな輸送手段として，カルカッタと上流の北インドとを結ぶ蒸気船の就航が熱望されたのである。

　フッグリ号に続いて，政府は蒸気船を順次導入し，その数は1840年には海洋航行用蒸気船が6隻，河川航行用4隻に増加した。蒸気船が1週間に約50時間航行すると仮定すれば，4隻の河川航行用蒸気船は年間7,500トンの石炭を消費すると推計され，この量は，最大の石炭企業であったカー・タゴール商会（Carr, Tagore and Co.）の年間生産量の約30パーセントを占めた[7]。河川航行用蒸気船数は，1849年までに10隻にまで増加した[8]。それにくわえて，政府が19隻の海洋航行用蒸気船を，民間企業は15隻を所有していた。蒸気船の他にも，石炭は，動力化された製粉工場，鋳物工場などで使用された[9]。こうした工場の多くは，カルカッタの対岸ハオラ周辺に集まっていた。

　カルカッタ―アラーハーバード間，カルカッタ―アッサム間を結ぶ蒸気船航行ルートが開拓され，主要河川沿いに貯炭場が設置された（巻末地図3）。乾季には水量が不十分なバギロティ川を遡上できないため，シュンドルボン森林地域を抜けるシュンドルボン・ルートにもクルナをはじめとする貯炭場が設置さ

れた。こうした貯炭場が設置された河港は，綿花，塩，砂糖，生糸，織物，穀物などの主要卸売市場でもあり，河川交通の要衝でもあった。

　蒸気船の定期運航のために，政府は蒸気船への安定的な石炭供給を確保する必要があった。1836 年 12 月 28 日，「内陸部における蒸気船の必要にこたえるために最適な石炭調達手段を決定する」ことができるよう石炭委員会（The Coal Committee）が設置され，委員が任命された[10]。この委員会では，炭田の位置，炭田周辺における鉄・鉛・銅などの金属の有無，航行可能な河川までの石炭運搬ルートおよび費用に関する調査がおこなわれた。初期の石炭資源開発における主要人物は，石炭委員会議長マクレランド（J. McClelland）およびジョンストンであった。マクレランドは，インド地質調査部の創始者として知られ，石炭や他の鉱物の調査をおこない，多くの報告書をまとめた人物である[11]。ジョンストンは，先述したように，ガンガーにおける初の蒸気船航行を成功させたフッグリ号の船長でもあり，蒸気船航行ルートの開拓のみならず，ルート沿いにおける石炭あるいは代替燃料に関する調査においても主要な役割を果たした。こうして，東部インドでは，ダモダル渓谷にくわえて内陸部のパラームー，北東部のシレットやアッサム，オリッサのカタック，アラカン半島で新たな炭田調査と開発が進行した[12]。

　こうした需要にこたえるため，炭田開発と並んで炭鉱の経営もはじまった。政府は，事業家のジョーンズ（William Jones）に，有力代理商会のアレグザンダー商会（Alexander and Co.）を保証人として 4 万ルピーを融資し，ダモダル渓谷の開発を請け負わせた。ジョーンズは，ブルドワン王家所領の炭田を賃借していたため最初の炭鉱をラニゴンジと名付けた[13]。1824 年にアレグザンダー商会が炭鉱経営に着手すると，ラニゴンジ炭鉱は同商会の継続事業となった。1824 年にはラニゴンジ炭鉱の生産量は 149 トンにすぎなかったが，1832 年には 1 万 5000 トンにまで増加した。しかしながら，同年にアレグザンダー商会が倒産したため，1836 年にカー・タゴール商会がラニゴンジ炭鉱の経営を引き継いだ。カー・タゴール商会は，ダルカナト・タゴールが，カー（William Carr）および W. プリンセプ（William Prinsep）とともに 1830 年代前半に設立した商会である。これ以降，ダモダル渓谷炭田の開発が進み，カー・タゴール商

140 第 I 部 東インド会社の塩専売制度と市場

会は，ラニゴンジにくわえて，チナクリ炭鉱を所有した。ギルモア・ホンフレイ商会（Gilmore and Homfray Co.）もまたナラヨンクリ炭鉱および高品質炭の産地として名高いバラカル炭鉱を経営した。1843 年には，両商会は共同でベンガル石炭会社（the Bengal Coal Company）を設立した。

　1843 年に 165 万マンであったダモダル渓谷炭田の総石炭生産量は，1846 年には 250 万マンにまで増加した[14]。このように石炭産業の成長がみられたものの，その供給量は依然として需要を十分に満たすことはできなかった。不足分はイングランドからの輸入炭でまかなわれ，主として海洋航行用蒸気船に利用された。カルカッタ焚料炭市場では，イングランド炭，なかでもニューカッスル炭をはじめとする北イングランド炭が一般的であり，灰分と水分の含有量が多い低質のブルドワン炭（ダモダル渓谷周辺で生産される石炭の総称）は敬遠されがちであった[15]。低質にもかかわらず，価格はイングランド炭とほとんど相違がなかった。例えば，1842 年のブルドワン炭 1 マンあたりの価格が 0.5 ルピーであったのに対して，イングランド炭は 0.5625 ルピーであった。

　ブルドワン炭の高値の原因は，第 1 に，カー・ダゴール商会がブルドワン炭および輸入炭取引をほぼ独占していたことがあげられる。第 2 はブルドワン炭輸送の問題である。ブルドワン炭の大半はダモダル川を下り，アムタ貯炭場を経由してカルカッタに輸送された。ダモダル川はベンガル西部における主要交通路の一つであったが，石炭のような嵩高商品の輸送は水量が十分な雨季の約 10 日間に限定された。この短期間に，ダモダル渓谷炭田の石炭積出港とアムタの間を運搬船が往復したのである[16]。したがって，水量が不十分なときには途中で石炭を廃棄せねばならなかったり，輸送可能な期間を逃さないよう事前に高額な傭船料を支払ってでも十分な船と船頭を確保しなければならなかった。その結果，ブルドワン炭の輸送費が高額になったのである。こうした困難のなかで，カー・タゴール商会をはじめとする数社のみがダモダル渓谷における炭鉱経営を維持することができた。

2) 請負制度による石炭調達の開始

　石炭の最大の消費者であった政府は，蒸気船の定期運航を実現するために，

効率的な石炭調達手段を模索した。1830年代後半にはカー・タゴール商会がすでに巨大な石炭供給者として台頭していたものの，さまざまな品質の石炭を産出する炭田がEIC領内外に地理的に拡散していた東部インドでは，依然として数多くの小規模供給者が存在した。こうした状況下で，石炭を調達するコストを軽減し，安定的に石炭を調達する制度として石炭調達請負が導入された。

　この制度では，蒸気船の運航スケジュールに合わせて，カルカッタ―アラーハーバード間およびカルカッタ―アッサム間の蒸気船航行ルート沿いの貯炭場について，毎年，競争入札によって石炭調達請負人が決められた。請負人は，政府に代わって石炭を供給者から買い付け，貯炭場ごとに決められた量を納期までに輸送する責任を負った。したがって，請負人には，石炭買付け能力にくわえて，以下の能力も求められたのである。第1は，自家船あるいは備船によって石炭を貯炭場まで輸送できることである。第2に，各貯炭場に代理人をおき，かれらを通じて，石炭の受渡しを円滑におこない，石炭供給不足に際して現地で代替燃料を調達できる能力が必要であった。

　海事局（Marine Department）の記録によれば，1830年代前半の請負人は，カー・タゴール商会の元パートナーであり，ミルザープル在住のステュアート（H. T. Stewart），クラッテンデン・マキロップ商会（Cruttenden, Mackillop and Co.）の代理人ベッツ（Charles Betts），カレン（James Cullen）などのイギリス商人が中心であった。その後，ジョゴン・ダシュというカルカッタの金融街ボロバジャルの商人も参入した。

　請負人はどのように選ばれたのであろうか。一例をみてみよう。1839年10月1日から1年分（7万7500マン）の請負人は，1839年4月に募集された。請負人は「最高品質のブルドワン炭あるいはそれと同等レベルの品質の石炭」を調達し，「蒸気船の3カ月間の所要量を各貯炭場に常時」供給することが要求された[17]。表4-1に示されているように，この入札には，ダシュ，ウィリアムズ（Cabb Williams）ら6組が参加した。官有蒸気船監督官ジョンストンは，入札書を比較検討し，ダシュとウィリアムズの入札書を高く評価した[18]。カー・タゴール商会や実績のあるステュアートも安定供給という点では評価されたものの，調達予定地域が限定されているなどの理由から選ばれなかった。

142 第 I 部 東インド会社の塩専売制度と市場

表 4-1 官有蒸気船用石炭調達請負入札者とその評価

入 札 者	J. H. ジョンストンの評価	
	長 所	短 所
ジョゴン・ダシュ	・実績と信用 ・低価格 ・高品質（サンプルあり）	・新炭鉱への依存 ・炭鉱からの供給保証が 6 カ月のみ
カブ・ウィリアムズ	・炭鉱（カー・タゴール商会）が保証人（安定供給の保証） ・低価格	・初入札（実績なし）
H. T. ステュアート	・カー・タゴール商会の元パートナー（安定供給の保証）	・上流域のみ ・契約不履行の実績 ・大きな損失
カー・タゴール商会	・ブルドワン炭鉱経営（安定供給）	・下流域のみ
G. S. ハッテマン		・初入札（実績なし） ・高価格
サミュエル・デイヴィス		・上流域のみ

出所）BSP, P/173/24, 18 Feb 1839, no. 22 より作成。

　ダシュは，元来請負人の一人であるベッツの保証人として石炭取引に参入した。ベッツはブルドワン炭田で炭鉱を経営をし，その石炭の販売をダシュがになっていた。入札はベッツ名でおこなわれたが，実際の請負人はダシュであったという[19]。1837 年にベッツが炭鉱をカー・タゴール商会に売却すると，ダシュ自らが請負人として活動するにいたった。ベッツやステュアートなどのイギリス人が 1830 年代後半からしだいに石炭事業から撤退するなかで，ダシュはダモダル渓谷炭田以外での石炭供給者との関係を構築し，活動の幅を広げていった。とくに，インド北東部カシ丘陵で産出される高品質のチェラプンジ炭の調達と輸送には定評があった。1838 年に政府がチェラプンジ炭を蒸気船の燃料炭として調達しようとしたとき，唯一ダシュだけがチェラ王（ラジャ）に所領内のチェラプンジ炭鉱，バラプンジ炭鉱，バラムプンジ炭鉱，石炭積出埠頭（ガート）の使用を許可されたのである[20]。ジョンストンは，このような活躍をみせるダシュについて「すぐれて賢明な人物である」と評している[21]。

　しかし，政府はダシュではなく，ウィリアムズを請負人として指名した。ダ

シュの入札書についてジョンストンは以下のように述べている[22]。

　ジョゴン・ダシュの今期の契約にはとても満足している。また，その経験と努力についても十分に知っているので，かれが提出した見積りを優先させたい。しかし，かれが石炭供給を新しい炭鉱に依存している点を評価すべきではないだろう。

ウィリアムズが選ばれた最大の理由は，ウィリアムズがカー・タゴール商会からすべての石炭の供給を約束されているだけではなく，同商会がウィリアムズの保証人になる用意があることであった[23]。多くの炭鉱を買収したカー・タゴール商会の石炭生産量は，ベンガル全体の約70パーセントにのぼり，石炭の安定した調達の実現を目指す政府にとって，同商会の保証は大きな意味をもったのである。こうして，新規入札者にもかかわらず，ウィリアムズが指名された。

3）石炭調達請負制度の限界と薪市場の形成

　石炭調達請負制度では，契約不履行に際する罰則規定が設定され，請負人だけではなく保証人もまたその対象とされた。第1の罰則規定は，契約した量が期日までに納入されなかった場合，契約成立時の価格に基づいてその価値を算定し，その1.5倍の金額を罰金として支払うことである。第2に，蒸気船に石炭を積みこむ際に100マンあたり1時間を超過する場合，500ルピーを支払うことが規定された。第3に，請負人の都合により蒸気船が滞船を余儀なくされた場合，1日（12時間換算）あたり400ルピーの罰金が科せられた。この場合，罰金の代わりに，石炭1マンに対して十分に乾燥した薪を代替燃料として供給することが認められていた。例えば，1837年6月，請負人ダシュはダーナープル貯炭場への石炭供給に不足が生じた際に，貯炭場監督を通じて現地商人から1,135マンの薪を購入して納入するという対応をとっている[24]。

　蒸気船への安定的な石炭供給を目指して導入された石炭調達請負制度であったが，実際にはうまく機能せず，契約不履行が続発した。とくに北インドのアラーハーバード，ミルザープル，ベナレスといった遠隔地の貯炭場では，しば

144 第 I 部　東インド会社の塩専売制度と市場

しば契約量が納期までに輸送されない事態が生じた。例えば 1836 年 9～10 月
にかけて，モンギール，ダーナープル両貯炭場にはまったく石炭が供給されて
いなかった。こうした事態に際して，両貯炭場において石炭の補給を予定して
いたウィリアム・ベンティンク卿号の船長は，自ら燃料調達に奔走した[25]。

　先述したように，石炭の代替燃料として薪の供給が認められていた。しかし
ながら，薪はきわめて高価であった。表 4-2A，表 4-2B は，1830 年代後半に
おける薪と石炭の価格を比較したものである。この時期の国産炭（ブルドワン
炭）価格は，高品質の輸入炭（イングランド炭）と比較してもきわめて高価で
あった。しかし，薪は，その国産炭と比較しても一層高価だったのである。石
炭価格はカルカッタからの輸送距離に比例して上昇した一方，薪価格は貯炭場
近郊での調達可能性に左右された。アラーハーバードをはじめとする北インド
の貯炭場では，薪の現地調達は可能であったものの，高価格であった。ガンガ
ー沿い地域では森林資源の枯渇がすでに深刻であり，木材を遠隔地からの輸入
に依存していたためであろう[26]。

　これに対して，低地ベンガルでは，燃料材取引は限定的であった。政府の蒸
気船用薪調達に関する諸記録から，低地ベンガルにおける薪市場の状況をみて
みよう。石炭調達請負人が貯炭場への石炭供給あるいはその代替燃料としての
薪の供給に失敗したとき，官有蒸気船監督官が当該県の収税官（コレクター）および治安判事（マジストレート）
を通じて薪の調達にあたった。しかし，薪が容易に調達可能な財ではなかった
ことは，収税官らの報告から明らかである。1839 年 6 月，ジャマルプル貯炭
場への薪供給を依頼されたダカ兵站部のスワーマン（W. Swarman）は，以下の
ように述べている[27]。

　　もしジャマルプルあるいはその近郊においてさらなる薪供給が必要な場合に
　　は，事前の連絡が必要であることをお伝えいたします。この地方で使用され
　　る木材は近隣の丘陵地から調達されています。本貯炭場への納入が完了した
　　今回の供給分は，軍用に保管していた商人の在庫からうまく入手できました。
　　この地方の住民は，低木やアシなどを燃料として使っているため，木材が必
　　要なときには樹木がある場所から調達しなければならないのです。

第4章 専売制度の終焉　**145**

表 4-2A　貯炭場およびその周辺における薪価格（1836～40 年）

カンパニー・ルピー（300 マンあたり）*

貯炭場およびその周辺	年　月	価格	備　考
ミルザープル アラーハーバード	1836 年末～1837 年初	156	
〃	1839 年 8 月	110.7	
ベナレス	2 月	76.5	
〃	5 月	77.4	
〃	7 月	76.5	
ガージープル	5 月	65.4	
ダーナープル	1838 年 8 月	80.1	石炭調達請負価格
モンギール	8 月	80.1	〃
クルナ	8 月	80.1	〃
ボヤリヤ	1840 年 10 月	30～33	
〃	11 月	54.3	
クマルカリ	11 月	60	

出所）BSP, P/173/17, 9 Mar 1837, no. 4-5 ; P/173/21, 16 Aug 1838, no. 12A ; 20 Aug 1839, nos.
　　8-9 ; P/173/24, 3 Jan 1839, no. 6 ; 14 Feb 1839 ; 2 May 1839, nos. 12-13 ; 3 Jun 1839, no. 2 ; 1
　　Jul 1839, no. 21 ; 5 Aug 1839, no. 33 ; 26 Aug 1839, no. 27 ; P/173/31, 9 Nov 1840, no. 24 ; 12
　　Oct 1840, no. 10 ; Blair B. Kling, *Partner in Empire : Dwarkanath Tagore and the Age of Enierise
　　in Eastern India* (Calcutta : Firma KLM Private, 1981), pp. 112-113 より作成。
注）＊薪の熱量を石炭と同様になるように換算した。

表 4-2B　貯炭場における石炭価格（1836～42 年）

カンパニー・ルピー（100 マンあたり）

貯炭場	年　月	価格	備　考
アラーハーバード	1836 年 10 月～1837 年 2 月	109.8	石炭調達請負価格
ミルザープル	10 月～1837 年 2 月	86.7	〃
ガージープル	10 月～1837 年 2 月	80	〃
ダーナープル	1838 年 3～7 月	80	〃
モンギール	3～7 月	74	〃
コルゴン	3～7 月	70	〃
シャルダ	3～7 月	70	〃
ラジモホル	3～7 月	67	〃
クマルカリ	3～7 月	64	〃
ボホロンプル	3～7 月	56	〃
カトヤ	3～7 月	55.5	〃
カルナ	3～7 月	54	〃
クルナ	3～7 月	54	〃
カルカッタ	1839 年 6 月	45	〃
〃	1842 年初旬	50	
〃	1842 年 3～4 月	75～81	

出所）表 4-2A に同じ。

146　第 I 部　東インド会社の塩専売制度と市場

すなわち，ジャマルプル周辺には薪市場が存在しなかったのである。同様に，ベンガル中部のパブナ刑事裁判所副治安判事アレン（W. J. Allen）によれば，パブナ周辺で薪を即座に調達することは不可能であったという[28]。

　申し訳ございませんが，蒸気船が利用するような薪を調達することは不可能だということをお伝えしなければなりません。クマルカリ製糸工場が EIC 所有であった頃には，木材はつねにシュンドルボン森林地域から入手していました。この地域ではまったく調達不可能なので，蒸気船用にはそこから取り寄せるしかないと思います。

1840 年 11 月に，同じくパブナにおいて，収税官ディロム（W. M. Dirom）は，ボヤリヤ貯炭場長のドゥルガ・ドットを通じて，ボヤリヤ，クマルカリ，クルナ貯炭場向けに薪調達が可能であると報告した[29]。前掲表 4-2A では，ボヤリヤやクマルカリにおける薪価格が比較的安価であったことが分かる。これはシュンドルボン地域へのアクセスに恵まれていたことに起因していると考えられる。シュンドルボン地域では，ナルチティを拠点として建材を中心とした木材の取引が盛んであり，主としてカルカッタやダカなどの都市に移出されていた[30]。EIC が製糸工場用に薪をシュンドルボン地域から移入していたように，燃料需要の増加は当地域において燃料材としての木材の取引をしだいに活発化したと考えられる。しかし，この地域の薪価格は他地域よりも低廉だったとはいえ，表 4-2A および表 4-2B から明らかなように，薪は石炭よりもはるかに高価であった。

　輸送費や船積み作業に必要な労賃などの経費も必要なため，政府は結局，シュンドルボン森林地域からの薪調達を断念した[31]。

　先述した治安判事や収税官の報告から明らかなように，住民は低木やアシなどの地域で調達可能な植物を燃料として使用し，伐採した樹木（薪）を使用することはあまりなかった。低地ベンガルでは広域の燃料市場は形成されていなかったのである。燃料多消費型在来産業のなかでも在来製鉄業や EIC の製糸工場では薪が利用されていたが，ビルブム県の在来製糸業では，陶製の壺を使った煮繭に牛糞が燃料として使用されていた[32]。燃料を大量消費する在来産業

が多く存在したとはいえ，産地の植生に依存した形で燃料が選択されていたのである。しかし，蒸気船の登場にともなう石炭需給の逼迫は，代替燃料としての薪市場の形成をうながし，しだいに在来産業が依存してきた在来燃料の調達にも影響を与えはじめた。

4）燃料問題の深刻化と製塩業

製塩業では，1820年代にはすでに燃料問題が生じ，生産費が増加していた（第3章）。こうした状況下で，石炭需給の逼迫に端を発した燃料不足は，製塩業の燃料調達をさらにむずかしくしたのである。1830年代になると製塩業では薪燃料への代替が進んだ。1834年，トムルク製塩区では，燃料不足の解消のために，堤防上に自生している藪を利用するか，あるいはフッグリ川河口のシャゴル島から薪を調達することが提案されている[33]。低木や小枝が内陸部からも移入された。シュンドルボン地域で，開墾と耕地化が本格的にはじまると，草の採取が可能な荒蕪地が急速に減少した[34]。製塩業における燃料不足が改善することはなかったのである。

政府も燃料問題に対応しようとしていた。政府は，代替燃料として小枝や藪を利用しつつ，1830年代には燃料を使用しない天日製塩法をヒジリおよびチッタゴン製塩区に試験的な導入を試みた。しかし，積極的に燃料転換や製塩法の改善に取り組んだわけではなかった。より高カロリーの薪や石炭への燃料転換は，すでに燃料市場が逼迫している状況下では困難であった。また，専売収益が減少するなかで耐熱釜をはじめとする設備投資をおこなうことは，財政上現実的ではなかった。さらに，高カロリー燃料の利用は塩の品質を悪化させ，価格を低下させる可能性があったため，煎熬塩の高値を維持したい政府にとっては考えにくい選択肢だったのである。先述したように，1836年には政府は高価格政策を断念した。この政策転換は，専売収益の低下に歯止めをかけることに成功したものの，ベンガル製塩業の高コスト化問題の解決にはつながらなかった。

1840年代初頭には，製塩業における燃料問題が深刻化した。アヘン戦争によって，石炭の大半が軍用に供給されるようになったため，東部インドにおけ

148　第 I 部　東インド会社の塩専売制度と市場

る石炭需給は一層逼迫した。この状況に追い打ちをかけたのが，1840 年のダ
モダル川の氾濫に起因した大洪水であった。この洪水によって多くの炭鉱が水
没し，著しく生産量が低下したのである。アヘン戦争前には 1 マンあたり 0.45
ルピーであったカルカッタにおける石炭価格は 1842 年には 0.81 ルピーにまで
上昇した（前掲表 4-2B）。

　こうした 1840 年代初頭における石炭価格の高騰は，代替燃料としての薪の
商品化を促進し，価格の高騰をもたらした。かぎられた情報ではあるが，1840
年 10 月と 11 月のボヤリヤにおける薪価格を比較すると，1 カ月の間に 70 パ
ーセントも上昇していることが分かる（前掲表 4-2A）。薪だけではなく，他の
在来燃料にも影響がみられた。トムルクにおける藁価格は，1839 年 12 月には
1 カハンあたり 1.25 ルピーであったが，1842 年には 2 ルピーになっていた[35]。
アヘン戦争が終結し，洪水被害の影響が緩和されると，石炭価格は低下し，そ
れに呼応するかのように藁価格も低下した。1845 年 12 月，1847 年 12 月にお
ける 1 カハンあたりの藁価格は 1.5 ルピーであった[36]。在来燃料価格が石炭価
格に連動するようになったことは，広域の燃料市場の形成を示唆している。

　1840 年初頭の燃料危機自体は短期的なものであったが，製塩業にとっては
致命的であった。こうして，すでに燃料問題を抱えていたブルヤ製塩区は危機
の最中の 1840 年に廃止されることになったのである。ジェソール，24 パルガ
ナズ製塩区における不採算生産地区も順次廃止され，両製塩区は再び 24 パル
ガナズ製塩区として統合された。その 24 パルガナズ製塩区も 1846 年に廃止さ
れた。残されたヒジリ，トムルク，チッタゴン製塩区では，遠隔地の荒蕪地か
らの燃料調達が廃止され，燃料供給地が製塩区内あるいはその近郊に集約され
た。これは，モランギの燃料調達の利便性を向上させると同時に製塩費用の節
減をはかるという目的があった。同時に，荒蕪地が地税の課税対象として活用
されはじめ，その耕地化が急速に進展したのである[37]。

　こうしたなかで，草や藁よりも燃料としての薪の重要性がますます高まって
いった。しかしながら，チッタゴン製塩区では，薪不足あるいは薪価格の高騰
が問題になり[38]，それはしばしば製塩を頓挫させたのである。製塩費用の 40
パーセントを占める燃料費[39]の高騰は，モランギのみならず政府にとっても大

きな打撃であった。

　燃料問題をはじめとする高コスト化要因を抱えたベンガル製塩業が，品質を向上させ，比較的安価で燃料費を必要としない天日塩と価格面で競争することは困難であった。折しも1833年のEICの商業活動停止以降，ボンベイや西アジア地域からの天日塩，岩塩の民間輸入が増加し（後掲図4-2参照），東部インド市場における産地間競争が進展していた。政府は，製塩費用が増加するベンガル製塩業をもはや支えることはできず，徐々にベンガルにおける製塩を縮小し，民間輸入塩に対する関税を併用する形で税収の確保を目指したのである。イギリスからの塩輸入が本格的に開始したのは，こうした状況下であった。

2　東部インド塩市場におけるリヴァプール塩

1）民間による塩輸入量の増加

　図4-1は，専売煎熬塩（ベンガル塩，オリッサ塩，アラカン塩），専売天日塩（政府輸入コロマンデル塩），民間輸入塩のシェアを示したものである。第1章で述べたように，民間による塩輸入は1817年以降認められていたが，アラブ船によるマスカットやモカからの輸入を除いてほとんどおこなわれなかった。1833年にEICの商業活動が停止し，1836年に専売制度改革が実施されると，民間による塩輸入が増加しはじめ，1840年代初頭には専売塩供給量の減少分を民間輸入塩が補完するようになった。1850年代になると，ベンガル製塩区の廃止を背景として，民間輸入塩が総供給量の50パーセントを占めるにいたった。

　図4-2にみられるように，民間塩輸入では，ボンベイおよびモカやマスカットなどの西アジア地域からが中心であったが，1844年の関税制度の改編[40]によってイギリスからの輸入が増加していった。コロマンデル塩やオリッサ塩が東部インド塩市場で一定のシェアを有していたことは先に述べた通りであるが，1845年以降のリヴァプール塩の本格的な輸入開始以前に，すでにボンベイ塩や西アジア産塩を含む大規模な外国塩市場が存在していたのである。これまで

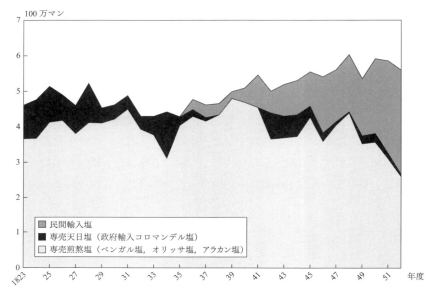

図 4-1 東部インドにおける政府塩・民間輸入塩別総塩供給量（1823〜52 年度）

出所）以下より作成。BRP-Salt, P/101/52, 10 Jul 1829, no. 16 ; P/102/9, 27 Jan 1832, no. 20 ; P/105/35, 28 Feb 1827, no. 12 ; Report on Salt in British India (Madras), Appendix L, BPP, vol. 26, 1856 ; Report on Salt in British India (Bengal), Appendix K, no. 1, Enclosure A, BPP, vol. 26, 1856 ; Minutes of Evidence, BPP, vol. 28, 1852-53, pp. 159-161.

注）オリッサにおける販売量（オリッサで消費される分）は除外して計算した。なお，暦年と年度を使用している史料が混在しているため実際には若干のずれがあるが，長期的な流れを確認するうえでは支障がないと判断した。

に検討してきたように，このことは，EICの専売制度下で閉ざされた市場とみなされてきた東部インド塩市場が，近隣諸地域を含むより広い地域間貿易のなかに組みこまれていたことを意味している。

輸入塩を種類別にみると，ボンベイ塩は天日塩，西アジアやフランスからの輸入塩は天日塩または岩塩であった。重要なことに，東部インドに輸入されたリヴァプール塩は，天日塩でも岩塩でもなく，煎熬塩だったのである。

2）リヴァプール海運ネットワークの拡大と塩輸出

チェシアは，1790年頃までにはイングランドで最大の製塩地域として成長

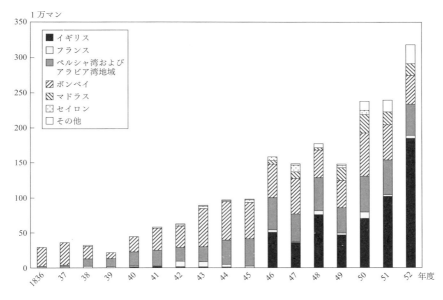

図 4-2　国・地域別民間塩輸入量（1836～52 年度）

出所）Minutes of Evidence, BPP, vol. 28, 1852-53, pp. 164-165 より作成。

した[41]。チェシアでは，岩塩と煎熬塩が生産された。煎熬塩は，塩水泉から採取される鹹水を煎熬したものである[42]。煎熬塩にはいくつか製塩法があり，主なものは窯塩（stoved）と並塩（common）であった[43]。前者は，鹹水を華氏226（摂氏約108）度で8～12時間かけて煎熬し，籠に入れて水気を十分に切った後に窯で乾燥させたものである。並塩は，沸点まで鹹水の温度を上げた後，温度を華氏160～170（摂氏約71～77）度まで下げて24時間煎熬したものである。窯での乾燥工程はなく，水切り後ただちに保管された。

　18世紀後半におけるチェシア製塩業の成長の背景には，チェシアに近接するランカシアにおける石炭産業とリヴァプール港の発展があった。ランカシアから豊富に供給される石炭によってチェシアにおける煎熬塩生産能力が増大し，リヴァプール港の発展が塩の対外輸出の急増をもたらしたのである。この時期のチェシア製塩業は，石炭資源と資本を集約的に利用した近代産業として発展

152　第Ⅰ部　東インド会社の塩専売制度と市場

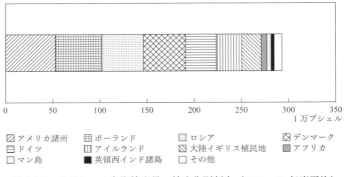

図 4-3A　イギリスの白塩輸出量・輸出先別割合（1790～92 年度平均）

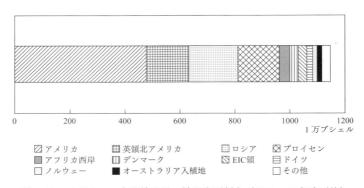

図 4-3B　イギリスの白塩輸出量・輸出先別割合（1843～45 年度平均）

出所）以下より作成。An Account of All Rock Salt and White Salt Exported from Great Britain, in Three Years Ending 5 Jan 1793, BPP, 1802-03, vol. 43 ; Account of the Quantities of Rock and White Salt, Exported from England in the Last Three Years, BPP, 1818, vol. 187 ; A Return of the Quantity of Salt Sent from Great Britain to Foreign Countries in the Years 1843, 1844 and 1845, BPP 1846, vol. 292.

したといえよう。

　チェシアにおける 1823 年の塩生産量は約 30 万トンであり，そのうちの約 17 万トンが海外市場向けであった[44]。輸出は拡大し，1876 年には 175 万トンの生産量のうち 100 万トンが輸出された。イギリスの輸入品は安価で嵩高品である綿花，穀物，木材が中心であったのに対して，輸出品には嵩高品が少なく，空荷での航行を余儀なくされることがしばしばあった[45]。したがって，リヴァ

プール海運にとって塩はバラストとしても貴重な輸出品だったのである。チェシアでは，輸出塩の大半は白塩（white salt）と呼ばれる煎熬塩であった。1790〜1845 年度の岩塩輸出量が平均 2,000 ブシェルで変化がなかったのに対して，白塩輸出量は，1790 年代初めには約 3,000 ブシェル，1810 年代半ばには 6,000 ブシェル，1840 年代半ばには 1 万 1500 ブシェルと急増した[46]。このことは，チェシア製塩業（煎熬塩生産）が輸出指向型産業として発展したことを示している。

　図 4-3A に示されているように，1790 年代前半のチェシア煎熬塩の主要市場は北米と北欧であった[47]。1840 年代半ばでは，依然として両地域が重要であるものの，アフリカ西岸地域，EIC 領およびセイロン，オーストラリアに輸出先が拡大していた（図 4-3B 参照）。新規市場としてアジアやアフリカが開拓されはじめたのである。リヴァプール塩がベンガルおよび英領ビルマにのみ輸入されたので，ここでいう EIC 領とはカルカッタへの輸入量と考えて差し支えないであろう。前掲図 4-2 で確認したように，1846 年度以降，カルカッタへのリヴァプール塩輸入量が増加していた。1850 年代には，主要市場であった北米市場がアメリカ南北戦争の影響で縮小したため，それ以降リヴァプール塩にとって東部インド市場の重要性はますます高まっていった（前掲図補 1-1 参照）。さらに，カルカッタ―リヴァプール間貿易の拡大によって，カルカッタからの小麦およびジュート製品の輸入が増加すると，塩はその帰り荷として重要な役割を果たすようになった[48]。

3）東部インドにおけるリヴァプール塩消費

　リヴァプール海運業およびチェシア製塩業といったイギリス資本の強い輸出圧力があり，チェシア選出議員を通じて，チェシア塩商業会議所（The Salt Chamber of Commerce）がベンガル政庁に対して強い圧力をかけつづけていた[49]。たしかに，こうした供給サイドの事情がリヴァプール塩の東部インドへの流入をもたらし，東部インド市場を自由貿易体制のなかに組みいれた要因の一つであろう。他方，需要サイドでは，コロマンデル塩とは異なり，リヴァプール塩は大きな反発もなく受容されていった。なぜ，リヴァプール塩は，東部インド

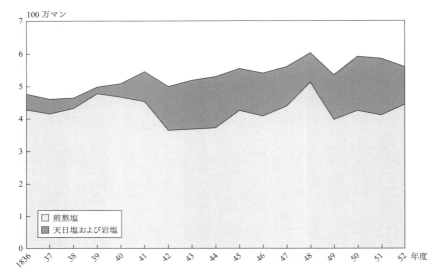

図 4-4 東部インドにおける種類別塩供給量（1836〜52 年度）

出所）以下より作成。Report on Salt in British India (Madras), Appendix L, BPP, vol. 26, 1856 ; Report on Salt in British India (Bengal), Appendix K, no. 1, Enclosure A, BPP, vol. 26, 1856 ; Minutes of Evidence, BPP, vol. 28, 1852-53, pp. 159-161.
注）図 4-1 に同じ。

市場で広く受けいれられたのであろうか。

　第 1 に，リヴァプール塩がベンガル塩と同じ煎熬塩であったことがあげられる。リヴァプール岩塩も輸入されたが，なかなか買い手がつかなかった[50]。すなわち，リヴァプール塩といっても煎熬塩でなければ需要がなかったのである。チェシアの製塩工場を訪問したベンガル人の証言によれば，中粒の白塩がベンガル塩によく似ており，ベンガル市場で好まれたという[51]。一部の消費者にしか好まれない天日塩や岩塩が東部インドで市場を拡大することがむずかしかったのに対して，リヴァプール塩は消費者の嗜好に合致したわけである。第 2 に，前節でみたように，1840 年代におけるベンガル製塩業衰退にともなう煎熬塩市場の縮小があげられる。専売塩供給量は 1820 年代後半をピークに減少し，民間輸入塩の割合が増加した（前掲図 4-1 参照）が，図 4-4 に示されているように，種類別に分けてみれば，一時的な減少はあったものの煎熬塩供給量は維

持されていた。減少する専売煎熬塩に代わって，リヴァプール塩が供給を拡大させる余地が十分にあったのである。

リヴァプール塩は，東部インドでどのように消費されたのであろうか。西部塩取引監督区長官によれば，カルカッタ周辺ではリヴァプール塩やその他外国塩の消費は限定的であったという[52]。第2章で確認したように，天日塩をはじめとする外国塩の大半はむしろカルカッタを通過し，ベンガル西部・北西部からビハールにかけての地域で消費された。1850年代初めの記録では，年間約32万マンのリヴァプール煎熬塩がフッグリ川沿いのバブゥゴンジを通過した（第2章表2-2参照）。すなわち，その大半はフッグリ川を遡上して西部地域市場圏に移出されたとみられる。ただし，この量は同じ時期のリヴァプール塩輸入量の17パーセント程度にすぎなかった。これらのことから，リヴァプール塩の80パーセント強が西部地域市場圏以外の地域，すなわち東部と中部地域市場圏で消費されたと推測される。これらの地域市場圏では，チッタゴン塩，ブルヤ塩，ジェソール塩，24パルガナズ塩が主に供給されていたので，ブルヤ，ジェソール，24パルガナズ製塩区の相次ぐ閉鎖によって煎熬塩市場の縮小が深刻であった。とりわけ，東部地域は煎熬塩に対する嗜好が強かったので，その供給量の減少は消費者にとって大きな痛手であったであろう。

ベンガル東部のメグナ川河口に位置するボリシャル地域では，リヴァプール塩の本格的輸入がはじまった頃には，その需要はあまりなかったという。バラモンがリヴァプール塩は「不浄であり，砂糖と同様の方法で，すなわち，骨灰を用いて！！精製されていると主張した」からであった[53]。リヴァプール塩は，外見も白くて良質な塩であったが，ベンガル東部でとくに人気が高いチッタゴン塩よりも100マンあたり20〜30ルピー安価に売られた（表4-3参照）。依然として専売対象であったチッタゴン塩価格が高く設定されていたため，リヴァプール塩が十分競争力をもちえたともいえる。しかし，小売価格をみると，リヴァプール塩はチッタゴン塩や質の高い煎熬塩であるアラカン塩よりも高く販売されることもあった。例えば，1854年11月および1855年2月における種類別塩小売価格調査によれば，リヴァプール塩は不純物が少なく，白く，結晶が細かいと高く評価され，その価格は，ビハール内陸部を除く東部インドすべ

156 第Ⅰ部 東インド会社の塩専売制度と市場

表4-3 バコルゴンジ塩取引監督区における年間塩消費量および価格（1851年）

塩の種類		年間消費量	卸売価格	備　考
製塩区	塩埠頭（銘柄）	マン	100マンあたり ルピー	
チッタゴン	ショドル・ガート	83,282（42.5％）	374	ブレンドなし
ヒジリ	カリノゴル	56,570（28.8％）	363	リヴァプール塩とのブレンドが一般的
リヴァプール		38,982（19.8％）	366.25	ヒジリ・カリノゴル塩とのブレンドが一般的
トムルク	ナラヨンプル	9,217（ 4.7％）	370	ブレンドなし
24パルガナズ	〃	6,683（ 3.4％）	370	〃
その他		1,455（ 0.7％）	353〜425	〃

出所）Letter from the Superintendent of Backergunge Salt Chaukis to G. G. Mackintosh, 18 May 1852, CSC, Backergunge, vol. 7 より作成。

ての地域において煎熬塩のなかで最も高価であった[54]。この頃にはベンガル煎熬塩の供給量は著しく減少しており，市場では同じ煎熬塩であるリヴァプール塩の高い品質が評価され，それが価格に反映されたと考えられる。

　さて，リヴァプール塩は，どのように消費されたのであろうか。それは，単体で売られるよりも，ヒジリ，トムルク，24パルガナズ塩とブレンドして消費されていたようである。ベンガル東部，バコルゴンジ地区塩取引監督区長の証言によれば，リヴァプール塩は下記のように消費されていた[55]。

　　私は，〔マダリプル塩関所――引用者注〕の貯塩場には，いつも二つの異なる塩の山，すなわちリヴァプール塩の山とトムルク，ヒジリあるいは24パルガナズ塩の山があることに気がついた。一定の割合でブレンドすることによって，商人はチッタゴン製塩区内のショドル・ガート塩にそっくりの塩をつくりだしていたのである。ショドル・ガート塩はこの地域の住民にとても高く評価されていた。

このように，この地域の消費者は商人が提供する「チッタゴン塩に似た塩」を好んだようである。同監督区長は以下のようにも述べている[56]。

写真4 チッタゴン港（マンジル・ガート）

塩運搬船から鹹砂を運びだしている。チッタゴン製塩区主要塩埠頭であったショドル・ガートのすぐ側にあるガート。ショドル・ガートは現在でも大きな埠頭であり，さまざまなタイプの船舶が行き交う。

出所）筆者撮影，2003年1月23日。

　私見では，煎熬塩価格は外国塩の流入による影響を受けていないようである。煎熬塩に対する需要が高まっているが，外国塩が安価に調達できるので，商人はそれを移入し，二つを混ぜて売ることで，大きな利益を得ているのだ。

　こうしたチッタゴン塩・煎熬塩に対する嗜好が強い地域の市場では，品質が高いにもかかわらず比較的安価なリヴァプール塩は，消費者，商人双方にとって便利な塩であった。こうして，リヴァプール塩はベンガル東部市場で受容されていったのである。

　リヴァプール塩を運ぶ商人たちは，東部地域市場圏で活動していたシャハやティリといった特定コミュニティの商人グループ（第7章参照）であった。かれらが地域の嗜好や需給に関する情報を利用してマーケティングをおこなっていた。かれらは，1836年の高塩価政策廃止以降，政府から専売塩を買い付けると同時に，地方市場における価格動向をみながら，民間のリヴァプール塩輸入業者からも買付けをおこなった[57]。リヴァプール塩輸入業者は，輸入した塩を船や倉に長期間抱えておくことができないため，塩商人が有利に交渉を進め

158 第 I 部　東インド会社の塩専売制度と市場

ることができたであろう。輸入業者にとって大きな障碍であった EIC の塩専売が廃止され，自由に塩を輸入し，販売することが可能になったとはいえ，それを実現することは依然としてむずかしかったのである。

おわりに

　燃料多消費型の製塩法をとるベンガル製塩業は，市場で好まれる塩を生産していたものの，1820 年代半ば頃から高コスト化し，競争力をしだいに失っていった。1840 年代になるとベンガル製塩業は急速に衰退し，製塩区の多くが順次廃止された。蒸気船就航と石炭市場の形成にともなう燃料需給逼迫に起因して燃料が高騰するなかで，嗜好に基づいたベンガル塩の高価格に依存した政府の塩政策では，燃料問題を解決し，製塩業を存続させる方向には向かわなかったのである。なぜなら，石炭などの高カロリー燃料への転換に必要な設備投資費用やそれによる品質悪化の可能性を考慮すれば，製塩燃料を転換するインセンティブは生じにくかったし，燃料問題の心配がないとはいえ市場で好まれない天日塩生産を増加させることも財政上考えにくかったからである。こうした意味では，ベンガル製塩業の衰退の要因は政策に内包されていたといえよう。いずれにせよ，ベンガル製塩業の衰退は，リヴァプール塩の本格的輸入が開始する以前からはじまっていた。このことは，ベンガル製塩業の衰退とリヴァプール塩流入が異なる二つのプロセスであったことの証左といえよう。

　リヴァプール塩に対する態度や認識は，すべての地域で同じわけではなかった。リヴァプール塩は他地域よりも煎熬塩に対する嗜好が強かったベンガル東部（東部地域市場圏）で，ベンガル塩の代替塩として広く受けいれられた。さらに，リヴァプール塩は他の塩とブレンドすることで「チッタゴン塩に似た塩」に変化した。このことがチッタゴン塩をとくに好む消費者の心をつかんだ。このブレンドを編みだした商人の知恵とマーケティング力が，この地域におけるリヴァプール塩の普及に一役買ったのである。このことは，他の塩ではなくリヴァプール塩こそが東部インド市場で成功した要因として嗜好が重要であっ

たことを強く示唆している。こうして，1860年頃までには，東部インド塩市場においてリヴァプール塩が他の塩を圧倒していった。そして，1863年には，約90年間EICのインド統治を支えてきた東部インドにおける塩専売制度は廃止された。

　以上のように，塩市場の動向は，政策だけではなく，製塩業および市場を取り巻く生態的，文化的環境にも影響を受けていた。植民地統治のあり方やイギリス産業・海運利害もまた，その市場動向から独立して存在していたわけではなく，それに規定されていた。すなわち，多様な要素を含んだ市場の動きこそが，ベンガル製塩業の衰退とリヴァプール塩流入との関係を整合的に説明しうるのである。

第 II 部

ベンガル商家の世界

第5章
塩長者の誕生から「塩バブル」へ
—— 1780 年代〜1800 年代

はじめに

　1780 年の製塩区制度と 1788 年の競売による販売制度の導入によって政府の専売制度は安定した。政府は専売収益を最大化させるために高塩価政策をとり，塩の年間供給量を制限し，かぎられた数の塩買付け人（競売参加者）を通じて市場に供給することによって塩価格を引き上げることに成功した。換言すれば，この政策に依拠した専売制度は競売での買付け人の支持なくしては成立しえない制度でもあったのである。

　その制度下で塩価格は高騰し，政府も塩買付け人も利益を得たが，実際にはそれは現物の塩取引から乖離した「塩バブル」とも呼ぶべき状態のうえに実現していた。それでは，どのような人々が競売に参加し，どのような方法で塩価格が引き上げられ，「塩バブル」が生みだされたのであろうか。本章では，政府の高塩価政策を支えた塩買付け人の活動について，18 世紀後半の新たな商機をつかんで台頭した商人と有利な投資先を求めるカルカッタの投機家の塩取引への参入という二つの側面から検討しよう。

1　競売の導入と新興商人層の台頭

1）塩専売開始以前の塩取引

　ベンガル太守は製塩に課税するとともに，その販売に関する独占権を特権商人に販売し，それを財源としていた。1757年のプラッシーの戦い前後にこの塩販売独占権をもっていたのは，フッグリを拠点とするアルメニア人豪商ホジャ・ワジード（Khoja Wajid）であり，その独占権料は年間20万ポンドにのぼったといわれる[1]。こうした独占権をもつ豪商は，「商人のなかの商人」の意味をもつ *Fakhar-ul-Tujjar* や *Malik-ul-Tujjar* という称号で呼ばれた[2]。もっとも，特権商人が塩市場を独占あるいは寡占したわけではなく，実質的な塩の流通には数多くの卸売商人がかかわった。

　プラッシーの戦いでの勝利以降，EIC社員，民間商人，かれらのバニヤンは塩取引への介入を急速に強め，塩田領主に製塩資金を融通していた商人を閉めだし，モランギから強制的に塩を買い付けるようになった[3]。また，かれらはベンガル全域を覆う商館網を通じて塩を各地に移出するだけではなく，新たな市を建設したり，傭兵の暴力を利用するなどの手段で，特権商人を含む既存の卸売商人の活動を妨害したのである。その後，塩の生産・取引は再びすべての人々に開かれたものの（第1章参照），塩の生産・流通過程におけるEIC社員を中心としたヨーロッパ系商人やかれらのバニヤンのプレゼンスは依然として大きく，太守時代に製塩資金を融通していた商人や，ムスリム・アルメニア商人を中心とした卸売商人が再び塩取引に復帰することはなかった。

　塩取引にかかわったバニヤンにはヘイスティングズ（Warren Hastings）のバニヤン，カントゥ・バブゥ（クリシュノ・ノンディ）や，ヴェレルスト（Harry Verelst）のバニヤン，ゴクル・ゴーシャルらが代表的である（第1章参照）。かれらだけではなく，カルカッタの名族として台頭したボウバジャルのモティラル家，バグバジャル（クモルトゥリ）のミットロ家，ボロバジャルのモッリク家，ハートコラのドット家はいずれも塩取引にかかわってきた[4]。ダドニ商人（ブローカー）として活躍したショバラム・ボシャクもまた塩取引をおこなって

いた[5]。18 世紀後半におけるカルカッタのエリート層形成には，1770 年代以前に EIC 社員らとともにかかわった塩事業が重要な役割を果たしたのである。

2）競売の開始と新興塩商人

　第 1 章で検討したように，1780 年に徴税請負制度が廃止され，政府が製塩区長を通じて製塩を直接管理するようになると，製塩過程に商人やザミンダールなどの民間人がかかわることが不可能になり，上述したようなカントゥ・バブゥ，ゴクル・ゴーシャル，ショバラム・ボシャク，ドゥルガ・ミットロなどのバニヤンを兼ねた豪商が塩の生産および取引から撤退した[6]。

　限定的ではあるものの，1780 年代以降も引きつづき塩取引をおこなう豪商もいた。例えば，カルカッタで最も富裕な豪商の一つであったシャムバジャルのボシュ家である。同家のキシェン・ボシュは，多額の融資によってビシュヌムプル王(ラジャ)の没落を招いたともいわれる人物である[7]。キシェン・ボシュは，1772 年の塩専売制度導入以前から製塩を請け負う形で塩事業にかかわり[8]，製塩地域のザミンダールにとって最大の債権者でもあった[9]。競売開始後も，長男モドンの名前で塩の買付けをつづけた[10]。同様に，やはり豪商の一つに数えられるゴクル・ミットロ（バグバジャルのミットロ家）もまた，1775 年に製塩請負人となり[11]，その後も政府から塩の買付けをおこなっていた[12]。ボシュ家やミットロ家のようなカルカッタの豪商も，1790 年代初頭までには塩事業から撤退したようである。製塩過程から排除された結果，塩から利益を生みだすことがむずかしくなったと考えられる。

　かれらに代わって登場したのが，カルカッタや製塩区近郊出身の新興商人であった。新興商人は，旧来の豪商とは異なり，生産にはかかわらず，製塩地域から地方市場への移出をになう商人であった。1788 年に競売制度が開始すると，こうした新興商人がこぞって競売に参加するようになった。この競売への参加は，1780 年代における商人層の交代のなかで，塩取引で身代を築きはじめていた新興商人には飛躍のチャンスをもたらした。

　塩の競売は，カルカッタ取引所で年に 4 回（基本的に 3 月，5 月，7 月，9 月）開催された。競売の詳細（開催日時，場所，銘柄別販売予定量，支払い方法，取引

第 5 章　塩長者の誕生から「塩バブル」へ　　165

写真 5　バグバジャルのミットロ邸跡

モドンモホン寺院裏手のゴクル・ミットロ・レイン。現在は保護対象として立入りが禁止されている。

出所）筆者撮影，2015 年 3 月 18 日。

条件）は，『カルカッタ官報（the Calcutta Gazette）』に，英語，ペルシャ語，ベンガル語で告知された。ここでいう塩の銘柄とは，製塩区名，製塩区から塩が荷積みされる塩埠頭名(ガート)，製塩年が併記されたものである。落札後に支払いを済ませた買付け人には，塩部局から，チャルとロワナと呼ばれる一対の塩切手が発行された。チャルは，製塩区の政府の塩倉(ゴラ)における塩引換え証であり，ロット番号，買付け人名，競売日時などの詳細が記されていた。チャルの保持人は，チャルに明記されたロット番号の塩を受けとることが保証された。買付け人名，ロット番号，量，移出先が示されたロワナは，第 2 章でみたように，その保持人がすでに塩代金を支払い済みであり，課税されることなく塩関所(チョウキ)を通過できることを保証した通関証である。買付け人は，チャルとロワナという一対の塩切手を手に入れてはじめて，政府の塩倉で現物を受けとり，自らの塩倉や他の目的地に輸送することができたのである。競売で買い付けたロットが政府側の都合で引き渡されない場合には，該当する塩切手保持人には返金が保証された。

　塩の現物と切手の取引を示した図 5-1 をみてみよう。図の①〜④の矢印が政

166　第Ⅱ部　ベンガル商家の世界

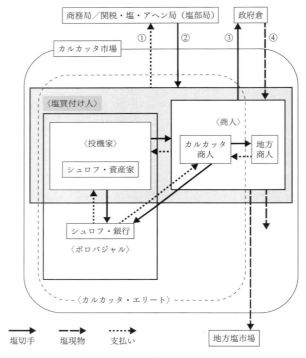

図 5-1　塩の現物・切手取引図

出所）筆者作成。

府と塩買付け人との取引を示している。〈塩買付け人〉が塩部局に代金を支払うと（①），塩部局から塩切手が発行された（②）。〈塩買付け人〉には投機を目的とした〈投機家〉と〈商人〉という二つのタイプが存在した。実際に塩の現物を地方市場に移出するのは〈商人〉であり，かれらは競売あるいは投機家から塩を買い付け，手に入れた塩切手と引き換えに（③），製塩区内に点在する政府の塩倉から現物を引きとった（④）。

〈商人〉は，カルカッタを拠点とするカルカッタ商人と地方の商業拠点を中心に活動する地方商人に分類される。塩の買付けを希望する卸売商人は，カルカッタ商人であれ，地方商人であれ，自ら競売に直接参加するか，代理人であるゴマスタを競売に参加させた。それができない場合には，競売に参加した買

第 5 章　塩長者の誕生から「塩バブル」へ　　167

表 5-1　1790 年代前半の買付け人の規模

買付け人あたりの買付け量（マン）	買付け人数		
	1790 年 9 月	1790 年 10 月	1792 年 7 月
1,000 以下	27	23	23
1,001〜2,000	13	16	20
2,001〜4,000	21	21	23
4,001〜6,000	19	18	12
6,001〜8,000	13	9	6
8,001〜10,000	6	10	6
10,001〜12,000	7	6	2
12,001〜14,000	1	1	5
14,001〜16,000	1	6	1
16,001〜18,000	3	1	1
18,001〜20,000	2	2	1
20,001〜24,000	1	1	0
24,001〜27,000	2	1	0
27,001〜30,000	2	3	2
30,001〜35,000	0	0	0
35,001〜40,000	1	0	1
40,001〜50,000	1	2	2
50,001〜60,000	1	3	0
60,001〜70,000	1	0	1
70,001〜90,000	1	1	0
90,001〜110,000	0	0	0
110,000 以上	0	1	0
全買付け人数	123	125	106

出所）Appendix to the Months of Sep and Nov 1790, BRP, P/71/34 ; BRP-Salt,
　　　P/89/2, 13 Jul 1792 より作成。

付け人から買い付けざるをえなかった。塩の競売がカルカッタでのみ開催され
たため，カルカッタを頂点とした塩取引構造が形成された。

　1790 年 9 月，10 月，1792 年 7 月に開催された競売の買付け人リストから，
初期の買付け人の特徴をみてみよう。買付け人数は，それぞれ 123 名，125 名，
106 名であり，販売量は，それぞれ 100 万マン，118 万 1000 マン，70 万 8439
マンであった[13]。表 5-1 は 1 人あたりの買付け量の分布から買付け人の規模を
示した表である。大半の買付け人は，1 回の競売につき 1,000 マン以下から
6,000 マンまでの塩を買い付けていた。また，かれらの多くは，一つの製塩区

168   第 II 部　ベンガル商家の世界

の塩を 1〜2 ロットあるいは近接する二つの製塩区から数ロットという単位で
買い付けた。1790 年 9 月の競売では，123 名のうち 80 名がこうした買付け人
であり，他の 2 回の競売においても 60 パーセント以上がこのカテゴリーに分
類される。もっとも，1 ロットが 1,000 マンと大容量であることを考慮すれば，
かれらを単なる小規模商人とみなすことはできない。買付け後ただちに代金を
支払い，塩を引きとるので，資金力のみならず嵩高品である塩の輸送能力をそ
なえた富裕な商人なのである。

　他方，一度に数万マンという大規模買付けをおこなう買付け人も存在した。

3）新興塩商人の社会的プロフィール

　買付け量の大小にかかわらず，競売に参加しはじめた商人は，前出のミット
ロ家やボシュ家などのカルカッタの既存のエリート商家とは異なり，新しく力
をつけてきた商人層である。エリート商家の多くは，シュボルノボニクのよう
な伝統的な商業コミュニティや，カヨスト，バラモンといった高位カーストの
出身であった。それに対して，新興塩商人層は，ギリシャ商人を除いて，いく
つかの特定コミュニティに属するヒンドゥーのベンガル商人であった。そのな
かでも，塩取引では，ティリ，シャハ両コミュニティが重要である。カルカッ
タをはじめとしてベンガル西部地域では，新興商人層はショドゴプやボシャク
を含むいくつかのコミュニティで形成されていたが，ベンガル中部から東部地
域にかけての商人層の大半は，ティリあるいはシャハのコミュニティに属した
（第 2 章表 2-1 参照）。

　シャハは，とくにベンガル東部で活躍した。J. ワイズは，ベンガル東部の
シャハについて次のように述べている[14]。

　　シャハは，ベンガルのなかで最も起業精神に富み，繁栄しているコミュニ
　ティであろう。多数の織布商人，塩商人，木材商人，銀行家で構成されてい
　るのだ。かれらは，商品を移入する卸売商人であり，それを小商人に小売り
　するアムダワラとして知られる。マハージャン，ゴルダール，アーラトダー
　ル，ブローカーなどとも呼ばれる[15]。

中国経済学入門
——「曖昧な制度」はいかに機能しているか

加藤弘之著

A5判・248頁・4500円

「論」から「学」へ——。成熟した中国経済研究からエッセンスをつかみ出し、所有・市場からガバナンスやイノベーション、対外援助、さらには腐敗・格差まで、生動する独自の経済システムのなかで、明解に説き明かした待望の書。

978-4-8158-0834-1

グローバル経営史
——国境を越える産業ダイナミズム——

橘川武郎／黒澤隆文／西村成弘編

A5判・362頁・2700円

単純な均質化とは異なるグローバル化の実態を一二の章から捉え、競争優位の真の源泉を浮かび上がらせる。産業と地域特性に応じた専門化やクラスター形成がグローバリゼーション下にも進むメカニズムに迫り、東アジア・北米・ヨーロッパなど地域の競争力の決定の重要性を指し示す。

978-4-8158-0836-5

「非正規労働」を考える
——戦後労働史の視角から——

小池和男著

四六判・238頁・3200円

自動車工場や外食産業チェーン店から米国の保険会社まで、終身雇用崩壊が叫ばれる以前から非正規労働は幅広く存在してきた。合理性があるから存続する。ならばその根拠は何なのか。職場まで下りた貴重な調査資料をもとに、「低賃金・使い捨て」のイメージを超えた実像を描き、改善策を提案。

978-4-8158-0838-9

日本の石油化学産業
——勃興・構造不況から再成長へ——

平野 創著

A5判・408頁・5800円

世界有数の巨大産業の誕生から今日までを、初めて通史として捉えた産業史の決定版。急速な成長と生産過剰のメカニズムを鋭く分析。政府による産業規制の理解を書き換えるとともに、世界的高シェア企業の叢生など、変容する日本の石油化学産業の新たな潮流も描き出す。

978-4-8158-0842-6

ニクソン訪中機密会談録［増補決定版］

毛里和子／毛里興三郎訳

四六判・354頁・3600円

機密文書公開、そして検閲解除——。日本は、アジアは、世界は？ 今日の米中関係の始まりとなった、毛沢東、周恩来、ニクソン、キッシンジャーによる世紀の外交交渉の全貌！ 黒塗りだった箇所を初めて邦訳し、新たに公開された資料を増補するとともに、詳細な解説を加えた決定版。

978-4-8158-0843-3

韓国仏像史
—三国時代から朝鮮王朝まで—

水野さや著

A5判・304頁・4800円

豊かな造形を誇り、独自の美を示して華ひらいた朝鮮半島の仏像史を、わが国で初めて包括的かつ平易に紹介。古代から近世までの流れを一望にするとともに、日本・中国の作例との深い関連性も縦横に捉えて、東アジア圏での交流の重要性を浮彫りにする。日本の仏像の理解にも必携の一書。

978-4-8158-0847-1

新制大学の誕生 [上]
—大衆高等教育への道—

天野郁夫著

A5判・372頁・3600円

終戦後の混乱の中、二百校以上が慌ただしく発足した新制大学。それは実に大転換だった。文部省やGHQ、諸学校関係者が議論・交渉し、戦前以来の改革構想やアメリカ式の高等教育モデルの間で揺れながら出発に漕ぎつけた困難な過程をたどり、日本のマス高等教育の原点を明らかにする。

978-4-8158-0844-0

新制大学の誕生 [下]
—大衆高等教育への道—

天野郁夫著

A5判・414頁・3600円

旧帝大から師範学校、専門学校まで、「遺産」の多寡も異なる教育機関としての質も異なる学校に一斉に実施された終戦後の「大学」化。不完全さを残しつつも実現された改革は、何を成し、何を成しそこねたのか。現代のマス高等教育の礎をなした転換点に立ち戻り、問題の所在を歴史から問い直す。

978-4-8158-0845-7

日本の産業教育
—歴史からの展望—

三好信浩著

A5判・396頁・5500円

「実践的で役に立つ」教育を、歴史の中から問い直す—。西洋に範を取ることから始まった近代産業教育の歩みを、女子教育や地方の観点も含め一望。とりわけ教育家の思想や実践に着目し、学校の果たした役割に光を当てる。現代の産業社会が抱えた教育課題の解決のために必読の書。

978-4-8158-0840-2

介護市場の経済学
—ヒューマン・サービス市場とは何か—

角谷快彦著

A5判・266頁・5400円

競争市場を通じたヒューマン・サービスの供給はいかにあるべきか。一定の成果をあげている日本の介護市場を事例に国際的視野でその政策モデルを検証、ケア品質の向上と効率性の両立を可能にする社会システムを領域横断的に示して、理想の介護市場モデルを包括的に描き出す。

978-4-8158-0833-4

ケンダル・ウォルトン著　田村均訳

フィクションとは何か
―ごっこ遊びと芸術―

A5判・514頁・6400円

ホラー映画を観れば恐怖を覚え、小説を読めば主人公に共感する――しかし、そもそも私たちはなぜ虚構にすぎないものに感情を動かされるのか。芸術作品から日常生活まで、虚構世界が私たちを魅了し、想像や行動を促す原理を包括的に解明するフィクション論の金字塔、待望の邦訳。

978-4-8158-0837-2

S・シェイピン／S・シャッファー著　吉本秀之監訳　柴田和宏／坂本邦暢訳

リヴァイアサンと空気ポンプ
―ホッブズ、ボイル、実験的生活―

A5判・454頁・5800円

実験で得られた知識は、信頼できるのか。空気ポンプで真空実験を繰り返したボイルと、実験という営みに疑いをもったホッブズ。二人の論争を手がかりに、内戦から王政復古期にかけての政治的・社会的文脈の中で、実験科学の形成を捉え直した名著、待望の邦訳。

978-4-8158-0839-6

カピル・ラジ著　水谷智／水井万里子／大澤広晃訳

近代科学のリロケーション
―南アジアとヨーロッパにおける知の循環と構築―

A5判・316頁・5400円

西洋中心でもなく、地域主義でもなく。科学的な知はどこで、いかにして生まれたのか。植物学や地理学から、法、教育の分野まで、近代的な学知の形成において植民地のアクターが果たした役割に注目し、帝国のネットワークにおける移動・循環の中で科学が共同構築される現場を描く。

978-4-8158-0841-9

D・ルイス著　出口康夫監訳　佐金武／小山虎／海田大輔／山口尚訳

世界の複数性について

A5判・352頁・5800円

われわれの住むこの世界とは異なる、可能世界は実在するのか。この上なく大胆な枠組みを、明晰かつ説得力ある語り口で展開。可能性や必然性などを新たな形でとらえ直すことで、世界のあり方をかつてない仕方で問いかけ、知的転回をもたらした衝撃作、待望の邦訳。

978-4-8158-0846-4

飯田祐子著

彼女たちの文学
―語りにくさと読まれること―

A5判・376頁・5400円

女性作家は〈女性〉を代表しない――。〈女性〉へと呼びかけられ、亀裂の感覚を生きつつ何を語ってきたのか。田村俊子、野上弥生子、宮本百合子、尾崎翠、林芙美子、円地文子、田辺聖子、水村美苗、多和田葉子など、複数の読み手に曝されたマイノリティ文学として読む。

978-4-8158-0835-8

フィクションとは何か　K・ウォルトン著　田村均訳

リヴァイアサンと空気ポンプ　S・シェイピン他著　吉本秀之監訳

近代科学のリロケーション　K・ラジ著　水谷智他訳

世界の複数性について　D・ルイス著　出口康夫監訳

彼女たちの文学　飯田祐子著

韓国仏像史　水野さや著

新制大学の誕生 [上]　天野郁夫著

新制大学の誕生 [下]　天野郁夫著

日本の産業教育　三好信浩著

介護市場の経済学　角谷快彦著

中国経済学入門　加藤弘之著

グローバル経営史　橘川武郎他編

「非正規労働」を考える　小池和男著

日本の石油化学産業　平野創著

ニクソン訪中機密会談録 [増補決定版]　毛里和子他訳

刊行案内

*
2016.2
～
2016.8
*

名古屋大学出版会

■お求めの小会の出版物が書店にない場合でも、その書店に御注文くだされればお手に入ります。

■■小会に直接御注文の場合は、左記へお電話でお問い合わせ下さい。宅配もできます（代引、送料230円）。小会の刊行物は、http://www.unp.or.jp でも御案内しております。

■表示価格は税別です。

◇第12回日本学士院学術奨励賞『近世東南アジア世界の変容』（太田淳著）5700円
◇第32回大平正芳記念賞『尖閣問題の起源』（エルドリッヂ著）5500円
◇第3回国基研 日本研究賞奨励賞『尖閣問題の起源』（エルドリッヂ著）5500円
◇第21回アメリカ学会清水博賞『アメリカを創る男たち』（南修平著）6300円
◇第5回三島海雲学術賞『大清帝国の形成と八旗制』（杉山清彦著）7400円

〒464-0814　名古屋市千種区不老町一名大内　電話〇五二（七八一）五〇三五・五五三／FAX〇五二（七八一）〇六九七／e-mail: info@unp.nagoya-u.ac.jp

シャハは，このカーストの一般的な姓である[16]。このコミュニティはダカをはじめとする大都市だけではなく，地方にも分散しており，コミュニティ間のネットワークを通じて塩や他商品の大規模な取引をおこなっていた[17]。

　本書で登場する多くの塩長者にはティリ，シャハ両コミュニティ出身者が多い。例えば，後述するラナガートのパルチョウドゥリ家はティリであったし，塩商人から大ザミンダールとなったバッギョクル（ダカの南方）のクンドゥ家（後にラエ姓を名乗る）も同様にティリであった[18]。B. バルイによれば，1834年11月の競売における買付け人51名のうち，少なくとも12名はティリ出身者であったという[19]。

　新興塩商人の多くが出自とするこれらのコミュニティは，元来の職業ではなくしだいに商業コミュニティとして認識されるようになったと考えられている。あるカーストの一部が，伝統的職業における技術革新や専業化などの機会を得て，商業に特化した新たなサブ・カーストとして分派したのである[20]。新しいサブ・カーストは，商業活動を通じて富裕になり，社会的地位を上昇させた。例えば，織工のタンティから派生したボシャクとシェトは，機織りを断念し，綿花・綿製品取引に特化していった[21]。シャハは，醸造と酒取引をおこなうシュンリのサブ・カーストから分派したとされている[22]。ティリもまた，搾油業を生業とするテリから派生したサブ・カーストと考えられている。

　H. サンニャルは，このように一つのカーストからサブ・カーストが次々に形成されることがベンガルにおける社会流動性を高めてきたと指摘する[24]。同様のことは北インドでもみられた[25]。インドで高い社会的流動性が維持された背景には，豊富な商業機会の存在があったといえよう。ただし，例えば S. C. ノンディが，ティリはテリとは無関係の商業コミュニティであると主張するように[23]，これらの分化を容易に断定することはできないだろう。

４）新興塩商人の台頭と政府の市場への介入

　新興塩商人層台頭の背景として，塩専売制度，とくに競売制度の確立だけではなく，1765年以降の EIC の政策を指摘しておかなければならない。

　太守時代には，商品ごとに決められた評価基準に基づいて，政府の関所を通

170　第 II 部　ベンガル商家の世界

過する商品に対して，ムスリム商人 2.5 パーセント，アルメニア商人 3.5 パーセント，ヒンドゥー商人 5 パーセントという取引税が課され，太守の主要財源となっていた[26]。政府の関所にくわえ，役人やザミンダールが私的に設置した関所も数多くあった。例えば，1768 年の報告では，カルカッタからムルシダバードまでの約 150 マイルの間に 17 の関所が設置され，1773 年のブルドワン県の事例では，主要な関所 114 カ所以外に 410 カ所もの副次的な関所があった[27]。

　1772 年に EIC がベンガル政府として正式に認められると，政府は，ベンガルにおける自由な商品流通を妨げる障碍物，とくに上述したような私的な関所の一掃に乗りだした。1773 年条例では，ザミンダールや徴税請負人が設置していた私的な関所が廃止され，領内を通過する旅行者に対する通行税の課税も禁止された[28]。1788 年には，カルカッタ，フゥグリ，ムルシダバード，ダカ，パトナーに設置されていた政府の関所も廃止された[29]。ザミンダールらによる市での売り手への課税（サエル税）も禁止された[30]。飢饉時においてさえ穀物移出禁止などの対策をとることも禁止された（詳細は第 8 章を参照）。政府がこうした改革を講じた背景には，分散していた徴税権を国家に一元化するということだけではなく，1769〜70 年に発生したベンガル大飢饉を経験し，今後の飢饉対策としての制度的基盤の整備という側面もあった。

　以上のように，18 世紀後半における行政改革を通じて，政府はザミンダールや特権商人ら旧利害がもっていた市における慣習的な権威や私的な徴税などの特権を取り除き，自由で円滑な商品流通を実現させようとしたのである。これは，政府が市を「公の財産」として位置づけようとした過程であった。S. シェンは，この過程を「市の永代査定制度（a permanent settlement of market-places）」と呼ぶ[31]。この政策は，政府が生産者と直接取引することを容易にするものであった。このことは，政府だけではなく，多くの人々に新たな商機を与え，かれらもまた「公」となった市を通じて，生産者に直接アクセスすることが可能になったのである。

　もっとも，太守時代のベンガルにおいて，太守やエリート層が私的な徴税をおこない，市に対して慣習的な権威を有したことが，ベンガルの商業活動を阻

害したわけではなかった[32]。とはいえ，18世紀後半以降，ベンガル各所に商人の私的な市が次々に新設されたことは[33]，一連のEICによる行政改革がベンガルの商業をより一層活発にした証左といえよう。ダカ県では，1765年頃には536であった市数は1791年には650にまで増加した。北部のディナジプル県でも，1770年頃には206カ所にすぎなかったものの，1807年頃には635カ所にまで急増した。常設市だけではなく，農村部の定期市（ハート）の数も増加した。また，河川の氾濫や浸水被害を受けやすい地域においても，1年のうち4カ月から6カ月間も船上で市が開催されたという。市の増加の背景には，大飢饉の影響からの回復にくわえて新興商人層の台頭があったのである。

2　塩長者からカルカッタ・エリートへ

1）塩長者の登場

　表5-2を用いて1790年代初頭の大規模な買付け人について詳しくみてみよう。このリストに示された13名は，1790年9月，10月，1792年7月の競売における総販売量288万9439マンの41.6パーセントにあたる120万1819マンを買い占めている。政府が厳しく供給量を統制するなかで，かぎられた数の買付け人が塩市場を寡占していたといっても過言ではない。製塩区別にみると，かれらはチッタゴン塩の68.2パーセントを買い占め，ヒジリ，トムルク塩においても50パーセント前後の高いシェアをもっていた。シュンドルボン森林地域（24パルガナズ，ライモンゴル両製塩区）では，かれらのシェアは比較的小さかった。同地域では，先述したような比較的小規模な買付け人が活動する余地が大きく残されていたからである。

　最大の買付け人は，キリヤコス・マヴルディスであった。買付け人唯一のギリシャ商人である。表5-2によれば，キリヤコス・マヴルディスは，ブルヤ塩の大半を買い占めていたのみならず，チッタゴン塩および24パルガナズ塩の主要買付け人でもあった。キリヤコス・マヴルディスが競売で買い付けた塩は，主としてベンガル東部を拠点とした他のギリシャ商人によって政府の塩倉から

172　第II部　ベンガル商家の世界

表 5-2　1790 年代前半の主要買付け人

(マン)

主要買付け人名	輸入塩 コロマンデル	製 塩 区						合 計
		ヒジリ	トムルク	24 パルガナズ	ライモンゴル	ブルヤ	チッタゴン	
キリヤコス・マヴルディス	8,000	7,000	14,000	56,000	0	101,000	20,000	206,000
キシェン・パンティ（パルチョウドゥリ）	48,000	55,000	63,000	1,000	0	0	0	167,000
タクル・ノンディ	37,000	39,000	57,819	19,000	0	0	0	152,819
ラム・カーン	3,000	6,000	16,000	62,000	14,000	0	0	101,000
ラム・プラマニク	45,000	26,000	13,000	3,000	0	0	0	87,000
モドン・ボシュ ショングプ・ホルダル	0	77,000	0	2,000	0	0	0	79,000
サルタク・ショイ	48,000	7,000	13,000	2,000	0	0	0	70,000
ショングプ・パル	3,000	18,000	45,000	4,000	0	0	0	70,000
オボイ・チャンド	34,000	7,000	23,000	5,000	0	0	0	69,000
グル・シェン	0	32,000	0	0	0	19,000	0	51,000
シャム・ショルカル	0	0	0	0	0	27,000	24,000	51,000
ジョゴン・プラマニク	3,000	32,000	15,000	0	0	0	0	50,000
ジョゴン・ポッダル	2,000	0	0	16,000	2,000	23,000	5,000	48,000
主要買付け人の買付け量	231,000	306,000	259,819	170,000	16,000	170,000	49,000	1,201,819
3 競売における合計販売量	549,450	567,000	591,158	612,000	150,000	348,000	71,831	2,889,439
主要買付け人のシェア	42.0 %	54.0 %	44.0 %	27.8 %	10.7 %	48.9 %	68.2 %	41.6 %

出所）表 5-1 に同じ。
　注）1790 年 9 月，10 月，1792 年 7 月の 3 回分の競売の合計買付け量に基づいている。

引きとられ，市場に移出された。ギリシャ商人の活動については，第 7 章で詳述しよう。

　キリヤコス・マヴルディスにつづく大買付け人は，キシェン・パンティとタクル・ノンディであった。キシェン・パンティ（後にパルチョウドゥリを名乗る）は，ラナガートからカルカッタに上京し，塩取引拠点ハートコラで他の商人とパートナーシップを組み，小規模な塩売買をはじめた。キシェン・パンティは，この事業で成功し，ハートコラの首領（カルタ・バブゥ）と呼ばれるまでになった[34]。その影響力は絶大で，キシェン・パンティがいなければ塩の競売がはじまらなかったといわれる。タクル・ノンディは，ブルドワン県カルナ出身で，とくに，

第5章 塩長者の誕生から「塩バブル」へ **173**

ディナジプル米をムルシダバードやカルカッタをはじめとする主要都市に移出する大米商人として知られていた。ディナジプル県では豪商のなかの豪商と称された[35]。両者の特徴は、ヒジリ、トムルク塩およびコロマンデル塩買付けで大きなシェアを占めていたことである[36]。ギリシャ商人とは対照的に、かれらはベンガル西部地域でとくに強い販売網をもっていた。

キシェン・パンティやタクル・ノンディをはじめ、表5-2に登場する買付け人の大半は、カルカッタに拠点をおいた[37]。前掲図5-1では、かれらは〈塩買付け人〉のなかの〈商人（カルカッタ商人）〉に分類される。カルカッタを拠点に、競売で塩を買い付け、現物を政府の塩倉から引きとり、ベンガル西部からビハールにかけての地方市場を中心に塩移出をおこなう商人であった。

キシェン・パンティ、タクル・ノンディをはじめ、表5-2に登場する7名の買付け人が名を連ねた1796年12月の陳情書によれば、かれらは「長年にわたって塩の売買をおこなう」[38]商人であった。また、同陳情書には以下のように書かれていることから、かれらが、塩、穀物をはじめとするいくつかの商品を扱う卸売商人であることが分かる。また、手形決済が商人としての信用の証であることを考えれば、長者と呼びうるきわめて大規模な商人といえよう。

> わたしたちは過去4回の競売と昨年度の競売で買い付けた塩を大量に抱えていますが、それを売却することもできなければ、在庫として抱えている数種類の商品や穀物を売ることもできません。わたしたちのなかには、産地からすでに受けとっているものの、まだ支払い期限ではない手形をもつ者もいれば、支払い期限ではあってもシュロフが引き受けてくれない手形をもつ者もいます。金詰まりが深刻で、どんな手段を使っても資金を工面することができないのです。

かれらの影響力はきわめて強く、価格が下落すれば政府に積極的にはたらきかけた。例えば、1789年末にションブ・ホルダルを筆頭に40名の塩商人がおこなった陳情では、コロマンデル塩輸入急増によって価格が下落し、大損害を被ったのは、政府による事前の告知がなかったためだとして、政府に対する強い不満が表明されている[39]。こうした大買付け人の出現によって、政府の期待

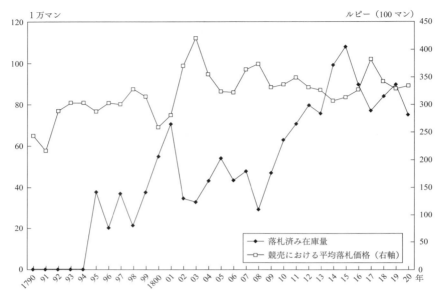

図 5-2 落札済み在庫量の増加と落札価格（1790〜1820 年）

出所）BRP-Salt, P/101/52, 10 Jul 1829, no. 16 より作成。
注）落札済み在庫量は，各年 1 月 31 日時点の量である。

通りに競売における落札価格が上昇した。図 5-2 に示されているように，1790 年に 100 マンあたり 240 ルピー程度であった落札価格は，1792 年には 300 ルピーにまで上昇したのである。

2）塩長者パルチョウドゥリ家

　カルカッタ商人の塩長者への道のりを，パルチョウドゥリ家を事例にみてみよう。キシェン・パンティは，先述したように，ノディヤ県ラナガートからカルカッタに移り，小規模の塩取引から一代で身代を築いた。同家は，元来キンマ（パン）の葉商人であったので，パンティと呼ばれていたが，キシェン・パンティがノディヤ王（ラジャ）シブチョンドロ・ラエから長を意味するチョウドゥリの称号を与えられたことから，本来の姓であったパルと組み合わせたパルチョウドゥリを名乗るようになったと伝えられている[40]。

パルチョウドゥリ家は，カルカッタとムルシダバードにくわえて，ラナガートに近いハンスカリ，カンチョンノゴル（ブルドワン），カルナなどの市場に塩倉を所有した（巻末地図6）。さらに，ベンガル東部では，東部最大の塩市場であるナラヨンゴンジをはじめ，ダカ，シラジゴンジに，ベンガル西部では，ボゴバンゴラ（ムルシダバード近郊の大穀物市場），フッグリ川沿いのボドレッショル，製塩地域のトムルクやラスルプル（ヒジリ製塩区内の塩埠頭）に塩倉を展開した[41]。パトナーへの塩移出も数名の商人と寡占していた。

パルチョウドゥリ家は，しだいに経営を多角化し，穀物や砂糖，精製バター，綿布取引に参入し，カルカッタの対岸シブプルにおけるインディゴ工場の経営にも乗りだした。さらには，領主層に対する不動産担保金融業にも従事した。キシェンがノディヤ王からチョウドゥリの称号を与えられた背景には，王への多額の融資があったという。その他にも，キシェンは，ヒジリ製塩区内シュジャムタの領主に7万ルピーを融資し，その担保として，領内の一つのザミンダーリーに対する塩の補償金を入手した。この補償金とは，製塩区内に領地をもつ領主に対して，商務局（1819年以降は関税・塩・アヘン局）から支払われるもので，シュジャムタ領主は年間6,916ルピーを受けとっていた[42]。

経営の多角化に加えて，1793年に永代ザミンダーリー制度が導入されると，キシェンは，弟のションブとともに，塩取引で得た資金を用いて地所購入に乗りだした[43]。ノディヤ県では，ノディヤ王イッショルチョンドロ・ラエ[44]の広大なザミンダーリーや他の領主の領地を次々と獲得した[45]。ノディヤ県に隣接するジェソール県でも，1797年から1804年までの間にいくつもの領地を購入した[46]。パルチョウドゥリ家が獲得した地所には，24パルガナズ製塩区長に貸しだされている塩田を含む地所もあった[47]。

地所経営を開始した同家は，しだいにザミンダールとみなされるようになり，裁判記録では，2人の息子や孫は，自らを商人ではなくザミンダールと名乗っている。ザミンダールになったことで家の社会的地位が上昇したとみられ，パルチョウドゥリ家は，カルカッタのボッドロロク（bhadralok）と呼ばれるエリート層の仲間入りをした。さらに，そのなかでも最高位のオビジャト・ボッドロロク（abhijat bhadralok）とみなされるようなった[48]。

176　第 II 部　ベンガル商家の世界

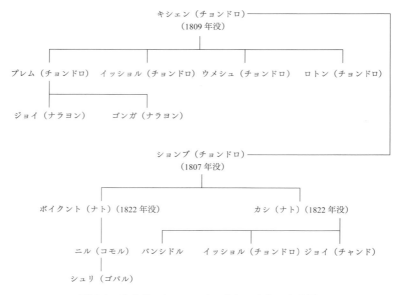

図 5-3　ラナガートのパルチョウドゥリ家の家系図

出所）筆者作成。
注）パルチョウドゥリ家にはラムニディ・パルチョウドゥリという分家も存在した。ラムニディの息子ボディナトは「相続権を剥奪された家族」(J. Westland, *A Report on the District of Jessore : Its Antiquities, Its History, and Its Commerce*, Calcutta, 1871, p. 188) と指摘されている。ボディナトは、キシェンおよびションブの個人資産ならびに合同家産の 3 分の 1 を要求する訴訟をおこした (Buddinauth Paul Chowdry v. Bycaunthnauth Paul Chowdry and Others, SCP, in Equity, 1829)。

　上述したように、パルチョウドゥリ家は経営を多角化させ、その規模を拡大させた。1807 年のションブにつづいて 1809 年にキシェンが死去すると、パルチョウドゥリ家の経営は二分割された。キシェンの息子たちは、プレム・イッショル・ウメシュ・ロトン（チョンドロ）・パルチョウドゥリという屋号を使い、ションブの息子 2 人はボイクント・カシナト・パルチョウドゥリの屋号で塩取引をつづけたのである（図 5-3 参照）。

　さらに、1821 年に、キシェンの 4 人の息子の共同の家産と経営は、プレムとイッショル、ウメシュとロトンという二つに分割されることになった。ションブの 2 人の息子も 1813 年には経営を分割した。その後、1822 年に 2 人が相次いで死亡すると[49]、さらにそれぞれの息子との間で家産と経営が分割された。

こうした分割はしばしば裁判によって解決されることになった[50]。この時期における訴訟は高い社会的地位の証と認識されたため，多くの新興商人がいくつも訴訟を抱えていた。家産・事業の分割や裁判は，この時期の商家経営の一つの特徴であった（第9章参照）。

3　投機的買付け人の登場

1）投機の対象としての塩

　18世紀後半以降，政府はさまざまな方法で借入れをおこない，政府債の発行はその一つであった。EICの中長期の政府債の利率が6〜8パーセントであったのに対して，短期の政府債（treasury bills）の利率は最高18パーセントときわめて高利であった。政府は，金融市場が逼迫していないときに短期債の一部を比較的金利の低い長期債に借り換え，インド亜大陸全土に拡大する戦費調達や増加する行政費，本国への資金移転を可能にしていた。こうした状況下で，短期金融市場（money market）が形成されたのである。A. K. バグチによれば，18世紀後半から19世紀前半におけるインドの短期金融市場は「ベンガル，マドラス，ボンベイ各管区における政府や大商人への貸付けのための市場」[51]であったという。この短期金融市場は，政府債の売買を通してカルカッタのみならずマドラスやボンベイの現地商人およびヨーロッパ系商人が巨万の富を得る機会を提供したのである。こうしたなかで，塩がしだいに投機対象として注目されるようになった。

　競売による塩販売が開始された当初，塩取引から得られる利潤は8〜10パーセント程度であり，より利率の高い政府債などの投資先と比較すると魅力的ではなかった[52]。しかし，平均落札価格が1792年に100マンあたり300ルピーにまで上昇し安定すると（前掲図5-2），塩取引は利益の大きい事業として認識され，しだいに投機性を帯びはじめたのである。それを示す指標として，図5-2の塩価格と落札済み在庫量との関係をみてみよう。落札済み在庫量とは競売で落札されたものの，落札者が政府の塩倉から引きとっていない塩を指す。

178　第Ⅱ部　ベンガル商家の世界

競売における平均落札価格は，1790 年代には 100 マンあたり 300 ルピー程度
で推移していたが，1802 年に跳ねあがり，その後高位で推移するようになっ
た。1802 年頃の価格高騰の直接の原因は，ベンガル塩生産量減少とコロマン
デル塩輸入量の減少であったが，その後も，供給量の回復にもかかわらず塩価
格は低下しなかった。こうした塩の値動きは，塩が投機対象としての性格を強
めたことを示唆している。同じく政府の専売対象となったアヘンも，同じ頃に
投機的に取引されるようになった[53]。

　次に，落札済み在庫量の動きをみてみよう。図 5-2 によれば，落札済み在庫
量は 1795 年にはじめてみられる。1790 年代後半の落札済み在庫量の増加は，
カルカッタ市場における資金需給の逼迫とコロマンデル塩輸入の増加による塩
価格の下落によって，多くの買付け人が支払い期限までに資金を調達できず，
政府の塩倉から引きとることができなかったために生じた。その後，落札済み
在庫量は 1809 年以降再び増加した。しかも，その規模は 1790 年代後半の増加
よりもはるかに大きく，その要因もまったく異なっていた。買付け人が引きと
ることができないのではなく，引きとらなかったのである。この背景として，
塩の現物ではなく，チャルとロワナという塩切手の取引が活発になったことが
あげられる。

　塩切手は在来金融市場（バザール）で取引きされ，現地商人やシュロフの間では流通証券
として認められ，融資担保として利用されていた。なぜなら，塩切手が現物と
確実に引き換えられることを政府が保証していたからである。バザールにおけ
る塩切手の重要性を認識した商務局は，塩切手に記載された買付け人ではなく
切手の保持人であっても塩を引き渡すことを認めた。また，同局は現金ではな
く政府債で塩の手付け金を支払うことも認めた。これは，大買付け人の買付け
資金を融通していたボロバジャル（カルカッタの金融街）のシュロフにとって，
政府債での支払いが好都合だったからである[54]。これによって，買付け人は大
量に塩を買い占めることが可能になり，政府も支払いの遅延を防止することが
できたのである。

　こうした変化があった一方で，ヨーロッパ系の銀行は塩切手を融資担保とし
て認めることに躊躇していた。1806 年に，ボロバジャルのシュロフであり，

塩買付け人でもあったカシ・パルが，カルカッタ銀行（the Bank of Calcutta）に塩切手を担保に1万1500ルピーの融資を申し込むと，同行には次々に同様の申込みが殺到した[55]。同行の取締役会は，こうした塩切手担保融資に関心を示していたものの，返済が滞った際の塩切手の換金可能性に懸念を抱いていた。なぜなら，塩切手保持人が切手に記載された量の塩を現金化するためには政府の塩倉で現物を引きとり，市場で売却する必要があったからである。

　銀行で塩切手が融資担保としてはじめて認められたのは，1809年に半官半民のベンガル銀行（the Bank of Bengal）がカルカッタ銀行の経営を引き継いで設立された時であった[56]。これ以降，塩切手を担保とした融資は銀行の主要業務の一つとなった。その結果，より多くのシュロフや資産家が塩切手の取引に参入するようになり，塩取引はますます投機的色彩が濃くなっていったのである。競売の開催日程に合わせて融資件数が急増していたことから，ベンガル銀行の借り手の大半は，バニヤンを除いて，塩取引関係者であったとみられる[57]。

　前掲図5-1で塩切手の流れを確認しておこう。〈塩買付け人〉のなかでも〈投機家〉は競売で塩を買い付けても，自ら現物を市場で売ることはなかった。その代わりに，塩切手を政府から入手すると，値動きをみながら，それを担保にボロバジャルのシュロフや銀行から融資を受けたり，〈商人〉に塩切手を売却したりした。

　資金力が豊富なシュロフや資産家は，落札後あるいは支払い後も政府の塩倉に保管料を支払いながら市況が好転するまで塩を退蔵することができた。1809年以降の落札済み在庫量の増加は，塩の現物取引には関心がなく，自家倉をもたないシュロフらが，銀行が塩切手担保融資を受けいれたことを契機として，投機目的の取引に本格的に参入したことを示している。ここに，「塩バブル」とも呼びうるような状態が生まれたのである。

2）カルカッタ・エリートの塩投機

　競売に参入した投機家の大半は，ボロバジャルのシュロフあるいはカルカッタの既存の商業コミュニティ出身の豪商・両替商であった。かれらの多くは，シュボルノボニクに代表されるベンガルの伝統的商業・金融コミュニティに属

した。例えば，1807 年，1808 年にカルカッタ銀行最大の借り手であったドッタ・ドットやマトゥル・シェンらは，シュボルノボニクのシュロフである[58]。ドッタ・ドットは，1807 年にビッションボル・パイン，ラム・パインらとパートナーシップを組み，チンタモニ・パイン・ラダモホン・ドットという屋号で金融業を開始した[59]。マトゥル・シェンは，父親であるジョイ・シェンがはじめた金融業[60]を，父親の死後，弟や甥とパートナーシップを組んで営んでいた[61]。マトゥル・シェンは，ベンガル銀行の株主にも名を連ねる大シュロフであった[62]。また，マトゥル・シェンの兄弟や甥は塩取引に深く関係していた[63]。N. K. シンホは，マトゥル・シェンは，ベンガル在来金融史において，ジャガート・セト家の没落とベナレスのゴーパール・ダース一家の台頭の狭間で長期にわたって活躍した特筆すべき銀行家と称している[64]。小規模経営のベンガル人シュロフが多いなかで，きわめて大規模な金融業を展開していたのである。

　第 6 章で詳述するラム・モッリクという大投機家もまたシュボルノボニクであり，モッリク家はボロバジャルで最も富裕な商家の一つであった。

　塩の投機的取引に参入したドット家，シェン家，モッリク家はカルカッタの伝統的な商業・金融コミュニティの出身であったため，キシェン・パンティやタクル・ノンディのような地方からカルカッタに拠点を移し，実際の塩取引をになった新興塩商人との間には，商業上の利害のみならず社会的地位やカーストの点で明らかな相違があった。しかしながら，カルカッタの大商人のなかにも，現物のみならず塩切手を投機的に扱ったり，それを担保に融資を受けたりする者もあらわれた。パルチョウドゥリ家はその一つである。こうして，カルカッタ商人の多くも，「塩バブル」に巻きこまれていった。

おわりに

　競売制度が導入されると，製塩地域やカルカッタ近郊の商人がカルカッタで開催される競売に参加し，東部インドの広い地域で大規模な塩取引を展開するようになった。かれらは，それ以前の時期に卸売商人として活動していたムス

リムやアルメニア商人とは異なるヒンドゥー商人であった。また，かれらの大半は同じヒンドゥー商人のなかでも，ベンガルの伝統的商業・金融コミュニティとは異なるコミュニティの出身であった。EIC という新しい国家が，市場や商取引から旧領主層やそれらと密接な関係をもつ商人層の利害を排除していくなかで新たに生まれた商機をつかんだのである。競売での塩の買占めを通じて誕生した多くの塩長者は，ラナガートのパルチョウドゥリ家の事例に典型的にみられるように，経済的，社会的に大きな成功をおさめた。かれらは，元来現物の塩を扱い，東部インド各地に塩を移出する商人であった。

　塩価格のさらなる上昇をもたらした契機は，塩切手がベンガル銀行で融資担保として認められたことであった。これを機に，投資先を模索していたシュロフや伝統的商業コミュニティのエリート商人も投機を目的に競売に参加しはじめたのである。かれらは塩の現物ではなく，塩切手を取引の対象とした。パルチョウドゥリ家のようにしだいにザミンダール化し，ボッドロロクの仲間入りを果たした一部の大商人も投機的傾向を強めた。こうして，カルカッタを拠点とした新興商人層と投機家による塩の買占めによって塩価格が上昇し，政府にとっても買付け人にとっても莫大な利益をもたらす塩専売制度が確立したのである。

　しかしながら，この制度は脆弱な基盤のうえに成り立っていた。なぜなら，その根幹ともいえる高塩価政策が塩切手の売買に支えられていたからである。換言すれば，高塩価政策は，現物市場の動向から乖離する危険性をはらむ「塩バブル」ともいうべき状況に依存していたのである。

第6章
「塩バブル」の崩壊とカルカッタ金融危機
—— 1810〜30年代前半

はじめに

　塩の競売に資産家が参入し，塩切手が投機的に取引きされるようになると，塩価格が高騰した。前章で明らかにしたように，投機家のみならず，新興商人も投機に乗りだし，1810年頃までにはボロバジャルを中心とした「塩バブル」とも呼びうる状況が生まれたのである。塩価格の高騰は，高塩価政策をとる政府にとっても財政上好ましい状況であった。しかし，同時に，塩専売制度は，塩の現物ではなく塩切手を取引の対象とし，政府の政策とカルカッタ金融市場の動向に強く影響を受けた「塩バブル」という脆弱な基盤のうえに立脚していたのである。

　それでは，この危うい「塩バブル」はどのような問題を内包し，カルカッタの買付け人の経営と政府の専売政策にどのような影響を与えたのであろうか。また，問題が露呈したときに，買付け人や政府はどのように対処しようとしたのであろうか。本章では，カルカッタの大商人と投機家の投機の実態，かれらの投機と政策およびカルカッタ金融市場の動向との関係を詳細に検討したうえで，専売制度を支えてきたカルカッタの買付け人の多くが経営危機におちいり，「塩バブル」が崩壊した要因を明らかにしよう。このことは，とりもなおさず専売制度そのものの危機にほかならなかった。

1　塩価格の変動と投機

1）塩価格の変動

　まず，ベンガル各地の塩価格の動向をみてみよう。図6-1および図6-2は，1800年から34年までのEIC商務拠点（commercial stations）における煎熬塩価格（1月の価格）および競売における平均落札価格の推移を示している。なお，各商務拠点の位置は巻末地図3に示されている。残念ながら，EICの商業活動縮小にともなって商務拠点が順次閉鎖されてしまったため，時期が下るにつれてデータが少なく，また，1833年の商業活動停止以降はデータが残されていない。とはいえ，両図によって約30年間の煎熬塩の価格動向を追うことが可能である。図6-1は，カルカッタおよびベンガル西部（ラダノゴルおよびシャンティプル）における価格を示している。これらの商務拠点は西部地域市場圏に含まれる。図6-2は，ベンガル西部を除く商務拠点における価格を示している。パトナーおよびマルダは西部地域市場圏，シャルダは中部地域市場圏，ナラヨンゴンジとロッキプルは東部地域市場圏に含まれる。なお，地域市場圏の詳細は第2章を参照されたい。

　すべての商務拠点における塩価格は，競売における落札価格の強い影響を受けていた。一方，1817年頃を境に商務拠点間で価格動向に差があらわれはじめている。1800年から17年までの商務拠点間の価格差は，ベンガル湾岸の製塩地からの距離が反映されているにすぎず，価格変動には相違がほとんどみられない。対照的に，1818年以降の時期には，地域ごとに異なる価格変動がみられる。とくに，遠隔地であるパトナーやマルダなどのビハールおよびベンガル北西部の商務拠点の価格が毎年激しく変動している（図6-2）。一方，ベンガル西部の商務拠点では，価格が比較的低位で推移している（図6-1）。ベンガル東部では，1810年代後半から20年代初頭にかけてのロッキプルにおける価格が必ずしも他地域と連動していないことは，ベンガル東部の価格動向が他地域とは異なっていたことを示唆している。

　次に，図6-3に示された商務拠点別の天日塩価格をみてみよう。図中のいず

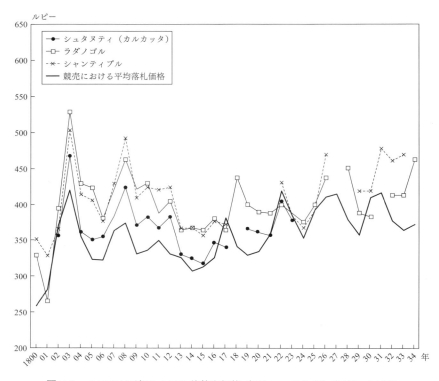

図 6-1 ベンガル西部における煎熬塩価格（100 マンあたり）（1800〜34 年）

出所）BRC-Salt, P/99/2, 19 Feb 1803, no. 3；P/99/17, 20 Feb 1806, no. 10；P/99/41, 16 Feb 1811, no. 2；P/100/3, 1 Mar 1816, no. 3；P/100/32, 23 Feb 1820, no. 2；BRP-Salt, P/100/65, 27 Jan 1824, nos. 23A, 24；P/101/1, 18 Feb 1825, no. 40；P/101/11, 7 Feb 1826, no. 10N；P/101/33, 11 Jan 1828, no. 54；P/101/48, 20 Feb 1829, no. 17；P/101/59, 26 Jan 1830, no. 38；P/101/70, 28 Jan 1831, no. 9；P/102/9, 21 Feb 1832, no. 26；P/102/19, 1 Feb 1833, no. 37；P/104/84, 28 Jan 1834, no. 18.

注1）1月の価格。ただし、1828年、1830年、1831年、1834年については、前年12月の価格。
　2）地域で異なる重量単位（マン）はすべて 82 シッカ・ウェイトのマンに換算した。

れの商務拠点も西部地域市場圏内にある。煎熬塩ほど激しい変動はみられないものの、基本的には競売における落札価格の影響を受け、1818年を除いて煎熬塩とほぼ同様の動きを示している。しかし、煎熬塩価格とは異なり、天日塩価格には1818年以降においても地域差がみられない。また、天日塩は一般的に煎熬塩よりも安価であるものの、1818年以降、シャンティプルなどのベンガル西部の商務拠点では煎熬塩価格には著しい上昇傾向がみられないのに対し

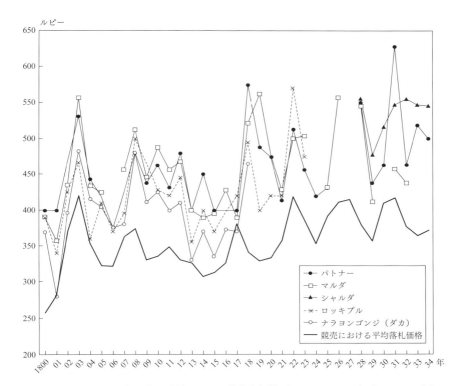

図 6-2 ベンガル西部以外の地域における煎熬塩価格（100マンあたり）（1800〜34年）
出所および注）図 6-1 に同じ。

て（図 6-1），天日塩価格は上昇傾向にあり，両者の価格差が縮小しているのである。後述するように，これらは，カルカッタ大商人の投機と深く関係している。

以上のように，1817 年頃までは，落札価格が地方の価格動向に影響を与えていたことから，大買付け人がカルカッタ市場だけではなく地方市場においても強い影響力をもっていたことが分かる。すなわち，その頃まで，政府による厳しい供給量制限と限られた人数の大買付け人の相乗効果がもたらす価格統制はうまく機能していたのである。東部インド塩市場は，専売制度のもとで統合されていたともいえる。しかしながら，1810 年代末以降，地域ごとに異なる

186　第Ⅱ部　ベンガル商家の世界

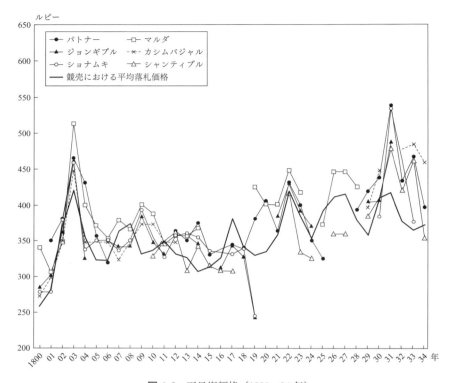

図 6-3　天日塩価格（1800～34 年）

出所および注）図 6-1 に同じ。

価格変動がみられるようになった。このことは，第 2 章で検討したような，より地域性の強い市場圏の存在を示唆している。

それでは，1817 年頃に何が起きたのであろうか。なぜ，それ以降の時期には遠隔地市場の価格のみが激しく変動したり，天日塩価格が上昇したのであろうか。

2) 物価，投機，商人の活動

まず，物価と塩価格との関係を検討しよう。東部インドの基幹作物である米は，「ほぼすべての商品の価格に多大な影響を与える」[1]といわれている。そこ

第 6 章 「塩バブル」の崩壊とカルカッタ金融危機　187

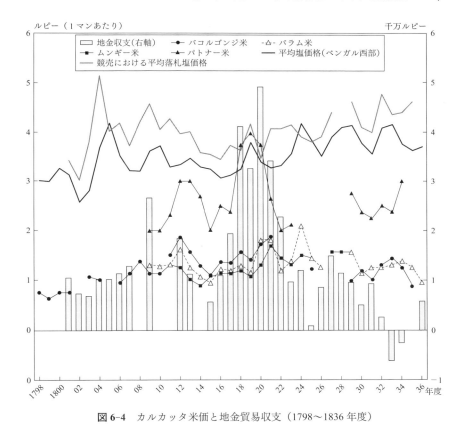

図 6-4　カルカッタ米価と地金貿易収支（1798〜1836 年度）

出所）BCR, each year, P/174/13-47 ; *Calcutta Exchange Price-Current*, vols. 1, 2, 4, 5 ; Rajat Datta, *Society, Economy and the Market : Commercialization in Rural Bengal, c. 1760-1800* (Delhi : Manohar, 2000), pp. 345-346. なお、塩価格については図 6-1 に同じ。

で，図 6-4 により，1798 年度から 1836 年度のカルカッタ米価の変動を利用して物価動向をみてみよう。米価は銘柄に関係なく同じような動きを示している。パトナー米はパトナー近郊で栽培された高級米であり，他の銘柄米と比較して高価格で取引されていた。バコルゴンジ米とバラム米は，ベンガル東南部の穀倉地帯であるバコルゴンジ周辺で収穫された米であり，低級米であった[2]。ベンガル域内で消費されるだけではなく，1820 年代後半以降，サトウキビ栽培が盛んになったモーリシャスに輸出されはじめた（第 3 章図 3-4 参照）。ムンギ

188　第 II 部　ベンガル商家の世界

一米の詳細は不明であるが，バラム米と同様にモーリシャスに多く輸出される
米であった。米価は当然のことながら作況によっても変動するが，1824 年に
おけるバラム米，ムンギー米の凶作を除いて大きな生産量の変動はみられなか
ったようである。

　次に，図 6-4 により米価と地金（金銀）貿易収支との関係から米価変動要因
を検討しよう。米価は 18 世紀末から 1812 年度まで上昇していた。これは主と
して地金輸入の増加によってカルカッタ金融市場が安定したことに起因する[3]。
さらに，この時期のカルカッタでは投資先がきわめてかぎられていた[4]。なぜ
なら，イングランドが不況におちいり，南アメリカからの輸入拡大にともなっ
てヨーロッパ市場におけるインド産品の需要が低下し，一時的ではあるものの
対米貿易も停止していたからである。そうしたなかで政府債の利率が 1810 年
には 4 パーセントにまで下落したため[5]，市場に資金がだぶつき，米価の上昇
につながったと考えられる。

　この状況は，1812 年初頭に急変した。モーリシャスおよびモルッカ諸島に
おける戦争の拡大によって，政府は新たに利率 6 パーセントの政府債の募集を
開始した。その結果，余剰資金が一気に政府債への投資に集中し，市場は激し
い資金不足にみまわれた。それが米価の下落につながり，その状況は 1810 年
代末までつづいた。1810 年代の金融不況はカルカッタのあらゆるビジネスに
影響を与えた。1814 年 3 月に，最大の代理商会の一つパーマー商会（Palmer
and Co.）のパーマー（John Palmer）は，この苦境を以下のように述べている[6]。

　この 12，13 カ月の間に金融市場にはほとんど動きがない。この状況が大幅
　に改善することはしばらくないだろう。どんな手段を試みたとしてもすべて
　は金融市場にとって向かい風である。政府はこの苦難を軽減せずにむしろ強
　めるにちがいないのだ。

　1817 年度から 20 年度にかけて，イギリスの金本位制移行にともなってベン
ガルには大規模に地金（銀）が輸入された[7]。それにもかかわらず，1817 年度
および 1818 年度には状況は悪化した。その原因として，資金が引きつづき利
率 6 パーセントの政府債に集中したこと，カルカッタの代理商会による大規模

な綿花買付けに資金が流れたこと，イングランドからの送金が遅延したことが指摘される。

　1819年までには，金融市況は改善し，米価も上昇した。1820年代前半には，ヨーロッパにおけるインド産品需要の低下，中国におけるインド綿花価格の下落，そして地金輸入の増大を起因として市場に資金がだぶついていた。それは米価の上昇に反映されている（前掲図6-4）。しかし，1825年には米価は再び下落した。ビルマ戦争勃発に端を発した新たな金融危機のはじまりであった。1824年発行の政府債によって資金不足が深刻になっていたなかで，さらに市場から資金が流出したのである[8]。1820年代末には市況は一時的に改善したものの，地金輸入の急減とインディゴ危機を端緒とした1830年代前半の不況によって，金融市場は再び混乱した[9]。

　これまでみてきたように，カルカッタにおける米価変動は地金貿易収支と短期金融市場に強い影響を受けていた。しかし，図6-4によれば，シュタヌティ（カルカッタ）を含むベンガル西部市場における平均塩価格は，必ずしも米価に連動していなかった。先述したように，塩は専売商品であったため，塩価格は物価動向よりも落札価格に左右された。ただし，政府の塩価格統制力が弱体化した1820年代以降においても，塩価格は依然として米価と連動することはなかったのである。

　地金貿易収支が塩価格に与える影響は限定的であったが，地金貿易収支に依存したカルカッタ金融市場と塩価格には密接な関係があった。それは，塩供給量，投機，金融市場という三者の相互関係から説明しうる。まず，翌年度の塩供給量の削減が公示されると，買付け人が積極的に買付けをおこなうため，競売価格が高騰した。こうした供給量削減を契機とした過剰投機による塩価格の高騰は，1802〜03年や1816〜18年の事例にみられるように何度か生じている（図6-5参照）。とくに1820年代は供給量の削減と過剰投機というパターンが繰り返された。こうした過剰投機に金融逼迫の時期が重なると，塩買付け人の経営は大幅に悪化してしまう。同時に，塩の過剰投機への資金の流出が金融市場を逼迫させることにもなるのである。

　このように，1820年頃までは，塩価格は投機的買付けや金融市況に影響を

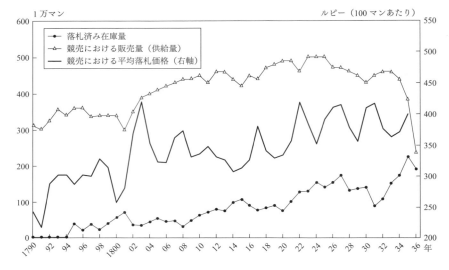

図 6-5　競売における販売量・価格・在庫量の関係（1790～1836 年）

出所）図 3-1 に同じ。

多分に受けていた。前掲図 6-1 および図 6-2 が示すように，1802 年と 1817 年の過剰投機は，ベンガルからビハールにかけての広い地域で塩価格の高騰をもたらした。また，1810 年代中頃の不況も塩の低価格に反映されている。

しかし，時代が下ると，過剰投機による塩価格の高騰は特定の地域にしかみられなくなり，1830 年代前半の不況による物価低迷は，米価とは異なり，塩価格には反映されていない。政府と大買付け人による価格統制力が弱まった結果，塩価格は地域ごとに異なる変動をみせるようになったのである。

2　ラム・モッリクの介入と 1810 年代～20 年代半ばの塩投機

1）1810 年代前半の金融危機と塩投機

　第 5 章で明らかにしたように，1809 年に塩切手が貸付け担保としてベンガル銀行に認められたことを契機に，多くの資産家やシュロフが塩投機に参入し

写真 6 ボロバジャル（モッリク・ストリート／アムラトラ・ストリート）

MG ロード（ハリソン・ロード）とアルメニアン・ストリートを結ぶ道。この周辺は路地が入り組み，人と荷車が行き交う。古い邸宅も多く残る。

出所）筆者撮影，2015 年 3 月 17 日。

た。その一人がボロバジャルの豪商ラム・モッリクである[10]。ボロバジャルのモッリク家は，シュボルノボニクの豪商であり，ヨーロッパ系商人のバニヤンとして活躍し[11]，ヨーロッパからの輸入品を扱っていた[12]。ラム・モッリクと父親のネマイ・モッリクはアヘン取引にも従事した。ラム・モッリクは，中国，アルメニア，ポルトガル，イギリス，アラブ商人らのパートナーと，ペナンやジャワを中心とするアジア諸地域で貿易活動を展開していた[13]。

ラム・モッリクは，塩の競売に参入した直後の 1810 年 9 月から 11 年 7 月にかけて，少なくとも 30 万 4000 マンという大量のコロマンデル産天日塩を買い付け[14]，市場を驚愕させた。

ラム・モッリクは，1812 年 9 月の競売では 9 万 6000 マンの天日塩を競り落とし，規定通り 5 万 6384 ルピーの手付け金を支払った。しかし，1812 年初頭の金融不況によって，資金繰りが急速に悪化したとみられ，20 万 1402 ルピーの残金を支払うことができなかったのである。ラム・モッリクによれば，バタ

ヴィア向けにアヘンを輸出したもののジャワ総督がアヘン販売を認めず商品を没収されてしまったため，アヘン売却利益を塩の支払いにあてることができなかったという[15]。金融不況がつづくなか，ラム・モッリクは，1812年12月19日に，ついに支払い猶予を求める陳情を商務局におこない，以下のように窮状を訴えた[16]。

> 依然として多額の未払い金がありますが，支払い猶予が認められなければ，どのような手段をもってしても支払うことができません。市場における貨幣不足が深刻で，どこからも調達できません。また，EIC債を売却することは破滅的行為です。

しかし，この陳情は不調に終わり，代金未納のためラム・モッリクの塩は競売で再販売されることになった。ラム・モッリクは，1818年10月，再販売の差止めを求めて，EICを相手取り訴訟をおこした。なぜなら，ラム・モッリクは，塩の再販売が広く知れわたることは，自身のような「富と信用をもつ商人」にとって致命的なことであり，「カルカッタの商業コミュニティ内での信用を大きく傷つける」からだと述べている。しかしながら，この裁判では，ラム・モッリクの訴えは棄却され，その塩は競売で再販売された[17]。

ラム・モッリクの塩市場への介入とそれにつづく金融不況は，多くのカルカッタの買付け人の経営を圧迫した。ラム・モッリクが大規模買付けを通じて価格をつりあげた1810年から11年にかけての時期に競売に参加した買付け人の多くは，1812年以降の塩価格の下落に悩まされることになった。1812年11月26日に，大シュロフのマトゥル・シェン，パルチョウドゥリ家ら26名の有力買付け人は，商務局に対する陳情のなかで，かれらがおかれている窮状を以下のように訴え，支払い猶予期間の延長を求めた[18]。

> わたしたちは，期限内に支払いを済ませ，残りの塩切手を受けとることも，塩を売って利益を得たり，バザール〔在来金融市場——引用者注〕で塩切手を担保に借り入れたりすることもできません。EIC債の割引率は9パーセントです。バザールではそれを売ることも買うこともできない状態にあるばか

りか，この債券で融資してくれる者はだれもいません。貨幣そのものがバザールにはないのです。

　7月の競売支払期限までに，銀行からEIC債を担保に借り入れた資金で塩部局に塩代金を支払ったため，銀行に返済することができません。銀行の規則によれば，個人融資の上限が10万ルピーと定められ，すでに借り入れている個人への融資はおこなわないことになっています。（中略）利子を支払いますので，〔1812年9月競売の支払い期限の〕2カ月の延長を認めてください。

この陳情を受け，商務局は要望通り支払猶予期限を2カ月延長した。ただし，負債総額に10パーセント上乗せした金額分のEIC債を商務局に預け，年利6パーセントの利子を支払うことを条件とした[19]。

　1812年以降塩価格の低迷がつづくなかで，塩価格をつりあげる機会がおとずれた。1816年8月に，翌年度の供給量が10万マン削減されることが告知されると[20]，買付け人はこぞって塩の買占めをおこなったのである。かれらの思惑通りに1817年の平均落札価格は前年度よりも100マンあたり55ルピー上昇した（前掲図6-5参照）。1817年9月の競売では引きつづき高値がついた。しかし，その時点ですでに翌年度の塩供給量が30万マン増加されることが発表されていたので，塩価格は下落しはじめていたのである。塩価格の下落によって，価格上昇期に塩を買い付けた者の多くが塩代金を支払えない状態におちいった。折しも，政府債の価値が低下していたので，かれらの資金繰りが改善する見込みは少なかった。

　こうして，1816年夏以降の過剰投機によって，債務不履行者が続出したのである。かれらの塩は，再販売される予定であった。しかし，1816年6月28日付の通達で「買付け人が債務を履行する可能性があれば，塩の再販売は可能なかぎり回避するのが望ましい」[21]との政府見解が示されていたので，商務局は「競売の支払い規定を実行することを告げずに時間が経過するのを長期間黙認するという形で，債務不履行者の支払い猶予期間を延長」[22]せざるをえなかった。支払い規定は有名無実化し，買付け人は，資金繰りの目処が立たないと

194 第 II 部 ベンガル商家の世界

きには支払い期限が過ぎても支払わなくなった。

1817 年 9 月の競売における手付け金未納者は，同年 11 月 14 日時点で 58 名
にのぼり，その総額は約 2 万 6490 ルピーであった[23]。商務局は，支払い期限
内の速やかな支払いを実現するために，規定通りの再販売を許可するよう政府
に求めた。買付け人の経営状況が改善する兆しがほとんどなく，政府の塩倉に
債務不履行者の塩（落札済み在庫）が蓄積すると（前掲図 6-5 参照），政府の再
販売に対する見解に変化がみられた。政府は「競売での買付け人に支払い期限
を遵守させることが最も重要」[24]であるとし，1817 年 12 月 12 日には，商務局
に競売の支払い規定を遵守するよう通達した。

1817 年 9 月競売で販売されたカタック（オリッサ）塩の支払い期限は，通常
よりも 1 カ月半以上長い 1818 年 2 月 1 日とされていた。それにもかかわらず，
1818 年 2 月 11 日時点での手付け金未納額は，4 万 8753 ルピーにのぼった。商
務局は支払い規定を厳格に守るため，支払い命令書を 6 名の滞納者宛に送った。
5 名の買付け人は命令書にしたがってただちに支払ったが，有力買付け人のチ
ョイトン・クンドゥは，1 万 683 ルピーの支払い命令書を無視した。そのため，
商務局はチョイトン・クンドゥが買い付けたカタック塩の再販売に踏みきった
のである。このことは，大商人にとってはきわめて不名誉なことであった。商
務局は，未払い者の多くが信用と名誉を守るために，再販売を回避し，支払い
に応じることを期待していたのである。

以上のように，1810 年代の危機は買付け人の経営を著しく悪化させたが，
多くの買付け人が経営難を乗りきった。その理由として，煎熬塩と天日塩とい
う二つの種類の塩が流通していたことを指摘しうる。前掲図 6-3 に示されてい
るように，1810 年代の天日塩価格は比較的安定していた。なぜなら第 1 に，
1812～13 年度はベンガル製塩業が大豊作であったため，価格下落を抑制する
ため天日塩供給量が制限されていたからである（第 1 章）。第 2 に，過剰供給
状態にあった煎熬塩では利益が見込めないため，ラム・モッリクをはじめとす
る大買付け人は天日塩で投機のチャンスをうかがったからである。とはいえ，
1818 年度に天日塩輸入量が増加し，さらに，先述したように，同年に支払い
不能に陥ったラム・モッリクの大量の天日塩が再販売されると，天日塩価格は

下落した。かれらは，それ以上の価格下落をふせぐために買い支えつづけ，その結果，一部地域において天日塩価格を引き上げることに成功したのである。

　図 6-3 に示されているように，1819 年および 1820 年の天日塩価格のうち，ベンガル西部のジョンギプルとショナムキでは低下したものの，遠隔地市場であるパトナーとマルダでは上昇している。これは，大買付け人が天日塩の買占めを通じて供給量を調整し，遠隔地市場のへの天日塩流入を抑制することに成功した結果と考えられる。それでは，なぜ，かれらは遠隔地市場にかぎってそのような力を発揮できたのであろうか。それを次にみてみよう。

2）カルカッタの買付け人とビハール市場

　ビハールの推定年間塩消費量は 80 万マンであり，そのうち，ベンガルから移入される海塩（煎熬塩と天日塩）は年間 60 万〜70 万マンであった。このビハールへの海塩移出を特定のカルカッタ大商人が寡占していたのである[25]。

　ビハールはベンガル湾沿いの製塩地域から離れているため，輸送費が高額であった。1812 年の事例では，例えば，ヒジリの塩埠頭からパトナーまでの備船料は 100 マンあたり 32 ルピーであった[26]。備船料にくわえて，荷役に必要な小舟と人足にかかる費用，商品を保護するためのマット，袋，ロープの買付け，代理人の賃金なども合わせて必要となる。例えば，約 8,500 マンの塩をカルカッタからパトナーに輸送した商人は，マット 1,091 枚と袋 920 枚を事前に購入している[27]。需要増加にともなう備船料の上昇を背景に，備船料と諸費用を合わせたパトナーまでの輸送費は，1824 年には，シャルキヤから 100 マンあたり 400 ルピー，ヒジリ製塩区およびトムルク製塩区内の塩埠頭からは 600 ルピーにのぼった[28]。

　以上のことから，遠隔地市場への輸送は高額の輸送費を負担できる大商人に有利であった。さらにこうした高額の輸送費が必要であったとしても，ビハールへの塩移出は利益が大きい事業であった。なぜなら，ビハール市場では天日塩が広く消費されたからである。天日塩買付けのメリットは，煎熬塩よりも買付け価格が低廉であることにくわえ，カルカッタの対岸に位置するシャルキヤから移出できるので，輸送費をベンガル塩よりも低く抑えられることである。

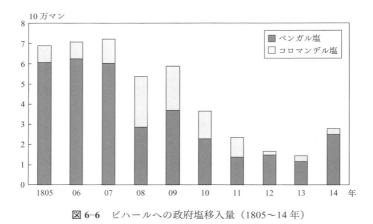

図 6-6　ビハールへの政府塩移入量（1805～14 年）

出所）Letter from Superintendent of the Western Salt Chokies, BT-Salt, vol. 103, 1 Aug 1815.

こうして，輸入量が増加して安定した 1807 年頃から，カルカッタの大買付け人は天日塩への投資を積極的におこなうようになった。天日塩の市場がビハールとベンガル北西部・西部に限定されていた要因として，嗜好の問題にくわえ，こうしたカルカッタ大商人の天日塩商いが深く関係していたのである。

　ビハールへの塩移出で利益を生みだそうとしていたカルカッタ大商人の行動は，新たな事態を招いた。1804 年頃からパトナーにおける煎熬塩価格が低落傾向にあった（前掲図 6-2）ため，かれらは価格をつりあげる目的で 1808 年から 09 年にかけて，煎熬塩のビハールへの移入量を半減したのである（図 6-6）。パトナーにおける煎熬塩価格は，商人が期待した通りに上昇した。しかし，このことは，西方からの北インド産塩の密輸を助長した。

　1811 年 11 月に，パルチョウドゥリ家とチョイトン・クンドゥが率いる 21 名のカルカッタ商人は商務局に対して，1810 年 10 月からラージャスターン産のサルンバル塩とサンバル塩が大規模に密輸され，ビハールにおける政府塩市場が縮小していると訴えた[29]。これらの塩は，ベンガル塩やコロマンデル塩よりも外観が白いだけではなく，価格も 100 マンあたり 175 ルピーと低廉であった。そもそもカルカッタ大商人の投機的行動が北インド産塩の流入を招いたわけだが，逆に，そのことがかれらが扱う政府塩のビハールへの移入を抑制した

のである（図6-6）[30]。北インド産塩の流入による政府塩販売の苦境は，パトナーの塩商人からの報告にもみられる[31]。

　以前は，ベーティヤー〔ビハール北西部──引用者注〕およびその周辺での煎熬塩の消費量は年間10万マン近くありました。その頃はカルカッタやムルシダバードからではなく，パトナー経由でそれらの地域に供給されていたものです。しかし，過去4年の間に，煎熬塩も天日塩もほとんど，いえ，まったく売れなくなってしまいました。なぜなら，〔ラージャスターン産の〕サルンバル塩とバルンバル塩が増えたからです。

　先述したように，1817年9月以降の煎熬塩価格の上昇は，買付け人らがこの状況を切りぬけようと競売で塩を買い占めたためであった。しかし，ビハール市場における深刻な塩の供給不足と価格の高騰はつづいた。多くの買付け人が投機に失敗したためにパトナーへの塩供給が途絶してしまったことにくわえて，1815年にビハール塩関所(チョウキ)が正式に設置され，北西部インド産塩の密輸が厳しく取り締まられるようになったからである。こうして，苦境を乗りこえた商人や投機家は塩の高値がつづくビハール市場での投機を継続させた。

　これまで，カルカッタ大商人や投機家とビハール市場との関係をみてきたが，北インド産塩の流入問題をのぞいて，同様の関係は他の遠隔地市場，すなわち，ベンガル北西部のマルダ，ディナジプル，ビハール東部のプルニヤー，バーガルプル，モンギールにもあてはまる。これらの市場では塩価格の激しい変動がみられるようになり，それはカルカッタにおける投機的取引に大きく関係していたのである。

　同じ頃のベンガル東部市場の変化もまた，かれらのビハールおよびベンガル北西部市場への依存度を高めた。その変化については次章で詳述しよう。

3）1820年代前半の塩投機とその帰結
　カルカッタ商人たちは，1810年代には，ビハールおよびベンガル北西部市場に大きく依存した塩商いを展開するようになっていた。ベンガル西部においてもまた，かれらの塩商いは縮小傾向にあった。前掲図6-1から明らかなよう

198　第II部　ベンガル商家の世界

に，1820年代におけるベンガル西部地域の塩価格は比較的低位で推移していた。このことは，資金難がつづくカルカッタ商人たちの価格統制力が弱まり，かれらを経由せずに多くの塩がベンガル西部市場に移入されていることを示唆している。

　1820年にはカルカッタ金融市場は好転したものの，大買付け人の多くは1817年および1818年における投機の失敗から回復できないままであった。また，政府の塩供給量が1819年以降増加していたことも，塩価格を低迷させ，大買付け人が苦境から抜けだせない要因の一つであった。1818年1月から21年1月までのパトナーとマルダの価格が大きく下落しているのは（前掲図6-2参照），価格が高騰した1818年から20年にかけて大量に買付け人が抱える在庫が移入された結果と考えられる。

　1821年にラム・モッリクが再び塩市場に介入すると，市場がにわかに活気づいた。1822年度の供給量が昨年度よりも30万マン削減されることが告知されるとすぐに，競売における塩価格は上昇しはじめた。この状況に着目したラム・モッリクが大量に塩を買い付けたのである。ラム・モッリクの価格をつりあげる試みは，遠隔地のパトナーとマルダ，西部のシュタヌティとシャンティプルでは成功した。しかし，西部の一部地域，例えばラダノゴルでは大幅な価格上昇はみられなかった[32]。東部のロッキプルにおける価格の高騰は，ラム・モッリクの影響ではなく，ブルヤ製塩区における凶作が原因であった。ムルシダバード県収税・巡回司法官のマニー（W. Money）は，このときのラム・モッリクの失敗について，以下のように回顧している[33]。

　　私の情報提供者によれば，数年前に，ネムー・モッリク〔ネマイ・モッリク
　　──引用者注〕の息子であるロトン・モッリク〔ラム・モッリク〕が競売です
　　べての塩を買い占めてサブ・モノポリーを試み，それによって，この生活必
　　需品の価格をつりあげようとしたという。ロトンは失敗し，これはこの地域
　　にとってはきわめて喜ばしいことであった。

この失敗は，大買付け人はベンガル西部で価格を思うように統制することができなかったことを意味しているのである。

第6章 「塩バブル」の崩壊とカルカッタ金融危機　199

　ラム・モッリクの介入はかれが期待したような効果はもたらさなかったが，他の買付け人に甚大な影響を与えた。ラム・モッリクの買占めによって他の買付け人は高値で塩を買い付けざるをえなかった。そのうえ，翌1823年度に供給量が再び増加することが公示されると，各地で，塩価格が下落しはじめたのである。その後も3年にわたって塩供給量が削減されることはなかった（前掲図6-5参照）。これは，落札済み在庫量の増加が塩供給量の不足を招いていると判断されたからである。さらに，塩供給量不足対策として，政府はそれまで年間4回であった競売の開催回数を1821年から徐々に増加させ，より多くの商人が参加できるようにした。先に論じたように，塩供給量不足は不法生産を拡大させるため，政府は何らかの対応策を講じる必要があったのである。これらの政策は，大買付け人にとってはきわめて不利なものであった。

3　不正塩切手問題と1820年代後半のカルカッタ金融危機

1）金融危機の発生

　前掲図6-5に示されているように，1823年から25年までの塩供給量は過去最高の500万マンに達していたため，塩価格は下落傾向にあった。そのため，バザールでは，塩は魅力的な投資対象ではなく，1824年に政府が募集した政府債に投機資金が流れ，貨幣供給不足におちいっていた。折しも，1824年3月にビルマ戦争が勃発すると，バザールにおける貨幣供給不足はさらに深刻化し，物価は低迷した（前掲図6-4）。こうしたなかで，1825年8月に政府が翌年度の供給量縮減を発表すると，大シュロフらは好機とばかりに競売で塩の買占めをおこない，塩価格をつりあげようとした。しかしながら，1826年から27年にかけて塩価格は上昇したものの，それは一時的なものにすぎなかった。この主因の一つは，ラム・モッリクがもはや大きな利益を見込めなくなった塩取引から撤退したことであった。1826年に増大した落札済み在庫量を削減するために，関税・塩・アヘン局から政府の塩倉の明け渡しを命令されたラム・モッリクは，塩価格が高騰した1826年から27年にかけて所有するすべての塩

200 第 II 部 ベンガル商家の世界

を売り払ってしまったのである[34]。その量は，天日塩 8 万 7000 マン，オリッサ（カタック）煎熬塩 3 万 5000 マン，ヒジリおよびトムルク塩 3 万 5000 マンの合計 15 万 7000 マンにのぼった[35]。

　塩価格の低迷は投機家の経営をさらに困難におとしいれた。カシ・パル，ジョグ・シル，オディト・デー，ビッションボル・シルといった競売の常連であった大シュロフでさえも，塩代金を支払うことができず債務不履行者となった[36]。かれらの両替店自体も倒産の危機にさらされた。実際に，塩の投機に積極的であった大シュロフ，マトゥル・シェンの両替店が，ヨーロッパ系商人への多額の貸付け金が回収不能になったため倒産したのである[37]。同じく，大シュロフであり，塩買付け人でもあったビッションボル・パインの両替店もこの金融危機によって倒産した[38]。

　シュロフであれ，商人であれ，塩買付け人たちは，この 1820 年代半ばの危機を何とか乗りきろうとした。その方法には，塩部局の役人を巻きこんだ不正行為も含まれ，金融市場および塩取引に大きな混乱をもたらした。事態を重くみた関税・塩・アヘン局のパーカー（H. M. Parker）は，以下のように述べ，1828 年 12 月にダルカナト・タゴールに同局の筆頭役人への就任を依頼した。同職は現地人にとって 3 本の指に入る重職であった。

　　塩専売収益に著しい被害を与えかねない重大な不正を発見してしまった。どこもかしこも陰謀や計略にまみれ，同局でこの不正にかかわっていない者はほとんどいないのだ。（中略）ダルカナト・タゴールの清廉潔白さがなければ，塩部局がおちいった困難に対して，わたしがどんなに努力してたところで単なる悪あがきにすぎないだろう[39]。

パーカーが発見したのは，1828 年 7 月に発覚した大規模な不正である。主要塩買付け人のオディト・デーと塩部局の役人が結託した不正は，シュロフ，銀行，他の商人に損害を与えただけではなく，政府の高塩価政策にとって重要な役割をになう塩切手の信用を損なうものだったのである。

2）オディット・デーのスキャンダル

オディット・デーは，塩価格が上昇しはじめた 1825 年後半から 26 年前半にかけて，ラジ・シルの名で，競売で塩の大量買付けをおこなった[40]。これは，オディット・デーがゴビンド・シルとパートナーを組んで経営する両替店の倒産を免れるための資金調達方法の一つであったが，努力の甲斐なく，この両替店は 1827 年 12 月に倒産した。疑念をもったシュロフからの通告で発覚した問題は，このラジ・シル名の塩切手が塩代金未納のまま市場で流通していたことであった。第 5 章の図 5-1 で説明すると，①の過程なしに②がおこなわれたことになる。オディット・デーは，塩部局から塩切手を不正に入手し，それを担保に複数のシュロフや銀行から融資を受けていたのである。複数のシュロフ名の陳情書によれば，オディット・デーは，1827 年 8 月から 28 年の 8 月までの約 1 年間に，7 万 7000 マンの塩および 10 チェストのベナレス・アヘンを担保に 29 万 257 ルピーを借り入れたという[41]。1828 年 9 月末時点での貸付け残高は 16 万 7584 ルピーにのぼった。

オディット・デーの不正が発覚するまで，政府は，塩買付け人とシュロフとの間の金銭トラブルに介入することはなかった。一つの事例をみてみよう。ボロバジャルのシュロフ，ラム・パルは，ニル・パルチョウドゥリに対して塩 6 ロット分の塩切手 6 枚を担保に 1 万 8000 ルピーを貸し付けた。のちに，その塩切手には塩部局役人の署名があるにもかかわらず塩代金が未払いの不正塩切手であることが判明した[42]。ラム・パルが 1827 年 9 月にそのことを訴えたものの，政府が救済措置を講じることはなかったのである[43]。

オディット・デーの不正発覚後，状況は一変した。塩切手担保融資を主要業務の一つとする銀行が，担保としての塩切手の安全性に疑念を抱くようになったのである。ベンガル銀行は，疑わしい塩切手が担保として差しだされた場合，塩部局に問い合わせ，その切手が塩代金支払い後に正式に発行されたものか確認するという自衛策をとった。ユニオン銀行もまた関税・塩・アヘン局宛の書状のなかで塩切手の譲渡可能性への疑念を示した。そのため，政府はようやく不正塩切手問題の解決に乗りだしたのである。なぜなら，塩の高値を維持するためには，塩切手の不確実性を排除し，買付け人の資金調達を可能にしている

202　第 II 部　ベンガル商家の世界

塩切手の活発な取引を継続させる必要があったからである。関税・塩・アヘン局長のパーカーは，ユニオン銀行への返信のなかで以下のように述べている[44]。

　　チャルとロワナが譲渡可能であることは，昨年 3 月より官報の塩競売告知欄に明確に示されている。（中略）当局はチャルおよびロワナを発行し，それらは一人ないし複数の買付け人あるいはその保持人への塩の引渡しを保証するものである。（中略）関税・塩・アヘン局は，同様に譲渡可能な政府発行約束手形と同じようにすべてのチャルとロワナを流通証券と認める（下線原文）。

　同時に，政府は不正発覚時の責任の所在を明らかにし，買付け人が法的責任を忌避することを防ぐ対策をとった。政府の見解では，塩商人やシュロフは「カルカッタの塩市場では，チャルとロワナの保持人を明確にしないまま，人から人へ流通する商業手形のように広く扱われているという取引慣行」[45]をうまく利用していた。この慣行を損なわずに，責任の所在を明確にするために，買付け人の代理人として慣例的に競売に参加するゴマスタの役割を明確にしたのである。こうして，1829 年 3 月の競売以降，塩部局へのゴマスタ名の事前登録が義務づけられた[46]。

　オディト・デーの不正は，塩切手を担保に塩買付け人に融資していた多くのシュロフに多大な損失をもたらした[47]。オディト・デーの不正塩切手は関税・塩・アヘン局で換金できることが決まったものの，融資の時点では 100 マンあたり 475 ルピーであった塩価格は，塩部局が調査に有した 1 年間に 350 ルピーにまで下落していたのである。オディト・デーの債権者であるベナレスのシャー・ゴパール・ダースをはじめとするシュロフは，こうした価格差から生じた多大な損失の救済を求めて共同で陳情をおこなった。しかし，関税・塩・アヘン局は，シュロフらの損失の責任はオディト・デーにあるとして，かれらの要求を拒否し，当事者同士で問題を解決するよう求めた[48]。オディト・デーは債権者から逃れてカルカッタから逃亡したため[49]，シュロフがこの損失を取り戻すことはむずかしかったであろう。

　こうした苦い経験から，シュロフは塩買付け人への融資に消極的になり，買

付け人の資金繰りは大幅に悪化したのである。主要買付け人チョイトン・クンドゥは，資金繰りの悪化を陳情書のなかで次のように述べている[50]。

> チャルとロワナを抵当に融資を受けようにも，われわれが〔塩代金として政府に——引用者注〕支払った金額よりも1ロットあたり1,000から1,200ルピー少ない金額しか借り入れることができません。このレートでは，経営を安定的におこなえず，その結果，買い付けた塩の代金を支払うこともできないのです。

チョイトン・クンドゥは，ラム・モッリクのように大量に塩を買い付け，その代金を支払い，値動きをみながら長期間塩を退蔵しておけるほどの大買付け人があらわれなければ，どんなに政府が供給量を減らしたとしても，塩価格の低迷はつづくとも指摘している[51]。

3）商人，シュロフ，ヨーロッパ系商会の取引関係

オディット・デーへの融資をおこなっていたボロバジャルのシュロフらが塩部局に提出した1820年代後半の帳簿には，商人，シュロフ，銀行，ヨーロッパ系商会間の取引関係が記されている[52]。ベナレスの有力シュロフ，ジャーナキー・ダース・ダーモーダル・ダースのカルカッタ支店は，1827年8月から28年6月までにオディット・デーに対して塩切手を担保に総額6万9000ルピーの融資をおこなった。例えば，ジャーナキー・ダース・ダーモーダル・ダースの1827年8月8日および9日の取引をみてみよう。8日には，オディット・デーへの融資以外に，パーマー商会から8,000ルピーの返済金を受けとり，ロンドンのトロッター・ゴードン商会（Trotter, Gordon and Co.）のパートナーであるトロッター（E. Trotter）にEIC債を担保に4万8700ルピーを貸し付けている。翌9日には，馬と荷車を扱う大商人ラジ・ドットに対して，EIC債を担保に6万ルピーを融資していた[53]。

オディット・デーの別の債権者であったビッションボル・シルは，1828年1月18日に1万マンの塩を担保に3万5010ルピーをオディット・デーに融資した。この金額の一部は，ビッションボル・シルがカナイ・ボラルからその日に受領

した 7,085 ルピー分の造幣局債券，1827 年 10 月 23 日に国庫宛に広東から振り
だされた 1 万 4000 ルピー（7,000 ドル）分の手形が含まれていた。なお，カナ
イ・ボラルは，アレグザンダー商会（Alexander and Co.）のバニヤンである。ビ
ッションボル・シルは，1828 年初頭には 9 万ルピーをアレグザンダー商会に，
2 万 5000 ルピーをパーマー商会に融資するなど代理商会と密接な関係をもっ
ていた。同じ頃，1820 年代に主要塩買付け人として成長していたラム・シェ
ト（表 6-1 参照）に対しても 12 万 6000 ルピーもの融資をおこなっていた。こ
のように，ボロバジャルのシュロフにとっては，ヨーロッパ系商人だけではな
く，ベンガル商人も主要な取引相手だったのである。

　オディト・デーのスキャンダルが過ぎて間もなく，パーマー商会やアレグザ
ンダー商会をはじめとする巨大代理商会が倒産した。倒産した代理商会の負債
総額は，1475 万〜2000 万ポンドにのぼるとみられ，貸付け金の回収が困難に
なった多くのシュロフの経営が行き詰まった[54]。さらに，1833 年の特許状改
正によって EIC の商業活動が停止されると，300 万〜400 万ポンドがカルカッ
タ金融市場から流出し，シュロフの経営難に拍車をかけたのである。シュロフ
の経営難は，塩の買付け資金をシュロフに依存していた大買付け人の資金繰り
もさらに悪化させることになった。

4　スキャンダル，その後——1830 年代前半の投機家

1）新たな買付け人の台頭

　1820 年代後半に，カルカッタの大買付け人が苦境に立たされているなかで，
新たな買付け人が台頭した。その変化は，カルカッタの大買付け人が寡占して
いたヒジリ塩，トムルク塩の競売で顕著であった。表 6-1 は，1828 年におい
てヒジリ塩，トムルク塩を買い付け，域内市場に移出をおこなった商人のリス
トである。ウメシュ・パルチョウドゥリとイッショル・パルチョウドゥリ（パ
ルチョウドゥリ家）を除く多くが 1820 年代になって競売に登場した商人である。
ラム・シェト，ボグボティ・ノンディ，チダム・ノンディ，ポンチャノン・カ

第6章 「塩バブル」の崩壊とカルカッタ金融危機　205

表6-1　ヒジリ塩，トムルク塩の主要買付け人（1828年）

塩所有者	製塩区	所有量（マン）
ラム・シェト	ヒジリ	12,900
	トムルク	1,425
ボグボティ・ノンディ	トムルク	9,650
ウメシュ・パルチョウドゥリ	ヒジリ	3,600
	トムルク	4,325
マトゥル・ノンディ	ヒジリ	6,999
イッショル・パルチョウドゥリ	トムルク	6,388
ラム・ノンディ	ヒジリ	4,990
ゴンガ・ゴシュ*	〃	4,000
ビッションボル・シル*	トムルク	3,399
チダム・ノンディ	ヒジリ	3,000
カシ・パル*	〃	3,000
クリシュノ・ダシュ	〃	3,000
ポンチャノン・カル	〃	3,000
ポンチャノン・シル*	〃	3,000
ホリ・シュリモニ	〃	2,000
ゴビンド・シル*	〃	1,993
ビッショ・デー	トムルク	1,957
ジョグ・シル*	ヒジリ	1,800
その他4名合計	〃	3,599
その他2名合計	トムルク	974
	合　計	84,999

出所）BRP-Salt, P/101/56, 25 Sep 1829, nos. 45-72.
注１）1828年6月以前の競売で塩を買い付け，遠隔地市場向け移出を奨励
　　　する奨励金を受けとり，1828年9月，10月に塩荷をフッグリ川沿
　　　いのニヤシャライ塩関所を通過させた商人である。
　２）＊はボロバジャルのシュロフを表す。

ル，ホリ・シュリモニは，カルカッタのハートコラやシュタヌティの商人であ
る。
　買付け人には，1820年代半ばの金融危機を乗りきったボロバジャルのシュ
ロフ，ゴンガ・ゴシュ，ビッションボル・シル，カシ・パル，ポンチャノン・

シル，ゴビンド・シル，ジョグ・シルも含まれている。かれらの経営基盤が不況に対して強かった理由の一つとして，域内市場に塩を移出する手段を確立していたことがあげられる。この点については次章で検討しよう。商人，シュロフを問わず，このリストの買付け人が1830年代以降，西部地域市場圏において主要な役割をになうようになった。

　こうした新しい買付け人を含む買付け人の苦難が完全に去ったわけではなかった。1829年5月には，政府の塩倉には，手付け金も支払われずに残されている塩が20万マンもあった。商人の間には「塩の再販売がおこなわれ，その販売価格は〔落札時よりも——引用者注〕1ロット1,000マンあたり約100ルピー安価になる」という噂が広がった[55]。実際に，ラム・シェトの3,000マンの塩が1829年6月に実験的に再販売された。再販売時の落札価格は，100マンあたり198ルピーも安価であったため，ラム・シェトは5,940ルピーもの損失を被ることになった。1825～26年の塩価格高騰期に買い付けた塩を売れずに抱えている買付け人にとって，ラム・シェトの再販売は，衝撃をもって受けとめられた。とくに社会的信用の高い買付け人にとっては，再販売は不名誉なことであり，価格差による損失よりも再販売による信用の低下を避けなければならなかった[56]。

　こうしたなか，関税・塩・アヘン局は，混乱を招くとして合計17万マンの塩の再販売を断念した[57]。また，再販売には名誉の回復や維持を目指す買付け人との裁判をともなうことも多かった。その場合，裁判費用をかけてまで得られる利益はかぎられ，塩部局の役人の多くが不正に関与していたことも裁判では政府にとって不利にはたらく可能性が高かったのである。

2）1830年代前半の苦境

　買付け人の苦境は1830年代前半もつづいた。1820年代後半以降の塩供給量削減にもかかわらず，塩価格は下落しつづけていたし，オディト・デーラの不正によって，大買付け人とかれらを資金的に支えるシュロフとの関係は弱体化していた。1830年代前半には有力代理商会破綻のあおりを受けて，自らの経営が著しく悪化したシュロフにとって，もはや買付け人に資金を融通する余裕

はなかった。追い打ちをかけるように，関税・塩・アヘン局は政府債による手付け金支払いを禁止した。そのため，手元に現金をもたない買付け人には塩代金の支払い手段が残されていなかった。

こうした状況を受けて，債務不履行者の塩の再販売が増加した。1832年12月，14名の買付け人の77ロット（約7万7000マン）の塩が再販売された[58]。そのなかで最も多かったのはニル・パルチョウドゥリの3万5000マンであった。翌月には，債務不履行におちいったゴンガ・デーチョウドゥリの3万2000マンの塩が再販売された[59]。1835年9月には，ボグボティ・ノンディが買い付けた6万5000マンもの塩が再販売され，ボグボティ・ノンディは2万5000ルピーもの巨額の損失を被ったのである[60]。さらに，1835年11月に再販売されたゴビンド・バナジの塩は93ロットにのぼった[61]。

この苦境を反映して，関税・塩・アヘン局には，供給量の削減を求める買付け人からの大規模な陳情が相次いだ。56名が署名した1834年9月24日の陳情では，活気のない市場に対する政府の介入が求められた。また，この陳情によれば，不法生産塩取引の増加が，正規の政府塩取引を妨害している点が強く主張された。さらに，かれらは現金ではなく政府債による手付け金支払いを復活するようにも要求していた。

関税・塩・アヘン局は，陳情者が密売，農業不況，銀貨不足によって痛手を受けていることを認識していたものの，かれらの多くが「厳密な意味での塩商人ではなく，カルカッタ塩市場の浮沈に依存した投機家である」ことにきわめて批判的であった[62]。同局の見解では，投機家は「地方（モフォッショル）の市場について正確な知識をほとんどもっていない。かれらはわれわれと同じくらい地方からの誤った情報にだまされやす」い人々であった。先の56名の陳情者には，比較的小規模の買付け人が多い24パルガナズ塩やジェソール塩を扱う商人は皆無であった。ブルヤおよびチッタゴン塩を扱う地方商人は5名にすぎず，関税・塩・アヘン局は，かれらが「圧力をかけられたか，あるいは，他の者たちへの友情の気持ちから署名したにすぎない」と指摘している[63]。

繰り返される陳情に対応するため，関税・塩・アヘン局は1835年の供給量の削減を実施した。しかしながら，新たな苦難が買付け人を襲った。EICの商

業活動停止後，とくにボンベイからの安価な民間塩輸入が増加しはじめたのである（第4章図4-2参照）。1835年9月におこなわれた42名の商人による陳情によれば，「新たな状況に直面したことから生じたパニックによって影響を受けた小規模の商人たちは，競売での買付けをやめてしまった」[64]という。もはやカルカッタの大買付け人も，政府の政策も，塩価格を引き上げることはできなくなっていた。「塩バブル」は崩壊し，大買付け人の価格統制力に依存していた政府の塩専売制度は見直しを迫られたのである。1836年には競売による販売制度が廃止され，過剰投機の原因でもあった塩切手も流通証券としての機能を急速に喪失していった。

おわりに

1820年代の塩取引は，過剰投機と遠隔地市場における価格の乱高下で特徴づけられる。その要因は，頻発した金融危機，ラム・モッリクの度重なる介入，オディト・デーの不正などさまざまであった。カルカッタの買付け人は，塩価格が低迷するたびに，次年度の供給量削減が期待されると，競売での塩（とくに天日塩）の買占めを通じて塩価格を引き上げようとした。しかしながら，しばしば，その試みに失敗し，損失を負い，経営難におちいった。価格の低迷，政府の介入への期待感からの買占め，そのための過剰な借入れ，金融危機による資金繰りの悪化という負の連鎖が繰り返された。

経営難に直面したのは，買付け資金を金融市場に依存していた投機家だけではなかった。パルチョウドゥリ家をはじめとする一部のカルカッタ大商人は，カルカッタ市場だけではなく東部インドの広い地域で価格を統制する力をもっていたが，その力はしだいに減退し，遠隔地市場，とくにビハールとベンガル北西部への移出に依存し，地方塩市場におけるプレゼンスを失っていった。

こうした危機への対応として，カルカッタの買付け人のなかには塩部局の役人を巻きこんで不正行為に頼るものがあらわれた。とりわけ，オディト・デーのスキャンダルはカルカッタの在来金融市場，銀行，政府に「塩バブル」の脆

弱性を認識させる機会となった。混乱を収拾するために政府がとった対応は，銀行やシュロフに対して塩切手が流通証券であるということを政府が保証し，不正が発覚したときの責任の所在を明らかにするというものであった。

1820年代半ばの金融危機やオディット・デーのスキャンダルが去っても，カルカッタの買付け人の危機はつづいた。買付け資金を依存していた多くのシュロフがパーマー商会をはじめとする一連の代理商会の倒産によって経営難におちいったからである。また，第Ⅰ部で明らかにしたように，政府も，1820年代後半以降，もはや不法生産や密輸を抑制することができず，厳格な供給量統制を通じて高塩価を維持するという役割を果たせなくなっていた。

大買付け人は，経済的要因だけではなく社会的要因によっても，塩取引からの後退あるいは撤退を余儀なくされた。豪商や高位カーストの買付け人が塩の再販売に対して強い抵抗を示したように，景気の回復が見込めない塩取引にかかわりつづけることは商家の信用に傷をつけるだけではなく，家の名誉を汚すものでもあった。

カルカッタ市場の混乱を裏づけるかのように，地方市場では塩価格が地域的に異なる動きをみせはじめた。これは，地方市場が，政府の政策からも，カルカッタにおける景気や金融市況からも独立的に動いていたことを示唆している。こうした地方市場の動向自体もまた，政府に政策の変更を迫り，カルカッタ大商人やシュロフの塩取引からの撤退を促したのである。この点について，次章で検討しよう。

第7章
変化は地方市場から
——地方商人の台頭

はじめに

　1820年代から30年代前半にかけて，政府の供給量統制と大買付け人の買占めという相乗効果によって支えられてきた高塩価政策が行き詰まると，1836年には高塩価に依存した専売制度自体が改編された。これまで検討してきたように，こうした変化の要因として，専売制度の制度的欠陥が結果的に不法生産や密輸の横行をゆるし，煎熬塩価格の低迷を招いたこと，塩の買付け資金をカルカッタ金融市場に依存した大買付け人の多くが過剰投機によって経営難におちいったことがあげられる。大買付け人の大半は，カルカッタを拠点にした大商人あるいは投機を目的に塩切手売買に参入したシュロフであり，1830年代半ばにはその多くが塩取引からの撤退を余儀なくされた。

　こうしたカルカッタの変化を，東部インド塩市場全体の変化ととらえることはできない。前章で検討した塩価格の動向にあらわれていたように，東部インド塩市場は，専売制度の下で一度は統合されたかにみえたものの，しだいに地域性が濃くなっていった。市場の地域性は，第2章で検討した地域市場圏の議論にも符合するのである。

　それでは，なぜ地方市場はカルカッタ市場の動向とは異なる動きをみせたのであろうか。どのような商人が地方市場で現物取引をおこなっていたのであろうか。本章では，EICの塩専売関連文書と裁判記録を駆使して，地方に基盤をもつ塩商人のプロフィールや活動を詳細に検討し，それを通じて，地方市場の

変容がカルカッタ市場および政策にどのような影響を与えたのかを明らかにしよう。

1　地方市場における商人層の盛衰

1）1810 年代におけるベンガル東部市場

　前章でみたように，1810 年代の危機によって，カルカッタの大商人の塩取引がビハールとベンガル北西部市場に傾斜していった。その一方で，かれらの勢力が後退した地域，とくにベンガル東部では，地域的な卸売市場を拠点にする地方商人の台頭がみられた。

　ベンガル東部最大の塩市場であるナラヨンゴンジの主要塩商人を時期別に示した表 7-1 をみてみよう。1790 年頃には，ジョゴン・ポッダルのようなダカの富裕商人がいた一方で，ラム・カーンやジョゴン・プラマニクなどのカルカッタの豪商もいた（第 5 章参照）。ラエ姓やショルカル姓も多くみられるが，1810 年代初頭までにはショルカル姓の商人は史料上ほとんどみられなくなった。この頃までには，こうした商人に代わって，カルカッタを拠点にしたラナガートのパルチョウドゥリ家とカルナのノンディ家が台頭した[1]。1812 年1〜7 月の間に，ナラヨンゴンジに移入されたブルヤおよびチッタゴン塩は，少なくとも 29 万 5075 マンであり，そのうちの 55 パーセントをパルチョウドゥリ家とノンディ家が扱っていた[2]。表 7-1 には含まれていないが，このうちのギリシャ商人のシェアは約 30 パーセントであった。

　1810 年代には，キシェン・パル，グル・クンドゥ，ティロク・ポッダル，ケボル・モンドルをはじめとするダカ（ナラヨンゴンジ）を拠点とする商人の参入もみられた。かれらの多くはティリの商人であり，しだいにベンガル東部の塩市場を寡占化していった。

　1810 年代後半の金融危機によってパルチョウドゥリ家やノンディ家の活動が停滞すると，ベンガル東部においても両家の影響力はしだいに弱体化した[3]。もちろんカルカッタの状況だけではなく，19 世紀前半におけるダカの経済的

212　第Ⅱ部　ベンガル商家の世界

表7-1　ナラヨンゴンジの主要卸売商人

商　人　名	1790年頃	1810年代	1820年代	1830年代	1840年代
ラム・カーン	───────▶				
ジョゴン・プラマニク	───────▶				
ジョゴン・ポッダル	───────▶				
ニランボル・シル	───────▶				
シャム・ショルカル	───────▶				
デビ・ショルカル	───────▶				
ゴンガ・ショルカル	───────▶				
ラム（キシェン）・ラエ	───────▶				
ゴラ・ラエ	───────▶				
パルチョウドゥリ家（キッシェン分家）		────────▶			
パルチョウドゥリ家（ションブ分家）		────────▶			
ノンディ家（タクル／カリ・ノンディ）		─────────▶			
カシ・ノンディ		─────────▶			
ラジ・ラム・シェン*		─────────▶			
モドン・カシ・デー*		─────────▶			
キシェン・ポッダル		─────────▶			
ゴパル・シャハ		─────────▶			
モドン・ゴシュ		─────────▶			
ラム（ゴンガ）・ラエ		─────────▶			
ゴクル・ロエ		─────────▶			
ブリンダボン・ラエ		─────────▶			
ジボン・ラエ		───────────────▶			
ラム・ブリンダボン・デー*		───────────────▶			
ケボル・モンドル		───────────────▶			
キシェン・パル		─────────────────────────▶			
ティロク・ポッダル		─────────────────────────▶			
グル・クンドゥ		─────────────────────────▶			
ゴラブ・シャハ			──────────────────▶		
ニッタ・シャハ			──────────────────▶		
ポンディット・オティト・シャハ*			──────────────────▶		

出所）BR-Salt, P/88/72, 23 Jan 1789 ; 10 Mar 1789 ; Translation of a Derkhaust of Salt Merchants to the Salt Agent of Bhulua and Chittagong, BT-Salt, vol. 72, 19 May 1812 ; BRP-Salt, P/100/53, 8 Oct 1822, nos. 42-68 ; P/100/73, 30 Nov 1824, no. 34.

注1）ギリシャ商人は含まない。
　2）＊は屋号（または連名）を示す。

衰退[4]もまた，カルカッタ商人のベンガル東部における経営規模縮小の背景にあったと考えらえる。とはいえ，ダカの河港でもあるナラヨンゴンジは地域的な集散地市場としての機能をにないつづけ，それが地元の商人にとって新たな

チャンスをもたらしたのである。

2) ベンガル西部市場における変化

　カルカッタの大買付け人の取引の縮小はベンガル東部だけにとどまらなかった。

　政府は，1821年以降，政府の塩倉を占領している落札済み在庫を削減し，市場への供給量を回復させるために，1824年に，遠隔地であるパトナー，ボヤリヤ，マルダ，ディナジプル，ロングプル，マイメンシンに塩を移出する商人に補助金を与えた（第3章）。表7-2は，それらの都市への塩移出商人のリストである。競売の常連であったパルチョウドゥリ家（キシェン分家），カルナのノンディ家（カリ・ノンディ），チョイトン・クンドゥ，オディト・デーをはじめとする14組による移出量が総移出量の約58パーセントを占めている。すなわち，遠隔地への塩移出が依然として少数の商人の手中にあったのである。

　同時に，このリストは1820年代中頃までに塩取引においてカルカッタ大商人の世代交代が生じていたことを示している。第1に，パルチョウドゥリ家もノンディ家ももはやこうした遠隔地への塩移出において主要な役割を果たさなくなっていた。表7-2によれば，パルチョウドゥリ家（キシェン分家）はボヤリヤ，パトナー，マルダといったベンガル北西部からビハールにかけての広い地域に移出していたが，買付け規模は小さい[5]。移出先別に主要商人を示した表7-3によれば，ノンディ家はディナジプルへの移出で全体の55パーセントを占め，豪商のなかの豪商として知られている同地において依然として強い影響力をもっていたことが分かる。とはいうものの，ノンディ家の移出先はディナジプルに限定されていた。

　第2に，チョイトン・クンドゥ，オディト・デーらシュタヌティ（カルカッタ北部）の豪商の台頭がみられた。とくにボヤリヤ向け移出では両者のシェアは48パーセントにのぼった。

　第3に，パトナー向け移出では，シャハ姓の商人の台頭が目立った。ブロジョ・シャハは，シュタヌティの北に隣接するチトプルの商人であった[6]。ブロジョ・シャハ，プレム・シャハとともに，ヒジリ塩のパトナー向け移出に長く

214　第 II 部　ベンガル商家の世界

表 7-2　遠隔地市場への主要塩移出商人（1824 年）

（マン）

移出商人名	目的地	移出量	総移出量
チョイトン・クンドゥ	ボヤリヤ パトナー ディナジプル マルダ	25,700 19,095 10,373 1,000	56,168
オディト・デー	ボヤリヤ パトナー マルダ ディナジプル	29,396 7,220 894 298	37,808
ボイシュノブ・シャハ	パトナー ボヤリヤ	22,971 3,618	26,589
プロジョ・シャハ	パトナー ボヤリヤ	19,521 4,650	24,171
プレム・シャハ	パトナー ボヤリヤ	19,724 3,600	23,324
カリ・ノンディ（ノンディ家）	ディナジプル ボヤリヤ	20,736 600	21,336
ラム・カル	ボヤリヤ パトナー	18,900 1,200	20,100
オティト・クリシュノ・シャハ*	マイメンシン	19,321	19,321
プレム・イッショル・ウメシュ・パルチョウドゥリ（キシェン分家）*	ボヤリヤ パトナー マルダ	6,940 8,937 2,000	17,877
ラシュ・シャハ	パトナー ボヤリヤ	11,870 2,244	14,114
ボグボティ・クンドゥ	パトナー マイメンシン	9,049 3,600	12,649
マノ・バブゥ	パトナー	11,591	11,591
ラシュ・クンドゥ	パトナー ボヤリヤ	9,994 200	10,194
カシ・デー	パトナー ボヤリヤ	7,119 3,000	10,119
主要 14 組合計移出量			305,361
総　　　計			524,306

出所）List of Certificate Returned to this Office and the Amount Premium Payable theron to the Following Persons, between June and December 1824, BRP-Salt, P/100/69-73, 1824 より作成。

注 1 ）1 万マン以上を移出した商人を主要商人とした。
　2 ）チョイトン・クンドゥのパトナー向け移出量には，他の商人とのパートナーシップによる 1,000 マンが含まれる。また，オディト・デーのパトナーとディナジプル向け移出量には，他の商人とのパートナーシップによる 1,474 マンが含まれる。
　3 ）遠隔地市場とは，パトナー，ディナジプル，ボヤリヤ，ロングプル，マルダ，マイメンシンを指す。
　4 ）＊は屋号（または連名）を示す。

表7-3 遠隔地市場への目的地別主要塩移出商人（1824年）

パトナー向け

移出商人名	移出量（マン）
ボイシュノブ・シャハ	22,971
プレム・シャハ	19,724
ブロジョ・シャハ	19,521
チョイトン・クンドゥ	19,095
ラシュ・シャハ	11,870
マノ・バブゥ	11,591
ラシュ・クンドゥ	9,994
イッショル・ウメシュ・パルチョウドゥリ（キシェン分家）*	8,937
ボゴボティ・モッリク	7,849
ジバン・バガット	7,326
オディト・デー	7,220
カシ・デー	7,119
R. バガット	5,230
F. バガット	5,162
バンシドル・パルチョウドゥリ（ションブ分家）	5,127
ラム・シャハ	4,705
S. バガット	4,007
B. バブゥ	3,897
N. バガット	3,476
ラダ・シャハ	3,000
主要20組合計移出量	187,821
他の119組合計移出量	131,188
総　計	319,009

ボヤリヤ向け

移出商人名	移出量（マン）
オディト・デー	29,396
チョイトン・クンドゥ	25,700
ラム・カル	18,900
イッショル・ウメシュ・パルチョウドゥリ（キシェン分家）*	6,940
ブロジョ・シャハ	4,650
ボイシュノブ・シャハ	3,618
プレム・シャハ	3,600
プラン・ゴシュ	3,375
カシ・デー	3,000
主要9組合計移出量	99,179
他の18組合計移出量	14,944
総　計	114,123

マルダ向け

移出商人名	移出量（マン）
プレム・イッショル・ウメシュ・パルチョウドゥリ（キシェン分家）*	2,000
チョイトン・クンドゥ	1,000
シャルプ・ショルカル	975
オディト・デー	894
主要4組合計移出量	4,869
総　計	4,869

ディナジプル向け

移出商人名	移出量（マン）
カリ・ノンディ（ノンディ家）	20,736
チョイトン・クンドゥ	10,373
主要2組合計移出量	31,109
他の6組合計移出量	6,434
総　計	37,543

マイメンシン向け

移出商人名	移出量（マン）
オティト・クリシュノ・シャハ*	19,321
ゴラブ・シャハ	4,706
ノボ・ポッダル	3,991
ボゴボティ・モッリク	3,600
キシェン・シャハ	3,130
クリシュノ・ブリジナト・シャハ*	2,000
主要6組合計移出量	36,748
他の9組合計移出量	7,567
総　計	44,315

ロングプル向け

移出商人名	移出量（マン）
ノボ・シャハ	1,468
総　計	1,468

出所）表7-2と同じ。
注：*は屋号（または連名）を示す。

216 第 II 部　ベンガル商家の世界

従事していた。かれらは，パトナーにおける北インド塩密輸に関する 1810 年のカルカッタ商人の陳情には名を連ねていたものの，金融危機による支払い猶予を求める 1812 年の陳情には参加してなかった（第 6 章参照）[7]。このことは，かれらがカルカッタ金融市場に買付け資金を依存し，投機的に塩を扱う商人ではなかったことを示唆している。ボイシュノブ・シャハやラシュ・シャハもおそらく同様のタイプの商人であろう。これらチトプルの商人にくわえて，ラシュ・クンドゥやラム・カルは，この頃から塩商いを拡大し，常連の買付け人に成長した[8]。かれらの塩移出先はパトナーにかぎらず，ムルシダバードをはじめとするベンガル西部地域であった。

　第 4 に，パトナー以外の都市への移出は依然として数名の商人の手中にあったものの，パトナー向け移出には，より規模の小さい商人も多数参入していた。奨励金を受けとったパトナー向け移出商人は 139 組のうち 3,000 マン以上を移出した主要商人は 20 組にとどまり，残りの 119 組はそれ未満の量であった。その 119 組のうち半数がバガット姓であった。かれらはビハール商人である。

　ベンガル北東部マイメンシン向け移出では，ゴラブ・シャハやオティト・シャハなど，とくに 1820 年代に成長したナラヨンゴンジの主要商人が大半を占めた（前掲表 7-1 参照）。第 5 章で検討したように，マイメンシンやロングプルなどのベンガル東部・北東部ではシャハやティリの商人が商取引の中心的にない手であった。

3）1830 年代前半の買付け人

　前章で検討したように，1830 年代に入ってもカルカッタの大買付け人の苦境はつづいた。この頃までには，関税・塩・アヘン局は，買付け人を，特権的買付け人と塩の現物を扱う商人（現物商人）という二つのグループに大別して把握するようになった[9]。この分類は，あくまでも塩取引パターンの相違であり，カーストや出身地によるものではない[10]。同局の筆頭役人であったプロション ノ・タゴールによれば，特権的買付け人の大半はボロバジャルの富裕なシュロフであり，その大半は投資の一環として競売に参加したという。関税・塩・アヘン局は，「競売での最初の買付け人は塩を地方市場に輸送するとは考

えておらず，カルカッタ市場における価格変動をみながら投機するためにだけ塩を買い付け」[11]ると指摘し，特権的買付け人を「塩の現物ではなく政府の塩倉での引渡しを保証された塩切手」[12]を売買する買付け人と定義している。

　一方の塩の現物を扱う商人は，主に地方の商人であり，カルカッタに移入した商品の売却益で，塩を買い付けた。大規模な現物商人ともなれば，地方の豪商であった。現物商人は，競売が終わるとすぐに支払いを済ませ，塩を政府の塩倉から引きとって地方の自家倉へと輸送した。競売後に資金的余裕があるときのみ，在庫を抱えている特権的買付け人から有利な条件で塩を買い付けた。特権的買付け人が手形を使って決済するのに対して，現物商人は現金商いが中心であった。関税・塩・アヘン局は現物商人について「一般的にはブルヤ塩，チッタゴン塩，24パルガナズ塩（特権的買付け人のなかにはこの製塩区の南部および西部の製塩地区で生産される塩を扱うものもいる），ジェソール塩を扱い」，「その慣習や外観からまったくの田舎者であり，外見上は粗野であるものの用心深い」と記している[13]。

　関税・塩・アヘン局では，1830年代以前は，塩買付け人を単にビャパリ，すなわち商人と呼んでいた。特権的買付け人や現物商人という用語が，同局が作りだしたものなのか，現地商人の間で使われていたのかは不明であるが，「投機家」と「真の商人」を区別して議論するうえで便利な用語であったと思われる。なぜなら，同局は，塩税収益の減少の要因を，投機家すなわち特権的買付け人の行動に求めるようになっていたからである。1830年代の特権的買付け人の問題は，ラム・モッリクのように「在庫を抱えながら競売での買付けをつづけ，市場を活発にできる」ほど財力がないことであった[14]。同局長官は，この問題について以下のように嘆いている[15]。

　　かれら〔特権的買付け人──引用者注〕は，サブ・モノポリーを維持しつづけられるほど十分な資金もなく，売れる場所に塩を運ぶ手段ももたないのにサブ・モノポリーをつづけるという，自らが招いた経営判断の誤りで苦境に立たされているのだ。われわれは，そんな苦境からかれらを救いだす手段を考えだすのに，ほとほと嫌気がさしている。

218 第II部 ベンガル商家の世界

　表7-4をみてみよう。これは，1834年11月の競売における買付け人を特権的買付け人と現物商人に分けて表示したリストである。特権的買付け人のなかで，カシ・パル，モドン・ドット，モホン・ボラル，ビッションボル・ダシュはボロバジャルのシュロフである[16]。ゴビンド・バナジはバラモンであり，カリ・バブゥは，バブゥと尊称で呼ばれていることから，カルカッタの商人コミュニティで高い信用がある人物であろう。

　この競売における全落札量の約40パーセントが特権的買付け人によるものであった。とくに外国塩の買付けでは93.2パーセントを占めた。一般的に，投機家でもある特権的買付け人が扱う塩は，カルカッタ近郊のシャルキヤ倉に保管される外国塩，西部のヒジリとトムルク製塩区で生産される塩，一部の24パルガナズ塩に限定された。特権的買付け人の買付けが西部の塩に限定された理由として，前章で検討した投機との関係にくわえて，代理買付けという方法がベンガル西部からビハールにかけての地域で発展したという点があげられる。元来，かれらはこれらの地域を活動拠点とする商人の代理で塩の競売に参入したのである。代理買付けをおこなうブローカーはダラールと呼ばれる。西部地域の商人はカルカッタやベンガル湾岸沿いの製塩区における取引慣行に不慣れであったため，それに精通したカルカッタ在住のダラールに塩の買付けを依存していたのである。

　対照的に，ベンガル東部では代理買付けは発展しなかった。なぜなら，「東部の商人は，かれらが塩を運びだす製塩区の人々と慣習，言語，作法においてほとんど違いがなかった」からだという[17]。

　このように，ベンガル西部からビハールにかけての地域とベンガル東部は，社会的，文化的にも異なっていたのである。ダカ地方の地誌を編んだJ. テイラーによれば，ベンガル東部における話し言葉は，ゴウルあるいは純粋ベンガル語と呼ばれ，ベンガル西部の住民には通じなかったという[18]。第2章でみたように，東西の社会的，文化的相違は，嗜好の相違や煎熬塩と天日塩の市場の分断にも顕著にあらわれていた。

　キシェン・パンティのように競売で塩を買い占めるだけではなく，東部インドの広い地域に広域の流通ネットワークをもっていた大商人や，ラム・モッリ

表7-4　1834年11月競売の買付け人

特権的買付け人	製塩区							
	ヒジリ	トムルク	シャルキヤ（外国塩）	24パルガナズ	ジェソール	ブルヤ	チッタゴン	合計
ゴビンド・バナジ	9,000		42,000					51,000
カシ・パル	13,000	12,000						25,000
モドン・ドット	6,000	6,000	10,350					22,350
モホン・ボラル			20,000					20,000
ボドン・アッディ					11,000	6,000		17,000
ゴンガ・デーチョウドゥリ			11,000					11,000
ビッションボル・ダシュ	3,000							3,000
カリ・ノンディ							3,000	3,000
カリ・バブゥ			550					550
合　　計	31,000	18,000	83,900	0	11,000	6,000	3,000	152,900

	現物商人	ヒジリ	トムルク	シャルキヤ	24パルガナズ	ジェソール	ブルヤ	チッタゴン	合計
西部	ラム（モホン）・デー	3,000		1,000					4,000
	ラジ・デー		12,000	500					12,500
	ポンチャノン・カル		2,000						2,000
	ラム・カル			1,000					1,000
	ホリ・シュリモニ	7,000							7,000
	モドゥ・ノンディ	4,000							4,000
	ルキニ・チョンドロ	3,000		100					3,100
	プレム・ボロデブ・シャハ*	3,000							3,000
	ウメシュ・パルチョウドゥリ			250					250
	ギリ・モンドル	9,000							9,000
	ジャドゥ・マイル	10,000							10,000
	デブ・クンドゥ			1,000					1,000
	ラシュ・クンドゥ	11,000							11,000
	ジョイ（ナラヨン）・クンドゥ	18,000	13,000	250					31,250
	ラム・クンドゥ		5,000		1,000				6,000
中部	ジョナル・クンドゥ				1,000	3,000			4,000
	ジョイ（チョンドロ）・クンドゥ				2,000	3,000			5,000
	クリシュノ・クンドゥ				6,000				6,000
	P.クンドゥ				3,000				3,000
	J.クンドゥ					1,000			1,000
	ジョグ・クンドゥ					1,000			1,000
	ホリシュ・クンドゥ				3,000				3,000
	ラム・ポッダル				1,000				1,000
	ノボ・シャハ				1,000	1,000			2,000
	B.シャハ					2,000			2,000
東部	オティト・バンシドル・（シャハ）*	1,000			4,000	2,000		2,000	9,000
	キシェン・シャハ			2,000	3,000	1,000	2,000		8,000
	クリシュノ・ブリジモホン・（シャハ）*					2,000	2,000	10,000	14,000
	キシェン・パル				2,000	7,000		4,000	13,000
	ショジ・シャハ				4,000	3,000		6,000	13,000
	グル・クンドゥ					5,000		6,000	11,000
	ゴラブ・ゴウルホリ・（シャハ）*					2,000		2,000	4,000
	ラダ・シャハ					4,000		2,000	6,000
	ジョゴト・シャハ					4,000			4,000
	ゴピ・シャハ					2,000			2,000
	ラム・シャハ					1,000			1,000
	ティロク・ラムモホン・（ポッダル）*						2,000		2,000
	ボドン・ポッダル						2,000		2,000
	マトゥル・ポッダル							5,000	5,000
	ドディラム・ライチャンド・（シャハ）*							5,000	5,000
	ドディラム・ニッタノンド・（シャハ）*							4,000	4,000
	ジョン・ルカス							6,000	6,000
	現物商人合計	69,000	32,000	6,100	31,000	16,000	36,000	52,000	242,100
	総買付け量	100,000	37,000	90,000	31,000	27,000	42,000	55,000	382,000

出所）BRP-Salt, P/105/5, 25 Nov 1834, no. 44.
　注）＊の商人名は屋号（または連名）である。

クのような大投機家が力を失い，政府の高塩価政策が行き詰まると，市場の地域性が顕著にあらわれはじめた。それは，塩価格が地域ごとに異なる動きをみせはじめたことにも，1830年代前半の買付け人が地域的にかぎられた製塩区の塩のみを扱うようになっていたことにも示されている。塩市場は元来統合された市場ではなく，いくつかの地域的市場が結びついて一つの市場を形成していたと理解すべきであろう。地域的に異質な地方商人たちは，カルカッタ経済や政府の専売制度の浮沈を尻目に，自らの活動拠点と製塩地域を結ぶルートを確立していった。カルカッタの大商人と地方商人との差は，身なりや言語，商慣習だけではなく，商業利害という点でも拡大していったのである。

　それでは，地方商人の活動にはどのような特徴があったのであろうか。前掲表7-4の現物商人（地方商人）の買付けをみると，大半の買付け人がいくつかの近接する製塩区の塩のみを購入していることが分かる。したがって，かれらを地域的に，西部（ヒジリ塩，トムルク塩，輸入塩），中部（24パルガナズ塩，ジェソール塩），東部（ブルヤ塩，チッタゴン塩）という三つのグループに大別できるであろう。ヒジリ塩，トムルク塩，輸入塩を扱う商人には，特権的買付け人も含め，いくつかの姓の商人が含まれている。中部グループではクンドゥ姓が圧倒的多数を占め，東部グループではシャハ姓が多い。こうした地域別の相違について次節以降で検討しよう。

2　フゥグリ河畔からカルカッタへ——西部グループの商人

1）カルカッタの求心力

　18世紀後半以降，カルカッタは新しい国家の政治・行政の拠点として近隣地域から多様な人々をひきつけた。大領主，豪商，高官などの富裕層がカルカッタに集まり，ボッドロロクといわれる新たなエリート層を形成した[19]。

　カルカッタに引き寄せられたのは，こうした富裕層だけではなかった。西部グループの商人の多くは，フゥグリ河畔の地域からカルカッタに移住し，塩取引の中心地であったハートコラや近接するシュタヌティに居を構えた。ラナガ

第 7 章　変化は地方市場から　　221

写真 7　ハートコラの市（ショババジャル・ストリート）
18 世紀後半から 19 世紀前半に建てられたとみられる邸宅が並ぶ。近年になってこの地区の歴史的建造物を保護する動きがみられる。

出所）筆者撮影，2015 年 3 月 18 日。

ートからカルカッタに移ったキシェン・パンティ（パルチョウドゥリ）がその一例である。シュタヌティの北に位置するチトプルにも多くの塩商人が拠点をおいた。

　こうしたベンガル西部からの移住商人がカルカッタで塩取引を通じて成功したことはよく知られ，小説の題材にもなっている。シュニル・ゴンゴパッダエの小説『あの頃』[20]に登場するジョラシャンコのシンホ家は，富裕なザミンダールであり，カルカッタのエリート一家である。シンホ家もまた，フゥグリ県の寒村からカルカッタに移り，塩取引で成功し，ザミンダールになったと設定されているのである。

　パルチョウドゥリ家やカルナのノンディ家の大買付け人はこの西部グループに属する。こうした大商家が，ムルシダバードやパトナーなどの遠隔地の大市場に塩を移出する一方，多くの買付け人は製塩区およびカルカッタとベンガル西部の自らの出身地域周辺を結ぶ取引を展開していた。前掲表 7-4 の西部地域の商人には，競売初期からのパルチョウドゥリ家にくわえて，1820 年代に成

222　第II部　ベンガル商家の世界

長したプレム・シャハ（プレム・ボロデブ・シャハ），ポンチャノン・カル，ラシュ・クンドゥ，ホリ・シュリモニらの名もみられる（第6章表6-1，前掲表7-3参照）。先述したように，かれらこそがビハールへの塩移出を寡占してきたパルチョウドゥリ家らに取って代わり，西部地域市場圏で大きな力をもつようになった商人であった。かれらの多くは，アヘン投機や貸金業などにも進出した[21]。

　西部グループの典型的な商家として，デンマーク領セランポール（シュリランプル）のデー家を紹介しよう。表7-4によれば，同家のラジ・デーは1万2000マンのトムルク塩と500マンの外国塩を買い付けている。父親のラム・デーは，セランポール近郊のリシュラ村出身の小商人の息子であったが，18世紀後半に塩取引に参入し，ハートコラで大商人に成長した[22]。その後，カルナ，ムルシダバード，ボゴバンゴラなどのベンガル西部の主要商業センターだけではなく，ヒジリ塩およびトムルク塩の取引拠点であるアムタおよびガタルに支店と倉を有するにいたった。こうして，遅くとも1812年までには，カルカッタの主要塩商人になっていた[23]。1823年に，ラジ・デーはこの父親が築いた家業を継いだ。この頃には，ラジ・デーは，すでにカルカッタの塩商人の間で「王子」として有名であった[24]。ビハール市場に関する陳情に参加していないこと，倉・支店網がベンガル西部にしかないことから，デー家の塩事業は，ベンガル西部地域に集中していたようである。デー家もまた，セランポール周辺に広大な土地を有するザミンダールであった。

　1820年代以降のパトナー向け移出には，ビハール商人もかかわりはじめた。先述したように，表7-3のバガット姓の商人はビハール商人とみられる。また，1830年代初めには，競売に新規参入のビハール商人も参加しはじめた。関税・塩・アヘン局によれば，1833年9月から12月までの間に14名が新たに競売に参加し，そのうちの多くがパトナーの商人であったという[25]。表7-4では，ジャドゥ・マイルがビハール商人であろう。ビハール商人が競売に直接参加しはじめたことは，遠隔地商人のブローカーとして塩の代理買付けをおこなっていた特権的買付け人の役割が弱体化したことを示唆している。

　同時に，ビハール各地とベンガルの卸売市場が直接結びつくようになり，パ

表 7-5　カルナおよびカトヤの主要卸売商人

カルナ	カトヤ
チョイトン・クンドゥ	
ションブ・デー	
モホン・ボラル*	
ニル・パルチョウドゥリ	タクル・チョンドロ
ジョイ・パルチョウドゥリ	ラダ・チョンドロ
ラム・シェト	カシ・チョンドロ
B. ノンディ	ディゴンボル・ドット
ボイロブ・カル	プラン・ドット
マトゥル・カル	シュリ・カーン
ドディ・カル	プラン・シル*
ゴンガ・ゴシュ*	ノンド・シンホ*

出所）BCSO-Salt, vol. 263, 4 Dec 1829, no. 9 より作成。
注）＊は，ボロバジャルのシュロフであることを意味する。

　トナー市場には，カルカッタおよび各製塩区から直接塩が移出されるだけではなく，いくつかの集散地市場を経て供給されるようになった。ベンガル北部の商人は，カトヤ，カルナ，ボドレッショルなどのフグリ・バギロティ川沿いの集散地市場に南下し，ベンガル北部産品の売却益を利用して塩を買い付けた。かれらに塩を販売した商人は，競売で定期的に塩を買い付け，集散地市場に倉をもつ商人である。表 7-5 に示されたカルナおよびカトヤの主要卸売商人は，この役割をになった。かれらは，集散地市場における取引を通じて，ベンガル西部から中部，北部にかけての広い地域における塩取引でしだいに大きな影響力をもつようになったのである。
　表 7-5 によれば，チョイトン・クンドゥ，ションブ・デーにくわえて，ボロバジャルのシュロフであり表 7-4 で特権的買付け人に名を連ねているモホン・ボラルも，カルナ，カトヤ両市場に倉を構えていた。これまで本書に登場したパルチョウドゥリ家（ションブ分家），ラム・シェトだけではなく，カルナのボイロブ・カル，ドディ・カル，カトヤのタクル・チョンドロ，カシ・チョンドロ，ディゴンボル・ドットも，規模は比較的小さいものの，カルカッタおよび西部地域市場圏を活動範囲とする倉持ち商人であった[26]。

2）シュロフと地方市場

　投機を目的に塩取引に参入したボロバジャルのシュロフは，カルカッタ金融市況の影響を受け，1820年代以降経営難がつづいた。結果的には，かれらの多くが破綻するか，塩取引からの後退を余儀なくされた。しかしながら，前掲表7-4に示されているように，シュロフのなかには，経営危機を乗りこえた者もいた[27]。そうしたシュロフの共通の特徴は，地方市場との太いパイプであった。前掲表7-5に示されたカルナやカトヤの倉持ち商人のなかには，ゴンガ・ゴシュ，プラン・シル，ノンド・シンホ，モホン・ボラルという定期的に塩の買付けもおこなうシュロフも含まれていた。すなわち，かれらは投機家であると同時に，地方市場における卸売商人でもあった。こうしたシュロフたちの例としてオランダ領チンスラ（チュンチュラ）のシル家とフランス領シャンデルナゴル（チョンドンノゴル）のゴシュ家を紹介しよう。

　チンスラのシル家は，富裕な銀行家のニランボル・シルからはじまった[28]。ニランボル・シルは，1793年に死亡するまで，チンスラ，カルカッタ，ムルシダバード，カトヤ，キールパイ，ブルドワン，カルナなどのベンガル西部各地に支店を展開していた。ニランボル・シルは，ヒジリ塩，トムルク塩を扱い[29]，ナラヨンゴンジへの塩移出も手がけた（前掲表7-1参照）。ニランボル・シルの死後，息子のジョグ・シルがボロバジャルにおける金融業を引き継いだ。ジョグ・シルはアノンド・シルとのパートナーシップで金融業を営み，ラム・モッリクをはじめ大投機家への融資もおこなっていた。しかし，事業はしだいに縮小し，1834年にすべての家産と経営が兄弟間で分割されると，ジョグ・シルには三つの支店しか残されなかったといわれる[30]。とはいえ，ジョグ・シルの事業は引きつづき繁栄した。なぜなら，金融業とは別に，塩取引にもかかわっていたからである[31]。卸売商人としては，フグリ県のバブゥゴンジなどの主要市場に倉を構え，競売で買い付けた塩を移出していた[32]。ジョグ・シルは，父親が構築したナラヨンゴンジとの取引関係も継承していた[33]。

　ゴシュ家は，商業と金融業をはじめたボワニ・ゴシュを祖とする[34]。ボワニ・ゴシュは18世紀後半から19世紀初頭にかけての大塩商人の一人であった[35]。ボワニ・ゴシュはシャンデルナゴル周辺で土地を購入し，倉，家屋，牛

小屋，祠を次々に建設した。倉と支店は，フゥグリ川沿岸のシャンデルナゴル，カルナ，バブゥゴンジ，チンスラ，ボドレッショル，ダモダル川沿いのカンチョンノゴル（ブルドワン）へと展開した。カルカッタでは，ボロバジャルに事務所をかまえ，ジェソールのクマルカリにも倉を設置した。ヒジリ塩の主要卸売商人であったゴンガ・ゴシュ（第6章表6-1参照）はその息子であり，1813年に家業を継いだ。塩を中心とした事業だけではなく，ゴンガ・ゴシュは，1813年以降ボロバジャルの主要シュロフとしても記録されている[36]。

　シュロフであるがゆえに，1820年代から頻発した金融危機によってこれらの商家は多大な影響を被った。このことは塩取引にも悪影響を与えた。例えば，ジョグ・シルは1825年に3万マンの塩の支払い不能におちいり[37]，ゴンガ・ゴシュも約1万マンの塩の支払いが滞った結果，1832年12月にその塩を再販売されている[38]。

　しかしながら，両家とも破綻を免れた。地方市場における塩の現物取引が引きつづき堅調であったことが両家の屋台骨を支えたといえよう。

3　シュンドルボンを抜けて──中部グループの商人

1）中部の豪商たち

　中部グループの商人たちは，24パルガナズ県，ジェソール県，フォリドプル県の市場に拠点をおき，おもにシュンドルボン森林地域周辺で生産される塩をベンガル北東部向けに移出する商人であった。競売開始直後の時期には，シュンドルボン地域の塩はラム・カーン，キリヤコス・マヴルディス，タクル・ノンディらが買い占めていたが，かれらの影響力が弱まると，新たな商人に商機がおとずれたのである。

　カルカッタの南に位置するタリゴンジは，こうした商人の最大の拠点であった。前掲表7-4の買付け人リストでは，ジョナル・クンドゥ，ジョイ・クンドゥ，ホリシュ・クンドゥがタリゴンジ商人にあたる[39]。タリゴンジ商人は，24パルガナズからジェソールにかけての地域で塩取引を寡占していた。ホリシ

226 第 II 部 ベンガル商家の世界

ュ・クンドゥは，ジェソール県の「独占商人」と称され，同県に大規模に移入した塩をフェリヤと呼ばれる小売商らに掛売りしていた[40]。小売商から売掛け金を回収できないときには，ホリシュ・クンドゥは「塩を移入せずに放っておいたり，移入するのを拒否したりした」という。

　第 2 章でみたように，24 パルガナズ塩，ジェソール塩の大半は，ジェソール県ゴパルゴンジ塩関所を通過し，主としてシラジゴンジおよびモドゥカリ集散地市場に仕向けられた。1822 年 9 月のゴパルゴンジ塩関所の検問記録によれば，表 7-4 に示されているジョナル・クンドゥ，ジョイ・クンドゥ，ホリシュ・クンドゥだけでゴパルゴンジを通過する塩の 17 パーセントを扱っていた[41]。すなわち，タリゴンジ商人は，シラジゴンジ，モドゥカリ集散地市場と強い関係を築いていたのである。シラジゴンジは 1830 年までにベンガルで最大の卸売市場に成長した[42]。シラジゴンジの成長は，それまで東部インド最大の塩市場として機能してきたナラヨンゴンジの競争力をしだいに喪失させたといわれる[43]。こうしたベンガル東部市場の変化は，24 パルガナズ塩やジェソール塩を扱い，シラジゴンジに拠点をもつ商人にとって有利に作用したであろう。

2）フォリドプルのシャハ家

　タリゴンジのクンドゥ姓の商人の他に，フォリドプル県内外のシャハ姓の商人もまた，24 パルガナズ塩とジェソール塩を大規模に扱い，ベンガル中部から北部にかけての広い地域に塩を移出していた。その典型例として，フォリドプルのシャハ家の事例をみてみよう。

　この家系は，18 世紀中頃にダカで穀物や鉄を扱っていたコシャイ・シャハを祖とする（図 7-1 参照）[44]。1768 年に 3 人の息子が跡を継ぐと，事業を拡大し，塩や鉛などの他商品の取引にも参入した。1783 年 4 月の記録をみると，長男マニクは 24 パルガナズ塩の買付け人に名を連ねている[45]。競売開始後 1790 年代前半の競売では，マニクは合計 3 万マンの塩を買い付けていた[46]。その量は，キシェン・パンティらと比べるとはるかに少ないが，小規模買付け人のなかでは大きなシェアを占めていた。1802 年にマニクが死亡すると，そ

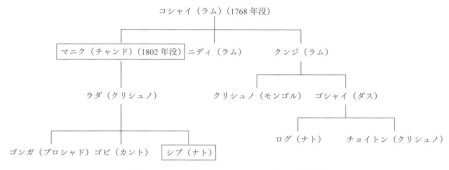

図 7-1　フォリドプルのシャハ家の家系図

出所）筆者作成。

の息子ラダと弟のクンジの息子たちは，「先祖伝来の資産，宝石，織布のすべてをそれぞれの取り分に応じて分割し，衣食も分割した」[47]。しかし，事業に関しては引きつづき共同でおこなうこととし，家族の最年長者が統括した。シャハ家は，シラジゴンジ，ロングプル県のゴビンドゴンジ，ディナジプル県のラニゴンジおよびダウドプルなど主にベンガル北部の主要市場とカルカッタ，シャンデルナゴルに倉と支店をもち，ディナジプル県の四つの村で免税地を手に入れた。巻末地図 7 にみられるように，まさに中部地域市場圏における活動を中心とする商家であった。

　興味深いことに，マニクの孫にあたるシブは，1824 年にジョイント・ファミリー（第 9 章参照）から 9,000 ルピーを借り入れ，ゴビンド・シャハとパートナーシップを組んで「シブゴビンディ」という屋号を掲げ，カルカッタのパトゥリヤガタ地区とシラジゴンジを拠点に商売をはじめた。ゴビンド・シャハは，姓から同じカースト（シャハ）に属すると思われるが，家族ではなかったようである。1826 年には，シブ・シャハの単独の商売は完全にジョイント・ファミリーの経営から切り離された。シブゴビンディ商店は，競売や市場での塩の買付けをおこない，他の商人に転売したり，地方の自家倉で販売した。例えば，同商店は 1828 年 7 月の競売で 1,000 マンの塩を買い付け，それを後掲表 7-6 にも登場するベンガル東部の豪商ホリ・ラダモホン商店に販売した記録

228　第 II 部　ベンガル商家の世界

が残されている[48]。

　シブ・シャハは，1830 年代前半も引きつづきカルカッタで塩と米の取引を
おこなっていた。この頃はゴビンド・シャハではなくカルカッタ商人のラム・
シャハとパートナーシップを組んでいた。シブ・シャハは通常はフォリドプル
県ドウロトプルに居を構えていたため，カルカッタでの事業にはゴマスタがあ
たった。この事業の詳細は不明であるが，1832 年 1 月，シブ・シャハのカル
カッタ支店は，ボロ・ラキットという商人から 2,000 マンのオリッサ・バラゾ
ール塩を 100 マンあたり 410 ルピーで購入する契約をしたとの記録がある。シ
ブ・シャハは，1 年以上塩の引渡しがなかったため[49]，2,000 ルピーの損害賠
償を求める訴えをおこした。その結果，ボロ・ラキットは破産し，かれの財産
は 1837 年に競売で売却された。

　シャハ家の事例でも，家族は商家の経営上重要なパートナーであった。経営
を拡大させるうえでは，家族以外とパートナーシップを組むことも重要であっ
た。その場合，同じカーストからパートナーが選ばれることが多かったようで
ある。

4　ナラヨンゴンジを拠点に——東部グループの商人

1）東部の豪商たち

　この地域グループの商人は，ブルヤ塩およびチッタゴン塩を扱う商人である。
かれらは，主にナラヨンゴンジを拠点に，ナルチティ，ロウホジョンなどダカ
およびバコルゴンジ県の主要市場に支店と倉をかまえていた[50]。また，多くは
カルカッタの塩取引拠点ハートコラにも支店を有した[51]。

　先述したように，1810 年頃までには，パルチョウドゥリ家やノンディ家な
どのベンガル西部の大商家に代わって地元商人が台頭した（前掲表 7-1）。こう
した傾向は 1820 年代後半以降強まり，さらに少数の商家がベンガル東部にお
ける塩取引を寡占化した。

　表 7-6 をみてみよう。これは，ベンガル東部（ダカおよびバコルゴンジ県）を

表 7-6　1840 年代前半におけるダカおよびバコルゴンジの主要卸売商人

商人名／屋号	関　係（カースト）	備　考
グル・クンドゥ チョイトン・パル	同カースト（ティリ）	グル・クンドゥは、バギョクルの大ザミンダール（後のラエ家）
ニッタ・シャハ ライ・シャハ	兄弟（シャハ）	バリヤティのシャハ家（後のライ・チョウドゥリ家）、図 7-2 参照
ゴラブ・ゴウルホリ オティト・ポンディト	パートナー 近親（シャハ）	バリヤティのシャハ家、図 7-2 参照 ゴラブ・ゴウルホリ、オティト・ポンディトは、それぞれ屋号である
ショシ・シャハ オッドイ・シャハ	親類（シャハ）	
ホリ・ラダモホン ライチャンド・シャハ ラム・ホリ	親類（シャハ）	ホリ・ラダモホン、ラム・ホリはそれぞれ屋号である
ウッドブ・ボロラム モドンモンゴル（姓不明） ジボン・ポッダル キシェン・パル ゴウル・ポッダル ティロク・ラムモホン	親類（ティリ？）	ウッドブ・ボロラムとティロク・ラムモホンもそれぞれ屋号である。いずれもポッダル姓である

出所）BRP-Salt, P/106/47, 18 Jan 1844, no. 36 より作成。

拠点とする主要塩商人のリストである。表 7-1 に示されているように、キシェン・パル、ティロク・ポッダル（ティロク・ラムモホン商店）、グル・クンドゥは、1810 年代にはナラヨンゴンジの主要塩商人であったし、ニッタ・シャハ、ゴラブ・ゴウルホリ商店（ゴラブ・シャハおよびその息子ゴウル・シャハの屋号）、オティト・ポンディト商店（ポンディト・シャハおよびその息子オティト・シャハの屋号）は 1820 年代初頭には主要塩商人として台頭していた。かれらは 1834 年の競売の買付け人（現物商人）として前掲表 7-4 にも登場している。すなわち、これらの商人は 1810 年代頃から台頭した後、長期にわたってベンガル東部の塩市場を寡占していたのである。ブルヤ製塩区長によれば、表 7-6 の上位 5 名だけで、年間 80 万マンの塩を販売していた[52]。政府の年間総供給量の 5 分の 1 に相当する規模である。

　かれらの大半はザミンダールでもあった。後述するように、ダカ近郊バリヤ

230　第 II 部　ベンガル商家の世界

ティの大ザミンダールであるバリヤティ・シャハ家のメンバーも多く名を連ね
ている。グル・クンドゥは，バッギョクル（ダカの南方）のクンドゥ（後のラ
エ）家として有名な大ザミンダールの基礎を築いた人物であった。付言すれば，
同家は，商業もつづけ，19 世紀後半には米とジュート取引を大規模に展開し
た[53]。その後，銀行，カルカッタ―ダカ間の蒸気船運行，ジュート工場，綿工
場などの経営をおこなう大実業家ファミリーとなった。

　金融業に従事する商人も多くいた。グル・クンドゥはもちろんのこと，ウッ
ドブ・ボロラム・ポッダル商店は，ヨーロッパ系インディゴ・プランターと大
規模な取引関係をもつダカの金融業者であった[54]。表 7-6 には記載されていな
いが，表 7-4 で東部グループに入っているマトゥル・ポッダルはダカの塩商人
兼金融業者であった。こうした金融業者は，インディゴ・プランターにカルカ
ッタ向けに振り出した手形で資金を融通するだけではなく，「地元住民に対し
て家屋，土地，宝飾品，金銀製品などを担保に」[55]した融資もおこなっていた。
ダカだけではなく，ゴラブ・ゴウルホリ商店のように，カルカッタで金融業を
営む場合もあった。同商店は，前出のシブ・シャハと裁判で争っていたボロ・
ラキットに塩貸付け資金を融資した金融業者であった[56]。

　表 7-6 に示されているように，かれらは，兄弟，家族，カーストによってい
くつかのグループに分かれ，それぞれのグループが地域的な縄張りをもってい
た[57]。ベンガル東部においても，家族とカースト（シャハあるいはティリ）が商
業活動の強固な基盤になっていたようである。

2）バリヤティのシャハ家

　ここで，東部グループ商人の典型例であるバリヤティのシャハ家についてみ
てみよう。フォリドプルのシャハ家が，ベンガル中部地域市場圏で活動する典
型的商人であったのに対して，バリヤティのシャハ家は主にブルヤとチッタゴ
ンの塩を買い付け，東部およびベンガル北東部の市場に移出する商人であった。
同家のネットワークは巻末地図 7 に示されているように，まさにベンガル東部
地域市場圏と重なっていることが分かる。この商家の創業者であるゴビンド・
シャハは，18 世紀半ばには塩商いで成功し，後に大ザミンダールになり，バ

第 7 章　変化は地方市場から　　231

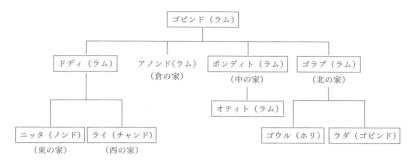

図 7-2　バリヤティのシャハ家の家系図
出所）筆者作成。

ブゥと称されるようになった[58]。すなわち，地方名望家とも呼ぶべき家となり，地域社会で強い影響力をもつようになったのである。図 7-2 はバリヤティのシャハ家の家系図を示したものである。ドディの 2 人の息子であるニッタとライの分家は，それぞれ「東の家」，「西の家」と称され，ポンディトの分家は「中の家」，ゴラブの分家は「北の家」と呼ばれた[59]。アノンドの家系は「倉の家」(ゴラバリ)として知られた。

　ゴビンド・シャハの死後，4 人の兄弟が別々に塩商いをおこなっていたことを考慮すると，事業と家産は 4 人の息子の間で分割されたようである。ドディ・シャハは，ドディラム・ニッタノンドあるいはドディラム・ライチャンドという屋号で塩事業をおこなった。ドディの死後は，前掲表 7-6 に示されているように，ニッタとライの兄弟は別々に事業を展開しながら密接な関係を維持していたようである。ポンディトは息子のオティトとともにオティト・ポンディト商店として活動した。ゴラブと息子のゴウルの事業はゴラブ・ゴウルホリという屋号でおこなわれた。ゴウルは，ゴラブ死後も弟のラダとともに同じ屋号で商売をつづけた。

　先述した通り，ゴラブ・ゴウルホリ商店はカルカッタにおいて金融業も展開するなど経営を多角化させた[60]。ベンガル東部の商人も，西部や中部の商人と同じように，家族やカースト間の連帯を基盤に，土地経営，金融，他商品の取引など多角的に事業を展開していた。これらはこの時期の商家経営に共通する

特徴であったと考えられる。

3）ギリシャ商人とナラヨンゴンジ

　次に，ナラヨンゴンジにおけるギリシャ商人の活動についてみておこう。前掲表 7-4 には，ジョン・ルカスというギリシャ商人名がみられる[61]。ベンガルにおけるギリシャ人コミュニティは，オスマン帝国下のフィリポポリスから1750 年にカルカッタに来航したアレクシオス・アルギリーにはじまるといわれる[62]。アレクシオス・アルギリーは，1770 年には，カルカッタからイギリス外交団にアラビア語の通訳としてカイロに同行し，オスマン帝国との外交交渉を円滑に進めるという重要な役割をになった。1772 年にヘイスティングズが総督に就任すると，アレクシオス・アルギリーはカルカッタにギリシャ教会を設立する許可を得，ギリシャ商人コミュニティの拠点を築いた。その後，事業をベンガル東部にも展開し，とくに北東部のシレットにおける粉石灰の生産と取引に大々的に参入した[63]。アレクシオス・アルギリー死後，事業は息子のアレグザンダー・パニオティ[64]に引き継がれた。

　ギリシャ商人は，シレットにおける粉石灰事業からの撤退後，1780 年代になって塩事業に参入した。1810 年代半ば頃には，アレグザンダー・パニオティを筆頭に，ニコラス・ディミトリウなど，少なくとも 12 名のギリシャ商人がナラヨンゴンジで塩取引に従事していた[65]。かれらは 1810 年代前半に，ブルヤ塩，チッタゴン塩のナラヨンゴンジへの移入において約 30 パーセントのシェアをもち，パルチョウドゥリ家やノンディ家に肩を並べた[66]。

　ギリシャ商人は，政府塩の買付けに関して独特のシステムを構築していた。カルカッタに居住する代理人が競売に参加し，他のギリシャ商人のために塩を買い付けるというものである。初期には大買付け人の一人であったキリヤコス・マヴルディスがその役割をになった（第 5 章参照）[67]。1795 年のキリヤコス・マヴルディスの死去にともない，ジョン・ルカスがギリシャ人墓地の管理と競売への参加という二つの役割を引き継いだようである。ジョン・ルカスは，カルカッタのチナバジャルに居住し，塩取引には 1790 年頃に参入した[68]。キリヤコス・マヴルディスやジョン・ルカスがカルカッタで塩を落札し，塩切手

を入手すると，他のギリシャ商人が製塩区の政府の塩倉で塩を引きとり，ナラヨンゴンジに運んだ。例えば，1822年8月8日～9月30日に，ギリシャ商人は2万1000マンの塩をナラヨンゴンジに移入していた[69]。その買付けはすべてジョン・ルカスが担当し，ナラヨンゴンジへの移入はニコラス・ディミトリウなどのナラヨンゴンジを拠点とする商人がおこなった。

　ナラヨンゴンジに移入された塩は，別のギリシャ商人によって，おもにベンガル北東部およびアッサム方面に移出されたようである。例えば，アンドリュー・コンスタンティンは，ナラヨンゴンジの他のギリシャ商人の塩倉から塩を買い付け，ブラフマプトラ川をさかのぼり，北東部のゴアルパラに定期的に移出していた[70]。

　ナラヨンゴンジにおけるギリシャ商人とベンガル商人との関係を示す史料はほとんどないが，すべての塩商人を巻きこむような事案がもちあがったときには，ベンガル商人と手を組んでいたようである。例えば，1811年に東部塩取引監督区長アーウィン（J. Irwin）がブルヤ・チッタゴン製塩区長に昇進し，塩取引監督区長職をキンロッホ（J. Kinloch）に引き継いだとき，アレグザンダー・パニオティを筆頭にナラヨンゴンジ在住のすべてのギリシャ商人からアーウィン宛に昇進を祝う手紙が送られた。同じ頃，アーウィンとパルチョウドゥリ家やノンディ家といった主要商人との間で，塩船の過剰積載をめぐって争いが生じていた。商人たちは，この問題への対処を要求する陳情書を商務局に送った。その陳情には，12名のギリシャ商人も名を連ねていたのである。それを知ったアーウィンはショックを隠しきれず，その陳情を「最も汚らしい誹謗中傷で満ち満ちている」と憤慨した[71]。

　しかし，1820年代になると，ギリシャ商人はしだいに政府寄りに態度を変容させていった。アレグザンダー・パニオティの娘スルタナは，商務局塩部局主任補佐官ペルー（John Perroux）と結婚した。この結婚の背景には，管轄の役所と個人的な関係を築くことで期待される取引上の利点があったかもしれない。さらに，ギリシャ商人はベンガル商人の名誉を傷つけるような行為にも加担しはじめた。塩の再販売は，商人にとってきわめて不名誉なことであったため，再販売では仲間の立場に配慮する商人らによる妨害行為がしばしばみられた。

234　第 II 部　ベンガル商家の世界

そのような落札しにくい状況のなかで再販売の塩を買い付けたのは，多くの場合，ギリシャ人やユダヤ人といった非ヒンドゥー商人だったのである。例えば，1829 年 2 月に再販売されたイッショル・ウメシュ・パルチョウドゥリ商店の塩は，ジョン・ルカスが落札した[72]。この結果，パルチョウドゥリ家は，再販売という屈辱とともに，買付け時と再販売時との価格差から生じる損失 5,640 ルピーを被るという屈辱も受けたのである。

　この頃から，ギリシャ商人の多くは，利益が期待できない塩取引から撤退し，地所経営にくわえて，官吏，弁護士，医者など植民地下で発展した新たな職業を模索するようになった[73]。地所経営をはじめとする経営の多角化や他のキャリアへの転向は，ギリシャ商人にかぎらず社会的地位が高いベンガル人買付け人にも共通してみられた。この点については，第 9 章で詳述しよう。

おわりに

　本章では，可能なかぎり多くの事例を紹介しながら，地方商人のプロフィールと活動をみてきた。かれらは，カルカッタ大商人のように地域を超えて広く事業を展開するのではなく，製塩地域と出身地周辺地域を結ぶルートで塩取引を展開した。したがって，セランポールのデー家やフォリドプル，バリヤティ両シャハ家の事例で明らかなように，家族やカーストの紐帯で結びついた地方商人の商圏は，きわめて地域性が強かったといえる。こうした地方商人の商圏は，第 2 章で明らかにした西部，中部，東部の地域市場圏と一致していた。河川流路に代表される地理的条件だけではなく，異なる商人層の存在もまた各市場圏の相違と特徴を示していたといえる。パルチョウドゥリ家の商業活動も，一度は地域市場圏を超えて展開したものの，カルカッタ市場の混乱や地方商人の台頭にともなって，しだいに西部地域に限定されていった。このことも市場の地域性の強さを示しているといえよう。

　地方商人は，経営の拠点を地方市場におき，塩切手ではなく現物を扱ったため，カルカッタの金融市況や高塩価政策の行詰まりの影響を受けにくかった。

基本的にシュロフは投機家であったが，地方市場との太いパイプを構築していたシュロフが経営破綻を免れた事例は，経営上の足場が地方市場にあったことの重要性を示している。政府やカルカッタの買付け人の影響力が地方市場では脆弱であったのは，かれらが地方市場に関するさまざまな情報——需給関係や価格，人的関係——をもちえず，地方商人の活動や地方市場の動向を正確に把握することができなかったからである。

　それでは，政治的にも社会経済的にも変動が激しいなかで，地方商人の経営はなぜ安定していたのであろうか。経営の多角化やザミンダール化など，経営面ではカルカッタ大商人と同様の特徴がみられるものの，何がカルカッタと地方の明暗を分けたのであろうか。第8章，第9章では，市場の機能と商家経営の特徴から，これらの問題に接近しよう。

第8章
市場の機能と商人，国家

はじめに

　順調に機能していた塩専売制度も，カルカッタの大買付け人や投機家の塩取引も，1820年代中頃から不振におちいった。その要因は複合的なものであったが，前章で明らかにしたように，地方市場における変化がその主因の一つであった。地方市場における塩取引に参入できない商人は，カルカッタにおける金融危機や専売制度の動揺に対してきわめて脆弱であった。政府も，買付け人を通じて間接的に市場へ介入し，市場を統制しようとしたが，失敗に終わったのである。その結果として1836年には高塩価政策が廃止された。政府は専売制度自体の維持には成功したが，EICの商業活動停止も相まって民間による塩輸入が拡大した。換言すれば，自由貿易圧力の結果として塩専売制度が改編されたわけではなく，むしろ域内市場の変化により制度を改編せざるをえなかったのである。

　それでは，地方商人の台頭を支え，EICの介入を拒んだ市場は，どのように機能していたのであろうか。本章では，EICという新しい国家と市場との関係を，塩専売制度にくわえて，通過税（Transit Duty）・都市税（Town Duty）徴収，警察税（Police Tax）徴収，公穀物倉（Public Granary）制度の事例から検討したうえで，塩市場を事例として，この時期の東部インド市場の機能を明らかにしたい。

第8章　市場の機能と商人，国家　　**237**

1　国家の市場への介入──その効果と限界

1）18世紀の国家と市場

　18世紀のベンガルは，モスリンに代表される高級綿布や生糸・絹製品といった手工業品の生産が盛んであり，世界中から商人を引きつける世界貿易の中心の一つであった。対外貿易だけではなく，域内における商取引も活発であった。T. ムカジが強調するように，穀物などの主食，塩などの必需品，食料，手工業用原料，富裕層向け奢侈品だけではなく，ありとあらゆる消費財が市で売買された[1]。そのなかには遠隔地から輸入される商品も多く含まれ，旺盛な消費を支えた。例えば，矢，銀糸，籠，コップ，儀礼用品，檻，真鍮製水差し，装飾品，傘，陶器，腕輪，櫛，袋，盾，生花，ガラス板，チーズ，紙，鳩，皿，薬，封蝋，扇，筵，果実，香料，大麻，ガラス，凧，ランタン，靴，石けん，帽子などである。その他にも，タバコ，藁葺き用の藁や竹，材木，小型の鏡，古着，水タバコ用ホースなども売買されていた。ヒジリ製塩区の勤勉なモランギが，景品として小型の鏡，赤いウールの水夫帽，赤や紫の広幅布などを希望していたことは（第3章参照），富裕層のみならず一般の人々にも多様なものを消費する文化が浸透していたことの証左といえよう。

　市は，領主層，行者，EIC を含む商人層にいたるさまざまな社会階層によって国家の許可のもとで設置された。常設市，卸売市，各種の定期市など規模や機能が異なる市には，アジアやヨーロッパからの遠隔地商人を含む多様な商人層が集まり，上述したようなあらゆる階層の需要にこたえる商品が売買された。こうした状況を踏まえ，S. シェンは，18世紀ベンガルを「市の社会」と称し，政治・経済・文化における市の重要性を強調する[2]。

　それでは，市場経済の発展に対して，国家はどのような役割をになったのであろうか。18世紀のインドでは，国家や支配層による軍事物資や奢侈品の旺盛な消費は手工業品生産や商品作物・食料生産を活発にし，地域間分業を発展させた。このことは市場経済の発展を意味している。すなわち，18世紀の国家は，単なる非生産的な寄生者として存在していたのではなく，徴税で獲得し

238　第 II 部　ベンガル商家の世界

た富を消費という形で市場を通じて還元していたと考えられる。

　商業の発展は，国家や支配層を財政面でも支えた。各地に公的，私的な関所（チョウキ）が設けられ，国家や在地領主らによる市場税の徴収がおこなわれた。EIC はこうした市場税の徴収を自由な流通を阻害する要因とみなしたが，市の所有者は，市における取引量が増加した結果として税収が増加することを期待したため，商人を市から遠ざけるような高額な税を課すことは稀であった[3]。また，市の所有者は，商取引が円滑におこなわれるように，商人から徴収した税の一部を，市の秩序や商人の安全を守り，不正な計量を取り締まるために使用した。

　ムカジは，太守時代の国家を「調整者（ファシリテイティング・ステイト）」と称し，国家が，商取引が円滑におこなわれるよう諸事を調整していたことを強調する[4]。そのなかには，道路や交通網の整備，交通の要衝における警察署の設置を通じた治安の維持，法や条例による商取引の保護などが含まれる。ムカジによれば，人々は，太守であれ，EIC であれ，国家を調整者とみていたという。市の設立許可を与え，争いや違法行為があればただちに仲裁に入り，市および商取引の秩序を維持した。北インドと比較しても，ベンガルの支配層は商業活動に好意的であり，かれらが特権を利用して商人に不利益を与えるような行為は記録に残っていないほどであるという。それほど，国家は商取引，商人の活動，市場の機能を重視していたのである。

　調整者としての国家の態度は，飢饉発生時にもみることができる。D. カーリーは，太守時代の国家の飢饉対策が，飢饉発生時にのみ積極的に市場に介入し，商人の投機的行動を抑制し，「公正（フェア）」な市場の創出を目指すものであったと指摘する[5]。飢饉が発生すると，政府は地域を越えた穀物の移動を禁止し，各地域内で価格の安定をはかった。次に，首都ムルシダバードなどの主要市場において，商人や富農に穀物を供出させ，価格の変動を抑制しようとした。ただし，商人には 6〜12 パーセントの純益を認め，買付け時の価格での取引を保証した。政府は，商人に有利な条件を与えることによって，飢饉時に生じやすい商人の投機的行動を抑制するだけではなく，政府自らが市場に参入することから生じる財政負担や商人の反発を抑えることができたのである。

2) EIC 国家の市場への介入

　国家と経済・市場との関係は，EIC 統治下でどのように変化したのであろうか。EIC 統治の開始がただちに東部インドにおける商取引活動を鈍化させることはなく，むしろ一層の刺激を与えたことは第 5 章で検討した通りである。EIC は，市を「公の財産」とみなし，旧来の支配層や領主がもっていた商取引や市に対する私的で慣習的な課税を禁止することによって，徴税権の国家への一元化とともに，「自由」なモノやカネの流通の実現を目指した。この過程は，東部インドの多様な人々に商機を与え，新興塩商人が台頭する前提条件となったのである。

　しかしながら，こうした「規制緩和」の動きが商取引を一層活発にした一方で，新しい国家はさまざまな方法で市場に介入した。その代表的事例は，財源を目的とした塩とアヘンの専売であろう。塩とアヘンの自由な生産・販売は禁止され，政府が生産物の唯一の買い手となり，商人への唯一の売り手となった。専売制度以外にも，警察税の課税，通過税・都市税の課税，公穀物倉制度の導入があげられる。前二者は，主として財源確保を目的としたものであり，公穀物倉制度は飢饉対策の一環であった。1769〜70 年のベンガル大飢饉を経験した EIC 政府が，最重要財源である地税の安定的確保にとって穀物価格の維持こそが必要不可欠であることを強く認識していたことを考慮すれば，公穀物倉制度を財政政策として捉えることも可能であろう。

　新制度の導入に対する商人の反応は，一様ではなかった。通過税・都市税からみてみよう。同税は，市所有者による市場税（サエル税）徴収とともに，「自由」な流通を阻害する制度として 1788 年に廃止された[6]。しかし，同税は，1801 年には財源の確保を目的に，カルカッタなどの主要都市に限定して再導入され，1810 年には，235 もの商品に課せられることになった。たしかに，流通への課税は，輸送コストを増大させ，円滑な流通を阻害し，商人の活動を抑制する。したがって，これまで指摘されてきたように，同税は，18 世紀後半から 19 世紀前半にかけてインドの商業および製造業の発展の阻害要因の一つといえよう[7]。しかしながら，通過税・都市税について，商人の不満が大規模な抗議活動に発展することはなかった。商人は役人への賄賂を支払うことで，

こうした課税の負担を軽減していたようである。このような域内市場における「不正」の蔓延は広く認識され，域内市場で商売する商人を不正にかかわる狡猾な存在とみなす世論が形成されていった[8]。次章で検討するように，こうした世論は，商人，とりわけ名誉や信用を重視するエリートの商業活動に一定に制約を与えた。

専売制度と同様に，これらの流通への課税に対する強い不満は，むしろ自由貿易原則を求めるイギリス系商業・産業利害者側から発せられた[9]。結果的に，かれらの強い抗議は本国議会を巻きこみ，通過税・都市税は，塩専売制度の改編を含めた税制の見直しの一環として1836年に廃止されたのである。

対照的に，警察税および公穀物倉制度は，在来の商人による組織的で激しい抵抗を受け，失敗した。警察税は，警察機構を整備し，廃止された市場税を代替するための財源として，市に居住する商人や店舗主に対する課税という形で，1793年に導入された。警察税に対する反発は植民地期ベンガル初の商人の大規模な抗議活動であり，その範囲はベンガル最東部からビハール最西部までの全域におよんだ[10]。市やそこで活動する商人層は地域的にも機能的にもきわめて多様であったものの，警察税の撤回を求めるという一つの目的で結束し，それを成し遂げた異例の抗議活動であった。抗議は，支払い拒否，逃亡，店舗閉鎖による抗議といった形態をとった。B. チョットパデエによれば，多様な商人や店主を結びつけ，一連の抗議行動に駆りたてたのは，脅威という共通の認識であったという。こうして，警察税は，商人からの猛反対によって1797年に廃止された。

次に公穀物倉制度をみてみよう[11]。「自由」な流通の実現を目指すEICは，政府による市場介入なしに，需給関係に基づいた穀物市場の成立こそが飢饉対策として重要であると考え，商人もまた，穀物取引に対する政府の介入を嫌った[12]。こうしたなかで，1788年や1792年に地域的な不作が発生すると，商人による投機的行動によって穀物価格が高騰し，不作による被害がなかなか軽減されない事態が生じた。これを受けて，価格安定化と飢饉対策として，1794年に公穀物倉が各地に設置されることになったのである。政府は，主要な市で買い付けた穀物を政府倉に備蓄し，価格上昇時にはそれを抑制するために競売

第8章　市場の機能と商人，国家　　241

を通じて備蓄穀物を販売した。

　公穀物倉における総備蓄量は，120万人の3カ月分の米消費量にあたる140万マンであり，政府の介入の規模はベンガル域内穀物取引総量の5パーセントにすぎなかった[13]。しかしながら，この政策は，政府が買い手としてだけではなく，売り手として市場に参入することを意味したため，脅威を感じた商人たちは，競売のボイコットなど目にみえる形で強い不満を示したのである。こうして，この制度は，大きな赤字を生み，1801年には廃止された。この経験以降，政府は同様の形での市場への介入に消極的になった。それは塩の直売所が増加しなかった事実によく示されている（第3章参照）。

　なぜ，商人は，警察税徴収や公穀物倉制度に脅威を感じたのであろうか。警察税徴収の際には，政府は市の数，種類，店舗数，商人の規模について詳細な調査を実施し，各商人を課税対象として把握しようとした。そのため，商人の離散や他の市への逃亡を招き，各市における多様な商人間の関係，商取引の秩序，商業活動が著しく阻害されたのである。公穀物倉制度導入に際しても同様に，政府は倉の設置場所の選定を目的に詳細に米取引を把握し，売り手として市場に参入しようとした。すなわち，国家はもはや「調停者」ではなく，領主層も含む重層的な人的関係で成立している市場に介入し，商業全体の「統制者」になろうとしていたのである。

　対照的に，通過税・都市税の課税や私的な関所の存在は，自由な流通を阻害するものではあったものの，多様な商人がかかわる在来の商取引の秩序を破壊するものではなかった。この自由は，先述したように，役人への賄賂などの手段によって獲得できるものであった。したがって，商人が組織的に反対運動を展開するようなことはなかったのである。塩とアヘンの専売制度自体に対しても，商人による組織的な反抗がなかったのは，やはり，これらの制度によって在来の商取引秩序や商人間関係が阻害されることがなかったからであろう。これらの政策は，むしろ，イギリスをはじめとする外国商人が域内市場へ参入する障壁となり，在来商人に成長の好機を提供したと考えられる。

　さて，警察税や公穀物倉制度が数年で廃止に追いこまれたのは，商人の組織的な抵抗だけが要因ではなかった。そもそも，これらの制度の導入は容易では

242　第 II 部　ベンガル商家の世界

なく，導入の過程や運営において政府はいくつもの困難に直面した。チョット
パダエが詳細に検討しているように，警察税導入にあたっての政府の調査は，
大規模なものであったが，決して容易ではなかった[14]。多くの場合，政府の役
人が，多様な商人によって複雑な取引関係が構築されている市に関して正確な
情報を収集することはむずかしかった。そのため，情報収集や課税対象者から
の徴税について，市の豪商の協力に依存せざるをえなかった。しかし，警察税
が，商人の逃亡や離散，商業活動の停滞などの問題をすでに引きおこしている
ため，豪商らが徴税の代行をわざわざ引き受けることは稀であった。公穀物倉
制度の運用においても，政府は，米の買付け，高温多雨という条件下での長期
間の穀物貯蔵，穀物の（競売による）販売というあらゆる場面において大きな
赤字を出した[15]。穀物取引に必要な経験，ノウハウ，情報を十分にもたない政
府が，穀物商人からの協力も得られないなかで穀物取引を継続することは不可
能だったのである。

　それでは，政府の介入を拒む市場はどのように機能していたのであろうか。
また，そこで商人はどのような取引関係や人的関係を構築していたのであろう
か。次節で検討しよう。

2　市場システムの機能

1）市場の地域的分断

　これまで検討してきたように，東部インド塩市場の特徴は，地域的に分断さ
れた市場圏の集合体であり，それぞれの地域市場圏は，異なる家族やカースト
を軸とする商人グループの商圏と重なっていた。

　それぞれの地域市場圏もまた，塩集散地市場を中核とした小規模市場圏の集
合体であった。ベンガルでは，高度に発達した河川交通網の恩恵を受け，商業
が発展していた一方で，河川流量の変化による季節変動を受けやすかった[16]。
そのため，塩集散地市場は，年間を通して商品の備蓄を可能にする倉を有する
ため，塩取引において重要な役割をになった[17]。カルナ，カトヤ，ナルチティ

などの塩集散地市場の卸売商人たちは倉に大量の塩を保管し，それを通じて地域における需給を調整し，価格を調整しえたのである（第2章参照）。これまで，多くの研究で指摘されてきたように，卸売市場そのものが需給を調整する役割をもち，倉持ち商人にリスクを回避する手段を提供した[18]。

　専売商品である塩の場合，競売制度の導入によってカルカッタを頂点にした取引関係が形成された。そのため，カルカッタが圧倒的な価格統制力をもち，地方価格はそれに呼応して変動した。しかし，1810年代後半以降，ナラヨンゴンジ，カルナ，シラジゴンジなどの集散地市場が地域的な価格統制力をもつようになったため，価格は地域的に異なる動きを示すようになった。すなわち，カルカッタの求心力が低下するなかで，潜在的に存在していた地域市場圏が表面化したのである。したがって，専売制度下で形成されたカルカッタ中心の取引構造は，東部インド市場の構造から考えると異質な状態であり，それゆえに，きわめて脆弱であったといえよう。

　以上のことから，塩が専売品という特殊な商品であることを考慮しても，市場が東部インドという地域レベルで統合されていたとは考えにくいのである。このことは，18世紀後半以降東部インドのレベルで市場統合が進展したことを強調するR. ドットの見解と相反する[19]。第6章で議論したように，米価もまた地域別に異なる動きをしていた。米もまた，東のナラヨンゴンジや西のボゴバンゴラといった大市場に大量に集まっていたので，これらの集散地市場を軸とした地域的な市場圏が形成されていたと考えられる[20]。とはいえ，地域的な市場の分断は，必ずしも活発な商業活動を否定するものではなかった。むしろ，こうした分断を超えて商品，現金，信用の大規模な流通を可能にするような制度的発展がみられたのである。

2）市場の機能的分断――地域間取引とローカル取引

　東部インド塩市場では，カルナ，カトヤ，ナラヨンゴンジ，パトナーなどの集散地市場が異なる市場を結びつける重要な役割をになっていた。第2章で明らかにしたように，塩は，まずこうした集散地市場に集められ，そこから主要な地域的卸売市場に移出された。地域的卸売市場から，さらにその周辺の常設

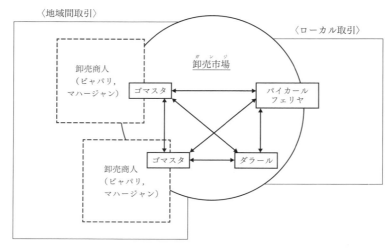

図 8-1 市場システム（卸売市場を中心にした二つの取引過程と人的関係）
出所）筆者作成。

市や町や村の定期市に供給された。すなわち，塩集散地市場を含む卸売市場は，地域間・卸売市場間の大規模な商取引を含む取引（地域間取引）と，地域的な商取引（ローカル取引）との結節点であった。

図 8-1 に示されているように，地域間取引とローカル取引には，それぞれ異なる名称の商人層がかかわった。地域間取引のにない手は，商人を意味するビャパリと呼ばれた[21]。ビャパリのなかでも大規模な商人はマハージャン（モハジョン），きわめて高い信用をもつ豪商はソウダガルなどと称された。

ビャパリには，カルカッタで塩を買い付け，集散地市場の自家倉に塩を移入する商人もいれば，かれらの倉で塩を買い付ける地方のビャパリもいた。卸売市場には近隣から多くのビャパリが集まった。例えば，カトヤには，後背地のビルブム県から多くのビャパリが「地元の需要に応じて 1 年に 1〜2 回買付けに訪れた」[22]。ミドナプル県では，ミドナプルやカシゴンジの塩倉に，ラームガル，チャトラー，ビハールといった内陸部からビャパリが集まったという[23]。ディナジプルなどのベンガル北部の商人は，バギロティ川，フゥグリ川を下り，カルナ，カトヤ，ボドレッショルなどの塩倉で買付けをおこなった。ディナジ

第8章 市場の機能と商人，国家　245

写真8　ナラヨンゴンジ・古倉庫（オールドバンク・ロード）
製塩会社が軒を連ねる。この倉庫は Ganesh Bhavan という名であることから元来はヒンドゥー商人所有の倉庫だったのであろう。この通りには古い邸宅や倉が並んでいる。

出所）筆者撮影，2003年1月20日。

プル県では，こうした商人はマハージャンと呼ばれ，「米，砂糖，糖蜜，サトウキビの絞り汁，植物油，タバコを移出し，塩，綿花，金属，香辛料を移入する」[24]商人であった。F. ブキャナンによれば，大規模なマハージャンが限定的にしか存在しないロングプル県への塩移入は，ベルー・ビャパリと呼ばれる他県から舟でやってくる商人に依存していたという[25]。他県商人の多くは，シラジゴンジとナラヨンゴンジで買い付けた塩，ココナツ，ビンロウジと交換し，あるいは現金や手形を利用し，ベンガル北部産の穀物，タバコ，植物油，砂糖，サトウキビの絞り汁を仕入れた[26]。ビハール東部のプルニヤー県でも他県商人が同県の移出入取引の大半を握っていた[27]。かれらは，ラジモホル，ジョンギプル，ムルシダバードなどのベンガル中部の主要市場から，塩，ビンロウジ，鉄などの商品を積載した舟で来港し，主に穀物を買い付けた。

　ローカル取引には，地域間取引とは異なるタイプの商人がかかわった。とくに重要な商人は，パイカールやフェリヤと呼ばれる小規模の商人であった（図8-1）。ナラヨンゴンジを事例に，卸売市場におけるビャパリと小規模商人との

246　第II部　ベンガル商家の世界

ローカル取引をみてみよう。タクル・ノンディ，パルチョウドゥリ家，ギリシャ商人といったビャパリの塩倉に塩が運びこまれると，パイカールやフェリヤが集まり，取引が開始された[28]。塩倉での取引にはいくつかの方法があった。第1は，ニジ・ビクリ[29]と呼ばれ，ビャパリがかれらに従属的なパイカールを通じて塩を販売する方法であった。塩荷が倉に到着すると，ビャパリは塩関所の計量人と事務員を呼び，塩荷から一定量の塩を計量し，別の山に分けた。この塩山は「ニジ・ビクリの山」と呼ばれ，公印によって正規塩であることが保証された。ビャパリとパイカールとの間の取引は信用取引であり，まず「正規塩の掛売りとして扱われた塩は，わたしたち〔ビャパリ——引用者注〕の名前で貸し金として勘定につけられ」た。ビャパリは，通常，塩関所に「その貸し金勘定の塩に相当する切手を自分たちのパイカールの名で作成する」よう事前に依頼し，パイカールへの納品の際，すみやかに塩切手がパイカール宛に発行されるように手配した。同時にパイカールからは借用証を受けとった。清算は，パイカールが塩の販売を終えた後におこなわれた。

　第2に，ニジ・ビクリのパイカールとは異なる独立パイカールによる買付けがあげられる。平均して1日に20〜25人の独立パイカールが塩倉に集まり，500〜800マンの塩が売買された。パイカールが倉に来ると，塩関所から計量人と事務員が呼ばれ，パイカールの買付け分に公印が与えられた。その後，ビャパリが塩関所で塩切手の交付を受け，パイカールに手渡すとはじめて塩倉から計量分の塩の搬出が可能となった。パイカールの船がすみやかに出航できるよう，塩切手交付中に塩荷の積込み作業が併行しておこなわれた。

　最後は，フェリヤを介したビャパリとパイカールとの取引方法である。フェリヤのラダ・シャハは，この方法を以下のように説明する[30]。フェリヤはまずビャパリから塩を買い付け，自分自身，息子，あるいは自分のパイカールの名前が明記されたロワナを塩関所で入手した[31]。このロワナで保証される塩は通常100マン以下の少量であった。フェリヤが入手したパイカール分のロワナは，パイカールへの納品まで塩関所に預けおかれた。パイカールがビャパリの塩倉に到着すると，フェリヤは役人立会いのもとで塩を計量して船積みし，パイカールにロワナを与えた。その後，パイカールは塩代金をビャパリに，仲介料を

フェリヤに支払ったという。すなわち，フェリヤは小売商としてビャパリから買い付けた塩を販売するほか，ブローカーとしても活動していたのである。

　ナラヨンゴンジにおけるローカル取引にみられるように，ビャパリとパイカールやフェリヤとの取引は基本的には信用取引であった。ミドナプル県でも，「塩商人とフェリヤ，フェリヤと店舗主との間の取引は信用に基づいていた」[32]。ジェソール県では，商人とフェリヤとの取引は「信用取引であり，フェリヤが負債を返済し，新たに掛買いするまでの一定期間，フェリヤは負債を抱えたままでよいことになっていた」[33]。塩買付け人のなかでも小規模の商人は，競売で買い付けた塩を従属的なパイカールに掛売りしていた[34]。この取引を通じて，商人はパイカールがカルカッタに移入した商品を，市場価格よりも約8〜10パーセント安く調達できたという。

3）ローカル取引の柔軟性

　パイカールやフェリヤといったローカル取引のにない手について詳しくみてみよう。ベンガル北部のディナジプル県やロングプル県では，パイカールは「卸売商人が船で移入した商品を買い付け，それらを小分けして多様なタイプの商人や小売商に売却」する商人であった[35]。ブキャナン報告では，ディナジプル県のパイカールは以下のように説明されている。

　〔パイカールは——引用者注〕100〜500ルピーの小資本をもつ商人であり，一般的には，買い付けた商品を売却するまで保管しておくための小規模の倉をもっている。かれらの職業は商品の売買であり，ありとあらゆるものを扱うが，小売りはしない。大商人は，かれらを通じて，商品を売ったり，仕入れたりした。とはいえ，かれらはとくに穀物，織布，綿花，生糸，塩を扱う。パイカールは一度に少量の商品を扱い，あらゆる近隣の市場に赴き，商品を売り，大商人が買いとると分かっている商品を買い付けるのである[36]。

　一般的に，パイカールは，卸売と小売，および都市部の商業センターと農村地域を仲介する役割をになった。近年の研究では，パイカールが単なる都市部の大商人に従属的な小商人や農村地域の行商人であったという見方は否定され

248　第 II 部　ベンガル商家の世界

ている。G. ボッドロは，製糸業・絹取引に関する研究において，パイカール
は単なる仲介者や小規模のブローカーではなく，商業コミュニティの一員であ
り，「商人兼請負い人」であることを強調する[37]。繭・生糸パイカールのなか
には，ヨーロッパ系商人や EIC 社員の私的取引に融資したり，製糸場や土地
を所有したりする者もいた[38]。K. チャタジは，ビハールの農村取引における
パイカールを「商人兼仲介者」と定義づけた[39]。ドットもまた，パイカールに
は，独立した商人であると同時に仲介者という二つの役割があることを指摘し
ている[40]。ディナジプル県では，都市部の富裕なパイカールは，特別にアムダ
ワラと称された[41]。

　域内の商取引が地域間とローカルという二重構造であったことや卸売市場が
二つの取引を結びつける重要な存在であったことに異論を唱える研究者はいな
いであろう[42]。また，上述したように，パイカールが単なる小商人ではないこ
とも明らかである。しかし，多様な商人の関係については，異なる見解が存在
する。チャタジは，ローカル取引には小規模の商業活動に対して十分に柔軟な
取引の余地が残されていることを指摘しているものの，ビハールにおける農村
取引を都市を頂点にした階層構造のなかにそれを位置づけている[43]。これに対
して，ドットはベンガルの商取引構造における階層性そのものを否定し，フェ
リヤやパイカールの重要性を強調する。すなわち，「いくつもの異なるパート
ナー間の交換関係が重なっている」という重層的な構造である[44]。

　これらの研究はいずれも，生産者から卸売商人へのモノの流れに焦点をあて
た研究である。それでは，卸売商人から都市や農村の消費者へのモノの流れで
は，どうであろうか。塩取引における商人間関係は，一見するときわめて階層
的である。かぎられた人数の買付け人を頂点に，集散地市場に塩倉を所有する
卸売商人（ビャパリ）がそれにつづき，その下にはパイカールやフェリヤを含
む雑多な小商人が連なっている。供給源がかぎられていた塩取引では，カルカ
ッタを拠点とした買付け人や大規模な卸売商人が供給を押さえ，小商人を従属
的立場におきやすかったと考えられる。

　階層的な商人間関係を通じて，塩が最終消費者である農民に届くまでの例を
ジェソール県の事例でみてみよう。ジェソール県内の主要塩卸売市場の一つで

あるケショブプルには，コリー・シャハというビャパリがいた。この市場周辺では「塩取引にかかわるすべての者は，この人物を通じて塩を調達した」[45] といわれ，1846 年初旬にコリー・シャハが死亡すると，ケショブプルへの塩移入は完全に停止してしまった。この状況に基づいて，ジェソール地区塩関所長官は，ローカル取引における商人間関係を以下のように観察している[46]。

　あまたの手を経て農民に塩が届くまでの価格の上昇の例として，ここ〔ジャトラプル——引用者注〕もあてはまろう。まず，ビャパリからその商人のフェリヤに塩が売られ，その価格は 1 マンあたり 4 ルピー 8 アナである。次に，フェリヤからそのフェリヤのパイカールに売却されるときには，価格は 4 ルピー 11 アナに上昇し，最終的に農民が買う価格は 5 ルピーになった。

この事例が示すように，供給を独占するビャパリの力は絶大であり，商人間関係がきわめて垂直的であったことが分かる。コリー・シャハに従属的なフェリヤたちは，社会的地位こそ高かったが，カルカッタや他の塩倉から塩を移入しようとはしなかった[47]。その理由は，輸送能力に乏しいことと，カルカッタでの買付けを依頼できる代理人がいないことであった。

　しかしながら，実際の商人間関係は必ずしも垂直的というわけではなく，より柔軟であった。その理由として，以下の 2 点が指摘される。第 1 に，ビャパリと小商人には相互依存の関係があった。小商人は塩の供給をコリー・シャハのようなビャパリに依存した一方，ビャパリは小商人なしに塩を売りさばくことはできなかった。先述したナラヨンゴンジのビャパリは，パイカールの塩船が遅滞なく出航できるよう気を配り，塩切手の発行や計量の遅延に対してしばしば塩関所に苦情を申したてた。なぜなら，従属的なニジ・ビックリのパイカールは好機を逃すかもしれないし，ビャパリ間の競争があるなかで独立パイカールは何らかの遅延が生じた場合いつまでも同じ塩倉で待つことはなかったからである[48]。パイカールは地域の市場に関して商人よりも正確な情報をもっていた。したがって，市場価格の変動で利益をあげる都市部のビャパリにとって，パイカールの活動をサポートすること自体がマーケティング戦略の一貫だったのである。

250 第 II 部　ベンガル商家の世界

　第 2 に，塩取引には，パイカールやフェリヤのビャパリへの依存度を弱める
要因があった。密売である。第 2 章で検討したように，製塩地域およびその近
郊のパイカールやフェリヤは不法生産塩の密売にかかわっていた。かれらは，
米，燃料，その他の商品と引換えにモランギが不法に生産した塩を密売してい
た。ビャパリにとって供給源が限定されていることが専売下の塩取引における
大きな利点であったが，不法生産と密売は，供給源を多様化させ，かれらの価
格統制力を弱体化させるものであった。したがって，かれら自身が不法生産と
密売に積極的に関与するか，さもなくば小商人たちとの関係を良好に維持して
おく必要があったのである。

　こうした製塩地域の状況について，ジェソール地区塩関所長官は，他の供給
源があれば「社会的地位が高いフェリヤならだれでもビャパリになれる」と指
摘している[49]。コリー・シャハのようなビャパリが塩移入をやめたとしても，
「フェリヤの倉には正規塩の在庫があり，それは当面の消費量としては十分な
量であった」という[50]。以上のような好条件によって，製塩地近郊の塩フェリ
ヤの資本や経営規模は他地域と比較して大きかった[51]。

　このように，供給源をにぎる卸売商人の影響力が強いと考えられる塩取引に
おいてさえ，ローカル取引は柔軟なものであった。東部インド市場は，卸売市
場を介して二つの独立した取引関係と異なる商人層がリンクする一つのシステ
ムとして機能していたのである。

おわりに

　EIC の市場への介入は，失敗した警察税や公穀物倉制度だけではなく，専売
制度や通過税・都市税と多岐におよんだ。これらの政策に対する在来の商人の
反応は一様ではなかった。警察税や公穀物倉制度といった市場に EIC が直接
介入する方法が，在来商人の激しい抵抗を受けて失敗すると，EIC はそれ以降
同様の形で市場に介入することに躊躇するようになった。塩専売制度のように，
在来商人を通じた間接的な市場への介入については，商人の反発はほとんどな

かった。しかし，EIC は，価格情報や各種報告書を通じて，商人の活動や市場の動向を把握しようとしたものの，十分にその目的を達成することはできず，不可解に映る市場の動向に困惑した。こうしたことこそが 1836 年の高塩価政策の廃止にいたる背景であった。

　政府の直接的，間接的介入を受け付けなかった市場は，地域的にも機能的にも分断され，出自や役割，取引規模が異なる多様な商人がそこで取引をおこなっていた。しかしながら，こうした分断が商業の弊害となっていたわけではなく，分断を克服する制度的な発展が活発な商取引を支えていた。とくに重要な制度として，モノ，カネ，ヒトが集まる卸売市場の存在が指摘しうる。舟運による流通が発展した東部インドでは，川沿いの卸売市場は，地域的な市場圏や卸売市場間の取引である地域間取引，卸売市場と周辺地域とを結ぶローカル取引，それぞれにかかわる商人層を結びつける結節点としての重要な役割をになった。卸売市場を結節点として，分断された市場が結びつき，一つのシステムとして市場が機能していたのである。商人間の関係は卸売市場の大商人を中心とした階層的な構造で説明しうるものの，必ずしも硬直的な関係ではなく，農村市場で活動する雑多な商人には十分な活動のスペースがあり，大商人との関係も柔軟なものであった。

　さて，このような柔軟な市場で塩商人は，どのように事業を展開し，人的関係を構築していたのであろうか。次章では，商家経営という側面からこの時期の市場の変化を検討しよう。

第9章

塩商家の経営
――経営史的アプローチの試み

はじめに

　本書では，カルカッタの大買付け人の塩取引からの後退が，EIC の政策との関係，カルカッタ金融市場との関係，地方商家の台頭という複合的な要因によってもたらされたことを明らかにしてきた。そうした商家を取り巻く環境の変化のなかで，また，前章で明らかにした市場のシステムのなかで，商家はどのように事業を展開し，リスクに対応し，経営上の判断をしていたのだろうか。さらに，1820 年代後半から 30 年代における，商業にとって逆風が吹き荒れ，EIC と商人・市場との関係が変化した時期において，商家はどのような道を選択したのであろうか。

　一次史料がきわめてかぎられた状況のなかで，こうした問いに答えることは容易ではない。この問題を克服すべく，本章では，EIC の塩専売関連文書およびカルカッタ高等裁判所所蔵の裁判文書を中心として可能なかぎりの史料を駆使し，本書で取りあげた塩長者の経営を総体的な把握を試みる。それを通じて，EIC 統治期のベンガル商家の活動の実態に迫りたい。

1 商家経営の特徴とその管理

1）経営の単位──ジョイント・ファミリーとビジネス・パートナー

　本書では，読みやすさを考慮し，「商家」や「商店」という言葉を利用している。しかし，そもそも東インドや北インド諸語には，英語の firm に該当するような言葉は存在しない[1]。店舗（*dokhan*）や事務所（*kuthi/kothi*）という言葉は「場」を指し，その場における，あるいはその場を含む組織（商家や商店）を意味しているわけではない[2]。また，典型的なマールワーリーの「店」を婉曲的に指す *gaddi* は座る場所であり[3]，商家そのものを意味するわけではない。すなわち，商売を家業としていたとしても，商売は「家」の一部として認識されるにすぎない。C. A. ベイリーは，business（本書では事業や取引という言葉をあてている）という英単語自体も，18世紀の商人が好んで使う *mamle*[4] という言葉を単純化したものにすぎないと指摘する。*mamle* は多様な事業の集合体であり，そのなかには，家族の生活にかかわる建物や施設（堂，寺院，沐浴場），市場の儀礼的組織の管理も含まれた[5]。すなわち，社会的な一つの単位としての家族の生活という，より広い観点から，商家の商売上の判断もなされていたのである。家による商業や金融業の事業はあくまでも私的な活動の一環なのである[6]。

　ここでいう家は，家族を経済的，宗教的，社会的単位とした家族制度であるジョイント・ファミリーを指す[7]。ジョイント・ファミリーは，基本的には一つの屋敷に住み，礼拝や食事をともにし，動産，不動産などの家産を共同で所有した。ジョイント・ファミリーの事業による利益も資本も共有財産になった。

　ラナガートのパルチョウドゥリ家やフォリドプル，バリヤティ両シャハ家の事例が示すように，商家は，父子あるいは兄弟，すなわちジョイント・ファミリーの単位で事業を展開することが一般的であった。一般的にジョイント・ファミリーでは，経験豊かな最年長者が家長（カルタ）として事業経営についても責任を負った。家長の死後には，多くの場合，残されたなかの最年長者が家長を継いだ。例えば，パルチョウドゥリ家の事例では，家長プレムの死去にともなって，経

営責任者には，新たに家長になった弟のイッショルが就いた。プレムの2人の息子は叔父イッショルのもとで事業に参加した。フォリドプルのシャハ家の場合でも，最年長で経験豊かな家長がジョイント・ファミリーの事業を仕切った。タゴール家の事例も同様の事業の継承がみられる[8]。こうした経営慣行は，北インドの商家でも一般的であり，家長が「家を存続させ，徳（ダルマ）を積むという最大の道徳的義務」を果たすために重要であった[9]。

　パルチョウドゥリ家，フォリドプルのシャハ家，セランポールのデー家の事例に見られるように，商家は数世代つづいた後に家産や事業を兄弟間で分割した。その際，三世代が一つの単位となり，ジョイントで家産と事業を所有することが多かったようである。人には三世代前までの先祖の負債に責任があるという，シャーストラの規定が強い影響を与えていると考えられる[10]。これまで検討してきたように，家産や事業の分割にはしばしば家族間の争いをともなった。また，次節で明らかにするように，エリートは，ドルと呼ばれる組織に所属することが一般的であったが，家族が必ずしも同じドルに所属するわけではなく，家族間のもめ事や分裂がドルの分裂や新しいドルの設立をうながすこともあった[11]。それでもなお，家族の商いと家産を管理し，家の実質的な存続を維持するためには，管理しやすい規模に分割することで，拡大家族（*paribar*）内での分家間のゆるやかな関係を維持したとみられる。例えば，タゴール家は，1760年代に二分割されたものの，家の名誉や社会的地位に関する問題に対しては，本家の家長のリーダーシップのもと，拡大家族全体で対処した[12]。

　家族以外の商人とのパートナーシップもみられた。例えば，フォリドプルのシャハ家のシブは，ゴビンド・シャハとシブゴビンディという屋号で新事業を開始した（第7章）。穀物，豆，塩を扱う商人フォキル・ドットは，同じドット姓の二人の商人と「パートナーシップを組んで事業や商取引」をカルカッタ，24パルガナズ，ノディヤ地域で16年にわたって展開していたという[13]。ボロバジャルのシュロフもまた，家族以外とのパートナーシップによる経営が一般的であった。例えば，チンタモニ・パイン・ラダモホン・ドットは，ドッタ・ドット，ビッションボル・パイン，ラム・パインというシュボルノボニクのシュロフが共同で設立した店であった[14]。いずれの事例も，同カーストの成員と

のパートナーシップによる事業であった。このように，商家の事業単位は，ジョイント・ファミリーの父子や兄妹，あるいは同カーストのメンバーとパートナーであることが多かったようである。

　事業単位がファミリーやカーストを超えることもあった。例えば，オディト・デーは，しばしばナンクゥ・バガット，ファクゥ・バガットという名のビハール商人と共同でパトナーへの塩移出事業を展開した[15]。

　この事例のようなパートナーシップ形態をとる小規模事業は，おおよそ以下のようなものであった[16]。

　　小規模事業は，小規模なジョイント・ストック・カンパニーの形態をとった。こうした会社は荷主数名，船主，船乗りによって構成され，かれらは賃金ではなく利益から取り分を受けとった。

事業にかかわるメンバー構成を考慮すれば，こうした事業が家族やカーストを超えておこなわれていたことが分かる。上記のオディト・デーのパートナーシップは，家族やカーストを超えた事業の事例として興味深い。

　同様の共同出資形態のビジネスは，北インドの穀物商やアヘン商でもみられた。商人にとって，単独の事業から生じるリスクを分散し，パートナーの知識と経験を有効活用できる事業形態であったといえよう[17]。

2 ）経営の多角化と土地所有

　パルチョウドゥリ家の事例に顕著にみられるように（第5章），塩商家の多くは，他商品の取引，金融業，地所経営へと事業を展開した。カルカッタの大商人は，政府債への投資やアヘン投機に参入し，パルチョウドゥリ家のように，インディゴ工場の経営に乗りだすこともあった。また，ゴラブ・ゴウルホリ商店のハートコラ支店のように，金融業を展開する地方商人もあらわれた[18]。タリゴンジのジョイ・クンドゥやダカのウッドブ・ポッダルも金融業を兼業している。シュロフの塩取引への参入も，多角化の一例である。

　多くの塩商家は複数の商品を扱った。とくに米は主要な取引商品であった。例えば，タクル・ノンディは，ディナジプル県への塩移出をおこなう最大の商

人であっただけではなく，ディナジプル米を広い地域で扱う米商人でもあった[19]。嵩高商品である塩を扱う商家，とくに地域間取引に従事するビャパリにとって，帰り荷として，同じく嵩高商品である米，砂糖，精製バター，植物油，豆，鉄などを扱うことは，空荷から生じる損失を防ぐための重要な戦略でもあった。ジェソール県では，塩商人の多くは砂糖も扱った。砂糖取引のシーズンである12月から5月にかけて，塩商人は塩取引を中断し，より高い利益が見込める砂糖の買付けに集中したのである[20]。ベイリーが北インド商家経営について指摘するように，経営の多角化や複数商品の商いは，単一事業や単一商品に特化することから生じるリスクを分散させる手段であった[21]。南西モンスーンに依存した農業の激しい変動を考慮すれば，こうした多角化は農作物やその加工品を扱ううえで合理的な方法であったと考えられる。

　リスク回避の手段として，単一商品の生産から流通までを統合的に支配すること（垂直統合）も考えられる[22]。例えば，卸売市場の倉持ち米商人は，小商人のネットワークを利用して米生産者に耕作資金の前貸しをおこない，生産物を確実に調達した[23]。砂糖取引においても，製糖業者は，サトウキビ栽培農家への前貸しを通じて原料であるサトウキビ汁を集めた[24]。これらの事例が示すように，一般的には商人は前貸しを通じて生産者から商品を直接買い付けることができた。

　商人が生産者から直接買付けができない塩の場合，垂直統合によるリスク軽減策はむずかしかった。そうした条件下では，同業者間の水平統合を通じたリスク軽減策がとられた。例えば，ベンガル東部のいくつかの塩商人集団が地域的に塩取引を寡占していた事例（第7章）は，水平統合によるリスク軽減策の一例と考えられよう。

　塩商人はモランギとの直接取引ができないとはいえ，土地を所有できれば，少なくとも他の商品を生産者から直接調達することは可能であった。すなわち，塩ではなく，地所内で生産される米や砂糖などの商品を扱うのである。パルチョウドゥリ家の事例では，同家の地所内で生産されたもみ米の売買記録が確認されていることから[25]，同家はもみ米流通における垂直統合に成功していたとみられる。また，塩田を含む地所を購入し，モランギに対する影響力を獲得し

た商人も存在した。パルチョウドゥリ家は，24 パルガナズ製塩区やヒジリ製塩区に塩田を貸しだしていたし（第 5 章），アレグザンダー・パニオティらギリシャ商人も塩田が含まれる地所を購入していた[26]。第 2 章で明らかにしたように，製塩地域は，不法生産塩の最大の供給源であり，ザミンダールやパルチョウドゥリ家などの大商人が塩の不法生産と密売に深くかかわっていた。この事例もまた，不法な形態ではあるものの，塩商人が土地所有を通じて生産から流通までの垂直統合を実現していたことを物語っている。

　土地所有は，市に対する影響力を行使するうえでも重要であった。ボリシャル塩取引監督区長は，バコルゴンジ県内随一の卸売市場であるナルチティの塩商人が，周辺地域の塩価格を操作していることを憂慮し，それを抑制したいと考えていた。そこで，ナルチティ近郊のモハラジゴンジ（ジャロカティ）の大ザミンダール，ショト・ゴーシャルに相談したところ，モハラジゴンジの常設市に塩倉を設置すれば，ナルチティの商人たちによる地域的な塩価格統制力が弱まるとの助言を受けた[27]。このやりとりが示唆するように，土地所有者は，地所内の市に倉を設置すれば，そこにモノやヒトが集まり，そこから地代を徴収できるだけではなく，地域の需給を調整する力を獲得することもできたのである。また，この事例は EIC の政策によってザミンダールの市に関する慣習的諸権利や権威がしだいに失われたとはいえ，それらが完全には消滅してはいなかったことを示している。

　パルチョウドゥリ家をはじめとする塩商人の多くが，1793 年の永代ザミンダーリー制度導入直後から積極的にザミンダーリーを購入した。かれらのこうした行動は，ザミンダーリーよりも都市部の不動産に強い関心をもったカルカッタの資産家とは大きく異なった[28]。タゴール家や前出のゴーシャル家のように，早い時期から土地を所有していた名族もみられたが，カルカッタの資産家が，商業や金融業を犠牲にしてまでザミンダーリー経営に傾倒することはほとんどみられなかったといわれる[29]。その理由として，第 1 に，ヨーロッパ系商人との取引や利率が良い政府債など，より魅力的な投資先の存在があげられる。第 2 は，ザミンダーリー購入にともなうリスクである。ザミンダーリーやそれを取り巻く環境について正確な情報をもたないカルカッタの富裕層は，購入後

258　第II部　ベンガル商家の世界

にはじめて問題の大きさに気づくことも多々あった。地権者が重層的に存在し
ていたり，著しく生産性が低かったり，元の所有者との交渉が難航したりする
などの厄介な問題がザミンダーリー購入にはつきまとったのである[30]。例えば，
ギリシャ商人のアレグザンダー・パニオティ，ジョージ・パニオティ兄弟は，
ベンガル東南部・バコルゴンジ県チョンディープのザミンダールであるドゥル
ガ・ナラヨンの所領を競売で購入したものの，ザミンダールと所領内の住民と
の関係が深く，所領の実質的な経営をおこなうことができなかった[31]。政府も
問題解決の術をもちあわせていなかった。この事例にみられるように，新興塩
商人たちは政府の土地台帳上ザミンダールになったとしても，実質的に地所経
営のメリットを享受するまでには時間を要した。こうした問題を政府が解決で
きるようになったのは，1799年，1812年，1816年の条例を経て土地所有者の
権利が明文化されて以降のことであった。

　問題が多いとはいえ，新興塩商人にかぎらず，この時期に絹取引で成功した
パイカールや傭船事業で財を成した船主などの新しいタイプの成功者がザミン
ダーリーへの投資を開始したことは紛れもない事実であった。新しい成功者た
ちがこぞってザミンダール化したのは，単純にビジネス上の動機からだけでは
なく，ザミンダールというタイトルが有する高い地位を利用して社会的にも成
功したいという強い欲求に後押しされた行為でもあった。

3）帳簿による経営管理

　事業が多岐にわたり，経営が複雑化するなかで，商家はどのように事業全体
を管理したのであろうか。商家の帳簿を利用した実証分析はむずかしいものの，
帳簿が商家経営にとって重要な役割をになっていたことは，これまでの研究で
明らかにされてきた。ベイリーによれば，その特徴は，事業資金を小規模の
「ポートフォリオ」に分割して事業全体を管理することにあったという[32]。商
人の手腕が試されるのは事業ごとの資金配分であり，そのためには帳簿による
各事業の管理が必要不可欠であった。事業だけではなく，ポートフォリオには
家の名誉や存続にとって必要不可欠な社会的活動に関する支出も含まれ，それ
らも帳簿で管理された。そうした活動には慈善事業や寄進，さまざまな儀礼へ

表 9-1 パルチョウドゥリ家（キシェン分家）の帳簿リスト

冊数	帳 簿 名
1	元帳（*hisab khata*）
2	現金出納帳（*jama kharach khata*）
2	仕訳帳（*rokar khata*）
1	塩見計い買付け帳（salt *jankar khata*）
1	塩買付け帳（salt purchase *khata*）
1	商品計量帳（goods weighing *khata*）
1	督促帳（*bazaar tagada khata*）
1	塩切手記録帳（*char nakal khata*）
1	*manjhis hath-chita nakal khata**
1	家賃帳（house rent *khata*）
1	年度別貸借対照表ファイル（*nathi of rewa*）
1	カウリー（貝貨）登録帳（cowries *hath-chita khata*）**

出所）Woomishchunder Paul Chowdry v. Isserchunder, Joynarain, and Ganganarain Paul Chowdry, SCP, 1824.
　注）これらの帳簿は，商業年度（マハジャニ）1225 年（1817～18 年）のカルカッタ支店のものである。ただし，ダルマハタにある屋敷の家賃帳を除く。
　　＊これは船頭（*manjhi*）との契約を示した帳簿と思われる。共同出資事業における船頭との契約を示したものか，あるいはザミンダールが通常記帳している領内の舟および船頭の登録簿であろうか。
　　＊＊貝貨カウリーに関する帳簿と思われるが，具体的に何を指すか不明である。

　の出資などが含まれた。後述するように，社会的な関係を維持し，強化するための支出は，商業や金融業などの利益追求型の投資を抑制することもあった。いずれにしても，帳簿への記帳は，家の存続と名誉を守るためには重要な行為であったことは間違いないであろう。

　パルチョウドゥリ家（キシェン分家）の事業について，イッショルが裁判所に提出した 1817 年頃の同家の帳簿リストから概観してみよう[33]。この頃，同家は，出身地であるラナガートにくわえて，カルカッタ，ムルシダバード，ボゴバンゴラ，ハンスカリ，ナラヨンゴンジ，トムルクに拠点をもち，その他にノディヤ県とジェソール県に数カ所のザミンダーリーを所有していた。提出した帳簿には上記の事業拠点と地所すべてが含まれる。表 9-1 は，そのうちのカルカッタ関連の帳簿類を示したものである。これらの帳簿類には，出資額，利益，商家のすべての支店に関する取引が記載されており[34]，商家として必要な利益追求型事業に関する帳簿がそろっている。とりわけ，ロカル・カタと呼ば

260　第 II 部　ベンガル商家の世界

れる仕訳帳が他のすべての帳簿を統括する主要簿として重要であった[35]。仕訳帳以外にも数多くの補助簿が記帳されていたことは，同家の事業が多岐にわたっていただけではなく，それらすべてが効率的に管理されていたことを物語っている。カルカッタにおける事業では塩が最も重要であったとみられ，塩見計い買付け帳，塩買付け帳，塩切手記録帳という 3 種類の塩関連帳簿があった。塩見計い買付け帳は，カルカッタだけではなく，ムルシダバード，ボゴバンゴラ，ナラヨンゴンジ支店にもあった。帳簿数から判断して，これら四つの本支店が塩取引の中心であったと考えられる。なお，ムルシダバード支店には，フンディ取引に関する手形記録簿もあった[36]。

　当然のことながら，簿記は，商家の事業をすべて把握し，リスクに備えるために必要不可欠な技術である。よく知られているように，マールワーリーは数種類の赤い布装丁の帳簿類を基礎とした *parta* と呼ばれる独特の会計制度をもち，つねに現金と信用の取引状況を把握することができたとされる[37]。商業だけではなく，ビルラ財閥の創始者 G. D. ビルラはこの会計制度を工業部門にも適用した[38]。このことがビルラ財閥，ひいてはマールワーリー成功の一因といわれる。マールワーリー商人や金融業者の子弟は，計算や簿記技術を幼少期から教えこまれた[39]。南インドのナットゥコッタイ・チェッティヤールもまた，子弟の教育に力を入れた[40]。男子は 10〜12 歳になると，簿記技術を学ぶだけではなく，父親のもとで実務の経験を積んだ。北インドの商業都市には，引退した商家の番頭らが運営する商家の子弟向け商業学校があり，そこでは簿記技術手引きも利用されていた[41]。R. ラエは，とくに複式簿記の重要性を強調し，アジアにおける商業・金融コミュニティの盛衰を決める一つの要因であったと主張する[42]。ヨーロッパでのみ「科学的」簿記技能が発達し，それがヨーロッパの勃興を促す主因の一つとみなすことが早計であるとする J. グッディの指摘に異論の余地はないであろう[43]。

　マールワーリーやナットゥコッタイ・チェッティヤールのような，いわゆる「プロフェッショナル」商業コミュニティとは異なるベンガルの塩商人はどうであったか。パルチョウドゥリ家をはじめとする豪商が複数の帳簿で取引の状況を把握していただけではなく，裁判記録はそれが豪商にかぎらなかったこと

を示唆している[44]。ダカの学校では，ベンガル語の読み書きにくわえ，計算や農業・商業簿記の方法が教えられていた[45]。すなわち，ベンガルにおいても，簿記技術が広く普及していたのである。前掲表9-1のリストからだけでは帳簿の中身を知ることはできないが，ベンガル商人も多様な事業を円滑におこなうために必要な高度な簿記技能をもっていたことは確かなようである。

2　商家経営と仲介者——市場の分断を超えて

　東部インド市場は，機能的にも地域的にも分断され，カーストや出自，経営規模が異なる多様な商人層が存在した（第8章）。こうした市場の分断や商人層の相違は，東部インドの商業の障碍となっただろうか。その答えは否である。実際には，さまざまな分断を超えて商業活動が活発におこなわれていた。とりわけ卸売市場（ガンジ）は，異なる地域市場圏の結節点として，また，多様な商人層が実際に出会い，さまざまな情報を獲得し，取引・交渉をおこなう場として機能し，活発な商取引を支えていた。

　それでは，社会的プロフィールが異なる多様な商人層がどのように卸売市場で取引関係を構築したのだろうか。第8章の図8-1に示されているように，商取引構造を人的関係からみると，卸売商人とパイカールやフェリヤとの間には，ゴマスタやダラールと呼ばれる仲介者が存在した。本節では，異なる商人層を結びつけるこれら二つのタイプの仲介者の機能を明らかにしよう。

1）ゴマスタ——実質的な経営のにない手
　卸売商人は故郷の屋敷に居住しているため，実質的な経営は，本支店のゴマスタに任されるのが通例であった。例えば，ゴラプ・ゴウルホリ商店（バリヤティのシャハ家）では，競売への参加やカルカッタにおける他商人との取引には，カルカッタ店のゴマスタ，ジョイ・シャハがあたった[46]。シブゴビンディ商店（フォリドプルのシャハ家）も，ブロジョ・シャハという名のゴマスタがカルカッタにおける同商店の取引を統括した[47]。ナラヨンゴンジにおける取引も

262　第 II 部　ベンガル商家の世界

同様に各商家のゴマスタがになった[48]。塩の競売には，買付け人本人ではなく，そのゴマスタが参加するのが一般的であった。

　G. ボッドロはゴマスタを「商家の雇われ経営者」と表現する[49]。ゴマスタは経営の利益や損失に対する取り分をほとんどもたず，主人から *gomashta-garee* と呼ばれる報酬が支払われるからである[50]。ベンガル塩商家のゴマスタがどの程度の報酬を受けとっていたか不明であるが，一般的にゴマスタへの報酬は少なかったようである[51]。少額の報酬でゴマスタとして商家に仕え，禁欲や品行方正といった名声を獲得することによって信用を高めれば，ゴマスタが商人として独立することもあった[52]。

　とはいえ，ゴマスタは独立するよりもむしろ同じ商家に数世代にわたって雇用され，その職が世襲されることが多かった。例えば，カシ・パルチョウドゥリ家のゴマスタ，ドゥルガ・ルドラは，1822 年に長男のバンシドルが同家の家長になると，バンシドルのゴマスタとして引きつづき同家の業務にあたった[53]。こうして，主人の家とゴマスタの家との間に長期的な関係が築かれるのである。同じ家に長期的に仕え，事業や家族関係に精通しているゴマスタの存在は，主家の存続を可能にし，家の信用を高める役割を果たしていた。

　商家の存続だけではなく，経営においてもゴマスタは重要な役割をになった。なぜなら，主人ではなくゴマスタこそが，本支店所在地域に関する深い知識，情報収集力，多様な商人との交渉力を有していたからである。本支店に居住するゴマスタが地域周辺の市況や経営に関して主人以上に多くの情報や技能をもっていたことは，ブルドワン県収税・巡回司法官も指摘している[54]。ゴマスタがもつ情報がいかに重要であったかを示す事例を紹介しよう。1824 年に卸売商人のノボ・ポッダルとキシェン・シャハは，ディナジプル支店のそれぞれのゴマスタから同県の治安判事が塩販売を禁止したとの報告を受け，ディナジプル向けの塩移出を中断するという判断をくだすことができた[55]。対照的に，地方に支店がなく，ゴマスタをもたないカルカッタの投機家は，地方市場の動向に疎かった。かれらは「地方における市況に関する正確な知識をほとんど入手することができず」，間違った情報や操作された情報に踊らされることがしばしばあったのである[56]。

ゴマスタの重要性を語る伝承も数多く存在する。その一つを紹介しよう[57]。

主人の死去を契機にその放蕩息子たちが故老のムニーム〔ゴマスタ長——引用者注〕を解雇すると，その商家の経営が傾き，何通もの高額の一覧払い手形（darshani hundi）が届いた。それは，日の入りを伝える城塞の銃声が鳴り響く前までに返済しなければ，その商家は信用を失い破綻することを意味していた。困った息子たちは解雇したムニームに泣きついた。ムニームは，亡き主人の商人仲間を動かし，支払いを滞りなく済ませたのである。

こうしたゴマスタの重要性は，商家経営にかぎらず，地所経営の場合にも指摘されている。ザミンダーリーを入手した新参のザミンダールには，その地域や住民に関する知識が欠如していたため，地所経営は，豊富な知識と経験に恵まれたゴマスタに委ねられた。有能なゴマスタを抱える地所では，農業生産が伸びるなどの効果がみられた[58]。

フォリドプルのシャハ家の事例にみられるように，ゴマスタは同カーストから選ばれることもあったが，バラモンをはじめとする高位カーストがゴマスタになる事例も数多い。例えば，オディト・デーのカルカッタ店のゴマスタは，イッショル・ムカジであり，チョイトン・クンドゥのカルナ店では，ゴマスタとしてラジ・チャタジが雇用された。

T. A. ティンバーグは，「バラモンのゴマスタ（ムニーム）が好まれるのは，独立していずれライバルになる可能性がある他のカーストよりも信用できるからである」と指摘している[59]。なぜなら，「シャーストラによってバラモンによる売買が禁止されている」[60]ため，バラモンのゴマスタが独立する可能性はきわめて低かったからである。

2）ダラール——市場の要石

ゴマスタが商家の実質的な経営者として市において多様な商人との交渉にあたり，情報を収集する役割をになった一方，市にはダラールと呼ばれる独立したブローカーが存在した。ダラールは「本質的には橋渡し役であり，情報提供者」[61]であった。かれらはその報酬として手数料を得た。ダラールの業務は

264 第II部 ベンガル商家の世界

「取引をする者を引きあわせ，価格を設定し，商品の計量や評価をおこない，
支払いを確認し，売買を記録する」ことであった[62]。市や取引の規模にかかわ
らず，市には必ずダラールが存在し，多様な買い手と売り手の間をとりもった
のである。

　カルカッタにおける商慣習や商取引方法に不慣れな地方商人にとって，カル
カッタのダラールは必要不可欠な存在であった。第7章で検討したように，カ
ルカッタの資産家の多くは，元来はダラールとして塩の買付けにかかわり，し
だいに特権的買付け人層を形成した。こうしたダラールを通じた代理買付け制
度は，カルカッタ以西の西部地域で発達した。しかし，塩切手取引の拡大によ
って匿名の売り手と買い手との出会いが増加すると，西部地域以外の地方商人
も巻きこんでダラールの重要性が増していったのである。

　専売収益が伸び悩みはじめると，関税・塩・アヘン局は，以下に示されるよ
うに，ダラールこそが競売制度の障碍であるとみなした[63]。

　　これらの人物〔ダラール――引用者注〕の職業は，内陸部の商人や他の地方
　　商人による塩移出を，謎につつんだり，困難にしたりすることである。だれ
　　でもいつでも当部局〔塩部局〕に赴き，自らの資金で塩を買い付け，塩切手
　　を入手できるシステムが確立すれば，この職業は存続しにくくなるであろう。

EICが1820年代に年間競売数を増加させた背景には（第3章），落札済み在庫
量を減らすだけではなく，地方商人が容易に競売に参加できるようにし，ダラ
ールの地方商人への影響力を弱体化させる目的があったのである。ダラールが
他商人に対する強い影響力を行使できた要因として，同局は，ゴマスタと同様，
ダラールもまた大半がバラモンであったことを指摘している。先述したように，
バラモンが売買にかかわることはシャーストラで禁止されていたが，その禁止
事項には「買い手と売り手を引き合わせる仲介業までを含まない」[64]ため，バ
ラモンといえどもブローカーとしてであれば塩取引に大々的に関与できたので
ある。

　以上のような状況から，ゴマスタやダラールだけではなく，多くのバラモン
が仲介業に参入した。コロマンデル塩輸入業者（テルグ商人，イギリス系商社）

の代理人として活躍したのは，ラム・ショルカル（ダラール・ラムカント），ラム・チャタジ，ゴウル・バナジをはじめとするバラモンであった。かれらは，ベンガルの商慣習に不慣れな輸入業者の代理人として，ベンガルにおける荷受けや通関代行などの業務を引き受けたのである。

　仲介者の存在が流通コストの肥大化を招き，非効率的だと指摘されることもあるが，以上のことから明らかなように，むしろ，かれらの存在が，分断された市場や社会的・文化的に多様な商人を結びつけ，現金・商品・情報・信用のフローを確実にしていたのである。

3　商人の組織──家族・カーストを超えて

　商家経営の基本は家族であった。一般的には，パートナーには同カーストの成員が選ばれたので，カーストも商家経営にとっては重要な紐帯であった。しかし，ゴマスタやダラールといった商家経営に必要不可欠な仲介者には，バラモンや高位カーストが多く，カーストを超えた人的関係が商家経営を支えていた。こうしたカーストを超えた人的関係は，商業活動において広範にみられた。それでは，何が，異なるカースト間の人的な紐帯を支えていたのであろうか。

1）商人の「結託」──カーストを超えた協力関係
　商人はしばしば協力して共通の利害を守ろうとした。政府は，「生活必需品を扱う商人は，同じカーストあるいはトライブであり，互いに関係しあって」[65] いると指摘し，カースト関係こそが，他の国以上に強い公の利益に反する「結託」の原動力であるとみなした。たしかに，カーストは商人を結束させる要因の一つと考えられるが，実際にはカーストの枠組みを超えた多様な出自の商人を巻きこんだ「結託」が多くみられた。警察税や公穀物倉制度に対する反対運動の事例が示すように（第8章），共通の利害が脅威にさらされると商人は協力して不満を示した。

　公文書では，買付け人の「結託」による「サブ・モノポリー」がしばしば指

摘されている。サブ・モノポリーとは政府の専売制度下で少数の買付け人が塩市場を寡占している状態を指す。1830 年代前半に提出された特権的買付け人からの数々の陳情は，サブ・モノポリストによる公の利益に反する結託とみなされた。しかし，関税・塩・アヘン局のパーカー（H. M. Parker）は，厳密な意味で組織的なサブ・モノポリーではなく[66]，むしろ特権的買付け人を緩やかに結びつける何らかの共通利害というような認識や感情というべきものが存在していると指摘している[67]。パーカーによれば，商人間に結託がないからこそ，同じ銘柄の塩の落札価格が一定しないという。

　とはいえ，パーカーは，支払い不能におちいった商人の塩が再販売される際には，商人間の結託がみられることも指摘している。塩の再販売は，商人にとって侮辱的で恥ずべきことであったので，再販売時には，商人は結託して仲間を助けるために「あらゆる手段を使って，すべての再販売を困難にしたり，塩部局にとって納得できないもの」[68]にしようとした。そのため，多くの場合，再販売での落札者は，地方商人あるいは非ヒンドゥー（ギリシャ商人やユダヤ商人）であった。

　バラモンの塩が再販売される競売はとくに荒れた。大規模投機家であったゴビンド・バナジの 93 ロットが 1835 年 11 月 15 日に再販売された事例をみてみよう[69]。通常通り競りが開始されたものの，入札する者がなかなかあらわれなかった。ようやくヒジリ・ラスルプル塩のロットへの入札があったが，入札価格は売唱え値と同じ 100 マンあたり 350 ルピーのまま動かなかった。しかも，この価格は，市場価格に変化がないにもかかわらず，前月の落札価格よりも 60 ルピーも安価であった。関税・塩・アヘン局長が会場から連れだされ，競りをやめるよう説得されるほど，この競りは同局にとって屈辱的なものとなった。

　競売は翌日に再開されたが，「騒音，混乱，見せかけの入札行為，売唱え値以下での入札が繰り返された」。しかし，局長は，競売を遂行するという強い意志を示すため，この日は事前に策を講じていた。局長は，オリッサ・クルダ産煎熬塩（2 万 5000 マン）を，売唱え値よりも 100 マンあたり 1 ルピー高い値で入札するよう，ボロバジャルのシュロフ，アノンド・シルに依頼した[70]。し

かし，アノンド・シルは公の場で自らが競ることに同意しなかった。この役を最終的に引き受けたのは，コーエンというユダヤ商人であり，約束通り1ルピー高い値をつけた[71]。轟音や怒号による競り妨害がつづいたが，最初の10ロットがコーエンの提示価格で競り落とされると，11ロット目以降の価格は前月の価格と同程度の425〜426ルピーにまで上昇した。

　関税・塩・アヘン局によれば，バラモンであるゴビンド・バナジは，他の商人の同情や支援を引き出すという常套手段に頼るだけではなく，それらの手段を利用して，自らの破滅を避けるよう，かれらを煽動したのだという[72]。実際にどのような「結託」があったのかは不明であるが，ゴビンド・バナジと密接な関係にある商人が何らかの協力関係を結んでいたことは間違いないであろう。

　次に，このような商人間の協力関係の背景をみてみよう。

2）多カースト組織「ドル」の成長と新興塩商人

　18世紀後半のカルカッタには，さまざまなカーストの富裕なヒンドゥーが大挙して移住してきた。かれらは，大ザミンダール，大商人，あるいは高官であり，こうした富裕層がカルカッタのボッドロロクと呼ばれるエリート層を形成した[73]。ボッドロロクは，逐語的には立派な人間を意味し，旧来の貴族・支配層，イギリス人統治者，大衆と区別された新しいエリート層であった。カルカッタのボッドロロクは，バラモン，カヨスト，ボイッドというベンガルの高位カーストが多数を占めたが，1820年代の記録では，シュボルノボニク，ティリ，シェト，ボシャクなどの商業や金融業を営むカーストも含まれていた[74]。

　カルカッタでは，ボッドロロク層の形成にあわせて，ドルと呼ばれる組織が数多く誕生した。ドルは「社会的な派閥であり，ドルポティと呼ばれる富裕者の主導で組織され」た[75]。影響力の強いボッドロロクがドルを組織し，ドルポティとして自らのドルを率いた。バラモンやカヨストといった高位カースト出身者がドルポティになることが多かった。ドルの主要な機能は，カースト，相続，婚姻，カースト間関係に関する問題や争いの解決であり，最終的な裁定はドルポティに委ねられた。カルカッタ最大のドルの一つであったラダ・デーブ（ショバババジャル領主）のドルでは，ドルポティはドルの会合が開催される度に

200件ものカースト問題やバラモンへの寄付方法に関する判断をおこなっていたという[76]。ドルポティは，新聞記事を通じてもメンバーの行動を統制していた。『月光』や『鏡』などの新聞には，ドルの活動報告が掲載され，その内容がドルのメンバーの行動指針として機能したのである[77]。

ドルの特徴の一つは，構成メンバーが多カーストであったことである。「ボイッド，カヨスト，ティリ，コイボルト，ショドゴプ，織工［シェト，ボシャク］，シュボルノボニク，バラモンが同じドルに所属」[78]した。例えば，あるドルには，ティリが117家族，バラモンが50家族，カヨストが数家族入っていた[79]。単一カーストのドルがなかったわけではない。とりわけ，シュボルノボニクは，ジョイント・ファミリーを中心とした大規模なドルを形成した。

シュボルノボニクのネマイ・モッリク（ボロバジャルのモッリク家）は単一カーストのドルを率いていた[80]。しかし，ネマイ・モッリクの人的関係がシュボルノボニクに限定されたわけではなかった。ネマイ・モッリクは，1830年にゴピ・デーブ（ショババジャル領主）によって設立されたヒンドゥー教保守派組織，ダルマ協会の会長に選出された。ショババジャル領主家がカヨストであることを考慮すれば，この人選の背景には，カーストを超えたエリートの人的紐帯があったことを指摘しうる。カルカッタのエリートの多くは，カースト内の諸問題を話し合う単一カーストのドルに入っていた場合でも，多カーストのドルにも属していたようである[81]。

カルカッタのドルが，メンバーの商業活動をどの程度統制していたのかは不明であるが，ムルシダバードに関するR.ドットの指摘によれば[82]，ムルシダバードのドルポティたちは，同地域における商業活動全体と広大な縄張りに散在するメンバーの活動を統制していた。ディナジプル県の商人は，ムルシダバードのドルポティと定期的に面会していたという。ムルシダバードのドルも多カーストの組織であった。低位カーストを含む多様な商人層がドルの広域なネットワークのなかに包摂されていたのである。

さて，こうしたボッドロロク層とかれらによるドルの形成に，塩商人はどのようにかかわっていたのであろうか。ここでは，陳情参加者の変遷から，かれらの社会的地位の変容を検討しよう。多くの場合，大規模な政府への陳情には

さまざまなカーストの商人が参加した。初期の陳情では，キシェン・パンティやタクル・ノンディらカルカッタの大塩商人がシュロフを中心とした投機家と同じ陳情に名を連ねることは稀であった。例えば，1803 年 12 月に，声望高いコリ・バブゥが率い，アレグザンダー商会のバニヤン，ロッキ・ボラル，大シュロフのドッタ・ドットやビル・ボショクら多くの塩投機家が参加した陳情が，商務局に対しておこなわれたが[83]，この陳情にはカルカッタ大商人の名前はみられない。カルカッタ大商人と投機家との間には，商売上の共通利害が稀薄であったことが要因と考えられる。対照的に，ベンガル東部の有力地方商人であるドディ・シャハやゴピ・シャハが陳情者として名を連ねていたのは，カルカッタの投機家とかれらの塩を地方市場に移出する地方商人が商売上密接な関係にあったことを物語っている。

　カルカッタ大商人も決して一枚岩ではなかった。モドン・ボシュやラム・モッリクのような，カルカッタの古くからのエリートでボッドロロクのなかでもオビジャトと称される社会的信用がきわめて高い商人が，新興塩商人の陳情に参加することはなかった。バラモンが陳情に参加することもほとんどなかった。すなわち，新興商人層が形成されてきた 18 世紀末から 19 世紀初頭の時期には，同じカルカッタ大商人とはいえ，社会的地位が高い既存のエリート層と塩商人のような新興商人層との間には深い溝が存在していたのである。

　ところが，1812 年 11 月におこなわれた陳情には，タクル・ノンディやパルチョウドゥリ家に並んで，大シュロフのマトゥル・シェンが参加している。このように，1810 年代になると，カルカッタ大商人が組織する陳情に投機家も参加するようになったのである。この傾向はしだいに強まり，1830 年代初頭に繰り返しおこなわれた陳情には，社会的出自が異なる多様な特権的買付け人が参加した。商人や投機家が，社会的な相違を超えて，共通利害を守るために協働する関係がしだいに構築されていったのである。

　なぜ，このような変化が生じたのであろうか。第 1 に，投機目的で塩取引に参入したにすぎない投機家と「真の」塩商人との相違を超えて，専売制度の動揺によって下落した塩価格を引き上げようとする共通利害が生まれていた。第 2 に，競売制度のもとで台頭した新興塩商人が富を蓄積し，パルチョウドゥリ

270 第Ⅱ部 ベンガル商家の世界

家のようにカルカッタのオビジャトと称されるほどの商家もあらわれると，大規模な買付けをおこなう商人やシュロフが社会的地位の高い一つの特権集団（特権的買付け人）として認識されはじめた。新興塩商人がどのようなドルに加入していたかは不明であるが，1830年代の陳情の多くをパルチョウドゥリ家が率いていたことを考えれば，同家がドルを組織したり，ドルのメンバーに大きな影響力をもつ一家であったことは確かである。ダカでは，ザミンダールでもある有力塩商人は，ボッドロロクとして認識されていたのみならず，ドルポティとしても活躍していた[84]。

　カルカッタの商人と地方商人との関係にも変化が生じた。カルカッタ大商人の陳情にベンガル東部の有力商人も名を連ねはじめたのである。もっとも，関税・塩・アヘン局が指摘するように，両者は単にバラモンであるダラールの仲介（圧力や友情）によって結びつけられたとも考えられる。なぜなら，両者には商業上の共通の利害が希薄だったからである。24パルガナズ塩やジェソール塩を扱う地方商人にいたっては，カルカッタ商人の陳情に参加した事例はみられない。カルカッタ商人の危機や専売制度の動揺に左右されず，地方市場で地盤固めをしていた地方商人の利害が，カルカッタ商人と同じであるはずもなかった。たしかに，メトロポリス・カルカッタのエリート文化が次第に地方都市の富裕層にも影響を与え，文化的，社会的に異質であったダカの富裕層がカルカッタの富裕層の話し方や書き方，暮らし方を模倣しはじめていた[85]。こうした変化があったとはいえ，やはり共有しうる商業上の利害はほとんどなかったのである。

4　「家」の名誉と「商家」の信用，そして商業からの撤退

1）「象徴資本」の獲得と経営

　ジョイント・ファミリー制度が経済成長を阻害する要因の一つであることは繰り返し指摘されてきた。ベイリーによれば，「インドのファミリー・ビジネスと結婚のあり方は資産を分割し分散させる傾向が強い」ため，事業で成功し

つづけにくかったという[86]。N. K. シンホも，高額訴訟につながりやすい家産の分割が，数世代にわたる家産の維持や拡大をむずかしくし，生産的投資に向けられるような資産の形成を阻害したと指摘する[87]。

ベンガルにおける相続は，ヒンドゥー法体系のなかでもダーヤバーガ派法体系に基づいて決められる[88]。ダーヤバーガ派では，父親である家長がジョイント・ファミリーの財産に対する一切の権利を有し，父親の死後はじめて息子たちにはそれぞれの取り分に対する権利が発生した。家長になってはじめて財産の利用や処分が自由にできるのである。こうした積極的な分割の背景として，ジョイント・ファミリーの分割が規範（ダルマ）にかなうものとして推奨されていたことが指摘される[89]。なぜなら，分割によって，息子たちがそれぞれに新たな家の家長として別居すれば，新たな家の数だけ祭儀の数も増えるからである。ファミリーの分割は，徳を積み，社会的な名声を獲得するうえで有効な手段であった。

対象時期のカルカッタでは，相続や家産の分割はしばしば家族間の激しい争いに発展し，その解決を新たな司法制度に依存するようになった。実際に，カルカッタの富裕層は，競いあうように裁判に多額の費用をかけた。パルチョウドゥリ家をはじめとする新興塩商人もその例外ではなかった。キシェンの4人の息子は合同で経営をつづけていたが，1821年には，プレムとイッショル，ウメシュとロトンという二つの陣営に分かれて，家産と経営をめぐって裁判で争いはじめた。ションブの2人の息子も1813年には経営を分割したが，資産をめぐる争いは1822年に2人が相次いで死亡した後もつづき，解決にはさらに30年を要したといわれる[90]。ある親族が「証言者の家族全員が深刻な争いと終わりのみえない裁判に明け暮れている」と裁判で述べるほどであった[91]。

バプティスト・ミッション協会発行のベンガル語週刊誌『ニュースの鏡（ショマチャル・ドルポン）』によれば，「ザミンダールにとって最高裁判所における訴訟は立派な社会的地位の証として高く評価され」，「2，3件の衡平裁定（エクイティ）の訴訟を抱える者は，ドゥルガ女神祭祀で2万ルピーを使うほど大変な栄誉の証となった」という[92]。パルチョウドゥリ家のみならず他のザミンダールやバニヤンがこぞって裁判に多額の資金を投入した背景には，こうした事情もあった。急速に社会的地位を高め

272　第II部　ベンガル商家の世界

た同家のような新興商家にとって，獲得した地位を維持し，より広く信用を得るために必要不可欠な行為であったといえよう。したがって，カルカッタの商人たちは，相続のみならず，負債，契約，共同事業，カースト問題を含む諸問題の解決を司法廷に委ねるようになったのである。裁判もまた，名誉や信用という商家の経営にとって欠かせない象徴資本を形成する手段の一つとなった。

　裁判にくわえて，宗教儀礼などへの多額の支出や喜捨もまた，象徴資本を形成する重要な行為であった[93]。豪商たちは，神々を祀る堂や塔，寺院を次々に建立し，そこでの礼拝や儀礼が滞りなくおこなわれるように多額の資金を支出しつづけた。そのような行為は出身地や居住地にかぎられなかった。かれらは，しばしば北インドの聖地であるベナレスやブリンダーバン，オリッサのプリへの豪奢な巡礼の旅に出かけ，そのたびに多額の喜捨をおこなった。また，シュラッダと呼ばれる葬儀と先祖供養を兼ねた盛大な儀式では，財産に見合うだけの支出をしなければ家名を汚すと考えられたため，盛大なシュラッダが催された。その金額は，時には数十万ルピーを超えることもあったといわれる。豪商の多くは，そのたびにバラモンやその他の修行僧に莫大な施しを与えた。バラモン的祭儀に金品を注ぎ込み，社会的地位が高いバラモンとの密接な関係を構築することは，とくに新興商人にとっては重要であったのだろう[94]。

　このように，一見すると衒示的消費ともいえる訴訟や宗教儀礼への莫大な支出は，家の名誉と商人としての信用を獲得し，維持するために必要な人的関係を構築し，社会的に認知されるために欠かせない投資でもあったのである[95]。

　しかしながら，社会的地位の向上は，商家の衒示的消費を増加させ，その結果商業活動に制約をもたらすこともあった。カルカッタの豪商の多くが，たとえ資金があり，ビジネスチャンスがあっても域内取引に参入しなかった背景には，それが不快で不名誉なことだったからだと指摘されている[96]。

　塩取引で成功し，高い名声を獲得した商家にとっても，以下の理由から塩取引は厄介な事業となっていた。第1に，塩の再販売に対する恐怖心である。塩の再販売は債務不履行者であることを意味するため，商家としての信用と家の名誉を著しく傷つけるものであった。とくに，1820年代末から塩投機の失敗によって支払い不能者が続出すると，1830年代初めからつづく回復のきざし

がみえない不況のなかでその恐怖が身近に感じられるようになっていた。第2に，域内市場における商取引には汚職と不正のイメージがつねにつきまとったことである[97]。通過税・都市税の課税と徴収をめぐる汚職・不正にくわえ（第8章），塩関所における不正も顕在化していたため（第2章），塩取引も域内商業全般と同様に，密売人や犯罪者を想起させる事業となっていた。ドルにおいても，メンバーの家の名誉や信用を失墜させるような行為については議論され，規範ができたであろう。大商家の活動はこうしたイメージや輿論から自由ではなかったのである。

　付言すれば，ベイリーが指摘するように，カルカッタの知識人や富裕層は，北西部ヨーロッパに生まれ世界中に拡散しつつあった「自由」といった新たな価値観やアイデンティティを共有しはじめていた[98]。グローバル化の進展のなかで，商家の商業活動という，あくまでも「家」の私的な活動が，裁判所といった公的機関との関係，ドルでの活動や議論，新聞での議論などを通じ，近代的な公共性の制約を強く受けるようになったといえるかもしれない。

　1820年代後半以降，カルカッタの特権的買付け人は苦境に立たされ，1830年代になるとその多くが塩取引や商業そのものから撤退した。金融危機やスキャンダルに巻きこまれた投機家のみならず，塩長者として台頭したパルチョウドゥリ家も同様であった。商業活動は，豪商にとって，もはや経済的にも，社会的にも意味があるものではなくなっていた。

　こうしたなかで，1830年代になると，カルカッタの資産家の多くも都市部や農村部におけるザミンダーリー投資に傾倒しはじめた。利潤が期待できず，家の名誉を傷つけかねない商業活動よりも，不動産はより安定的な地代収入と家の名誉の確保を約束したからである。商人のなかには，商業活動の外にキャリアを求めるものもあらわれた。EIC統治下で拡大した行政職を中心としたサーヴィス部門は，とりわけ高位カーストに人気であった[99]。第7章で検討したように，ギリシャ商人も地所経営や他の職業へと移動しはじめた。必ずしもベンガル商人にかぎったことではなかったのである。もっとも，域内における商業活動への復帰の道は，地方商家の台頭によって閉ざされていたことも指摘しておかなければならない。

274 第Ⅱ部 ベンガル商家の世界

　たしかに，1830 年代以降，商業や金融業におけるベンガル人の活動は，バニヤンとしての活動を除いて急速に縮小した。しかしながら，上記のような事業の転換は，商家が，本業であるはずの商業の規模を縮小しつつも，事業への投資，社会的活動（消費），（生活のための）家計を管理しながら，家そのものの断絶を回避したことを示している。実際に，パルチョウドゥリ家の場合，ションブの家系はこの困難を乗りきったようである。ニル・パルチョウドゥリの息子シュリは，「他の分家は破滅に追いこまれたが，良い経営で自身の家を守り，今もザミンダーリーを増やし，大ザミンダールとしての地位を再び手にいれた」[100]と述べている。シュリは家長として，家の存続というダルマを果たしたのである。分割を機にした家族間の争いはその家を衰退に導くことも大いにあるが，この事例が示しているように，分割は家そのものを完全な破滅から守る手段としても機能したのである[101]。

2）新しい司法制度と経営

　18 世紀後半以降，多様な宗教的慣習法や在来の慣行が解釈され，統合され，コモン・ローの制定が進められた。相続や婚姻，カーストなど，私法の運用においては，ヒンドゥー教徒には「ヒンドゥー法」，ムスリムにはイスラーム法が適用され，明確な法が存在しない場合には衡平裁定が適用されることになった[102]。衡平裁定がおこなわれた背景として，ヒンドゥー法の成文化がきわめて緩慢であったことが指摘される[103]。もっとも，新しい司法制度が一気にそれまでの「信用ある商人による裁定」といった私的制度を代替したわけではなかった。カルカッタ，ボンベイ，マドラス以外の地方では，国家が提供する司法制度や怪しげな新しいヒンドゥー法よりも，商人の伝統や在来の慣習法に依拠した伝統的な私的調停方法が依然として高い信用を得ていた[104]。カルカッタでドルが消滅するのが 1870 年頃とされていることから[105]，その頃まではドルポティによる裁定も機能していたのであろう。

　このような法体系が混沌としていた時期に，カルカッタの商人たちは，外部からもちこまれた新たな制度を積極的に利用し，金銭貸借や相続の問題を解決しようとしたのである。

ボンベイの商家について研究した S. スミスは，裁判所の利用には，債権の回収，資産の維持，名誉の回復といった点において，欠点や高額の訴訟費用以上に大きな利点があったと指摘している[106]。欠点とは，裁判所では，帳簿をはじめとする証拠書類の提出や，取引のみならず私的な活動の細部を証言しなければならない証人尋問など，商家の内部事情をさらすという商家の慣習から逸脱した行為を求められることである。法廷での宣誓や保釈金支払いも商家の名声をおとしめるものであった。裁判は，必ずしも商家の慣習や伝統と親和性が高いものではなかったのである。それにもかかわらず，ボンベイでは，3分の1もの現地商人が何らかの形で裁判所を利用していた[107]。そのなかには，「プロフェッショナル」な商業コミュニティであるパールシーやバニヤーも含まれる。カルカッタの場合も，同様の利点を指摘できるであろう。

カルカッタやボンベイはすでに多様な民族やコミュニティが集まる都市であったが，EIC 統治開始以降，ヨーロッパ系商人のみならず，本書で扱ったような新興の現地商人，南アジアの他地域からの移住商人，オスマン帝国統治領内諸地域から移住したギリシャ商人やユダヤ商人が集住する多民族都市に成長した。1770 年代以降，カルカッタにおいて，イギリス法がイギリス籍民に適用され，負債，契約，雇用などの事案が裁判所で争われると，現地商人，移住商人を含む多様な商人たちも被告または原告として裁判所に出頭することになった[108]。こうして，商慣習が異なるさまざまな商人を結びつけ，新たな商取引の秩序を構築し，維持する制度として，裁判所が機能することになった。

ただし，金銭貸借など商家の「商」の問題と相続や家産の分割といった「家」の問題を別に検討する必要がある。なぜなら，相続は，カースト，宗教，婚姻などとともにインド社会内部の問題として，不干渉の立場がとられたからである。したがって，塩商人らが争った相続や家産の分割問題について，裁判所ではヒンドゥー法が適用されたことになる。なぜ，カルカッタの商人が相続や家産の分割を裁判所の判断に委ねたのか，この理由を明らかにすることは容易ではないが，家長死後の正しい家産分割がダルマにかなうとすれば，ヒンドゥー法に基づいた裁定は，かれらの強い欲求に合致していたことになる。

さらに，EIC 統治下でのザミンダールと総称される「土地所有者」の社会的

276 第 II 部　ベンガル商家の世界

地位の変化が指摘される[109]。ザミンダールは地域的な領主（ラジャ）として政治のトップに君臨する層であったが，1790年代にはEICにとって土地所有者であるかれらは，単に土地台帳に記載される地税を納入する個人にすぎなかった。しかしながら，次第にかれらの行為そのものが，EICの各種条例をはじめとする文書化された成文法を体現する者として，新たな社会的意味を帯びはじめたのである。かれら自身も，サンスクリット語で書かれた古来の法に定義されたヒンドゥーの土地の権利（ブミャオディカリ）の所有者というベンガル語の新表現を使って，自らを認識しはじめた。新ザミンダールが新たなステイタス・グループであることは，1838年のインド土地所有者協会（the Indian Landowners Association）設立にも示されている。ザミンダール化しはじめていた商人もこうした変化の影響を受けていたであろう。依然としてヒンドゥー法が公的に成文化されていないとはいえ，裁判所での判断に委ねることはヒンドゥー・コミュニティのなかにおける自らの社会的地位を高めるものであったと考えられる。

　本書では具体的に塩商人がどのような政治的立場をとっていたか明らかにできなかったが，シュボルノボニクの豪商ネマイ・モッリク（ボロバジャルのモッリク家）が，改革の反動でもあるヒンドゥー保守派のダルマ協会の会長であったことを考慮すれば，ヒンドゥー保守派の立場をとる商人も多かったであろう。これが宗教的行為や儀礼，聖地への巡礼やシュラッダへの多大な投資の背景になっていたとも解釈できる。こうした行為は，一見すれば近代的な司法制度への依存と矛盾する行為にもみえる。しかしながら，実際には裁判所ではヒンドゥー法が適用されたため，二つの行為はきわめて整合的だったのである。

おわりに

　本章での分析を通じて，この時期のベンガル商家の経営についていくつかの特徴が明らかになった。

　第1に，18世紀後半に台頭したベンガルの新興商人は，新たな商機を利用して積極的に事業を拡大する一方で，プロフェッショナルな商業コミュニティ

と同様に，事業の多角化や土地所有に代表されるリスク回避的行動をとり，多種の帳簿によって事業規模を管理することで効率的な経営をおこなっていた。

第2に，商家の経営単位は家族（ジョイント・ファミリー）であったが，実質的な経営者であるゴマスタや市場において取引を仲介するダラールといった仲介者なしには，商家の経営は成り立たなかった。仲介者の多くは，バラモンをはじめとする高位カーストに属し，各市場における高い情報収集能力を有するのみならず，商家の信用を保証する存在としても機能した。商家の経営は，家族やカーストで完結するわけではなく，より広範な人的ネットワークのうえに成り立っていたのである。

第3に，商人間の紐帯となるドルの存在があげられる。特筆すべきは，こうしたエリートの組織がカーストの枠組みを超えていたことである。多カースト組織の存在は，ベンガルにかぎったことではない。ベイリーが corporation と称する北インドのサバー（*sabha*）は多カーストの商人組織であったし，グジャラートでも，バラモンを含む多カーストの密接な結びつきがみられた[110]。少なくとも19世紀半ばまでのインド諸都市では，カーストを超えた商人の連帯が一般的であり，多カーストの組織が商業上の争いの調停だけでなく，商人と国家や支配者との関係を調整する役割をになっていた。

第4に，商業を主たる収入とする商家であっても，「商」業はあくまでも「家」の私的な活動の一部であったことである。商人は，衒示的消費ともみられる行為を通じて，家の名誉や商人としての信用を獲得したり，維持したりしていた。すなわち，これらの行為は象徴資本形成のための重要な投資であったのである。その結果，名誉や信用に傷がつきやすい不況期や変動が激しい時期には，より一層の衒示的消費が活発になり，そのために事業への資金配分が減少することもあった。EIC の政策やカルカッタ金融市場の動向に左右され，地方商家の台頭によって域内市場での活動にも制約を受けたカルカッタの商家が，家の存続を実現するには，商業からの撤退は経営上の合理的な判断であったといえよう。折しも，商業は，安定的な収入と名誉を約束する職業であるザミンダーリー経営やサーヴィス職に代替されていったのである。

ギリシャ商人もまた同じ時期に塩取引から撤退した。その背景に，家の名誉

278　第Ⅱ部　ベンガル商家の世界

が関係したかを明らかにすることはできなかったが，長引く不況のなかで商業を継続するメリットがかれらにももはやなかったことは指摘できるであろう。とりわけ，カルカッタにおける競売の廃止によって，ギリシャ商人が構築した独特の塩取引システムが機能不全におちいったことは，ベンガル東部でティリやシャハの商人グループと競争するには大きな痛手であったにちがいない。そして，アレグザンダー・パニオティの子弟らも，地所経営や医療，法曹などの分野にキャリアを転換させていった。このことは，「ベンガル人は経営やビジネスに向いていない」[111]という評価を否定するものであり，商業からの撤退は民族やコミュニティを超えてこの時期にとられた一つの経営判断であったといえる。

　最後に，裁判所がしだいにドルなどの私的な調停制度に代替しはじめたことがあげられる。新たな司法制度は，貿易や商取引の拡大によって取引関係が複雑になるにつれ，商家の財産や名誉をより効果的に守る制度として，カルカッタのみならずボンベイでも商人層に積極的に受け入れられた。その一方，裁判所では，ヒンドゥー商家の相続や家産の分割は，新しく解釈されたヒンドゥー法によって判断されることになった。すなわち，裁判所は「近代的」な制度である一方，そこでの判断はより「伝統的」，「宗教的」な根拠に委ねられることになったのである。それは，家の名誉を高め，守ろうとするかれらの行動を効果的に支えたともいえよう。

終　章
塩市場の変容からみる移行期の東部インド

1　本書のまとめ

　序章で示した本書の目的と課題を確認しておこう。本書の目的は，冒頭で紹介した 1834 年のパーマー（S. G. Palmer）の慨嘆にみられる塩市場変容の要因，内実，帰結を，以下の課題に答えながら実証し，18 世紀後半から 19 世紀前半における東部インド経済・社会の変容を明らかにするというものであった。この時期は，インド史上の一つの分岐点にもあたる。

　第 1 の課題は，EIC という新たな国家の形成のなかで，EIC と現地経済・社会との関係を双方向から検討することである。第 2 は，EIC がリージョナル，ローカルのレヴェルで果たした貿易のプロモーターとしての役割を明らかにし，東部インドというローカルな市場の変化をより広い空間のなかに位置づけようとする試みである。第 3 は，産業の衰退を議論するにあたって，イギリス対インドというような二項対立のフレームワークを超えて，消費と産業を取り巻く環境の変化という要因を取りこむことである。第 4 に，1830 年頃からのカルカッタ商人の商業・金融業からの撤退について，地方市場の動向との関係を議論のなかに組みいれ，さらに可能なかぎりの経営史的アプローチからその要因を検討することである。最後は，インド史における「長期の 18 世紀」の終焉を実証的に検討しようとするものである。それは，移行期をどう理解するかという問題にもかかわる。

　以上を踏まえて，本節では，本書が明らかにした東部インド塩市場変容の要

因，内実，帰結を振り返ってみよう。

1）東部インド塩市場の変容──要因

　1772 年に塩専売を開始した EIC は，1780 年代における製塩・塩販売制度の改革を通じて塩の高価格によって専売収益を増加させる政策，すなわち高塩価政策をとった。この政策では，EIC による厳格な供給量統制のもと，年に数回のかぎられた競売で塩買付け人が塩を買い占め，市場への塩供給量を調整し，高値を維持した。塩価格は EIC の予想通りに上昇し，EIC と塩買付け人に多大な利益をもたらしたのである。

　この政策が，その柱ともいうべき供給量統制が，EIC の製塩区以外における製塩の禁止，製塩区内における生産量調整，外国塩輸入の禁止をともなうものであり，さらに，専売地域では塩が高価格であったため，不法生産と密輸をつねに誘発するという脆弱性を抱えていた。そのため，当初は外国塩を市場から排除していたが，コロマンデル塩とオリッサ塩を EIC 勘定で輸入し，制度内に取りこんだのである。ベンガル塩とは種類が異なる安価なコロマンデル塩は，政府塩が不足しやすい遠隔地のビハールやベンガル西部・北西部で主に消費され，正規の政府塩として遠隔地における禁制塩市場の拡大を防ぐ役割をになった。オリッサ塩輸入は，製塩が盛んなオリッサからの陸路での密輸を抑制するためにとった政策であった。どちらも EIC にとっては財政上のメリットが少なかったものの，不法生産と密輸という脆弱性を克服し，ベンガル塩の高値を維持するためには必要な手段であった。

　その結果，市場は，基本的に，正規の政府塩である煎熬塩（ベンガル塩，オ
リッサ塩）と天日塩（コロマンデル塩），禁制塩（不法生産塩と密輸塩）の三つの市場で構成されることになった。また，市場は，四つの地域市場圏に大別され，それぞれ異なる塩が流通した。天日塩の消費がビハールとベンガル西部・北西部に限定されたのは，ベンガルの大部分の地域において天日塩が不人気だったからである。EIC の政策はこうした分断的な市場構造を利用して禁制塩市場の拡大を抑制し，人々が好むベンガル煎熬塩価格の高値を維持していたのである。その塩とは，草や藁などの低カロリーの燃料で煎熬され，不純物が少なく結晶

の細かい塩であった。

以上のように，高塩価政策が内包する脆弱性は，①高価格と供給量統制が不法生産と密輸を誘発しつづけ，②外国塩を制度内に取りこみ，③嗜好の地域差を利用していたことである。これらにくわえて，以下で指摘するように，塩価格を支えたのが少数の塩買付け人による買占めと塩投機であったことが，のちに市場を変容させる要因となるのである。

EIC は，18 世紀後半以降，商取引や市に対して旧支配層が有していた特権や徴税権を奪取し，「自由」な商品流通の実現を目指した。EIC の改革は，EICのみならず，多くの人々に商取引への参入機会を与えた。高塩価政策を支えた塩買付け人の多くは，こうしたなかで成功をつかんだ新興商人であった。ラナガートからカルカッタに拠点を移したパルチョウドゥリ家がその代表例である。少数の塩買付け人は，東部インド塩市場全域に倉・支店網を展開し，政府塩のみならず禁制塩も扱うことで，市場価格を統制する力を獲得したのである。

競売制度のもとでは，カルカッタの競売で塩が落札されると，塩切手が塩部局で発行され，それと引換えに製塩区内の政府倉で現物が商人に引き渡された。競売の開始によって塩取引で高い利益が見込めるようになると，ボロバジャルのシュロフや資産家が投機目的で競売に参加しはじめた。かれらの多くは地方市場に塩を移出する現物商人ではないため，カルカッタ市場の価格動向をみながら塩切手の売買をおこなった。1809 年にベンガル銀行が塩切手を担保とした融資を開始すると，投機目的の塩切手売買がますます盛んになり，塩価格もさらに高騰した。

EIC も塩買付け人（商人，投機家を含む）もこの状態に満足していたが，現物取引をともなわない塩切手取引の拡大は，カルカッタの金融市況の影響を受けやすい「塩バブル」とも呼ぶべき危うい状態でもあったのである。

2）東部インド塩市場の変容──内実

1820 年代中頃まで，高塩価政策はうまく機能していた。それは，内在的な欠陥を抱えた政策であっても，塩価格が高値で維持され，専売収益が確保できていたことを意味する。しかしながら，前項で指摘した同政策が内包する三つ

の脆弱性がしだいに表面化しはじめ，塩価格は下落し，パーマーが困惑したように，EIC もカルカッタの商人も市場価格を統制する力を失った。パーマーは禁制塩市場の拡大をその要因としているが，その問題は複合的な要因によって生じた。

　禁制塩を抑制する物理的政策は，幾重にもとられたが，広大な地域を取り締まることが不可能だっただけではなく，商人と役人が絡む不正が取締り自体を無意味なものにした。そもそも，不法生産と密輸にインセンティブを与えつづける政策があるかぎり，根本的解決はむずかしかったのである。

　東部インド市場におけるコロマンデル塩の役割もしだいに変化した。EIC（ベンガル政府）主導で開始した塩輸入によって，コロマンデル沿岸における輸出主導型の製塩業とテルグ船による沿岸交易が活発になった。マドラスの代理商会もこの沿岸交易に参入し，マドラス政府も製塩と交易を保護する立場をとった。そのため，東部インド市場の需要に応えるべくコロマンデル塩の品質が改善され，価格も上昇したのである。これによって安価な政府塩としてのコロマンデル塩が有していた禁制塩市場拡大抑制効果は失われた。

　1820 年代後半以降，ベンガル塩生産量の減少によって外国塩への依存度が高まると，もはやベンガル政府の一存で輸入を統制することができなくなっていた。オリッサ塩の輸入も増え，さらにアラカン塩も専売制度内に取りこまれた。環ベンガル湾地域全体が東部インド市場への塩供給者となったのである。さらに，煎熬塩であるオリッサ塩とアラカン塩の輸入増加は，価格下落を防止するためにベンガル塩生産の削減にもつながった。それは不法生産への新たなインセンティブを与えることにもなったのである。

　EIC の政策は，ベンガル製塩業を高コスト化させ，専売収益の減少ももたらした。EIC の供給量統制には製塩区内における生産量調整が含まれたが，それは不法生産を誘発するものであった。そのため，製塩地域周辺における労働力不足や密売人との競争を背景に，モランギに対して，生産量調整によって失われた賃金を補填し，福祉を充実させねばならなかった。さらに，嗜好を包摂した政策が高コストの原因となった。シュンドルボン森林地域で生産される塩の人気が高く，高値で落札されたため，製塩コストが高い地域であるにもかかわ

らず，生産を拡大させたのである。年々困難になる燃料確保も生産費の増加につながった。とはいえ，EIC は，天日製塩法の採用や高カロリー燃料への転換には向かわなかった。低カロリーの燃料で生産されるベンガル煎熬塩の高値の維持に固執したのである。

EIC の供給量統制が困難になっていった一方，1820 年代にカルカッタの塩バブルも崩壊した。塩切手売買を主体とする塩投機は，カルカッタ金融市況の影響にさらされやすかった。カルカッタの投機的買付け人は，塩価格が低迷するたびに，価格上昇を期待して銀行や他のシュロフから過剰な融資を受けて塩を買い占めた。しかし，度重なる金融危機によって経営危機が深刻化するという悪循環におちいったのである。1820 年代後半にはシュロフの倒産が相次ぎ，投機家と塩部局の役人が一体となって危機を乗りきろうとする不正も横行した。1828 年に発覚したオディト・デーの事件は，塩バブルの崩壊を象徴するスキャンダルであった。

投機家の多くは，塩バブルの後遺症を引きずったまま，1830 年代初頭の一連の代理商会の倒産とそれに端を発した不況に直面した。代理商会と密接な取引関係を構築していたシュロフの経営はさらなる打撃を受け，投機的買付け人の資金繰りが好転する気配は感じられなかった。かれらに塩価格を支える余力はもはや残されていなかったのである。

現物商人のなかでも変化が生じていた。パルチョウドゥリ家をはじめとするカルカッタの大商人は，地方市場におけるプレゼンスを失い，地方市場での活動の場をビハールおよびベンガル西部・北西部地域に限定された。かれらの塩取引が投機的な色彩を帯びていたために，カルカッタ経済の浮沈に対して脆弱であっただけではなく，地方商人の台頭がかれらの地方での塩取引を困難にしたからである。

地方商人は，地方市場を拠点とし，競売に参加し，現物を地方市場に供給する商人であった。セランポールのデー家，フォリドプルのシャハ家，バリヤティのシャハ家，バッギョクルのクンドゥ家の事例で明らかなように，地方商人は西部，中部，東部という地域グループに大別され，異なる塩を扱い，それぞれの地域市場圏を寡占した。家族やカーストの紐帯で結びついた地方商人の商

圏は，きわめて地域性が強かったといえる。そしてその地域性は，地域間で異なる塩価格の動向にも反映されていたのである。

地方市場は，地理的にはいくつかの地域に分断され，機能的にも地域間取引（卸売市場間）とローカル取引（卸売市場・周辺地域間）に分断されていた。また，それぞれの地域と機能では，関係する商人層の社会的出自や役割にも相違があった。それを結びつけていたのが，卸売市場とそこを拠点とする仲介者ダラールと商家のゴマスタであり，そこはモノ・カネ・ヒトだけではなく，情報も集まるネットワークのハブであった。卸売市場では，商取引・舟運の季節性や商習慣の相違も解決されるため，そこに倉と支店をもち，代理人であるゴマスタを雇うことは，商家にとっては，市場の機能を利用し，商品を仕入れ，販売するために必要不可欠であった。

EIC はさまざまな形で市場への介入を試みたり，商人の動向を把握しようとしたりしたが，いずれも失敗したのは，こうした市場の機能を把握することができなかったからである。それはカルカッタ商人や投機家にとっても同様であり，物理的な倉・支店と人的ネットワークを構築しえないかぎり，かれらが地方市場を理解し，そこから利益を得ることは困難であった。

3）東部インド塩市場の変容——帰結

1836 年に，EIC は，競売を停止し，製塩区内の各塩埠頭別（銘柄別）固定価格での販売制度に切りかえた。高塩価政策を放棄したのである。なぜなら，自由貿易に向けた動きと本国の海運・産業利害の圧力があっただけではなく，これまでみてきたような市場の変化により，EIC がそれを放棄せざるをえない状況にすでに追いこまれていたからである。

EIC は専売制度自体の維持には成功した。しかしながら，すでに高コスト化したベンガル製塩業を継続させることはむずかしかった。そうしたなかで，1840 年に燃料危機が生じたのである。アヘン戦争勃発による石炭需要の急増とダモダル川の氾濫は石炭危機を招き，それが在来燃料価格の上昇にもつながった。すでに河川浸食や耕地化の影響により燃料採取用の草地（荒蕪地）が減少し，生産費が上昇していたブルヤ製塩区は廃止されることになった。高値を

終　章　塩市場の変容からみる移行期の東部インド　　**285**

理由に生産を拡大してきた 24 パルガナズ製塩区においても，不採算生産地区は順次廃止され，1846 年には製塩区そのものが廃止が決まった。1840 年の燃料危機自体は一時的なものであったが，それが製塩業に与えたインパクトは大きかった。その後も，燃料問題が解決されることはなかった。EIC は，むしろ草地を耕地化し，課税対象とした方が財政上のメリットがあると考えるようになっていた。これらの一連の EIC の政策の転換は，1836 年の高塩価政策の放棄が，嗜好の地域的相違を取りこんだ政策を放棄したことも意味する。

　リヴァプール塩の本格的輸入が開始したのは，まさにこの時期であり，すでにベンガル製塩業の衰退ははじまっていたのである。リヴァプール塩が大きな抵抗もなく東部インド市場で受容された最大の要因は，リヴァプール塩が煎熬塩だったからである。リヴァプール塩の大半は，まず，東部インド市場のなかでもとくに煎熬塩選好が顕著であり，ブルヤ製塩区の廃止によって煎熬塩不足に直面していたベンガル東部地域に移入された。リヴァプール塩は単体で消費されるよりも，品質の劣るベンガル煎熬塩とブレンドされ，チッタゴン塩に似た塩として売られた。人々の嗜好にリヴァプール塩が合致したのである。

　高塩価政策の放棄は，塩買付け人との徴税における連携関係に終止符をうつことも意味した。多くの塩長者は，1830 年代には塩取引から撤退した。とくにカルカッタのボッドロロクに仲間入りした塩長者のなかには，商業・金融業そのものから撤退したものも多かった。ラナガートのパルチョウドゥリ家は，その典型的な事例である。ただし，政策の転換がかれらの撤退の原因であるというよりも，1820 年代後半以降すでにかれらの商取引は危機に瀕していた。また，先行きが不透明ななかで商業をつづけることは家の名誉や存続にもかかわり，不正の温床という地方市場のイメージもまた，エリート商人の商取引の継続をむずかしくしていた。多くの塩長者はすでに地所経営をおこなうなど，経営の多角化をおこなっており，子弟が就けるような行政職をはじめとする新たなキャリアの道も開かれていた。商業をつづけるインセンティブはもはや残っていなかったのである。

　ラナガートには現在でもこのパルチョウドゥリ家の屋敷がある[1]。同家は，たしかに家産の分割などをめぐって裁判に明け暮れ，商業からも撤退したが，

ザミンダールとして経営を立てなおした。ラナガートのパルチョウドゥリ高校は，同家が 1853 年に設立した教育機関が基礎になっている。このことは，同家が家の存続に成功し，新たな分野で活動しはじめたことを示している。

　他方，東部地域の代表的な地方商人であったバッギョクルのクンドゥ（ラエ）家は，その後も商取引をつづけた。19 世紀後半には米とジュート取引にも進出している。その後，銀行，蒸気船運航業，ジュート・綿工場の経営をおこなう大実業一家となった。地方商人のその後を追跡するのは今後の課題となろうが，この事例はカルカッタとは異なり，地方市場では引きつづき商業が堅調であり，ベンガル商人が活躍できる余地が十分に残されていることを示している。また，クンドゥ家をはじめとする東部の商人は，リヴァプール塩流入以降，市況をみながらリヴァプール塩を輸入業者から買いとり，市場に供給していた。EIC やカルカッタ商人が介在しなくなった塩取引において，かれらのプレゼンスが一層大きくなったことがうかがえる。

2　インド史における「1830 年」——近世から近代へ

　本書は，東部インド塩市場の変化をさまざまな角度から分析し，それを通じて移行期の東部インド経済・社会の変化を明らかにしてきた。そこから，何がみえるだろうか。最後に，「長期の 18 世紀」の終焉に関する課題と合わせて，本書で明らかにされた東部インドの事例から，インド史における近世から近代への移行という問題にアプローチしよう。

　EIC の高塩価政策期（1790～1836 年）における塩専売は，それ自体がつくりだした塩買付け人層との密接な関係のうえに成りたっていた。両者の関係は，EIC の厳格な供給量統制と買付け人の競売における買占めという相乗効果を通じて価格をつりあげるという協働だけにとどまらなかった。塩買付け人と EIC の塩部局や製塩場・塩関所関係のイギリス人を含む役人との間には，友好と敵対の双方を含む実質的な人的関係が構築されていたのである。このことは，国家だけに認められているはずの徴税過程に民間商人の力が利用されていたこと

終　章　塩市場の変容からみる移行期の東部インド　　287

を意味する。また，財政上の必要性に動機づけられた EIC の専売・徴税政策
は，商業・貿易を刺激し，活発にした。これらの点において，EIC は，修正史
観の歴史家たちが指摘するような，18 世紀の国家の特徴を備えていたことに
なる。すなわち，EIC 国家の形成は，インドの近世的発展のなかに位置づけて
捉えることができるだろう。

　ただし，P. マーシャルが「塩専売は，純粋に財政上の理由から実施された
EIC 最大の商業活動である」[2]と端的に指摘するように，1780 年代以降国家の
「脱商業化」が進んだとはいえ，EIC が国家であると同時に商社であったこと
に留意する必要がある。この点で，EIC は 18 世紀の南アジア諸国家とは明ら
かな一線を画す。初期の EIC が，公共事業への支出など，それまでの国家や
支配層がになってきた役割を果たさなかったことは，EIC 統治期のインド財政
からも明らかであるし，「調整者」としてではなく EIC 自身が直接的，間接的
に市場に介入した点でも異なる。市場への介入を通じて，商業・貿易を活発に
し，自らも利益をあげた。すなわち財源を確保しようとしたのである。さらに，
この利益の一部は本国に移転された。

　EIC にとって税収の増加は，軍事費だけではなく，脱商業化にともなう膨大
な支出──それはとくに行政諸費用の増加に反映された──を捻出するため
に必要不可欠であった。こうした商社としての顔を残す EIC は，やはり国家
としては脆弱であった。徴税を在来商人の能力に依存した塩専売制度はその脆
弱性のあらわれでもある。こうした 18 世紀の国家とも後の近代国家とも異な
る初期の EIC の特殊性こそが，その後につづくインドの近代を規定したと考
えられる。

　1836 年に EIC は高塩価政策を放棄した。これは，塩の徴税過程から商人を
排除することを意味した[3]。ここではじめて，塩税に関して，徴税権が国家に
一元化されることになったともいえる。それまでの重層的で実質的な人的関係
に基づいてきた分散的な権力のあり方や徴税方法も終わることになった。専売
制度自体は維持されたものの，固定価格での販売では規則に基づいて価格が決
定された。そこには国家・役人と商人との間の交渉や調整の余地はもはや存在
しなかった。EIC の徴税を含む行政は，イギリスで専門的教育を受けた専門行

政官が担当し，条例や規則に基づいた統治がはじまったのである。長い道のり
であった国家の脱商業化がようやく終焉したともいえる。行政と商業が切り離
され，国家は商業や市場から撤退した。したがって，高塩価政策の放棄は 18
世紀的な特徴を備えた国家の終焉を意味したといってもよいだろう。

　ただし，それに物価の低迷を特徴とする不況がつづいたと結論づけるには留
保が必要である。たしかにカルカッタ経済は 1830 年代から 40 年代にかけて相
次ぐ不況を経験した。それは，商人・金融業者の商業・金融業からの撤退とよ
り安定的な投資であるザミンダール化を促し，かれらの資産を生産的に投資に
向かうことを阻止したであろう。とはいえ，本書で明らかにしたように，地方
市場を含んだ東部インド全体にカルカッタの事情を一般化することはむずかし
い。高塩価政策の放棄をもたらした動因は，まさにこの地方市場の動向であっ
た。EIC が財政を確保するために促進した域内商業や沿岸交易の成長は，EIC
の市場統制能力を喪失させ，財政政策の根本を揺るがすことになったのである。
EIC を脅かした「自由な」商業活動は，イギリス本国やアジア域内で活動する
民間商人だけではなく，EIC 統治下のインド現地経済のなかからの自律的な動
きでもあったといえる。

　パーマーの慨嘆は，EIC にとって不可解な市場の動きと自らの介入の限界に
直面して漏れたものであり，EIC の市場からの撤退を決定づける発言でもあっ
た。こうした経験が，その後の EIC の統治形態を「近代的」な方向，すなわ
ち一般的な法やルールで「異人」を統治するという形態に向けたとする J. ウ
ィルソンの指摘は実に説得的である[4]。土地所有者と小作人との関係，土地所
有者と政府との関係双方において，レッセ・フェールの原則がとられるように
なったように[5]，国家と商人や市場との関係も同様であったといえよう。それ
は，イギリスからもちこまれた思想が適用されたというよりも，現地社会との
関係のなかで生みだされたものであった[6]。

　ただし，国家と市場との関係について，脆弱な国家が強力な市場によって撤
退を余儀なくされたとみるのは一方的であろう。なぜなら，税収にとってきわ
めて重要であった高塩価政策を放棄することができたのは，EIC が，近代国家
——確定された国境のなかで，徴税・軍事・司法・警察権を国家に一元化し

て主権を確立し，法を整備し，自らもその法に規定された存在——として，しだいに税収ベースを拡大させ，行政能力を増加させていたからでもある。P. ロブが指摘するように，EIC という国家は，自らが商人であることをやめ，他の商人の貿易を促進できるほど安定的な財源を有し，統治能力を拡大させていたのである[7]。商取引や貿易自体を促進する体系的な法整備も，土地や相続に関連するものには遅れるが，開始された。国家が再び市場に直接的に参画するのは，国家による公共事業，鉄道建設などへの投資，政府支出が活発になる 1850 年代のことであり[8]，それは本書で扱った塩専売のように EIC が徴税のために市場に介入した時とは目的も方法も異なるものであった。

もっとも，国家が脆弱であったからこそ，行政機構の効率化が目指され，条例や法による統治が進められたともいえる。それには，レッセ・フェール原則とともに権力の現地社会への移譲をともなった。とりわけ，ムスリム，バラモン，カヤストなどの教育を受けた層を中心に教育，行政，司法などの行政機関に吸収された[9]。「土地所有者」という新たなステイタス・グループも生みだされ，国家を支えた。管区ごとに編成された EIC 軍（常備軍）も現地採用が大半であり，それぞれの地の有力層を中心に採用された[10]。行政，徴税，軍事，警察機構すべてにおいて現地の有力層を取りこんだ統治体制が徐々に形成されていったのである。

以上のように，塩政策の変遷は，国家や統治の近世から近代への移行を示している。19 世紀前半には目にみえる形でも新しい時代が開始していた。ヨーロッパから新しい思想や学問，技術が流入し，「近代インドの父」と呼ばれるラームモーハン・ローイらの改革者が生みだされ，英語教育もはじまった。さらに，「産業革命」を経たイギリスからは，機械製綿布・綿糸が輸入され，フゥグリ川では蒸気船が航行し，新燃料の石炭も登場したのである。ボッドロロクでもあるカルカッタの塩商人たちにとって，新しい思想や技術の影響は大きかったであろう。それでは，変化のなかに本書で検討の対象とした商人をどのように位置づけることができるだろうか。

新興塩商人は，EIC が提供した商業機会を利用して台頭し，商人もシュロフも EIC による塩からの徴税過程に競売を通じてかかわることで利益を得た。

したがって，かれらの初期のプロフィールはきわめて近世的な特徴——ベイリーが指摘する近世インドの「無任所資本家」層——を備えていたといえる[11]。カルカッタの商人やシュロフの大半にとって，EIC の高塩価政策が機能不全におちいったことは経営上の大きな痛手であり，その 1836 年の終焉はかれらにとっても商業からの撤退を意味した。とはいえ，高塩価政策の終焉は近代的な国家と統治形態への移行を示しているものの，1836 年の時点においても，かれらのプロフィールは近代的というよりも，むしろ「伝統的」であった。それはなぜだろうか。

　かれらの多くは，商業や金融業からは撤退したが，家としての存続を果たし，ザミンダール化した。新ザミンダールは法や条例に従い，「ヒンドゥー法」を体現するステイタス・グループとして認識され，ザミンダールであることは商業よりもはるかに安定的な富と名誉を約束するものであった。宗教儀礼や裁判に多額の費用を注ぎこむことは，ヒンドゥーとしての地位と名誉にとって重要であった。商人のザミンダール化と，新しい司法制度はかれらをより宗教的にしたともいえるだろう。さらに，18 世紀のインドで広範にみられたカーストを超えた商人の連携や人的紐帯を基礎とした商業秩序は，しだいに崩壊していった。商人の社会は，新しい私法運用のもとで近代から逆行し，「伝統化」・「宗教化」され，カーストや宗教で分断されていくことになった。臼田雅之が「近世的反動」と呼ぶような状況が生みだされたのである[12]。

　他方，近年の研究が明らかにしているように，EIC 統治期に導入された新たな私法は，19 世紀半ば以降におけるマールワーリーをはじめとする特定のコミュニティの台頭と富の蓄積を，商家を近代的企業組織に変えることがないまま，法的に支えることになった[13]。もちろん，かれらのビジネス（「商」）部門は，とくに 1872 年のインド契約法にはじまる一連の商業・金融業に関連した法や条件に規定され，近代的市場統治の対象となったが，「家」はその対象とはならなず，「保護すべき文化」として国家の介入を免れたのである。

　カルカッタ，マドラス，ボンベイ以外の地方では，名誉を守り，商業的利益を守るためには，怪しげな成文化された法よりも，信用ある商人による私的裁定の方が依然として有効であった。EIC やカルカッタ商人が去り，卸売市場と

そこにおける人的紐帯を基軸とした旧来の商業秩序が機能するなかで，地方商人は引きつづき商業的利益を追求しえたであろう。とはいえ，実証はこれからの課題となるが，1850年代以降，新しい司法制度は地方の商人の社会や都市の商業秩序に影響を与えはじめたといわれる[14]。本書で検討したように，地方商人たちにもカルカッタの商人と同じようにザミンダール化の傾向がすでにみられた。1850年代になると，鉄道建設がはじまり，ジュート，茶などの輸出商品が開発され，地方市場はカルカッタとより密接に結びつけられることになった。マールワーリーが東部インド地方市場に進出し，地方にもさまざまな形で変化の波が押し寄せたのである。19世紀後半以降ナラヨンゴンジの塩取引でシェアを拡大させたのは，まさにマールワーリーであった[15]。

　こうしたなかで，バッギョクルのクンドゥ家はどのような経営を展開し，マールワーリーと同様に米やジュートの取引に参入し，さまざまな事業を展開することに成功したのであろうか。1887年にベンガル・ナショナル商業会議所（the Bengal National Chamber of Commerce）が設立されたとき，同家は主要組織者に名を連ねていた。この組織は，ベンガル人のみならず，ベンガルで活動するマールワーリーやグジャラーティーを含む多カーストの組織であった。地方市場で成長し，商業的に成功した同家が，形を変えた多カーストの組織を主導していた事例は興味深い。これは，近世的反動を是正する商人の自律的な動きと評価できるだろうか。こうした点も含め，数多くの研究課題が残されている。

注

序　章

1 ）本書が対象とする東部インドは，ベンガル州（現インド・西ベンガル州およびバングラ
デシュを含む）とビハール州（現ビハール州とジャールカンド州を含む）を中心とした
地域を指す（巻末地図 1 参照）。東部インドには通常オリッサ（オディシャ）州が含ま
れるが，オリッサでは異なる塩専売制度が導入され，ベンガル・ビハールとは区別され
ていたので，本書では東部インドには含めない。また，アッサム州は 1826 年に専売地
域に入るが，本書の対象から除外する。

2 ）The Report from the Select Committee on Salt, British India, Appendix no. 25, BPP, vol. 17,
1836.

3 ）チェシア塩はリヴァプール港から輸出されたため，東部インドではリヴァプール塩と呼
ばれた。

4 ）Ian J. Barrow and Douglas E. Haynes, 'The Colonial Transition : South Asia 1780-1840',
Modern Asian Studies, 38-3, 2004. この特集号には多くの実証研究が含まれている。また，
日本ではこの時期に関する研究が比較的進んでいる。例えば，東部インドでは，谷口晋
吉「一九世紀初頭北ベンガルの流通と手工業——ブキャナン報告に基づいて」『一橋論
叢』98-6, 1983 年，79-104 頁。南インドでは，水島司『前近代南インドの社会構造と
社会空間』（東京大学出版会，2008 年）。西部インドでは，小谷汪之『インド社会・文
化史論——「伝統」社会から植民地近代へ』（明石書店，2010 年）；長尾明日香「イギリ
ス東インド会社の綿花買付・開発政策の転換，1803-1858 年」『社会経済史学』70-5,
2005 年，563-581 頁；小川道大「イギリス東インド会社とジャーギールダールの地税徴
収権の分割——19 世紀前半ボンベイ管区ラトナーギリー郡の「二重支配」を事例にし
て」『社会経済史学』74-3, 2008 年，261-280 頁など。

5 ）Arjun Appadurai, 'Gastro-Politics in Hindu South Asia', *American Ethnologist*, 8-3, 1981, p.
494.

6 ）1980 年代から 90 年代にかけて，実証研究の蓄積が進んだ 18 世紀史に関する評価をめ
ぐって活発な議論がおこなわれてきた。この「18 世紀問題」とは，18 世紀インドを停
滞とみるか発展とみるかという評価と，18 世紀後半の EIC 統治の開始をもって時代を
区分できるかどうかという二つの論争を含んでいる。その総括については，以下を参照
されたい。B. B. Chaudhuri, 'Characterizing the Polity and Economy of Late Pre-Colonial
India : The Revisionist Position in the Debate over "the Eighteenth Century in Indian History"',
Calcutta Historical Journal, vol. 19-20, 1997-98, pp. 35-92；中里成章「インド植民地化問
題・再考」山内昌之他編『アジアとヨーロッパ——1900 年代〜20 年代』岩波講座世界
歴史第 23 巻（岩波書店，1999 年），155-179 頁；Seema Alavi (ed.), *The Eighteenth
Century in India* (New Delhi : Oxford University Press, 2002)；P. J. Marshall (ed.), *The*

Eighteenth Century in Indian History : Evolution or Revolution?（New Delhi : Oxford University Press, 2003）；水島『前近代南インド』1-25 頁。

7 ） P. J. Marshall, 'Introduction', in Marshall（ed.）, *The Eighteenth Century in Indian History*, pp. 34-36. マーシャル自身は，イギリス支配が堅固な基盤を築いたのは 1820 年代と指摘している（Marshall, *Bengal : The British Bridgehead, Eastern India 1740-1828*, Cambridge : Cambridge University Press, 1987, pp.ix, 1-2）。

8 ） C. A. Bayly, *Indian Society and the Making of the British Empire*（Cambridge : Cambridge University Press, 1988）. 近年の実証研究として，Prasannan Parthasarathi, *The Transition to a Colonial Economy : Weavers, Merchants and Kings in South India 1720-1800*（Cambridge : Cambridge University Press, 2001）；水島『前近代南インド』など。

9 ） S. スブラマニアムとベイリーは，こうした中間層を無任所資本家（ポートフォリオ・キャピタリスト）と称した（Sanjay Subrahmanyam and C. A. Bayly, 'Portfolio Capitalist and Political Economy of Early Modern India', *Indian Economic and Social History Review*, 25-4, 1988, pp. 401-424）。この議論については，水島『前近代南インド』1-25 頁；同「植民地国家における経済構造の形成と展開」（第 4 回シンポジウム 2）『南アジア研究』22, 2010 年, 289-300 頁を参照。

10） 市場経済の発展自体は，少なくとも 1600 年頃まで遡ることができる。1600 年から 1750 年までの物価上昇率がわずか 1.93 パーセントであると推計されていることから，大量の銀輸入にもかかわらず，きわめて緩やかな物価上昇率であったことは，市場が十分に貨幣を吸収できていたことを意味する。これは市場経済・貨幣経済の発展を強く示唆している（Irfan Habib, 'Monetary System and Prices', in Tapan Raychaudhuri and Irfan Habib（eds.）, *The Economic History of India*, vol. I : c. 1200-c. 1750, New Delhi : Orient Longman, 1st published in 1982 by Cambridge University Press, 2007, pp. 360-381）。

11） Marshall, 'Introduction', pp. 34-36.

12） C. A. Bayly, 'The Age of Hiatus : The North Indian Economy and Society, 1830-50', in Asiya Siddiqi（ed.）, *Trade and Finance in Colonial India 1750-1860*（Delhi : Oxford University Press, 1995）, pp. 218-249.

13） Bayly, *Indian Society*, Chap 4, pp. 106-135 ; David Washbrook, 'Economic Depression and the Making of "Traditional" Society in Colonial India', *Transactions of the Royal Historical Society*, 6th Series, III, 1993, pp. 237-263 ; Asiya Siddiqi, 'Introduction', in Asiya Siddiqi（ed.）, *Trade and Finance in Colonial India 1750-1860*（New Delhi : Oxford University Press, 1995）, pp. 1-65.

14） Bayly, *Indian Society*, Chap 5, pp.136-168 ; Washbrook, 'Economic Depression'.「農民化」については，水島「植民地国家における経済構造」295-297 頁も参考になる。

15） 物価に対する地域差として，例えば，ベンガルの物価を調査した研究では，ベンガルから北インドにかけての地域では，米などいくつかの商品について 19 世紀第 2 四半世紀に物価の下落が必ずしもみられない（Akhtar Hussain, 'A Quantitative Study of Price Movements in Bengal during Eighteenth and Nineteenth Centuries', Ph. D. Thesis, University of London, 1977）。T. A. ティンバーグは，マールワーリーの台頭に関してはむしろ「保育

器 (incubator)」の時代であると主張し，一括して議論することに批判的である（Thomas A. Timberg, 'The Hiatus and Incubator : Indigenous Trade and Traders, 1837-1857', in Siddiqi (ed.), *Trade and Finance*, pp. 250-264）。また，中里成章によれば，都市人口をみるかぎり，植民地期に「農村化」と呼べるような劇的な都市人口の減少はみられないという（中里成章「英領インドの形成」佐藤正哲・中里成章・水島司『ムガル帝国から英領インドへ』世界の歴史 14，中公文庫，2009 年，329-332 頁）。

16）ギリシュチョンドロ・ボシュ（五十嵐理奈・谷口晋吉・三木さやこ訳）「私はノボディープの警察署長になった」『コッラニ』17，2002 年 8 月，230 頁。

17）シュニル・ゴンゴパッダエ『シェイ・ショモエ（あの頃）』（カルカッタ：アノンド・パブリッシャーズ，1981〜82 年）。ベンガル語。

18）ギリシュチョンドロ・ボシュ著（オロク・ラエ，オショク・ウパッダエ編）『シェカレル・ダロガル・カヒニ（昔の警察署長の話）』（カルカッタ：オヌプクマル・マヒンダル書店，初版 1888 年，第 2 版 1983 年，第 3 版 1990 年）。ベンガル語。

19）ベンガル語では，それぞれラムモホン・ラエ，（イッショルチョンドロ・）ビッダシャゴル，ラムクリシュノと表記される。この 3 人の改革者については，臼田雅之『近代ベンガルにおけるナショナリズムと聖性』（東海大学出版会，2011 年），137-216 頁に詳しい。また，この時期の宗教・社会改革運動の全体像は，中里「英領インドの形成」396-409 頁が参考になる。

20）谷口晋吉「18 世紀後半ベンガル農業社会の貨幣化と農村市場に関する一試論」『一橋論叢』116-6，1996 年，2-4 頁。

21）Kumkum Chatterjee, *Merchants, Politics and Society in Early Modern India, Bihar : 1733-1820* (Leiden : E. J. Brill, 1996), pp. 128-130 ; Rajat Datta, *Society, Economy and the Market : Commercialization in Rural Bengal, c. 1760-1800* (Delhi : Manohar, 2000), pp. 132-138, 203-204.

22）Peter Robb, *A History of India* (Basingstoke, Hampshire and New York : Palgrave, 2002), p. 135.

23）中里「英領インドの形成」381-386 頁。さまざまな権利関係について，Peter Robb, *Ancient Rights and Future Comfort : Bihar, the Bengal Tenancy Act of 1885, and British Rule in India* (Richmond, Surrey : Curzon, 1997), pp. 77-83.

24）S. イスラームの詳細な分析によれば，永代ザミンダーリー制度の最大の敗者は大ザミンダール，すなわちマハーラージャと称されるような領主層であった。競売で販売された所領のうち実際に権利が移動したものの約 70 パーセントが 12 の大ザミンダールの所領であったという。かれらの大半は買い戻すことができず，没落した。詳細は，Sirajul Islam, *The Permanent Settlement in Bengal : A Study of Its Operation, 1790-1819* (Dhaka : Bangla Academy, 1979) を参照。

25）Basudeb Chattopadhyay, *Crime and Control in Early Colonial Bengal 1770-1860* (Calcutta : K P Bagchi & Company, 2000), pp. 36-37.

26）谷口の研究が明らかにしているように，ザミンダール所領の解体を通じて，ザミンダールの所領経営・家産経済のなかで支えられてきた奉公人，私兵，村落支配のための人員

は削減され，それにともなって奉公人に無償または低地代で与えてきた給地は接収された。多くの奉公人が生活の糧を失い，所領を離れたり，貨幣給で雇用されるようになった。詳細は，谷口「18世紀後半ベンガル農業社会の貨幣化」を参照。

27）EIC 統治のインド社会への影響に関する 1990 年以前の研究動向については，Washbrook, 'Economic Depression', pp. 237-263 を参照。

28）Jon E. Wilson, *The Domination of Strangers : Modern Governance in Eastern India, 1780-1835* (Basingstoke and New York : Palgrave Macmillan, 2009), pp. 45-47.

29）詳細は，藤井毅『歴史のなかのカースト——近代インドの〈自画像〉』（岩波書店，2003 年）第 2 章，23-52 頁を参照。司法制度はその後のインド社会に多大な影響を与えた。「ヒンドゥー」という単語そのものが生みだされ，それはカースト制度と結びつけて理解されるようになった。私法や宗教関連の法では，ヒンドゥー教徒にはヒンドゥー法を，ムスリムにはイスラーム法が適用されることになった。なお，近年の研究では，保護すべき「聖域」として除外された婚姻や相続に対する国家の介入は制限され，それがマールワーリーなどの特定のコミュニティの台頭とかかわっていることが指摘されている（神田さやこ「インド」日本経営史学会編『経営史学の 50 年』日本経済評論社，2015 年，386-396 頁を参照）。

30）Wilson, *The Domination of Strangers*, pp. 75-103.

31）Chattopadhyay, *Crime and Control*, pp. 37, 103. また，ザミンダールは村番人に対する支配力を強めただけではなく，私兵の所有自体は禁止されていたものの，ラティヤルと呼ばれる棒使いを必要に応じて傭兵し，小作人や他のザミンダール，藍プランターなどとの間に生じる問題に対処していた（Chattopadhyay, *Crime and Control*, pp. 104-105）。

32）Robb, *Ancient Rights*, p. 48. 永代ザミンダーリー制度の影響については，36-75 頁の議論を参照。なお，ここで指摘される効率性は，功利主義思想に基づいた強い意志や熱意ではなく，インド統治のなかで生じた行政能力の問題や必要性から生じたものである。

33）Robb, *Ancient Rights*, p. 27. ベンガルにおける具体的な事例として，北東部シレットにおける EIC の国境設定と主権の確立，国家の徴税ベースの拡大について明らかにした D. ラッデンの研究が参考になる（David Ludden, 'The First Boundary of Bangladesh on Sylhet's Northern Frontiers', *Journal of the Asiatic Society of Bangladesh*, 48-1, 2003, pp. 1-54）。近代国家の形成については，C. A. Bayly, *The Birth of the Modern World 1780-1914* (Oxford : Blackwell, 2004), Chap. 7, pp. 247-283 も参照。

34）インド統治におけるイギリスの思想的な影響について，Eric Stokes, *The English Utilitarians and India* (Oxford : Oxford University Press, 1959)。イギリスの思想がコーンウォリス改革に強い影響を与えたとする代表的な研究として，Ranajit Guha, *A Rule of Property for Bengal : An Essay on the Idea of Permanent Settlement* (Paris : Mouton, 1963) があげられよう。コーンウォリス改革を含む 18 世紀の一連の EIC の改革には市場を「公の財産」とし，「自由貿易」を実現しようとするものであったとする S. シェンもイギリスからの思想の影響力を重視している（Sudipta Sen, *Empire of Free Trade: The East India Company and the Making of the Colonial Marketplace*, Philadelphia : University of Pennsylvania Press, 1998）。

注（序　章）　297

35) 例えば，Ashin Das Gupta, *Malabar in Asian Trade* (Cambridge : Cambridge University Press, 1967); K. N. Chaudhuri, *The Trading World of Asia and the English East India Company 1660-1760* (Cambridge : Cambridge University Press, 1978)。概略的なレビューとして，神田さやこ「19世紀前半のインド経済——「過渡期」をめぐる研究動向」社会経済史学会編『社会経済史学の課題と展望』（有斐閣，2012年），249-261頁を参照。

36) 例えば，Ryuto Shimada, *The Intra-Asian Trade in Japanese Copper by the Dutch East India Company during the Eighteenth Century* (Leiden and Boston : Brill, 2006)。

37) Om Prakash, 'Bullion for Goods : International Trade and the Economy of Early Eighteenth Century Bengal', *Indian Economic and Social History Review*, 8-2, 1976, pp. 159-186.

38) インディゴの開発と貿易については，中里成章「ベンガル藍一揆をめぐって(1)——イギリス植民地主義とベンガル農民」『東洋文化研究所紀要』83，1981年，61-151頁に詳しい。インディゴ・ケシ栽培の拡大について，Benoy Chowdhury, *Growth of Commercial Agriculture in Bengal, 1757-1900*, vol. 1 (Calcutta : Indian Studies Past and Present, 1964) も参考になる。

39) ここで地金（金銀）貿易について補足しておこう。最近のI. ラエの推計によれば，1757年のプラッシーの戦いから1793年頃までは，ベンガルの地金輸入は激減し，貨幣危機とも呼びうる状況であったが，それ以降安定的に増加した。これまでの研究史を含む詳細は，Indrajit Ray, 'Bullion Movement to and from Bengal, 1660-1860', in Ray, *Bengal Industries and the British Industrial Revolution* (*1757-1857*) (Abington and New York : Routledge, 2011), Chap 2, pp. 16-51 を参照。また，19世紀前半の地金貿易と貨幣供給，そして不況との関連については，谷口謙次「19世紀前半のインドにおける経済不況と貨幣供給——貴金属貿易と貨幣鋳造」『三田学会雑誌』109-3，2016年が参考になる。

40) 貿易構造の統計的な変化について，K. N. Chaudhuri, 'Foreign Trade and Balance of Payments', in Dharma Kumar (ed.), *The Cambridge Economic History of India*, vol. II (Cambridge : Cambridge University Press, 1983), pp. 841-865 を参照。また，18世紀後半から19世紀前半にかけてのベンガルの貿易については，Amales Tripathi, *Trade and Finance in the Bengal Presidency 1793-1833* (Calcutta : Oxford University Press, 1979) を，インド貿易・内陸商業に関する研究動向については，Asiya Siddiqi, 'Introduction' を参照。

41) S. B. Singh, *European Agency Houses in Bengal (1783-1833)* (Calcutta : Firma K. L. Mukhopadhyay, 1966), pp. 18-21, 177-184.

42) Indrajit Ray, 'Ruin of the Shipbuilding Industry : Further Evidence of Discrimination', in Ray, *Bengal Industries*, Chap 6, pp. 171-205.

43) 例えば，小林篤史「19世紀前半における東南アジア域内交易の成長——シンガポール・仲介商人の役割」『社会経済史学』78-3，2012年，421-443頁。

44) 杉原薫「19世紀前半のアジア交易圏——統計的考察」籠谷直人・脇村孝平編『帝国とアジア・ネットワーク——長期の19世紀』（世界思想社，2009年），250-281頁。

45) 例えば，Indu Banga (ed.), *Ports and Their Hinterlands in India, 1700-1950* (Delhi : Manohar, 1992) ; Tsukasa Mizushima, George Bryan Souza and Dennis O. Flynn (eds.), *Hinterlands and Commodities : Place, Space, Time and the Political Economic Development of Asia over the Long*

Eighteenth Century (Leiden & Boston : Brill, 2015) など。

46) 杉原薫「インド近代史における遠隔地交易と地域交易——1868〜1938 年」『東洋文化』82，2000 年，1-46 頁。

47) 例えば，JSPS 科研費 JP24243045「世界貿易の多元性と多様性——「長期の 19 世紀」アジア域内貿易の動態とその制度的基盤」（研究代表者：城山智子）。その成果の一部は，下記ウェブサイトで公開されている（http://www.veha.e.u-tokyo.ac.jp/）。

48) Ray, *Bengal Industries*. これには，インドにおける脱工業化に関するこれまでの議論の詳細なレヴューが含まれている。なお，ラエの脱工業化論の内容と問題点については，神田さやこ「19 世紀半ばにおけるベンガル製塩業衰退要因の再検討——「脱工業化」をめぐる一考察」『三田学会雑誌』109-3，2016 年）を参照。

49) Douglas E. Haynes, Abigail McGowan, Tirthankar Roy and Haruka Yanagisawa (eds.), *Towards a History of Consumption in South Asia* (New Delhi : Oxford University Press, 2010).

50) 例えば，C. A. Bayly, 'The Origins of Swadeshi (Home Industry) : Cloth and Indian Society, 1700-1930', in Arjun Appadurai (ed.), *The Social Life of Things : Commodities in Cultural Perspective* (Cambridge, New York, and Melbourne : Cambridge University Press, 1986) ; Lisa Trivedi, *Clothing Gandhi's Nation* (Bloomington : Indiana University Press, 2007)。また，最近のグローバル・ヒストリー研究における綿業研究においても，消費面はとくに注目されている。Giorgio Riello and Tirthankar Roy, *How India Clothed the World : The World of South Asian Textiles, 1500-1850* (Leiden and Boston : Brill, 2009) ; Giorgio Riello and Prasannan Parthasarathi, *The Spinning World : A Global History of Cotton Textiles, 1200-1850* (Oxford and New York : Oxford University Press, 2009).

51) 例えば，柳澤悠『現代インド経済——発展の淵源・軌跡・展望』（名古屋大学出版会，2014 年）。

52) 多様性社会という概念と，さまざまな角度からの多様性の議論について，田辺明生・杉原薫・脇村孝平編『現代インド 1　多様性社会の挑戦』（東京大学出版会，2015 年）を参照されたい。

53) 籠谷直人「戦前の日本製綿布・人絹布のインド市場での受容」（社会経済史学会第 83 回全国大会パネル「20 世紀前半におけるインド社会経済の変容と日印貿易関係——消費，表象，アイデンティティ」報告論文）。同様のことは，日本製ガラス製品やタイルの事例にもみられる。以下を参照。大石高志「近代インドの社会動態と日本製輸出雑貨との連関——模倣・模造・差別化の中の装身品」；豊山亜希「戦間期インドにおける日本製タイルの受容とその記号性」いずれも『社会経済史学会』82-3，2016 年。東アジアに関しても，類似の問題意識をもつ研究が進んでいる。例えば，古田和子「貿易と文化触変——近代アジアにおける模倣・偽造と市場の重層性」平野健一郎他編『国際文化関係史研究』（東京大学出版会，2013 年），152-170 頁。

54) E. A. リグリィ（近藤正臣訳）『エネルギーと産業革命——連続性・偶然・変化』（同文舘，1991 年）。

55) Kenneth Pomeranz, *The Great Divergence : China, Europe and the Making of the Modern World Economy* (Princeton : Princeton University Press, 2000) (K. ポメランツ（川北稔監訳）『大

注（序　章）　**299**

分岐——中国，ヨーロッパ，そして近代世界経済の形成』名古屋大学出版会，2015
年）；Robert C. Allen, *The British Industrial Revolution in Global Perspective* (Cambridge : Cambridge University Press, 2009) ; Prasannan Parthasarathi, *Why Europe Grew Rich and Asia Did Not : Global Economic Divergence, 1600-1850* (Cambridge : Cambridge University Press, 2011) ; Tirthankar Roy, 'Did Globalisation Aid Industrial Development in Colonial India? : A Study of Knowledge Transfer in the Iron Industry', *Indian Economic and Social History Review*, 46-4, 2009, pp. 579-613.

56）長期的なインドの燃料問題については，神田さやこ「近現代インドのエネルギー——市場の形成と地域性」田辺他編『多様性社会の挑戦』85-109 頁を参照。

57）Morris D. Morris, 'The Growth of Large-Scale Industry to 1947', in Kumar (ed.), *The Cambridge Economic History*, pp. 599-600.

58）Roy, 'Did Globalisation Aid Industrial Development in Colonial India?' いくつかの事例については，神田「近現代インドのエネルギー」を参照。

59）19 世紀後半以降の耕地開発について，John F. Richards, James R. Hagen and Edward S. Haynes, 'Changing Land Use in Bihar, Punjab and Haryana, 1850-1970', *Modern Asian Studies*, 19-3, 1985, pp. 699-732；谷口晉吉「デルタの開発と人口増加，人口動態／開発の進行」臼田雅之・佐藤宏・谷口晉吉編『もっと知りたいバングラデシュ』（弘文堂，1993 年），63-72 頁。

60）在来産業における燃料と市場における嗜好との関係については，神田「近現代インドのエネルギー」を参照。

61）インドに関して，例えば，大石高志「日印合弁・提携マッチ工場の成立と展開 1910〜20 年代——ベンガル湾地域の市場とムスリム商人ネットワーク」『東洋文化』82，2002年；同「環インド洋世界とインド人商人のネットワーク——植民地期における複合性・多様性」田辺他編『多様性社会の挑戦』があげられる。

62）C. A. Bayly, *Rulers, Townsmen and Bazaars : North Indian Society in the Age of British Expansion 1770-1860* (Cambridge : Cambridge University Press, 1983) ; Rajat Ray, 'Asian Capital in the Age of European Domination : The Rise of the Bazaar, 1800-1914', *Modern Asian Studies*, 29-3, 1995, pp. 449-554；両者の研究を含む研究動向については，三木さやこ「インド経済史研究と「バザール経済」——C. A. Bayly と Rajat K. Ray を中心に」『三田学会雑誌』92-2，2000 年，189-205 頁を参照。

63）「アジア交易圏論」については，古田和子『上海ネットワークと近代東アジア』（東京大学出版会，2000 年），201-220 頁を参照。流通ネットワークに関する実証研究として，杉山伸也・リンダ・グローブ編『近代アジアの流通ネットワーク』（創文社，1999 年）；古田『上海ネットワーク』；籠谷・脇村編『帝国のなかのアジア・ネットワーク』。

64）この時期のカルカッタにおける商業・金融業を分析した研究として，N. K. Sinha, *The Economic History of Bengal 1793-1848*, vol. 3 (Calcutta : Firma K. L. Mukhopadhyay, 1984, 1st published in 1960) があげられる。銀行とシュロフの活動については，A. K. Bagchi, *The Evolution of the State Bank of India : The Roots, 1806-1876*, Part I (Oxford : Oxford University Press, 1987) がある。本書もシンホとバグチの議論に多くを依拠している。

65）Blair B. Kling, *Partner in Empire : Dwarkanath Tagore and the Age of Enterprise in Eastern India* (Calcutta : Firma KLM Private, 1981). EIC 社員の私貿易が拡大するなかで台頭したバニヤンの活動は，P. J. Marshall, *East Indian Fortunes : The British in Bengal in the Eighteenth Century* (Oxford : Clarendon Press, 1976) ; Marshall, *Bengal : The British Bridgehead* を参照。

66）Singh, *European Agency Houses*, pp. 176-187.

67）19 世紀前半のこうした大実業家の活動については，Sinha, *The Economic History*, vol. 3, pp. 88-127。1825 年にラムドゥラル・デーが死去すると，事業は息子のアシュトシュに引き継がれた。

68）同商会の活動について，Kling, *Partner in Empire*, pp. 73-155 を参照。クリングは，この事業に後の植民地期インドで支配的な形態となる経営代理制度の原型を見いだしている（Blair B. Kling, 'The Origin of the Managing Agency System in India', *Journal of Asian Studies*, 26-1, 1966, pp. 37-47）。経営代理制度に関する近年の研究として，Chikayoshi Nomura, 'The Origin of the Controlling Power of Managing Agents over Modern Business Entreprises in Colonial India', *Indian Economic and Social History Review*, 51-1, pp. 95-132 など。なお，ダルカナト・タゴールはアジア初のノーベル文学賞受賞者である詩聖ラビーンドラナート・タゴール（ロビンドロナト・タクル）の祖父にあたる。ラビーンドラナートについては，丹羽京子『タゴール（新装版）』人と思想 119（清水書店，2016 年）。

69）このことは以下で指摘されている。E. Stokes, 'The First Century of British Colonial Rule in India', *Past and Present*, 58, 1973, pp. 136-160 ; Bernard S. Cohn, 'The Initial British Impact on India : A Case Study of the Banaras Region', in Alavi (ed.), *The Eighteenth Century*, pp. 240-244 ; Bayly, 'The Age of Hiatus', p. 249 など。とはいえ，水谷智の研究が教育の問題点を明らかにしているように，必ずしも統治者が意図したほどリクルートは簡単ではなかったようである（Satoshi Mizutani, 'The Emergence of 'Semi-Educated Natives' : The Colonial Politics of Education and Bureaucratic Recruitment in Bengal, ca. 1830-1880', 第 4 回国際ベンガル学会発表論文，2015 年 12 月 12-13 日，東京外国語大学）。

70）パートナーの時代の終焉について，Sinha, *The Economic History*, vol. 3, pp. 117-127 ; Kling, *Parner in Empire*, pp. 230-246 を参照。ベンガル人実業家が撤退するなかで，シル家（モティラルの息子のヒララル）は 1863 年の時点で蒸気船運行会社を所有していた（Kling, *Partner in Empire*, p. 245）。

71）19 世紀前半のアジアにおけるイギリス系近代的銀行・イースタン・バンクの動向については，川村朋貴「東インド会社とイースタン・バンク——Bank of Asia の設立計画とその失敗（1840〜1842 年）」『西洋史学』207, 2002 年，185-207 頁；同「イギリス東インド会社解散以前のイースタン・バンク問題，1847〜1857 年」『社会経済史学』71-2, 2005 年，151-173 頁を参照。バザールについては，Ray, 'Asian Capital' が詳しい。また，R. ラエのバザールに関する議論は，三木「インド経済史研究と「バザール経済」」も参考になる。

72）Anthony Webster, *The Richest East India Merchant : The Life and Business of John Palmer of Calcutta, 1767-1836* (Woodbridge : The Boydell Press, 2009) ; Webster, *The Twilight of the*

East India Company : The Evolution of Anglo-Asian Commerce and Politics 1790-1860 (Woodbridge : The Boydell Press, 2009) ; Sinha, *The Economic History*, vol. 3, pp. 135-136.

73) その後，ボロバジャルがマールワーリーの拠点となっていったことはよく知られている。現在のカルカッタでは，ボロバジャルはバラーバザールでもあり，ベンガル語よりもヒンディー語が通じる世界である。ボロバジャルにおけるマールワーリーの活動については，Anne Hardgrove, *Community and Public Culture : The Marwaris in Calcutta* (New Delhi : Oxford University Press, 2004)。

74) Medha M. Kudaisya, *The Life and Times of G. D. Birla* (New Delhi : Oxford University Press, 2003), p. 29.

75) マールワーリーのシュロフや，そのゴマスタは，ボロバジャルのゴーパール・ダース・マノーハル・ダース銀行の支店で定期的な集会を開いていたという。かれらは用心深く，カルカッタを越えて流通しない銀行券を取り扱わなかった。なぜなら，カルカッタと地方の交易の収支はカルカッタに不利であり，カルカッタから資金が流出する可能性が高かったからである（Sinha, *The Economic History*, vol. 3, pp. 89-92）。

76) Sinha, *The Economic History*, vol. 3, pp. 124-125.

77) Sinha, *The Economic History*, vol. 3, pp. 93-111.

78) ベイリーもまた，ジョイント・ファミリーによる経営や結婚パターンが家産を分散させやすく，ビジネスで成功する伝統をつくりにくいことを指摘している（C. A. Bayly, 'South Asia and the "Great Divergence"', *Itinerario*, 24-3/4, 2000, p. 96）。

79) Sinha, *The Economic History*, vol. 3, pp. 82, 114.

80) Sanjay Subrahmanyam (ed.), *Merchants, Markets and the State in Early Modern India* (Delhi : Oxford University Press, 1990).

81) Datta, *Society, Economy and the Market*. チョクロボルティは，ゴマスタ，パイカール，ダラールなどの仲介者の活動が，EIC の生産過程や市場への介入をいかに困難なものにしたかを明らかにしている（Shubhra Chakrabarti, 'Collaboration and Resistance : Bengal Merchants and the English East India Company, 1757-1833', *Studies in History*, 10-1, 1994）。ビハールに関するチャタジの研究もこうした一連の動向に位置づけられるであろう（Chatterjee, *Merchants, Politics and Society*）。

82) Tilottama Mukherjee, *Political Culture and Economy in Eighteenth-Century Bengal : Networks of Exchange, Consumption and Communication* (Delhi : Orient Blackswan, 2013).

83) ベンガル北部に関するブキャナン（F. Buchanan）報告を詳細に分析した谷口晋吉の研究がある（谷口「一九世紀初頭北ベンガルの流通と手工業」）。

84) Sumit Sarkar, *The Swadeshi Movement in Bengal, 1903-1908* (Delhi : People's Publishing House, 1973), p.108 ; Hitesranjan Sanyal, *Social Mobility in Bengal* (Calcutta : Papyrus, 1981), p. 100.

85) インド経営史研究の動向については，神田「インド」を参照。

86) ベンガルでは，P. C. ラーイ（プラフッロチョンドロ・ラエ）のような科学者が起業する事例や，キショリラル・ムカジの製鉄工場など，19 世紀後半における工業への進出はみられる（Sarkar, *The Swadeshi Movement*, pp. 94-95）。また，バッギョクルのラエ家の

ように商業を継続した事例もあった。しかし，ラーイ自身が嘆くように，全体として，ベンガル系コミュニティは積極的にビジネスに進出しようとはしなかった（三上敦史『インド財閥経営史研究』同文舘，1993 年，83-93 頁）。

87）ラエによれば，かれらは両替業務にくわえて，支配層や EIC への融資をおこなっていた。1835 年の幣制改革によって，フンディの機能が縮小し，単なる商業手形となったことが，かれらの没落の主な要因と指摘されている（Rajat Kanta Ray, 'Introduction', in Rajat Kanta Ray, ed., *Entrepreneurship and Industry in India 1800-1947*, Oxford : Oxford University Press, 1992, pp. 13-14）。代表的な事例として，世界の大銀行家と称されたムルシダバードのジャガト・セト家（the Jagat Seths）は，ジャイナ教のマールワーリー（オースワル）であった。

88）Sinha, *The Economic History*, vol. 3, pp. 98-101 ; Bayly, *Rulers, Townsmen and Bazaars*, Chaps 10 & 11 ; Lakshmi Subramanian, 'A Trial in Transition : Courts, Merchants and Identities in Western India, circa 1800', *Indian Economic and Social History Review*, 41-3, 2004, pp. 269-292 ; Sheila Smith, 'Fortune and Failure : the Survival of Family Firms in Eighteenth-Century India', *Business History*, 35-4, 2006, pp. 44-65.

補論 1

1）Dennis Dalton, *Mahatma Gandhi : Nonviolent Power in Action* (New York : Columbia University Press, 1993), p. 115.

2）長崎暢子「ガンディーの時代」辛島昇編『新版世界各国史 7　南アジア史』（山川出版社，2004 年），385-401 頁。

3）長崎暢子「南アジアにおけるナショナリズムの再評価をめぐって――ガンディーのスワラージ」『アジア研究』48-1，16 頁。三つの大衆運動とは，1919〜22 年の非協力運動，1930〜34 年の不服従運動，1940〜42 年の「インドから出て行け（クィット・インディア）」運動を指す。

4）各管区内においても一率の課税方法がとられたわけではなかった。

5）John Strachey and Richard Strachey, *The Finances and Public Works of India from 1869 to 1881* (London : Kegan Paul, Trench & Co., 1882), pp. 215-222.

6）内国税関線および生け垣跡を調査したモクサンによれば，ウッタルプラデーシュ州イターワー地方で垣の跡を見ることができるという（Roy Moxham, *The Great Hedge of India*, London : Constable and Robinsons, 2001）。

7）Strachey and Strachey, *The Finances and Public Works*, pp. 221-222. 藩王国問題は製塩地を政府が借り受けることで決着した。

8）Strachey and Strachey, *The Finances and Public Works*, p. 222 より引用。

9）Bipan Chandra, *The Rise and Growth of Economic Nationalism in India : Economic Policies of Indian National Leadership, 1880-1905* (Delhi : People's Publishing House, 1966), pp. 535-536.

10）Chandra, *The Rise and Growth of Economic Nationalism*, pp. 536-537.

11）例えば，第一次世界大戦後の 1923 年には，強い反発のなかで財政赤字対策として税率

注（補論 1） 303

が 1 マンあたり 2.05 ルピーから 2.5 ルピーへと引き上げられた。しかし，翌年には再び引き下げられている（Dharma Kumar, 'The Fiscal System', in Dharma Kumar, ed., *The Cambridge Economic History of India*, vol. II : c. 1757-1970, Cambridge : Cambridge University Press, 1983, pp. 919-920）。

12) Chandra, *The Rise and Growth of Economic Nationalism*, p. 549 より引用。

13) Chandra, *The Rise and Growth of Economic Nationalism*, p. 549 より引用。

14) Chandra, *The Rise and Growth of Economic Nationalism*, pp. 536-537.

15) Chandra, *The Rise and Growth of Economic Nationalism*, pp. 538-543.

16) Chandra, *The Rise and Growth of Economic Nationalism*, p. 123 ; Sumit Sarkar, *The Swadeshi Movement in Bengal, 1903-1908*（Delhi : People's Publishing House, 1973), p. 109.

17) Chandra, *The Rise and Growth of Economic Nationalism*, pp. 125-127 ; Sarkar, *The Swadeshi Movement*, p. 96.

18) とりわけ，女性の合法的性行為可能年齢を 10 歳から 12 歳に引き上げるという条例（the Age of Consent Act）に反対するキャンペーンのなかで，ボイコットの政治化が進んだ（Sarkar, *The Swadeshi Movement*, p. 97）。

19) Sekhar Bandyopadhyay, *Caste, Protest and Identity in Colonial India : The Namasudras of Bengal, 1872-1947*（Richmond, Surrey : Curzon, 1997), p. 68 ; Sarkar, *The Swadeshi Movement*, p. 97.

20) 綿布についても，国産品は，製品の質・価格双方において，結果的に外国製品を代替することはなかった。また，1907 年頃には，カルカッタをはじめとするベンガル西部ではボイコットへの熱も冷め，実質的にボイコットは終わりつつあった（Sarkar, *The Swadeshi Movement*, pp. 145-148）。

21) これは今後の課題であるが，消費量をみれば，リヴァプール塩が一定量を維持していることがわかる。リヴァプール塩とドイツ塩を除く他の塩が天日塩であることを考慮すれば，やはり嗜好の問題が関係していたと考えられる。実際にスペインからの輸入は増加しているが（図補 1-1），天日塩であることを理由に反発も起きていた。

22) ノモシュドロについては，Bandyopadhyay, *Caste, Protest and Identity*, Chap 1, pp. 11-29 を参照。

23) Bandyopadhyay, *Caste, Protest and Identity*, pp. 64-73.

24) 臼田雅之によれば，近代ベンガルで，はじめてムスリム対ヒンドゥーの政治的対立構図が生じたのはスワデシ運動だったという（臼田雅之『近代ベンガルにおけるナショナリズムと聖性』東海大学出版会，32-33，254-255 頁）。もちろん，ヒンドゥー上位カースト主導のスワデシ運動にも，その後の非協力運動や市民的不服従運動にも連携して反対し，反国民会議派の立場も共有していたので，必ずしも紛争だけで両者の関係を議論することはできない（Bandyopadhyay, *Caste, Protest and Identity*, pp. 61-63）。

25) Sarkar, *The Swadeshi Movement*, pp. 142-143 ; 臼田『近代ベンガルにおけるナショナリズムと聖性』32-33 頁。

26) ショルカルのスワデシ運動評価について，臼田雅之「スワデシ運動における組織について――東ベンガル・バコルゴンジ県の祖国友好協会の場合」『史学』49-4，1980 年，

83-85 頁。

27) 1920 年代の非協力運動時にはガンディー自身が遊説に訪れたが，かれらを巻きこむことはできなかった。また，「塩の行進」後のガンディー逮捕によって市民的不服従運動はインド全土に広がったが，かれらは，こうした運動には距離をおいていた（Bandyopadhyay, *Caste, Protest and Identity*, pp. 117-123, 152-153）。ガンディーの「非暴力」とは対照的に，ベンガル東部は暴力で満ちあふれた地域であったが，ガンディーの非暴力運動の原型ともいうべき運動が，スワデシ運動期にバコルゴンジ県で組織されていた。その指導者であるオッシニクマル・ドットについて，臼田『近代ベンガルにおけるナショナリズムと聖性』を参照されたい。

第 1 章

1) EIC 統治期のアヘン専売についても同様のことが指摘されている。John F. Richards, 'The Opium Industry in British India', *Indian Economic and Social History Review*, 39-2&3, 2002, pp. 149-180.

2) Amales Tripathi, *Trade and Finance in the Bengal Presidency 1793-1833* (Calcutta : Oxford University Press, 1979), p. 1.

3) トゥリパティ以外にも多くの研究者がこの問題を指摘している。例えば，P. J. Thomas, *The Growth of Federal Finance in India : Being a Survey of India's Public Finances from 1838 to 1939* (London : Oxford University Press, 1939); Douglas M. Peers, *Between Mars and Mammon : Colonial Armies and the Garrison State in Early Nineteenth-Century India* (London and New York : Tauris Academic Studies, 1995); pp. 410-441; 松本睦樹『イギリスのインド統治——イギリス東インド会社と「国富流出」』（阿吽社，1996 年）；今田秀作『パクス・ブリタニカと植民地インド——イギリス・インド経済史の《相関把握》』（京都大学学術出版会，2000 年），第 1 章；John F. Richards, 'The Finances of the East India Company in India, c. 1766-1859', Working Papers no. 153/11, Economic History Department, London School of Economics and Political Science, Aug 2011; Richards, 'Fiscal States in Mughal and British India', in Bartolomé Yun-Casalilla and Patrick K. O'Brien (eds.), *The Rise of Fiscal States : A Global History 1500-1914* (Cambridge : Cambridge University Press, 2012).

4) Richards, 'Fiscal States', pp. 417-419.

5) 松本『イギリスのインド統治』18-19 頁。

6) Thomas, *The Growth of Federal Finance*, p. 47.

7) Thomas, *The Growth of Federal Finance*, p. 48 より引用。

8) Peers, *Between Mars and Mammon*, Chap 2.

9) Richards, 'The Finances of the East India Company'; Colonel Sykes, 'The Past, Present, and Prospective Financial Conditions of British India', *Quarterly Journal of Statistical Society*, 22-4, 1859, pp. 455-480). リチャーズが収集した統計やサイクスが利用した統計の大半は，英国議会文書に所収されている。それらをすべて検証し，細かく検討することは本書の目的を超えている。また，商業部門の検討も別途必要であろう。これらの問題については別の機会に改めて検討してみたい。

注（第 1 章）　305

10）Sykes, 'The Past, Present, and Prospective Financial Conditions', pp. 461, 468.

11）C. A. Bayly, *Imperial Meridian : The British Empire and the World, 1780-1830* (London : Longman, 1989), p. 2.

12）中里成章「ベンガル藍一揆をめぐって (1)　イギリス植民地主義とベンガル農民」『東洋文化研究所紀要』83, 1981 年, 71-79 頁；松本『イギリスのインド統治』26-32 頁。

13）Javier Cuenca Esteban, 'The British Balance of Payments, 1772-1820 : India Transfers and War Finance', *Economic History Review*, 54-1, 2001, pp. 58-86. 金子勝もまた, イギリスの「安価な政府」が世界的な軍事的政治的優位を実現しえた背景として, インド財政の重要性を指摘している（金子勝「「安価な政府」と植民地財政──英印財政関係を中心にして」『商学論集』48-3, 福島大学経済学会, 1983 年, 97-163 頁）。18 世紀後半から 19 世紀前半のイギリスと EIC 領土との金融・財政関係の緊密化については, H. V. Bowen, *The Bussiness of Empire : The East India Company and Imperial Britain, 1756-1833* (Cambrige : Cambridge University Press, 2006), pp. 29-43 も参照。

14）それ以前の投資家はオランダ人を中心とした外国人を含むロンドンの商業・金融関係者が大多数を占めた。1780 年代以降もロンドンとイングランド南東部在住の投資家が依然として多いものの, 外国人に代わってしだいに地方在住のイギリス人投資家も増加し, EIC の海外での利益はイギリス全体に行きわたるようになった（Bowen, *The Business of Empire*, pp. 84-117）。

15）E. Whitcombe, 'Irrigation', in Dharma Kumar (ed.), *The Cambridge Economic History of India*, vol. II (Cambridge : Cambridge University Press, 1983), p. 678.

16）Richards, 'Fiscal States', p. 429.

17）Richards, 'Fiscal States', pp. 462-463.

18）Richards, 'Fiscal States', pp. 429-430.

19）Peers, *Between Mars and Mammon*, p. 4.

20）Peers, *Between Mars and Mammon*, pp. 8, 252-253.

21）金子「「安価な政府」と植民地財政」109-111 頁。

22）例えば, C. A. Bayly, *Rulers, Townsmen and Bazaars : North Indian Society in the Age of British Expansion 1770-1870* (Cambridge : Cambridge University Press, 1983) ; Lakshmi Subramanian, *Indigenous Capital and Imperial Expansion : Bombay, Surat and the West Coast* (Delhi : Oxford University Press, 1996) など。

23）P. J. Marshall, 'Introduction', in Marshall (ed.), *The Eighteenth Century in Indian History : Evolution or Revolution?* (New Delhi : Oxford University Press, 2003), pp. 34-36.

24）C. A. Bayly, 'The Age of Hiatus : The North Indian Economy and Society, 1830-50', in Asiya Siddiqi (ed.), *Trade and Finance in Colonial India 1750-1860* (Delhi : Oxford University Press, 1995). この時期の「不況」に関しては, C. A. Bayly, *Indian Society and the Making of the British Empire* (Cambridge : Cambridge University Press, 1988), Chaps 4 & 5, pp. 106-168 ; David Washbrook, 'Economic Depression and the Making of "Traditional" Society in Colonial India', *Transactions of the Royal Historical Society*, 6th Series, III, pp. 237-263 ; Asiya Siddiqi, 'Introduction', in Siddiqi (ed.), *Trade and Finance* ; 神田さやこ「19 世紀前半のインド経済

——「過渡期」をめぐる研究動向」社会経済史学会編『社会経済史学の課題と展望』（有斐閣，2012 年）を参照されたい。

25）例 え ば，Akhtar Hussain, 'A Quantitative Study of Price Movements in Bengal during Eighteenth and Nineteenth Centuries' (Ph. D. thesis, University of London, 1977) の研究によれば，ベンガルから北インドにかけての地域では，米などいくつの商品について 19 世紀第 2 四半世紀にみられる物価の下落が必ずしもみられない。

26）専売制度以前の EIC 統治下のベンガルにおける塩の生産・取引に関しては，以下を参照。N. K. Sinha, 'Introduction', in Sinha (ed.), *Midnapur Salt Papers : Hijili and Tamluk, 1781-1807* (Calcutta : N. K. Sinha for the West Bengal Regional Records Survey Committee, 1954), pp. 1-24 ; Balai Barui, *The Salt Industry of Bengal 1757-1800 : A Study in the Interaction of British Monopoly Control and Indigenous Enterprise* (Calcutta : KP Bagchi, 1985), pp. 11-13, 108-110.

27）P. J. Marshall, *East Indian Fortunes : The British in Bengal in the Eighteenth Century* (Oxford : Clarendon Press, 1976), pp. 110-113. 特権とは「自由通関券（ダスタック）」を指す。これは 1651 年に EIC が決められた額を支払うことを条件に獲得した関税免除の特権であったが，社員の私的な取引に使用されたり，民間商人に転売されるなどし，悪用された（中里成章「英領インドの形成」佐藤正哲・中里成章・水島司『ムガル帝国から英領インドへ』世界の歴史 14，中公文庫，2009 年，288-289 頁）。

28）Marshall, *East Indian Fortunes*, p. 115.

29）Sinha, 'Introduction', p. 2 ; Barui, *The Salt Industry*, p. 14.

30）Barui, *The Salt Industry*, p. 17.

31）Report on the Commissioner Appointed to Inquire into and Report upon the Manufacture and Sale of, and Tax upon Salt in British India, BPP, 1856 [2084-I] [2084-II] [2084-III] [2084-IV] pp. 143-144.

32）1770 年代の塩専売制度については，Marshall, *East Indian Fortunes*, pp. 141-144 ; Barui, *The Salt Industry*, Chap 3 を参照した。

33）Barui, *The Salt Industry*, pp. 79-81.

34）H. R. Ghosal, *Economic Transition in the Bengal Presidency (1793-1833)* (Calcutta : Firma K. L. Mukhopadhyay, 1966), p. 96.

35）Marshall, *East Indian Fortunes*, pp. 143-144.

36）Sinha, 'Introduction', p. 5.

37）もっとも，かれらは製塩事業からの撤退によって没落したわけではなく，より大きな利益が期待できるインディゴ，アヘン，造船などに投資先を移したにすぎない。カントゥ・バブゥは EIC に生糸を卸すのみならず，多様な商品を扱う豪商であり，大ザミンダール（カシムバジャル領主ノンディ家）でもあった（カントゥ・バブゥについては，Somendra Chandra Nandy, *Life and Times of Cantoo Baboo, Krishna Kanta Nandy : The Banian of Warren Hastings. Period covered 1742-1804*, 2 vols., Calcutta, : Allied Publishers, 1978 and 1981 ; Nandy, *History of the Cossimbazar Raj in the Nineteenth Century. Period covered 1804-1897*, vol. 1, Calcutta : Dev-All Private Ltd., 1986)。ゴクル・ゴーシャルもまた，富裕

注（第1章）　307

なザミンダールであったのみならず，ベンガルからビハールにかけての広い地域で，ヨーロッパ系商人も含む多様な商人とのパートナーシップを組んでさまざまな商品を大規模に扱っていた。ゴクル・ゴーシャルは徴税請負ビジネスから撤退して間もなくの1779年に死亡したが，同家の商いおよび地所経営は息子のジョイナラョンが引き継いだ（N. K. Sinha, *The Economic History of Bengal from Plassey to the Permanent Settlement*, vol. 1, 3rd ed., Calcutta : Firma K. L. Mukhopadhyay, 1981, 1st published in 1956, pp. 105-106 ; Pradip Sinha, *Calcutta in Urban History*, Calcutta : KLM Private, 1978, p. 76）。

38）Balai Barui, 'Resistance of the Bengal-Zamindars to the East India Company's Salt Monopoly (1765-1836)', *Calcutta Historical Journal*, 2-2, 1978.

39）Letter from H. Vansittart on 10 Feb 1790, BRP-Salt, P/88/74, 29 Nov 1790.

40）ヒジリとトムルク製塩区には，地代の減免と引きかえに，ザミンダールから借りた塩田で塩を生産し，決められたレートでその塩をザミンダールに引き渡す *ajoorah* と呼ばれるモランギが存在した。かれらはザミンダールにきわめて従属的な立場にあった（Sinha, 'Introduction', pp. 13-17）。この *ajoorah* 制度が1794年に完全に廃止されたため，その補償金がザミンダールに与えられた。

41）1826年には，アッサムも専売地域に編入された。低地アッサム行政長官によると，アッサムで消費される塩は，チベット産岩塩や井戸塩，植物の灰であり，ベンガルからの輸入量は年間3,000マン程度であったという（BRP-Salt, P/101/34, 22 Feb 1828, no. 35）。

42）例えば，ベンガル塩会計年度1205年は，ベンガル塩では1798年10月1日から1799年9月30日，外国塩は1799年5月1日から1800年4月30日を指す。ただし，本書では，ベンガル塩と外国塩の供給時期とグレオリオ暦とのずれを調整するために，例えば1799年度における供給量は，1798年10月1日から1799年9月30日までに供給されたベンガル塩と1798年5月1日から1799年4月30日に供給された外国塩として計算している。

43）Ghosal, *Economic Transition*, p. 101 ; Appendix no. 4, BPP, vol. 10-2, 1831-32, pp. 552-557.

44）Report on the External and Internal Commerce of Bengal in the Year 1818/19, BCR, P/174/30 (1818-19).

45）モランギは，ザミンダールに従属的な *ajoorah* とより自由度の高い契約を意味する *thika* に分けられる。*thika* にも四つの層があった。さらに，*etmamdar, thikadar, hodadar, chooleah* などと呼ばれる中間者のなかには，いくつもの製塩場の実質的な所有者となる者も存在した（Sinha, 'Introduction', pp. 18-20）。このように，モランギはきわめて多様であった。

46）専売制度下のモランギの労働環境については，Sayako Kanda, 'Environmental Changes, the Emergence of a Fuel Market, and the Working Conditions of Salt Makers in Bengal, c. 1780-1845', *International Review of Social History*, 55, supplement, 2010, pp. 123-151 に基づいている。

47）この推計は，年間約300万〜400万マンの塩が生産されていること，モランギ1人あたりの年間生産量が約50マンと見積もられていること（BRP-Salt, P/101/11, 13 Jan 1826, no. 12）を根拠にしている。

48）人口は，ミドナプル県191万4060人，24パルガナズ県59万9595人，ジェソール県118万3590人，チッタゴン県70万800人と推計されている。推計の詳細については，本書第3章を参照。

49）Notes on the Manufacture of Salt in the Tamluk Agency, by H. C. Hamilton, Salt Agent, Dated Sep 23, 1852, Appendix B, BPP, vol. 26, 1856.

50）BRC-Salt, P/98/32, 18 Jul 1796, no. 1.

51）BRP-Salt, P/104/84, 7 Jan 1834, no. 1.

52）BRP-Salt, P/101/56, 6 Nov 1829, no. 8.

53）BRP-Salt, P/100/70, 17 Aug 1824, nos. 11-12.

54）BRC-Salt, P/100/3, 26 Apr 1816, nos. 6-8.

55）ベンガルの環境について，Ifthkhar Iqbal, *The Bengal Delta : Ecology, State and Social Change, 1840-1943* (Basingstoke and New York : Palgrave Macmillan, 2010), pp. 39-66 を参照。

56）BRP-Salt, P/104/84, 7 Jan 1834, no. 17. 例えば，1833年に5月にトムルク製塩区を襲った暴風雨と浸水は多大な人的・物的被害をもたらした。衛生環境の悪化は，モランギや人足の間に激しい胃腸炎（コレラ病）や熱病を蔓延させ，とりわけ，人足の3分の1から2分の1がそれによって死亡または逃亡したといわれる。また，燃料採取地が大きな被害を受け，さらにモランギの家の屋根の修繕に大量の藁を必要としたため，製塩区長は，燃料を製塩地以外から調達できるよう政府に要求するなどの対応をとった。

57）BRC-Salt, P/98/25, 26 May 1793, no. 2.

58）BRC-Salt, P/98/25, 11 Nov 1793, no. 4.

59）BRP-Salt, P/98/25, 26 Jul 1793, no. 2.

60）BRP-Salt, P/101/56, 6 Nov 1829, nos. 9-12.

61）BRP-Salt, P/101/56, 6 Nov 1829, no. 8.

62）BRP-Salt, P/101/56, 6 Nov 1829, nos. 7-8.

63）BRC-Salt, P/98/25, 9 Dec 1793, no. 1.

64）BRC-Salt, P/98/25, 9 Dec 1793, no. 1.

65）BRP-Salt, P/88/72, 3 Feb 1789 ; 25 Jan 1789 ; 10 Mar 1789.

66）BRC-Salt, P/98/25, 9 Dec 1793, nos. 1-2. 同製塩区内の一つの生産地区だけで，年間2,600ルピーの草地使用料が支払われた。

67）BRP-Salt, P/101/56, 6 Nov 1829, no. 8 ; BRP-Salt, P/104/84, 7 Jan 1834, no. 17. トムルク製塩区では，モランギは予備的な資金融通制度を利用し，航行が容易な冬場にルプナラヨン川の川岸や砂州まで遠出し，燃料となるアシ類を調達していた。

68）Note of H. M. Parker, BRP-Salt, P/105/23, 19 Apr 1836, no. 61. 西部塩取引監督区は，「フッグリ川西岸のダモダル川とシュボルノレカ川に挟まれた地域で，ミドナプルからさらに内陸に入った地域とフッグリ川西岸のカルカッタから25マイルの地点にあるニヤシャライまでの地域」であり，中部は，「フッグリ川東岸，ニヤシャライの対岸から24パルガナズ，ジェソール，バコルゴンジなどの地域にまたがり，メグナ川の西岸までを含む地域」であった。東部は「ダカから海までを含むメグナ川デルタ地域とメグナ川とフェ

注（第1章）　**309**

二川に囲まれた地域，メグナ川河口のハティヤ島，ションディプ島などの島々，マスカ
ル島までを含むチッタゴン県」である。ビハール塩取引監督区の西側の境界は，「ガー
ガラ川およびカルマナーサー川」である。

69）塩取引監督区内で販売される塩については，関所長が塩監督区内通過許可証（アトラフ
ィ・ロワナ）を別途発行し，その塩が正規のロワナに記載された塩の一部であり，禁制
塩ではないことを証明した。

70）Letter from the Agent at the Twenty-Four Parganas to the Board, BT-Salt, vol. 76, 22 Sep 1812.
製塩区長がこうした行動を単独でおこなうことは認められておらず，情報屋の雇用には
商務局の許可が，家宅捜索には警察の同行がそれぞれ必要であった。

71）Hidgellee & Enclosures, BT-Salt, vol. 103, 15 Aug 1815.

72）BRC-Salt, P/98/25, 20 Sep 1793, no. 3 ; BRP-Salt, P/105/23, 19 Apr 1836, no. 61.

73）BRC-Salt, P/100/32, 21 Apr 1820, no. 7.

74）BRC-Salt, P/98/27, 8 May 1795, no. 5 より計算。

75）S. B. Singh, *European Agency Houses in Bengal (1783-1833)* (Calcutta : Firma K. L.
Mukhopadhyay, 1966), pp. 176-187.

76）Enclosure in the Letter to J. H. Harington, Secretary to the Board of Revenue from E. H. Barlow,
Council Chamber, BRP-Salt, P/88/74, 29 Sep 1790.

77）BRC-Salt, P/99/16, 2 Jan 1806, no. 3.

78）アルコット・ルピーは，マドラス管区の通貨であり，1818年の通貨改革でマドラス・
ルピーとなった。

79）BRC-Salt, P/100/23, 16 Dec 1818, no. 11. なお，民間所有の塩田がなかったラジャムンド
リ県では，生産費はほぼ労賃だけであった。

80）同期間におけるヴィザガパトナム県の平均塩生産量は 19 万 920 マンで，そのうち約
41.7 パーセント（7 万 9680 マン）がベンガルに輸出された。タンジョール県では，生
産量 28 万 2240 マンのうち約 7.7 パーセントにあたる 2 万 1600 マンがベンガル市場向
けであった（BRC-Salt, P/100/23, 16 Dec 1818, no. 11）。

81）Sadananda Choudhury, *Economic History of Colonialism : A Study of British Salt Policy in
Orissa* (Delhi : Inter-India Publications, 1979), pp. 33-34, 83-86.

82）Choudhury, *Economic History of Colonialism*, p. 33.

83）BRC-Salt, P/98/41, 29 Apr 1802, no. 2.

84）G. Toynbee, *A Sketch of the History of Orissa from 1803 to 1828* (Calcutta : Bengal Secretariat
Press, 1873), p. 69.

85）Appendix F, no. 2, BPP, vol. 26, 1856, p. 573. ベンガルに輸入されたオリッサ塩は品質が高
い煎熬塩であった。「より高い技術でつくられているので不純物が少なく，硫酸マグネ
シウムなどの成分がきわめて多いので刺激性が強い。したがって，結果的には経済的」
な塩であると評価されている。

86）BRC-Salt, P/100/13, 12 Dec 1817, no. 2.

87）BRP-Salt, P/100/46,12 Dec 1822, no. 2 ; BRP-Salt, P/100/71, 22 Oct 1824, nos. 12-13.

88）1863 年の専売廃止以降，ベンガルでは民間による生産は限定的にしかおこなわれなか

ったが，オリッサでは民間製塩が引きつづきおこなわれた。専売に代わって，オリッサ塩には物品税が課税された。オリッサ煎熬塩はその後安価な天日塩（コロマンデル塩）などの「外国塩」との厳しい競争にさらされることになる。本書には，オリッサにおける専売・製塩業の展開を含めることはできなかったが，EIC が高塩価政策を放棄し，ベンガル製塩業の衰退が進行した 1830 年代後半以降の時期についてより詳細な議論をおこなううえで，ますます重要性を増すオリッサ製塩業の動向は重要である。この点については今後の課題としたい。

補論 2

1 ）Notes on the Manufacture of Salt in the Tamluk Agency, by H. C. Hamilton, Salt Agent, 23 Sep 1852, Appendix B, BPP, vol. 26, 1856. 図補 2-1〜4 もこの報告書に含まれている。

2 ）ライモンゴル製塩区の場合，250 マンの塩を生産するために，4,500 個の壺が必要であった（Enclosure in the Letter from B. Grindall, the Salt Comptroller, BRP-Salt, P/88/72, 8 Oct 1789）。すなわち，モランギ 1 人あたりの年間生産量が平均 50 マンとすると 1 人あたり年間 900 個の壺を使用したことになる。

3 ）Dakxin Barange, *The Lost Water : A Salt Worker's Life*（Documentary Educational Resources, 2007）に，この *chappakurna* と同じ様子が登場する。これは現在のグジャラート州カッチ小塩沼地域における製塩とそれに従事する人々の暮らしを撮ったドキュメンタリー映画である。グジャラートでは天日製塩法がとられているが，鹹砂生産工程では共通点もみられる。

第 2 章

1 ）J. H. Johnston, *Précis of Reports, Opinions, and Observations on the Navigation of the Rivers of India, by Steam Vessels*（London, 1831），p. 29.

2 ）BRP-Salt, P/100/68, 1 Jun 1824, no. 16；P/100/70, 15 Sep 1824, no. 16；P/100/71, 1 Oct 1824, no. 11；P/100/73, 28 Dec 1824, no. 20；P/101/11, 17 Jan 1826, no. 22. この塩取引監督区に含まれる主要関所は，ミドナプル県内外のアムタ，カシゴンジ，フッグリ川沿いのシュタヌティ，ギリハティ，ニヤシャライ，バブゴンジである。なお，ギリハティの位置を特定することはできなかった。

3 ）BRC-Salt, P/98/42, 29 Jul 1802, no. 4.

4 ）Letter from the Superintendent of Midnapore Salt Chokies, 10 Aug 1846, CSC, Midnapore, vol. 1, 1846.

5 ）ギリハティ，シュタヌティ，ニヤシャライで販売された 13 万 398 マンのうち，12 万 8323 マンがパトナー向けであった。出典は注 2 に同じ。

6 ）シュタヌティ，ニヤシャライ，シャルキヤの 3 塩関所から中部塩取引監督区（Superintendency of Miland Salt）内市場向けに 1824 年 4 月に発行されたロワナの記録簿（BRP-Salt, P/100/68, 1 Jun 1824, no. 18）および中部塩取引監督区における 1823 年 12 月，1824 年 3 月，4 月，5 月，10 月，11 月のロワナ記録簿に基づく（BRP-Salt, P/100/65, 2 Jan 1824, no. 18；P/100/67, 13 Apr 1824, no. 6；P/100/68, 1 Jun 1824, no. 18；P/100/68, 15 Jun

注（第2章）　311

1824, no. 15 ; P/100/72, 12 Nov 1824, no. 14 ; P/100/73, 14 Dec 1824, no. 9）。

7 ）1823 年 12 月，1824 年 3 月，5 月，10 月，11 月の関所記録に基づく。30 万 9444 マンの
うち，18 万 5295 マンがモドゥッカリ向けで，9 万 2620 マンがシラジゴンジ向けであった
（BRP-Salt, P/100/65, 2 Jan 1824, no. 18 ; P/100/67, 13 Apr 1824, no. 6 ; P/100/68, 15 Jun
1824, no. 15 ; P/100/72, 12 Nov 1824, no. 14 ; P/100/73, 14 Dec 1824, no. 9）。

8 ）James Taylor, *A Sketch of the Topography and Statistics of Dacca* (Calcutta : G. H. Huttmann,
Military Orphan Press, 1840）, p. 99.

9 ）BRP-Salt, P/101/59, 5 Jan 1830, no. 36A.

10）Taylor, *A Sketch of the Topography*, p. 99

11）BCSO-Salt, vol. 263, 4 Dec 1829, no. 8A.

12）Journal of a Tour through Part of the Backergunge Chokey's and Hath's during the Month of
January 1846 ; Journal of a Visit to the Mofussil during the Month of April 1846, CSC,
Backergunge, vol. 1 (1846）.

13）BRP-Salt, P/105/5, 21 Nov 1834, no. 1C. 例えば，ベンガル東部で話されるゴウル（純粋
ベンガル語）はベンガル西部の住民にとってまったく理解できない言葉であったといわ
れる（Taylor, *A Sketch of the Topography*, p. 264）。

14）BRC-Salt, P/100/15, 30 Jan 1818, no. 12 ; P/100/15, 6 Mar 1818, no. 5. 天日塩は，品質が高
い順に，白，茶，赤，黒と色で区別されている。東部インドでは白と茶の天日塩が消費
され，茶の天日塩はビハール東部のプルニヤー県が主な市場であった（BRP-Salt, P/
100/73, 14 Dec 1824, no. 29）。

15）BRP-Salt, P/104/84, 15 Jan 1834, no. 39.

16）Appendix E, no. 58, BPP, vol. 26 (1856）, p. 546.

17）Appendix F, no. 2, BPP, vol. 26 (1856）, p. 573.

18）Ranjan Kumar Gupta, *The Economic Life of a Bengal District : Birbhum 1770-1857* (Burdwan :
University of Burdwan, 1984）, p. 227.

19）BRC-Salt, P/99/2, 19 Feb 1803, no. 3 ; P/99/17, 20 Feb 1806, no. 10 ; P/99/41, 16 Feb 1811,
no. 2 ; P/100/3, 1 Mar 1816, no. 3.

20）具体的には，フッグリ，ブルドワン，ビルブム，ムルシダバード，ジャングル・モホル，
ノディヤ，ディナジプル，パトナー，ティルフト，ガヤー，シャーハーバード各県で天
日塩取引が確認された（BRP-Salt, P/104/84, 15 Jan 1834, nos. 13-38）。

21）以下の資料より計算した（Report on Salt in British India, Madras, Appendix L, BPP, vol. 26,
1856 ; Report on Salt in British India, Bengal, Appendix K, Enclosure A, BPP, vol. 26, 1856 ;
Minutes of Evidence taken before the Select Committee on Indian Territories, BPP, vol. 28,
1852-53, p. 159）。

22）以下の資料より計算した（BRC-Salt, P/99/2, 19 Feb 1803, no. 3 ; P/99/17, 20 Feb 1806, no.
10 ; P/99/41, 16 Feb 1811, no. 2 ; P/100/3 1 Mar 1816, no. 3 ; P/100/32, 23 Feb 1820, no. 2 ;
BRP-Salt, P/100/65, 27 Jan 1824, nos. 23A, 24 ; P/101/1, 18 Feb 1825, no. 40）。

23）BCR, P/174/31 (1819-20）; P/174/32 (1820-21）より計算。なお，数字は 2 年間の平均額
である。両年度の平均輸入額では，金属類（銅・鉄・鉛・水銀・錫・亜鉛など）が，

320 万 7171 ルピーで最も多く，イギリス製をはじめとする綿製品（227 万 7619 ルピー）がそれにつづいた。

24）1 マンあたり 3 ルピー（イギリス船籍の場合）の関税率に基づいて換算。

25）BRP-Salt, P/100/36, 20 Oct 1820, no. 4 ; P/100/43, 14 Sep 1821, no. 3A.

26）Sinnappah Arasaratnam, 'The Rice Trade in Eastern India 1650-1740', *Modern Asian Studies*, 22-3, 1988, pp. 531-549.

27）Sinnappah Arasaratnam, 'Coromandel' s Bay of Bengal Trade, 1740-1800 : A Study of Continuities and Changes', in Om Prakash and Denys Lombard (eds.), *Commerce and Culture in the Bay of Bengal 1500-1800* (Delhi : Manohar, 1999), p. 323.

28）1805 年におけるマドラス港の穀物輸入額は，約 520 万 6000 ルピーであり，商品輸入総額の約 36.3 パーセント（第 1 位）を占めていた（W. Milburn, *Oriental Commerce : A Geographical Description of the Principle Places in the East Indies, China and Japan*, vol. 2, London : Black, Parry and Co., 1813, pp. 47-48）。

29）BRC-Salt, P/100/23, 16 Dec 1818, no. 12.

30）ラジャムンドリ塩輸出は，コリンガ港一港に限定された。ネロール・オンゴール塩は，イスカパリ，ズバラディン，トゥマラペンタ，ドゥルガラージュパトナム，コッタパトナムをはじめとする数港から輸出された。これらの港は，イスカパリなどの比較的大きな港を除いて，北部コロマンデル沿岸の主要港とは異なる小規模な港である。塩の対ベンガル輸出は，こうした多くの小港における商取引を活発にした。

31）かれらの大半は，ゴダヴァリ河口のヤーナム，タラレブ，ニラパリ，グティナデヴィ，ベンダムールランカ，ナルサプルなどの町に住み，コリンガ港で沿岸交易に従事していた。ヴィザガパトナムやマスリパトナム在住の海運業者もコリンガ港を拠点とした塩交易に参加した。

32）スループ船は 1 本マスト縦帆帆船，スノウ船は 3 本マスト縦帆帆船，ブリグ船は平底の 2 本マスト横帆帆船である。ドニー船は，スループ船に似た南インド沿岸交易に利用される小船である（Robert L. Hardgrave Jr., *Boats of Bengal : Eighteenth Century Portraits by Balthazar Sylvyns*, Delhi : Manohar, 2001, pp. 60-62, 97-99, 113-115）。

33）BRP-Salt, P/100/73, 21 Dec 1824, no. 11.

34）コロマンデル海岸のテルグ商人は，*Komati, Beri Chetti, Balija Chetti* などいくつかのコミュニティに分かれていた（Sinnappah Arasaratnam, *Merchants, Companies and Commerce on the Coromandel Coast, 1650-1740*, Delhi : Oxford University Press, pp. 214-221）。

35）以下より集計（BRP-Salt, P/100/56, 16 Jan 1824, no. 12 ; P/100/66, 9 Mar 1824, no. 8A ; P/100/67, 2 Apr 1824, nos. 2-3 ; P/100/69, 16 Jul 1824, no. 2 ; P/100/70, 14 Sep 1824, no. 3 ; P/100/73, 21 Dec 1824, no. 11）。

36）BRC-Salt, P/100/32, 4 Feb 1820, no. 14.

37）1824 年の平均塩積載量は，スループ船 125.6 トン，スノウ船 196.7 トン，ブリグ船 172. 3 トン，ドニー船 66.7 トンであった。ヨーロッパ船（3 本マスト以上のシップ型横帆帆船）は 481〜888 トンの塩を積載していた（BRP-Salt, P/100/66, 9 Mar 1824, no. 8A ; P/100/67, 2 Apr 1824, nos. 2-3 ; P/100/68, 21 May 1824, no. 17 ; P/100/69, 16 Jul 1824, no.

注（第2章）　313

2 ; P/100/70, 14 Sep 1824, no. 3 ; P/100/71, 15 Oct 1824, no. 2B ; P/100/73, 21 Dec 1824, no. 11）。

38）BRC-Salt, P/100/32, 4 Feb 1820, no. 4.

39）チューリアには，ラッバイの他，マラッカイヤールなども含まれる。定義に関する議論については，Bhaswati Bhattacharya, 'The Chulia Merchants of Southern Coromandel in the Eighteenth Century : A Case Study for Continuity', in Prakash and Lombard (eds.), *Commerce and Culture*, pp. 285-289 を参照。

40）チューリア・ムスリム商人の環ベンガル湾交易活動については，Sinnappah Arasaratnam, 'The Chulia Muslim Merchants in Southeast Asia, 1650-1800', in Sanjay Subrahmanyam (ed.), *Merchants Networks in the Early Modern World* (Aldershot : Variorum, 1996) および Bhattacharya, 'The Chulia Merchants' を参照。

41）タミル系チェッティのコミュニティについては，Arasaratnam, *Merchants, Companies and Commerce*, p. 217 ; David West Rudner, *Caste and Capitalism in Colonial India : The Nattukottai Chettiars*, Indian edition (Delhi : Munshiram Manoharlal Publishers, 1994), pp. 26-31 を参照。テルグ系チェッティ商人もナガパティナムやナゴールまで活動範囲を拡大していたので，表2-4 に含まれている可能性がある。

42）19世紀半ば以前のナカラッタルの活動については，Rudner, *Caste and Capitalism*, pp. 53-64 を参照。

43）Milburn, *Oriental Commerce*, p. 89.

44）H. T. Colebrooke, *Remarks on the Husbandry and Internal Commerce of Bengal* (Calcutta, 1804, reprinted in London, 1806), pp. 15-22.

45）BRP-Salt, P/101/44, 11 Nov 1828, no. 1. この人口推計にはフランス，デンマーク，オランダ植民地を含んでいる。

46）各規模別村落の最高戸数から最低戸数を差し引いた数の3分の1に，最低戸数をくわえた数を村落数と計算する。例えば，250〜500戸規模では（500 − 250）÷ 3 + 250 = 333戸，1,000〜2,500戸の規模の場合は（2500 − 1000）÷ 3 + 1000 = 1500戸となる。

47）1810年にブルドワン県の調査をおこなったベイリー（Bayley）によれば，世帯あたりの人数は5.5人であり（BRP-Salt, P/101/44, 11 Nov 1828, no. 1），夫婦と子供2〜3人の単婚小家族が主流であった。また，この点については，中里成章「英領インドの形成」佐藤正哲・中里成章・水島司『ムガル帝国から英領インドへ』中公文庫，2009年，328-329頁を参照。

48）この推計には，オリッサのカタック県（198万4620人）が含まれていたが，除外した。

49）BRP-Salt, P/101/44, 11 Nov 1828, no. 1. なお，この地域で荒蕪地が増加した要因については諸説ある。

50）1シェル＝ 0.025マン＝約0.93キログラム。

51）参考として日本における年間塩摂取量を示しておくと，2010年度には3.87キログラム（男性4.16，女性3.58キログラム）であった（厚生労働省『平成22年国民健康・栄養調査結果の概要』17頁より計算）。

52）BRP-Salt, P/101/52, 10 Jul 1829, no. 17.

53) BRC-Salt, P/98/25, 30 Sep 1793, no. 3.

54) Letter from the Agent at the Twenty-Four Parganas, BT-Salt, vol. 76, 22 Sep 1812.

55) Appendix no. 19, BPP, vol. 17, 1836, p. 66.

56) BRC-Salt, P/98/42, 29 Jul 1802, no. 2.

57) Miscellaneous Records relating to Commerce, Customs, Salt and Opium : Accounts of Khalari Rents, vol. 12 (1783-84 to 1820-21), WBSA ; Petition of Petumber Naug, BT-Salt, vol. 73, 30 Jun 1812. シュリカントは，1790 年 9 月の競売で，1 万マンの 24 パルガナズ塩を買い付けていた（Appendix to the Months of Sep and Nov 1790, BRP, P/71/3）。

58) 測量士，建築士としてカルカッタで暮らしていたブレチンデン（Richard Blechynden）の 1798 年 4 月 17 日の日記によれば，シュリカントは，「私のバニヤンになりたいとほのめかしたが，耳が不自由なことがかれのいうことを理解できない良い口実になった」と記されている（Richard Blechynden, Diary, 17 Apr 1798, Blechynden Papers, vol. XXVIII, Add. Mss. 45605, BL）。なお，ブレチンデンは右耳が不自由であった（Peter Robb, *Sex and Sensibility : Richard Blechynden's Calcutta Diaries, 1791-1822*, Delhi : Oxford University Press, 2011, p. 1）。

59) Twenty four Pergunnahs and Enclosure, BT-Salt, vol. 85-2, 24 Aug 1813.

60) BRC-Salt, P/100/23, 4 Dec 1818, nos. 2-3.

61) BRP-Salt, P/100/47, 15 Mar 1822, no. 14.

62) BRC-Salt, P/99/17, 3 Apr 1806, no. 1.

63) BRC-Salt, P/98/41, 29 Apr 1802, no. 2.

64) BRC-Salt, P/98/41, 29 Apr 1802, no. 2. 1802 年の記録では，税額は荷牛 1 頭あたり 2 ルピーであり，その内訳は，マラーター領のザミンダールとボラブムのザミンダールが各 2 アナ，パチェットのザミンダールが 6 アナ，ザミンダールのゴマスタたちが 4 アナ，残りの 1 ルピー 2 アナは埠頭役人らのものになった。

65) BRC-Salt, P/100/32, 21 Apr 1820, no. 3.

66) BRC-Salt, P/100/32, 21 Apr 1820, no. 3. ヒジリ製塩区のなかでも，とくにポタシュプルとボグライという二つの生産地区が密売の拠点となっていた。ポタシュプルからはシュボルノレカ川の北東岸に広がる密林地域を経由して，ボルラムプルやその近隣のザミンダール地所に運ばれ，ボグライからは，北部マユルバンジ地域のシュボルノレカ川西岸あるいは南岸に設置されているザミンダールらの倉に運ばれた。その後，チョーターナーグプルに運ばれ，1 マンあたり 10.94〜12.75 ルピーで売りさばかれたという。

67) Letter from the Superintendent of the Western Salt Chokies, BT-Salt, vol. 103, 1 Aug 1815. ミルザープルには年間 54 万 9917 マンの塩が西方から輸入され，そのうち約 1 万 9835 マンがミルザープルで消費され，30 万 5719 マンがガンガー東に下ってベナレスに，残りの 22 万 4363 マンがビハールに密輸された。ベナレスに輸入された 30 万 5719 マンのうち，2 万 4621 マンがベナレスで消費され，27 万 8339 マンがさらに東方のガージープルに輸出された。ベナレスからビハールへの密輸は小規模であり，2,759 マンであった。ベナレスからガージープルに輸入された塩のうち，約半分にあたる 13 万 4028 マンがガージープルで消費され，残りの半分 13 万 4456 マンがさらに東方に，1 万 1805 マンが南に，

注（第2章）　315

すなわちビハールに密輸されたと推計されている。

68）Letter from the Superintendent of the Western Salt Chokies, BT-Salt, vol. 103, 1 Aug 1815.

69）Letter from the Superintendent of the Western Salt Chokies, BT-Salt, vol. 78, 1 Dec 1812；Twentieth Quarterly Report from the Superintendent of the Western Salt Chokies, BT-Salt, vol. 86, 5 Oct 1813.

70）BRP-Salt, P/105/27, 16 Sep 1836, no. 24；Appendix nos. 27, 28, BPP, vol. 17, 1836. 政府は，コロマンデル塩の密輸には，在来船が深くかかわっていると考えていたが，1820年代後半以降，大型の銅張り底のヨーロッパ船による塩輸入が増加すると，ヨーロッパ船による密輸の可能性が指摘されはじめた。なぜなら，政府は塩荷の積込み・積降ろしと輸送中に発生する損耗を8パーセントまで認めていたが，ヨーロッパ船の損耗率はそれをはるかに超過していたからである。また，容量が小さい在来船に大量の余剰塩をかくすことはそもそも不可能であった。

71）BRP-Salt, P/100/66, 27 Feb 1824, no. 1B. 1824年にペグーからシレットに向かっていたモグの塩船がダカで拿捕された。その塩はとくに魚の塩漬け用としてシレットで利用されるものであったという。

72）BRP-Salt, P/105/26, 12 Aug 1836, no. 19.

73）Diary of the Superintendent of Baugundee Salt Chaukis on 25 Apr 1848, CSC, Baugundee, 1848, vol. 29.

74）Letter from the Superintendent of Western Salt Chokies, BT-Salt, vol. 103, 1 Aug 1815；BRP-Salt, P/100/67, 14 May 1824, no. 21；BRP-Salt, P/101/56, 13 Oct 1829, no. 1.

75）シンドゥル・カリ（sindur khari）を指す（Buchanan-Hamilton, Account of the District of Behar and the City of Patna, vol. II, Mss. Eur. D. 86, BL, p. 115）。

76）BRP-Salt, P/101/56, 13 Oct 1829, no. 1；Letter from the Superintendent of Western Salt Chokies, BT-Salt, vol. 103, 1 Aug 1815.

77）例えばビハール県の事例にみられる（Buchanan-Hamilton, Account of the District of Behar, p. 115）。

78）BRP-Salt, P/100/67, 14 May 1824, no. 21.

79）Letter from the Superintendent of Western Salt Chokies, BT-Salt, vol. 103, 1 Aug 1815.

80）BRP-Salt, P/101/56, 13 Oct 1829, no. 1.

81）ブキャナンによれば，ビハール県では dhar，プルニヤー県では beldari と呼ばれる別の硝石の副産物も消費されていた。これらの種類は，カリと似たような方法で生産されたが，カリが硫酸塩であるのに対してそれらは塩化カリウムだという。Buchanan-Hamilton, Account of the District of Behar, p. 113；Francis Buchanan, An Account of the District of Purnea in 1809-10, edited by V. H. Jackson (Delhi 1986, 1st published in Patna 1928), pp. 549-555.

82）Letter from the Superintendent of Western Salt Chokies, BT-Salt, vol. 103, 1 Aug 1815；BRP-Salt, P/101/56, 13 Oct 1829, no. 1.

83）BRC-Salt, P/98/43, 23 Sep 1802, no. 2.

84）BRP-Salt, P/101/25, 20 Apr 1827, no. 5.

85）Blechynden, 'Diary', 24 Mar 1798, Blechynden Papers, vol. XXVII, Add. Mss. 45604, BL.

86）BRC-Salt, P/100/32, 21 Apr 1820, no. 3. ザミンダールの買取りレートは，製塩シーズン初期の 12 月から 1 月には 1 マンあたり 1.79 ルピー，ハイシーズンである 2 月から 5 月には 1.41 ルピーであった。製塩シーズン終了後の 6 月から 8 月には 2.05 ルピー，9 月から 11 月にかけては 2.56 ルピーとより高いレートが設定されていた。

87）BRC-Salt, P/98/42, 29 Jul 1802, no. 2.

88）Letter from the Superintendent of the Midland Salt Chokies, BT-Salt, vol. 72, 19 May 1812.

89）N. K. Sinha (ed.), *Midnapore Salt Papers : Hijili and Tamluk, 1781–1807* (Calcutta : N. K. Sinha for the West Bengal Regional Records Survey Committee, 1954), pp. 208–209 ; BCSO-Salt, vol. 263, 4 Dec 1829, no. 9.

90）BRC-Salt, P/99/17, 3 Apr 1806, nos. 1–9.

91）BCSO-Salt, vol. 263, 4 Dec 1829, no. 9. チョイトン・クンドゥ，ニル・パルチョウドゥリなどの大商人とそのゴマスタが，ブルドワン県のカルナやカトヤの市場に大量の不法生産塩を移入していたことが報告されている。

92）BRC-Salt, P/98/42, 27 Aug 1811.

93）BRC-Salt, P/100/23, 27 Nov 1818, no. 1.

第 3 章

1 ）実際には「市場への供給量」には民間輸入量と政府による直売（図 3-1 中の「その他の供給量」）も含まれる。これらが増加するのは 1830 年代半ば以降であるので，ここでは考慮しない。詳細は後述する（図 3-2 参照）。

2 ）BRP-Salt, P/101/52, 10 Jul 1829, no. 16 ; P/102/9, 27 Jan 1832, no. 20 ; P/105/35, 28 Feb 1837, no. 12 より計算。

3 ）詳細は本書第 7 章を参照。

4 ）BRP-Salt, P/101/70, 21 Jan 1831, no. 54.

5 ）BCSO-Salt, vol. 263, 4 Dec 1829, no. 10.

6 ）BRP-Salt, P/105/23, 19 Apr 1836, no. 61. 西部塩取引監督区は，カルカッタ，フッグリ，ミドナプル，シャルキヤ，トムルクおよび西部という六つの監督区に，東部は，バコルゴンジ，ブルヤ，チッタゴン，ダカ，東部（ナラヨンゴンジ）に，中部は，バルイプル，バウガンディ，ジェソール監督区に分割された。

7 ）Appendix C, Enclosure A, BPP, vol. 26, 1856, p. 500. 1835 年には，専任の監督区長に現地採用の役人（uncovenanted officers）が漸次任命されることになった。

8 ）BRP-Salt, P/101/56, 13 Oct 1829, nos. 1, 3.

9 ）BRP-Salt, P/101/70, 21 Jan 1831, no. 54.

10）BRP-Salt, P/105/20, 2 Jan 1836, no. 16.

11）BRP-Salt, P/101/33, 1 Feb 1828, no. 6.

12）BRP-Salt, P/100/65, 13 Feb 1824, no. 2.

13）BRP-Salt, P/100/65, 13 Feb 1824, no. 2.

14）N. K. Sinha (ed.), *Midnapore Salt Papers : Hijili and Tamluk, 1781–1807* (Calcutta : N. K.

注（第3章）　317

Sinha for the West Bengal Regional Records Survey Committee, 1954), pp. 195-197.

15) BRP-Salt, P/101/24, 3 Apr 1827, no. 26.

16) ギリシュチョンドロ・ボシュ著（オロク・ラエ，オショク・ウパッダエ編）『昔の警察署長の話』（カルカッタ：オヌプクマル・マヒンダル書店，初版 1888 年，第 2 版 1983年，第 3 版 1990 年），ベンガル語，165-166 頁。

17) Peter Robb, *Ancient Rights and Future Comfort : Bihar, the Bengal Tenancy Act of 1885, and British Rule in India* (Richmond, Surrey : Curzon, 1997), pp. 40, 46-48.

18) BRP-Salt, P/101/70, 21 Jan 1831, nos. 14, 28, 51.

19) BRP-Salt, P/101/48, 20 Feb 1829, no. 17 ; P/101/59, 26 Jan 1830, no. 38 ; P/101/70, 28 Jan 1831, no. 9 ; P/102/9, 21 Feb 1832, no. 26 ; P/102/19, 1 Feb 1833, no. 37 ; P/104/84, 28 Jan 1834, no. 18. 価格の詳細は本書第 6 章参照。

20) 塩買取り価格以外の費用として，塩事務所および塩関所に関する諸経費とシャルキヤ倉手数料が含まれるが，それらの割合はきわめて限定的であった。なお，この費用にはマドラス管区で発生する費用は含まれていない。

21) BRC-Salt, P/99/26, 11 Sep 1807, no. 2 ; P/99/30, 12 Aug 1808, no. 3 ; P/100/28, 24 Sep 1819, no. 2 ; P/100/36, 20 Oct 1820, no. 4 ; BRP-Salt, P/100/61, 30 Sep 1823, no. 11 ; P/100/72, 19 Nov 1824, no. 29 ; P/101/31, 4 Dec 1827, no. 7 ; P/101/42, 16 Sep 1828, no. 68.

22) 1821 年度まで在来船来航総数とコロマンデルからの来航数の差が大きいのは，統計上，在来船のなかに年間 20〜30 隻のアラブ船が含まれているためである。

23) 例えば，1826 年度の在来船の積荷では，その 85.8 パーセントが穀物であった（BCR, P/174/37, 1825-26）。穀物輸出量が少ない年には，在来船は他の主要輸出品である生糸・絹織物を輸出した。綿織物輸出はヨーロッパ船がほぼ独占していた。

24) BRC-Salt, P/100/23, 16 Dec 1818, no. 12.

25) Sinnappah Arasaratnam, *Maritime Commerce and English Power : Southeast India, 1750-1800* (Aldershot : Variorum, 1996), p. 268.

26) BRP-Salt, P/101/53, 18 Aug 1829, no. 3.

27) 塩交易は，かつての大港マスリパトナムの復活ももたらした。同港とペルシャ湾を結ぶ交易も好転したという（BRP-Salt, P/101/25, 10 Apr 1827, no. 6）。

28) BRP-Salt, P/100/67, 2 Apr 1824, nos. 2-3 ; P/100/69, 16 Jul 1824, no. 2 ; P/100/70, 24 Sep 1824, no. 3 ; P/100/73, 21 Dec 1824, no. 11.

29) BPP, Appendix 1, vol. 10-2, 1831-32, p. 470

30) Sydney Selvon, *Historical Dictionary of Mauritius* (Metuchen, N. J. and London : Scarecrow Press, 1991), pp. 88-89. 1820 年代後半以降，南インドを中心としてインドから多くの移民が製糖工場での労働に従事するようになった。その数は 1835 年の奴隷廃止以降に急増した。1834 年からインドからの移民が禁止される 1920 年までの間に約 50 万人がインドから移民した。

31) Selvon, *Historical Dictionary*, pp. xix, 189-190.

32) Horace Hayman Wilson, *A Review of the External Commerce of Bengal from 1813-14 to 1827-28* (Calcutta : Baptist Mission Press, 1830), p. 98.

33) BRP-Salt, P/101/53, 18 Aug 1829, no. 4.

34) BRP-Salt, P/101/53, 18 Aug 1829, no. 4.

35) BRP-Salt, P/101/53, 18 Aug 1829, no. 4.

36) BRP-Salt, P/105/27, 16 Sep 1836, no. 24.

37) *Calcutta Exchange Price-Current*, vol. 1, no. 150, WBSA.

38) BRP-Salt, P/100/46, 12 Feb 1822, no. 2.

39) BRP-Salt, P/100/71, 22 Oct 1824, nos. 12-13.

40) BRP-Salt, P/101/25, 8 May 1827, no. 1.

41) BRP-Salt, P/101/59, 22 Jan 1830, nos. 37-38.

42) BRP-Salt, P/101/12, 28 Feb 1826, no. 5.

43) 1802 年度から 29 年度における塩部局や塩関所関係の経費は 100 マンあたり 5.9 ルピーと安定していた。この費用が増加したのは，1819 年に塩専売の管轄が商務局から関税・塩・アヘン局に移行した時のみである。

44) BRP-Salt, P/88/74, 17 Nov 1790.

45) BRP-Salt, P/88/72, 12 Nov 1789.

46) BRP-Salt, P/100/47, 25 Mar 1822, no. 7.

47) Appendix F, no. 2, BPP, vol. 26 (1856), p. 573.

48) ヒジリのザミンダールらがモランギから買いとるレートは 1 マンあたり 1.41〜2.56 ルピーであった（BRC-Salt, P/100/32, 21 Apr 1820, no. 3）。本書第 2 章も参照。

49) Letter to the Governor General in Council, BT-Salt, vol. 86, 21 Sep 1813.

50) BRP-Salt, P/100/47, 19 Mar 1822, no. 16.

51) BRP-Salt, P/101/56, 6 Nov 1829, no. 7.

52) Letter from John Palmer to J. Reed (29 Dec 1826), pp. 17-18 ; Letter from John Palmer to J. Reed (26 Jan 1826), pp. 104-106 ; Letter from Ragoo Ram to J. Reed (7 Mar 1827), pp. 208-210, Palmer Papers (MS English Letters, c. 105), Bodleian Library. シャゴル島では実験的にイギリス人らによる製塩がおこなわれていた（後述）。ヒジリのモランギは，シャゴル島対岸のカジュリの口入れ屋（サルダール）を通じて，ジョン・パーマーの所有地に集められた。

53) BRC-Salt, P/100/22, 2 Oct 1818, no. 6.

54) N. K. Sinha, 'Introduction', in Sinha (ed.), *Midnapore Salt Papers*, p. 9.

55) P. J. Marshall, 'The Company and the Coolies : Labour in Early Calcutta', in Pradip Sinha (ed.), *The Urban Experience : Calcutta, Essays in Honour of Professor Nitish R. Ray* (Calcutta, 1987), pp. 33-34.

56) Benoy Chowdhury, *Growth of Commercial Agriculture in Bengal, 1757-1900*, vol. 1 (Calcutta : R. K. Maitra, 1964), pp. 27-36.

57) Shubhra Chakrabarti, 'Collaboration and Resistance : Bengal Merchants and the English East India Company, 1757-1833', *Studies in History*, 10, 1994, pp. 117-124.

58) Sugata Bose, *Peasant Labour and Colonial Capital : Rural Bengal since 1770* (Cambridge : Cambridge University Press, 1993), pp. 47-48. 1830 年代になると，労働者のバーゲニン

注（第4章）　319

グ・パワーはしだいに失われ，商品作物栽培農家の暮らし向きも悪化したようである。モランギの労働環境に関する議論は，Sayako Kanda, 'Environmental Changes, the Emergence of a Fuel Market, and the Working Conditions of Salt Makers in Bengal, c. 1780-1845', *International Review of Social History* 55, supplement, 2010 を参照。

59）Indrajit Ray, *Bengal Industries and the British Industrial Revolution（1757-1857）*（Abington and New York : Routledge, 2011），Chap 6, pp. 171-205. ラエは，製藍業の他に，綿織物，絹織物，製塩，造船の各産業でも 1820 年代までは十分な雇用を生んでいたことを指摘している。

60）製塩費用における燃料費は 40 パーセントにのぼった（Appendix C, no. 2, BPP, vol. 26, 1856, p. 478）。

61）BT-Salt, vol. 86, 21 Sep 1813.

62）ニラッキ（Neelakshi）は青い目を意味するので，青々とした森が広がっていたことが想像される。

63）カハンは藁の重量を示す単位である。

64）プリンセプ製塩事業については，Blair B. Kling, *Partner in Empire : Dwarkanath Tagore and the Age of Enterprise in Eastern India*（Calcutta : Firma KLM Private, 1981），pp. 130-137 を参照。

65）シャゴル島協会（the Saugor Island Society）は，ジョン・パーマーにくわえて，ジェイムズ・ヤング（James Young）とベンガル人の起業家であるラムドゥラル・デー，ハリモホン・タゴール，ゴピモホン・デーブによって設立された。とくにパーマーはシャゴル島の自らの所有地での製塩業に積極的に従事した。しかし，シャゴル島では，在来の煎熬方法が採用され，技術革新の道を開くことはなかった（G. A. Prinsep, *Sketch of the Proceedings and Present Position of the Saugor Island Society and its Lessees*, Calcutta : Baptist Mission Press, 1831, pp. 91-95）。

66）Letter from John Palmer to J. Reed（26 Jan 1826），Palmer Papers（MS English Letters, c. 105），pp. 104-106.

67）BRP-Salt, P/101/54, 18 Aug 1829, no. 63.

68）BRP-Salt, P/101/59, 5 Jan 1830, no. 36A.

第 4 章

1 ）BRP-Salt, P/101//70, 21 Jan 1831, no. 54. オリッサを含むベンガル管区全体でみれば，1836 年の競売廃止後の 1830 年代末から 40 年代前半にかけての時期に塩専売利益はふたたび元の水準を回復している（本書第 1 章図 1-8 参照）。その理由として，競売廃止後の固定価格が過去 10 年間の平均落札価格から算定されたため，専売塩の高値が継続した点も指摘しうるが，落札価格が高いオリッサ塩の割合が増加していることも増益の原因でもある。

2 ）BRP-Salt, P/105/20, 2 Jan 1836, no. 16.

3 ）Cyril S. Fox, *Coal in India : I (The Natural History of Indian Coal), Memoirs of the Geological Survey of India*, LVII（Calcutta : Government of India, Central Publication Branch, 1931），p. 2.

4 ）ダモダル渓谷炭田はブルドワン炭田と呼ばれることもあるが，実際には，ダモダル川，バラカル川，オジョイ川沿いの広大な地域であり，ブルドワンのみならずバンクラ，ビルブム，それらに近接するチョーターナーグプルの諸地方を含む地域に広がっている（Notes from Mr. J. Homfray, to the Collector of Burdwan, 27 Aug 1841, Copy of Dr. McClelland Report of the Coal Fields of India, p. 138, BPP 1863（372）East India（Coal Fields））。なお，本書では，これらの炭田を総称してダモダル渓谷炭田と呼び，そこで生産される石炭をブルドワン炭と呼ぶ。市場ではこの地域で産出される石炭はブルドワン炭と総称されている。

5 ）J. H. Johnston, *Précis of Reports, Opinions, and Observations on the Navigation of the Rivers of India, by Steam Vessels*（London, 1831），p. 29.

6 ）Johnston, *Précis of Reports*, p. 29.

7 ）Blair B. Kling, *Partner in Empire : Dwarkanath Tagore and the Age of Enterprise in Eastern India*（Calcutta : Firma KLM Private, 1981），p. 99.

8 ）Kling, *Partner in Empire*, p. 99.

9 ）Kling, *Partner in Empire*, p. 98.

10）Report of a Committee for the Investigation of the Coal and Mineral Resources of India, for May 1845, Marine Department（L/MAR/C/604），BL.

11）Copy of Dr. McClelland's Report on the Coal Fields.

12）Report of Committee for Investing the Coal Resources of India for 1841 & 1842, Marine Department（L/MAR/C/604）.

13）Kling, *Partner in Empire*, pp. 94-121. ラニとは女王を意味する。

14）Kling, *Partner in Empire*, p. 105.

15）ラニゴンジ炭の水分，灰分含有量はそれぞれ6.10パーセント，14.60パーセントであり，チェラプンジ炭の2.14パーセント，2.77パーセントと比較するときわめて高いことが分かる（Fox, *Coal in India*, p. 28）。なお，チェラプンジ炭田は現在のメーガーラヤ州の東カシ・ヒルズ地域にある。

16）Kling, *Partner in Empire*, p. 98.

17）BSP, P/173/24, 18 Feb 1839, no. 7. ガンガー沿いのラジモホル，モンギール，ダーナープル，ガージープル，ミルザープルの見積り貯炭量がとくに多かった。このことは，カルカッタから離れた地域における貯炭の重要性を示している。

18）BSP, P/173/24, 18 Feb 1839, no. 22.

19）BSP, P/173/17, 13 Feb 1837, no. 2.

20）BSP, P/173/24, 28 Jan 1839, no. 14.

21）BSP, P/173/24, 28 Jan 1839, no. 8.

22）BSP, P/173/24, 18 Feb 1839, no. 24

23）BSP, P/173/24, 6 May 1839, no. 22.

24）BSP, P/173/18, 28 Sep 1837, no. 14.

25）BSP, P/173/16, 10 Oct 1836, nos. 5, 8.

26）Henry T. Bernstein, *Steamboats on the Ganges : An Exploration in the History of India's*

注（第 4 章） 321

Modernization through Science and Technology (Hyderabad : Orient Longman, 1960), p. 111.

27）BSP, P/173/23, 10 Jun 1839, no. 6.

28）BSP, P/173/31, 16 Nov 1840, no. 11.

29）BSP, P/173/31, 9 Nov 1840, no. 26.

30）Letter from R. Hunter, the Collector of Zillah Backergunge, on 27 Jun 1818, Barisal Records, Letters Issued, vol. 226.

31）BSP, P/173/31, 9 Nov 1840, nos. 24, 26.

32）Ranjan Kumar Gupta, 'Birbhum Silk Industry : A Study of Its Growth to Decline', *Indian Economic and Social History Review*, 17-2, 1980, pp. 213.

33）BRP-Salt, P/104/84, 7 Jan 1834, no. 17.

34）Khondker Ifthkhar Iqbal, 'Ecology, Economy and Society in the Eastern Bengal Delta, c. 1840-1943' (Ph. D. thesis, University of Cambridge, 2005), pp. 6, 16, 35-44.

35）BRP-Salt, P/106/9, 11 Feb 1840, no. 10 ; P/106/38, 9 Jan 1843, no. 17.

36）BRP-Salt, P/106/65, 2 Jan 1846, no. 59 ; P/109/28, 6 Jan 1848, no. 14.

37）Note on the Manufacture of Salt in the Tamluk Agency, Appendix B, BPP, vol. 26, 1856, pp. 443-444.

38）BRP-Salt, P/106/65, 2 Feb 1846, no. 36. ; BRP-Salt, P/111/24, 25 Feb 1857, nos. 6-7.

39）Note on Manufacture, Storage, Sale and Delivery of Salt in the Chittagong Agency, Appendix C, BPP, vol. 26, 1856, p. 478.

40）輸入が 1845 年以降急増した背景として 1844 年 11 月に 1 マンあたり 3 ルピーに関税率が引き下げられたことにくわえ，この時期に保税制度の整備が進んだこともあげられる。こうした塩輸入の増加を促す政策は専売の縮小を意味した。関税率引下げと同時に，専売塩も生産にかかる経費に 1 マンあたり 3 ルピーが加算された価格で販売されるようになったため，専売塩価格は低下した。それはとりもなおさず専売による利益の低下につながった（本書第 1 章図 1-8 参照）。

41）チェシア製塩業の発展については，T. C. Barker, 'Lancashire Coal, Cheshire Salt and the Rise of Liverpool', *Transactions of the Historic Society of Lancashire and Cheshire*, 103, 1951 を参照。

42）スコットランド西岸および東岸，とくに東岸のフォース湾付近では，海水を煎熬する煎熬塩が生産された（William Henry, 'An Analysis of Several Varieties of British Salt and Foreign Salt, (Muriate of Soda) with a View to Explain Their Fitness for Different Economical Purposes', *Philosophical Transactions of the Royal Society of London*, vol. 100 (1810), pp. 93. スコットランド塩業については，Christopher A. Whatley, *The Scottish Salt Industry 1570-1850 : An Economic and Social History* (Aberdeen : Aberdeen University Press, 1987) が詳しい。また，イングランドでも海塩を煎熬するタイプの製塩法もみられた（Joyce Ellis, 'The Decline and Fall of the Tyneside Salt Industry, 1660-1790 : A Re-Examination', *Economic History Review, New Series*, 33-1, 1980.

43）Henry, 'An Analysis of Several Varieties of British Salt', pp. 91-92.

44）W. H. Chaloner, 'William Furnival, H. E. Falk and the Salt Chamber of Commerce, 1815-1889 :

Some Chapters in the Economic History of Cheshire', *Transactions of the Historic Society of Lancashire and Cheshire*, 112, 1960, p. 123.

45) Chaloner, 'William Furnival', p. 124.

46) An Account of All Rock Salt and White Salt Exported from Great Britain, in Three Years Ending 5th Jan 1793, BPP, 1802-03, vol. 43 ; Account of the Quantities of Rock and White Salt, Exported from England in the Last Three Years, BPP, 1818, vol. 187 ; A Return of the Quantity of Salt Sent from Great Britain to Foreign Countries in the Years 1843, 1844 and 1845, BPP 1846, vol. 292 より計算。

47) 岩塩の輸出先は，初期にはアイルランドが中心であり，1840 年代半ばにはオランダとベルギーが全体の 70 パーセント以上を占めた。

48) Chaloner, 'William Furnival', p. 125.

49) Chaloner, 'William Furnival', pp. 134-135.

50) BCSO-Customs, P/109/13, 29 Jan 1846, no. 14.

51) Report from the Select Committee on Salt, British India, BPP, vol. 17, 1836, p. 7.

52) Letter from H. J Bamber to G. G. Mackintosh, 8 Jun 1852, CSC, Western, vol. 7.

53) Diary of the Officiating Superintendent of the Barisal Salt Chokies, 14 Sep 1846, Letters Received from the Superintendent of the Salt Chaukis at Backergung, vol. 1.

54) BRP-Salt, P/110/78, 20 Dec 1854, no. 16 ; P/111/12, 21 Mar 1855, no. 18.

55) Diary of the Superintendent of Backergunge Salt Chaukis from the 24 Jan to 3 Feb 1856, CSC, Backergunge, vol. 11. なお，ショドル・ガートはチッタゴン製塩区内の一つの塩積出し埠頭名であり，塩の銘柄は通常このように埠頭名で表される。

56) Letter from the Superintendent of Backergunge Salt Chaukis to G. G. Mackintosh, dated 18 May 1852, Letters Received from the Superintendent of the Salt Chaukis at Backergunge, vol. 7.

57) *Calcutta Exchange Price-Current*, vol. 7, 8, WBSA.

第 5 章

1) P. J. Marshall, *East Indian Fortunes : The British in Bengal in the Eighteenth Century* (Oxford : Clarendon Press, 1976), p. 109. なお，ホジャ・ワジードは，1755 年にビハールにおける硝石販売の独占権を手に入れた。ホジャ・ワジードは，18 世紀の太守時代に，ムルシダバードの大シュロフであったジャガト・セト（「世界の銀行家」の意味）家，カルカッタのオミチャンドと並ぶ豪商として知られた。いずれもベンガル商人ではなく，ジャガト・セト家はジャイナ教のマールワーリー（オースワル）商人であり，オミチャンド（アミールチャンド）はパンジャーブ出身であった。

2) Balai Barui, *The Salt Industry of Bengal 1757-1800 : A Study in the Interaction of British Monopoly Control and Indigenous Enterprise* (Calcutta : KP Bagchi, 1985), p. 109.

3) Barui, *The Salt Industry*, pp. 113-114.

4) Barui, *The Salt Industry*, p. 135 ; Pradip Sinha, *Calcutta in Urban History* (Calcutta : KLM Private, 1978), p. 76.

5) ショバラム・ボシャクは，最も有力なダドニ（*dadni*）商人の一人である。ダドニ商人

とは，18 世紀にヨーロッパ各国の EIC に綿製品などの輸出品を供給するブローカーである。EIC との契約に基づいて，商人は輸出商品を決められた期日までに仕入れ，産地から輸送し，EIC に引き渡した。織工などの生産者の契約不履行などのリスクは商人が負った。一方の EIC は，商人に仕入れを委託した商品の価値の一部を前払いし（これをダドニと呼ぶ），引渡し時に完済した。EIC の商館には，地元で信用の高い商人が雇用され，かれらがダドニ商人への支払いや交渉にあたった（Sushil Chaudhury, *From Prosperity to Decline : Eighteenth Century Bengal*, Delhi : Manohar, 1995, p. 93）。

6 ）ドゥルガ・ミットロは，18 世紀半ばにプロイセン東インド会社のバニヤンとして活動した（N. K. Sinha, *The Economic History of Bengal from Plassey to the Permanent Settlement*, vol. 1, 3rd ed., Calcutta : Firma K. L. Mukhopadhyay, 1981, 1st published in 1956, p. 104）。その後，1760〜70 年にかけて，24 パルガナズで製塩請負人となっていた（Barui, *The Salt Industry*, p. 67）。

7 ）Promotha Nath Mullick, 'Notable Bengalis in 1806', *Bengal Past and Present*, 30-59/60, 1925, p. 199.

8 ）P. Thankappan Nair, *A History of Calcutta's Streets* (Calcutta : Firma KLM Private Ltd., 1987), pp. 499-500.

9 ）Enclosure in a Letter from the Comptroller of the Salt Manufacture to Samuel Charters, BRP-Salt, P/88/74, 29 Nov 1790.

10）BRC-Salt, P/98/27, 4 Sep 1795, nos. 2, 3 ; Mullick, 'Notable Bengalis', p. 199. モドンの名前は，1790 年代初頭の主要買付け人リストにみられる（後掲表 5-2）。

11）S. C. Nandy, *Life and Times of Cantoo Baboo (Krishna Kanta Nandy): The Banian of Warren Hastings*, vol. 1 (Calcutta : Allied Publishers, 1978), p. 184 ; Mullick, 'Notable Bengalis'; Barui, *The Salt Industry*, pp. 120, 135.

12）例えば，1783 年の記録では，5,500 マンの 24 パルガナズ塩を買い付けている（Copybook of Letters Received by the Comptroller and Deputy Comptroller of the Salt Office, Apr 1783-Apr 1784, vol. 1, p. 24, WBSA）。

13）Appendix to the Months of Sep and Nov 1790, BRP, P/71/34 ; BRP-Salt, P/89/2, 13 Jul 1792.

14）James Wise, *Notes on the Races, Castes, and Trades of Eastern Bengal* (London, 1883), p. 374.

15）マハージャン（モハジョン），ゴルダール（ゴルダル），アーラトダール（アロトダル）は，いずれも富裕な倉持ち商人で，ブローカーの役割を果たす。

16）公文書では，かれらの姓は Shaha, Saha, Shah, Sah, Saw などと綴られているが，本書での表記はシャハと統一する。

17）Sharif Uddin Ahmed, *Dacca : A Study in Urban History and Development* (London : Curzon, 1986), p. 102.

18）Barui, *The Salt Industry*, pp. 133-134 ; Hitesranjan Sanyal, *Social Mobility in Bengal* (Calcutta : Papyrus, 1981), pp. 100-101.

19）Barui, *The Salt Industry*, p. 136. 本書第 6 章も参照。

20）Sanyal, *Social Mobility*, p. 24.

21）ショバラム・ボシャクの事例にみられるように，カルカッタのボシャクやシェトの商人

は，ダドニ商人として活動した。

22) H. H. Risley, *The Tribes and Castes of Bengal*, vol. 2 (Calcutta : J. Mukherjee, Firma Mukhopadhyay, 1981, 1st published in 1891), pp. 276-277. 酒造業をやめ商人となったシャハは，自分たちがシュンリよりも優れていると認識しているため，シュンリと呼ばれることを嫌ったという。

23) Nandy, *Life and Times of Cantoo Baboo*, pp. 23-24.

24) Sanyal, *Social Mobility*.

25) C. A. Bayly, *Rulers, Townsmen and Bazaars : North Indian Society in the Age of British Expansion 1770-1860*, Indian edition (Delhi : Oxford University Press, 1992), pp. 31, 104-106, 340, 407-409. 例えば，カルワール（醸造業），テーリー（搾油業），マーリー（庭師），クルミー（耕作人）などのコミュニティが，商業への参入を通じて裕福になり，社会的地位を上昇させたと考えられている。

26) Marshall, *East Indian Fortunes*, p. 108.

27) Marshall, *East Indian Fortunes*, p. 108.

28) Kumkum Chatterjee, *Merchants, Politics and Society in Early Modern India, Bihar : 1733-1820* (Leiden : E. J. Brill, 1996), pp. 128-130 ; Rajat Datta, *Society, Economy and the Market : Commercialization in Rural Bengal, c. 1760-1800* (Delhi : Manohar, 2000), pp. 203-204.

29) Chatterjee, *Merchants, Politics and Society*, p. 130. もっともカルカッタやダカなどの主要都市の政府関所は1801年に復活し，都市税，通過税が課されることになった。これらの課税については，以下に詳しい。C. E. Trevelyan, *A Report upon the Inland Customs and Town-Duties of the Bengal Presidency* (Calcutta : Baptist Mission Press, 1834) ; Tarasankar Banerjee, *History of Internal Trade Barriers in British India : A Study of Transit and Town Duties*, vol. I : Bengal Presidency, 1765-1836 (Calcutta : Asiatic Society 1972) ; Jitendra G. Borpujari, 'The Impact of the Transit Duty System in British India', in Asiya Siddiqi (ed.), *Trade and Finance in Colonial India 1750-1860* (Delhi : Oxford University Press, 1995), pp. 321-344.

30) Datta, *Society, Economy and the Market*, pp. 204-205 ; Chatterjee, *Merchants, Politics and Society*, pp. 132-138.

31) Sudipta Sen, *Empire of Free Trade : The East India Company and the Making of the Colonial Marketplace* (Philadelphia : University of Pennsylvania Press, 1988), Chaps 4 and 5, pp. 120-165. なお，シェンは市への介入について，イギリス本国における思想的背景を重視する立場にたつ。18世紀におけるEICによる「貿易と征服が初期の段階からインドに強力で侵略的な国家を樹立を目指すものであり」，「インドにおける植民地国家のイデオロギーと目的は，18世紀ヨーロッパ政治経済で支配的な概念に起源を有し，ジョージ1世期イングランドの国民国家形成におけるいくつかの重要な点を共有している」と指摘している（Sen, *Empire of Free Trade*, p. 3）。

32) 例えば，Chaudhury, *From Prosperity to Decline* ; Tilottama Mukherjee, 'The Co-Ordinating State and the Economy : The Nizamat in Eighteenth-Century Bengal', *Modern Asian Studies*, 43-2, 2009, pp. 389-436 ; Tilottama Mukherjee, 'Markets in Eighteenth Century Bengal Economy', *Indian Economic and Social History Review*, 48-2, 2011, pp. 143-176.

注（第 5 章） 325

33) Datta, *Society, Economy and the Market*, pp. 200-206.

34) Barui, *The Salt Industry*, p. 133.

35) Buchanan-Hamilton, *Account of the District of Dinajpur*, vol. II, Book V（Mss. Eur. D.72, BL）, p. 170.

36) BRC-Salt, P/98/27, 25 May 1795, nos. 1, 2. かれらは，この頃に政府のコロマンデル塩輸入を請け負っていたマドラスのイギリス系商社の荷受人でもあった（本書第 2 章）。

37) 数名のナラヨンゴンジ（ダカ）の商人も含まれている。例えば，ブルヤ塩，チッタゴン塩を扱うジョゴン・ポッダルは，ダカを拠点に塩，キンマの実などを扱う大商人であった（Khan Mohammad Mohsin, *A Bengal District in Transition : Murshidabad 1765-1793*, Dacca : The Asiatic Society of Bangladesh, 1973, pp. 29-30）。シャム・ショルカルもナラヨンゴンジ（ダカ）の商人であろう（本書第 7 章表 7-1 参照）。また，ビハールに市場をもつコロマンデル塩を大規模に扱うサルタク・ショイは姓から判断してビハールの商人と思われる。また，この人物は，ノディヤ県ブラッシー郡の 30 村を購入し，ザミンダールとなっている。

38) BRC-Salt, P/98/32, 16 Dec 1796, no. 4. この陳情は，34 名の塩商人がカルカッタ金融市場における金詰まりを理由に支払い期限の延長を認め，コロマンデル塩輸入による価格下落を食い止めるよう政府に求めたものであった。この陳情を率いたのは，最初に署名をしたタクル・ノンディとみられる。

39) BRP-Salt, P/88/72, 16 Nov 1789.

40) Durgadas Majumdar (ed.), *West Bengal District Gazetteers : Nadia* (Calcutta : Government of West Bengal, 1978), pp. 448-449.

41) Woomishchunder Paul Chowdry v. Isserchunder, Joynarain, and Ganganarain Paul Chowdry, SCP, 1824 ; Barui, *The Salt Industry*, p. 133 ; N. K. Sinha, *The Economic History of Bengal 1793-1848*, vol. 3 (Calcutta : Firma K. L. Mukhopadhyay, 1984, 1st published in 1960), p. 95.

42) BRP-Salt, P/100/44, 4 Dec 1821, no. 44.

43) Miscellaneous Records, Board of Revenue, (b) Registers, etc Relating to Land and Land Revenue : Account Sale or Statement at Lands Sold for Arrears at Revenue, Nadia, vol. 1 (1793-1800); vol. 2 (1801-11); Jessore, vol. 1 (1793-99); vol. 2 (1800-5), WBSA ; Majumdar (ed.), *West Bengal District Gazetteers*, p. 289.

44) この人物は，キシェンにチョウドゥリの称号を与えたシブチョンドロ・ラエの息子にあたる。

45) Miscellaneous Records, Board of Revenue, (b), Nadia, vol. 1 (1793-1800); vol. 2 (1801-11); Majumdar (ed.), *West Bengal District Gazetteers*, p. 289.

46) Miscellaneous Records, Board of Revenue, (b), Jessore, vol. 1 (1793-99); vol. 2 (1800-5). シュリカント・ラエやビッシェンナト・ラエの領地などである。

47) Miscellaneous Records Relating to Commerce, Customs, Salt and Opium : Account of Khalari Rents, vol. 12 (1783-84 to 1820-21), WBSA. それらは，例えば，ノディヤ県のドゥリア・ポルゴナ（郡）とバッリア・ポルゴナ，ジェソール県のダッティア・ポルゴナである。本書第 8 章で詳述するが，製塩に関与できない塩商人にとって，製塩地域における土地

所有は生産物を確保するうえで，リスクを回避するための重要な戦略であったと考えられる。

48）S. N. Mukherjee, 'Class, Caste and Politics in Calcutta, 1815-38', in Edmund Leach et al., *Elites in South Asia* (Cambridge : Cambridge University Press, 1970), pp. 46-47.

49）Cossinauth Paul Chowdhury v. Bycoontnauth Paul Chowdhury ; Bungseedhur, Issenchunder and Joychund Paul Chowdhury v. Nilcomul Paul Chowdhury, SCP (in Equity), 1824.

50）カルカッタ高等裁判所の裁判記録にはパルチョウドゥリ家の資産をめぐる裁判記録が多く残されている。

51）A. K. Bagchi, *The Evolution of the State Bank of India : The Roots, 1806-1876*, Part I (Oxford : Oxford University Press, 1987), p. 21.

52）BRP-Salt, P/105/5, 24 Nov 1834, no. 1D.

53）Benoy Chowdhury, *Growth of Commercial Agriculture in Bengal, 1757-1900*, vol. 1 (Calcutta : R. K. Maitra, 1964), p. 9.

54）BRP-Salt, P/105/5, 21 Nov 1834, no. 1B

55）Bagchi, *The Evolution of the State Bank*, pp. 69-70.

56）Bagchi, *The Evolution of the State Bank*, pp. 97-98.

57）Bagchi, *The Evolution of the State Bank*, p. 126.

58）Bagchi, *The Evolution of the State Bank*, p. 71.

59）Sinha, *The Economic History*, vol. 3, p. 89

60）Sinha, *The Economic History*, vol. 3, pp. 83-84. ジョイ・シェンの銀行の屋号は，チョイントンチョロン・シェン・ラムシュンドル・パインである。パートナーの一人であったラム・パインは，資本金のシェアはもたず利潤に限られたシェアをもつパートナーであった。こうした形を *summbhogee* と呼んだという。

61）マトゥル・シェンの銀行の屋号は，兄弟とのビジネスの分割があるたびに変更され，1827 年の倒産時の屋号は，1 人の弟（その死後はその息子たち）とマトゥルモホン・シェン・ニタイチョロン・シェンであった。

62）Bagchi, *The Evolution of the State Bank*, pp. 71, 120

63）BRP-Salt, P/100/71, 17 Sep 1824, no. 5E ; P/100/73, 30 Nov 1824, no. 33 ; P/101/12, 24 Feb 1826, no. 41B.

64）Sinha, *The Economic History*, vol. 3, pp. 83-84. ゴーパール・ダース一家の金融業については，Sinha, *The Economic History*, vol. 3, pp. 85-92 を参照。

第 6 章

1 ）H. T. Colebrooke, *Remarks on the Husbandry and Internal Commerce of Bengal* (Calcutta, 1804, reprinted in London, 1806), p. 108.

2 ）史料では，1830 年度以降バコルゴンジ米という表記がなくなるが，バラム米がバコルゴンジ周辺で生産されていることを考慮すれば，バコルゴンジ米とバラム米は同じあるいは類似の銘柄と考えて差し支えないであろう。史料には Rajganj という銘柄も登場し，価格はバラムやムンギーと類似しているが，産地は不明である。

注（第 6 章）　327

3 ）Rajat Datta, *Society, Economy and The Market : Commercialization in Rural Bengal, c. 1760-1800* (Delhi : Oxford University Press, 2000), pp. 144-146, 345-346. 1802 年度から 05 年度の 4 年間にカルカッタに輸入された地金は，679 万 7095 ポンドであり，その前の 4 年間に比して，375 万 7584 ポンド多かった。ドットによれば，この地金流入の原因は，軍事・行政機構の拡大と維持に必要な費用，マイソール戦争の終結，対ロンドンおよび対中国貿易の巨大な黒字，ベンガルにおける商品買付けの増加であったという。また，民間商人もベンガルでの買付けを目的として大量に地金を移入した。

4 ）Amales Tripathi, *Trade and Finance in the Bengal Presidency 1793-1833* (Calcutta : Oxford University Press, 1979), pp. 102-105.

5 ）Debendra Bijoy Mitra, *Monetary System in the Bengal Presidency 1757-1835* (Calcutta : KP Bagchi, 1991), pp. 142-147.

6 ）Letter from John Palmer to Henry Trail (9 Mar 1814), Palmer Papers (MS English Letters, c. 84), Bodleian Library.

7 ）BCR, P/174/29 (1817-18) ; P/174/30 (1818-19). K. N. Chaudhuri, 'Foreign Trade', in Dharma Kumar (ed.), *The Cambridge Economic History of India*, vol. II : c. 1757-1970 (Cambridge : Cambridge University Press, 1983), p. 828 も参照。

8 ）Mitra, *Monetary System*, pp. 159-161.

9 ）Amales Tripathi, 'Indo-British Trade between 1833 and 1847', in Asiya Siddiqi (ed.), *Trade and Finance in Colonial India 1750-1860* (New Delhi : Oxford University Press, 1955), p. 277.

10）Ramruttun Mullick v. the East India Company, SCP (Equity), 1818.

11）N. K. Sinha, *The Economic History of Bengal 1793-1848*, vol. 3 (Calcutta : Firma K. L. Mukhopadhyay, 1984, 1st published in 1960), p. 95 ; Pradip Sinha, *Calcutta in Urban History* (Calcutta : Firma KLM Private, 1978), pp. 71-75.

12）Tripathi, *Trade and Finance*, p. 217

13）Ramruttun Mullick v. Mark Lackersteen, SCP (Equity), 1818.

14）Derkhaust [petition] of Ramruttun Mullick of Calcutta, BT-Salt, 3 Sep 1811.

15）Ramruttun Mullick v. Mark Lackersteen, SCP (Equity), 1818.

16）Ramruttun Mullick v. the East India Company, SCP (Equity), 1818.

17）Ramruttun Mullick v. the East India Company, SCP (Equity), 1818. 1822 年にもラム・モッリクは同様の訴訟をおこした。その際はラムが勝ち，政府は 16 万 3221 ルピーの支払いを命じられている（BRP-Salt, P/100/66, 19 Mar 1824, no. 7 ; P/100/72, 9 Nov 1824, no. 17）。カルカッタにおいて具体的に債務不履行者に対してどのような不名誉な事態が生じたのか史料から明らかにすることはできなかったが，事業に失敗したヒンドゥー商人が日中に玄関に精製バターのランプをおき，債務不履行におちいったことを公に告知することがインドでは一般的であったという（James Taylor, *A Sketch of the Topography and Statistics of Dacca*, Calcutta : G. H. Huttmann, Military Orphan Press, 1840, p. 268）。もっとも，テイラーは，ダカでは過去 40 年間（1800〜40 年頃）にこうした事例は多くても 4 件しかみられなかったと述べている。とはいえ，債務不履行の噂や債務不履行によって，商人の信用は手形の信用に即座に反映された。それは信用を失うことを意味した。商人は

328

そうした手形情報をつねに把握していた（Bayly, *Rulers, Townsmen, and Bazaars*, p. 375）。

18）Petition of the Principal Salt Merchants, 1 Dec 1812, BT-Salt, vol. 78.

19）Petition of the Principal Salt Merchants, 1 Dec 1812, BT-Salt, vol. 78.

20）BRC-Salt, P/100/15, 20 Feb 1818, no. 6.

21）BRC-Salt, P/100/13, 12 Dec 1817, no. 4.

22）BRC-Salt, P/100/13, 12 Dec 1817, no. 4.

23）BRC-Salt, P/100/13, 21 Nov 1817, nos. 1-2.

24）BRC-Salt, P/100/13, 12 Dec 1817, no. 5.

25）Letter from T. Plowden, Superintendent of the Western Salt Chokies, 1 Aug 1815, BT-Salt, vol. 103. 残りの 10 万〜20 万マンが現地で生産されるカリ塩類や密輸塩などの禁制塩消費分だと考えられる（本書第 2 章参照）。

26）Derkhaust [Petition] from Birjomohun & Kistnokishore Saha, 25 Feb 1812, BT-Salt, vol. 70-2.

27）BRP-Salt, P/88/72, 27 Aug 1789.

28）BRP-Salt, P/100/65, 6 Feb 1824, no. 3B.

29）BRC-Salt, P/99/41, 8 Mar 1811, no. 6.

30）Enclosure to Letter from T. Plowden, 1 Aug 1815, BT-Salt, vol. 103.

31）BRC-Salt, P/100/20, 22 May 1818, no. 2.

32）図 6-1 中には示されていないが，ジョンギプルでも価格の大幅な上昇はみられなかった。

33）BCSO-Salt, 4 Dec 1829, vol. 263, no. 8. なお，収税・巡回司法官（Commissioner of Revenue and Circuit）は，徴税および司法に関係する役人を監督する役職であり，1829 年 5 月の条例で設置された。

34）BRP-Salt, P/101/12, 24 Feb 1826, no. 41D ; P/101/22, 16 Jan 1827, no. 73 ; P/101/24, 20 Mar 1827, no. 13.

35）天日塩のうちの 7 万マンはラム・モッリクが 1812 年からシャルキヤ倉に保管し，政府のシャルキヤ塩倉の 2 棟を完全に塞ぎつづけていた（BRP-Salt, P/101/12, 24 Feb 1826），no. 41B）。その他の塩は，ラム・モッリクのゴマスタ，オディト・パル名で 1821 年，1822 年の競売で買い付けたものであった（BRP-Salt, P/101/22, 2 Feb 1827, no. 8 ; P/101/24, 23 Mar 1827, no. 3）。

36）BRP-Salt, P/101/12, 14 Feb 1826, no. 9.

37）N. K. Sinha, *The Economic History*, vol. 3, pp. 83-84 ; A. K. Bagchi, *The Evolution of the State Bank of India : The Roots, 1806-1876*, Part I (Oxford : Oxford University Press, 1987), p. 120.

38）BRP-Salt, P/101/23, 20 Feb 1827, no. 39 ; P/101/25, 14 Apr 1827, no. 22.

39）Blair B. Kling, *Partner in Empire : Dwarkanath Tagore and the Age of Enterprise in Eastern India* (Berkeley and Los Angeles : University of California Press, 1976), p. 37 より引用。その後ダルカナト自身が横領などの嫌疑をかけられることになり，1834 年 8 月にその職は一族のプロションノ・タゴールに引き継がれた（詳細は，Kling, *Partner in Empire*, pp. 37-40）。プロションノも就任して間もなく，1820 年代が専売制度下の塩取引の歴史で最も腐敗した時期だと指摘している（BRP-Salt, P/105/5, 25 Nov 1834, no. 1D）。

40）Doorgapersaud Ghose v. Oditchurn Day, Joynarain Mitter, James Cullen, Alexander Calvin and

注（第7章） 329

Sibnarain Ghose, SCP（Equity）1829.

41）BRP-Salt, P/101/56, 27 Oct 1829, nos. 12-13. 債権者は，シャー・ゴーパール・ダース・バブゥ・ムティチャンド銀行，ジャーナキー・ダース・ダーモーダル・ダース銀行というベナレスの有力シュロフ（Sinha, *The Economic History*, vol. 3, pp. 85-92 参照）と，ボロバジャルのベンガル人シュロフ 5 名であった。

42）BRP-Salt, P/101/23, 9 Feb 1827, no. 56.

43）BRP-Salt, P/101/23, 9 Feb 1827, no. 57.

44）BCSO-Salt, vol. 263, 4 Dec 1829, nos. 11-12.

45）BRP-Salt, P/101/56, 27 Oct 1829, no. 13.

46）BRP-Salt, P/101/48, 27 Feb 1829, no. 16.

47）BRP-Salt, P/101/23, 9 Feb 1827, no. 56.

48）BRP-Salt, P/101/59, 2 Jan 1830, nos. 24-25.

49）BRP-Salt, P/101/56, 27 Oct 1829, no. 13.

50）BRP-Salt, P/101/56, 3 Nov 1829, no. 33.

51）BRP-Salt, P/101/56, 3 Nov 1829, no. 33.

52）関税・塩・アヘン局にシュロフが提出した帳簿の一部が収録されている（BRP-Salt, P/101/56, 29 Oct 1829, no. 13）。

53）ラジ・ドットは，1826 年から 28 年にかけて大規模な EIC 債券の偽造にかかわっており，有罪となっている（Bagchi, *The Evolution of the State Bank*, pp. 458-462）。

54）Tripathi, 'Indo-British Trade', pp. 267-277.

55）BRP-Salt, P/101/51, 12 Jun 1829, no. 15.

56）BCSO-Salt, 18 Dec 1829, vol. 263, no. 9 ; BRP-Salt, P/101/59, 22 Jan 1830, no. 27. 例えば，シャダ・ムカジやホロ・アッディは，オディト・デーの不正が明るみに出たために塩価格が下落した 1828 年 7 月に，損失を覚悟で，できるかぎり政府の塩倉から塩を引きとった。そのために，不動産を担保に入れた借入れまでおこなったのである。なぜなら，シャダ・ムカジはバブゥと称されるバラモンの有力者であり，ホロ・アッディは大シュロフであったからである。

57）BRP-Salt, P/101/51, 12 Jun 1829, no. 15.

58）BRP-Salt, P/102/17, 7 Dec 1832, no. 26.

59）BRP-Salt, P/104/84, 28 Jan 1834, no. 20.

60）BRP-Salt, P/105/16, 16 Oct 1835, no. 30.

61）BRP-Salt, P/105/17, 1 Dec 1835, no. 24.

62）BRP-Salt, P/105/5, 21 Nov 1834, no. 1C.

63）BRP-Salt, P/105/5, 21 Nov 1834, no. 1C.

64）BRP-Salt, P/105/16, 16 Oct 1835, no. 30.

第 7 章

1）パルチョウドゥリ家ではキシェンとションブがともに死亡しているので，それぞれの息子たちが別々に経営をおこなっていた。カルナのノンディ家は，タクルの死後（1811

年頃），息子のカリが経営を継いだ。

2 ）Letter from the Superintendent of the Eastern Salt Chokies, BT-Salt, 11 Feb 1812, vol. 70-2 ; 12 Mar 1812, vol. 71 ; 7 Apr 1812, vol. 71 ; 12 May 1812, vol. 71 ; 16 Jun 1812, vol. 73 ; 14 July 1812, vol. 74 ; 11 Aug 1812, vol. 75.

3 ）カリ・ノンディは，規模は縮小したものの 1820 年代以降もベンガル東部における塩商いをつづけていたようである。例えば，1820 年 12 月にナラヨンゴンジからナルチティに塩を移入した商人のリストにその名前がみられる。その量は，1,650 マンであり，そのうちの半量は，表 7-1 にも登場するケボル・モンドルとの共同であった（BRC-Salt, P/100/38, 9 Jan 1821, no. 17）。また，1834 年 11 月の競売では 3,000 マンのチッタゴン塩を買い付けていた（BRP-Salt, P/105/5, 25 Nov 1834, no. 44）。

4 ）ダカ経済の衰退について，Sharif Uddin Ahmed, *Dacca : A Study in Urban History and Development*（London : Curzon, 1986, pp. 90-124）を参照

5 ）一方のションブ分家は，この機会に 7,877 マンの塩移出をおこなったにすぎない。

6 ）BRP-Salt, P/101/12, 17 Feb 1826, no. 9. なお，チトプルのシャハ姓の商人たちが，ベンガル東部のシャハ姓の商人と同じシャハ・コミュニティに属すかどうかは不明である。

7 ）BRC-Salt, P/99/41, 8 Mar 1811, no. 6 ; Petition of the Principal Salt Merchants, 1 Dec 1812, BT-Salt, vol. 78.

8 ）プレム・シャハ，ラシュ・クンドゥ，ラム・カルの名は 1834 年 11 月の買付け人リストにみられる（表 7-4）。

9 ）資料では，特権的買付け人は *dhuratias*, *dhuratia mahajans*/merchants，あるいは *dhuratia* holders などと呼ばれ，塩現物を扱う商人は *bhanga* あるいは *bhanga* merchants と記されている。*dhuratia* は，アラビア語起源の言葉と考えられ，逐語的には独占権所有者を意味する。一方の *bhanga* は，オリヤー語で塩の正確な計量という意味があるので，その言葉に由来するものではないだろうか（H. H. Wilson, *A Glossary of Judicial and Revenue Terms*, Delhi : Munshilal Monoharlal, 1968, 1st published in London, 1855, p. 76）。

10 ）BRP-Salt, P/105/5, 24 Nov 1834, no. 1D.

11 ）BRP-Salt, P/105/5, 21 Nov 1834, no. 1C.

12 ）BRP-Salt, P/105/26, 19 July 1836, no. 8.

13 ）BRP-Salt, P/105/5, 21 Nov 1834, no. 1C.

14 ）BRP-Salt, P/105/20, 2 Jan 1836, no. 16.

15 ）BRP-Salt, P/105/16, 16 Oct 1835, no. 31. なお，ここでいうサブ・モノポリーとは，政府の塩専売下で買付け人が実質的に塩の供給を独占している状態を指す。

16 ）ビッションボル・ダシュは，ジョージ・プリンセプ（George Prinsep）が 1839 年に設立したベンガル塩会社（the Bengal Salt Company）の株主の一人であった（Blair B. Kling, *Partner in Empire : Dwarkanath Tagore and the Age of Enterprise in Eastern India*, Calcutta : Firma KLM Private, 1981, pp. 130-133）。モドン・ドットは，バニヤンであり，大ザミンダールであり，船主でもあった（Binay Bhushan Chaudhuri, 'Land Market in Eastern India, 1793-1940, Part II : The Changing Composition of the Landed Society', *Indian Economic and Social History Review*, 12-2, 1975, pp. 142-143）。

注（第7章）　331

17) BRP-Salt, P/105/5, 21 Nov 1834, no. 1C.

18) James Taylor, *A Sketch of the Topography and Statistics of Dacca* (Calcutta : G. H. Huttmann, Military Orphan Press, 1840), p. 264. ベンガル東部の大市場であるナラヨンゴンジやシラジゴンジでは，独特の商取引方法や商業言語もあった。例えば，売り手と買い手が布に隠した手で交渉する「触感による勘定」と呼ばれる方法や，商人と織工が交渉時に使う *Tar* と呼ばれる言語である（Taylor, *A Sketch of the Topography*, pp. 266-267）。

19) S. N. Mukherjee, 'Class, Caste and Politics in Calcutta, 1815-38', in Edmund Leach and S. N. Mukherjee (eds.), *Elites in South Asia* (Cambridge : Cambridge University Press, 1970), pp. 47, 51-52, 56, 71.

20) シュニル・ゴンゴパッダエ『シェイ・ショモエ（あの頃）』（カルカッタ：アノンド・パブリッシャーズ，1981〜82年）。ベンガル語。

21) 表7-4中の，ルキニ・チョンドロ，ウメシュ・パルチョウドゥリ，ジョイ（ナラヨン）・クンドゥ，ラム・クンドゥ，ラシュ・クンドゥがあてはまる（BRP-Salt, P/105/5, 25 Nov 1834, no. 44）。

22) Balai Barui, *The Salt Industry of Bengal 1757-1800 : A Study in the Interaction of British Monopoly Control and Indigenous Enterprise* (Calcutta : KP Bagchi, 1985), pp. 133-135.

23) ラム・デーは，1812年11月にカルカッタの主要塩商人が商務局に対しておこなった陳情に名を連ねている（Petition of the Principal Salt Merchants to the Board of Trade, BT-Salt, 1 Dec 1812, vol. 78）。

24) Barui, *The Salt Industry*, pp. 134-135.

25) BRP-Salt, P/104/84, 21 Jan 1834, no. 11. 14名中3名はヨーロッパ系商人で，カルカッタで塩を使用するために買い付けたという。ヨーロッパ系商人は1827年から競売への参加を認められたが，1833年9月以降1ロットあたりの塩量が100マンにまで削減されて以降，競売に参加しはじめたようである。

26) 例えば，フッグリ川沿いニヤシャライ関所の通過者一覧に名前がみられる（BRP-Salt, P/100/72, 23 Nov 1824, no. 39）。ションブ・デーは，元々はボドレッショルの商人であったが，カルナ，カトヤの市場に倉をもつにいたったようである。タクル・チョンドロは競売にも参加していた。

27) かれらの名前は1836年の年鑑（*The Bengal Directory and General Register for the Year 1836*, p. 329）でも確認できる。

28) N. K. Sinha, *The Economic History of Bengal 1793-1848*, vol. 3 (Calcutta : Firma K. L. Mukhopadhyay, 1984, 1st published in 1960), pp. 88, 95.

29) 1790年9月と10月の競売で，8,000マンのトムルク塩と2,000マンのヒジリ塩を買い付けている（Appendix to the Board of Revenue for the Months of Sep and Nov 1790, BRP, P/71/34, 1790）。

30) 同家の6兄弟は，1805年に食を分けたが，商いと土地経営は合同でつづけた。1834年に礼拝と土地経営も分割した（Sinha, *The Economic History*, vol. 3, pp. 88, 95）。

31) BRP-Salt, P/101/12, 14 Feb 1826, no. 9 ; P/101/12, 24 Feb 1826, no. 41B.

32) Translation of a Derkhaust [Petition] Presented by Goberdhun Saha to T. Plowden, BT-Salt, 11

Aug 1812, vol. 75.

33）BRP-Salt, P/100/72, 23 Nov 1824, no. 35.

34）Ramsoonder Ghose v. Gungapersaud Ghose, SCP, 1832.

35）ボワニ・ゴシュは，1790 年 9 月の競売で 2 万 3000 マンのヒジリ塩を購入している（Appendix to the Board of Revenue for the Months of Sep and Nov 1790, BRP, P/71/34, 1790）。

36）*The Original Calcutta Annual Directory and Calendar for 1813*, Appendix, p. 72.

37）BRP-Salt, P/101/12, 14 Feb 1826, no. 9.

38）BRP-Salt, P/102/17, 7 Dec 1832, no. 26.

39）なかには，カルカッタの塩取引拠点ハートコラにも支店をもち，ヒジリ塩，トムルク塩，輸入塩を扱うものもいた。例えば，ジョナル・クンドゥはハートコラ支店においてヒジリ塩，トムルクの塩を扱っている（BRP-Salt, P/105/23, 2 Apr 1836, no. 1）。

40）Letter No. 47, CSC, Jessore, vol. 1 (1846).

41）BRP-Salt, P/100/53, nos. 72-97.

42）BRP-Salt, P/101/59, 5 Jan 1830, no. 48.

43）Taylor, *A Sketch of the Topography*, pp. 99-100 ; B. C. Allen, *Eastern Bengal District Gazetteers : Dacca* (Allahabad, 1912), pp. 187-188.

44）Choitankistno Shaw and Saumporria Dossee v. Gungapersaud Shaw, Gopeecanto Shaw and Seebnaut Shaw, SCP (in Equity), 1829.

45）Copybook of Letters Received by the Comptroller and Deputy Comptroller of the Salt Office, Apr 1783-Apr 1784, WBSA, pp. 27-28.

46）1790 年 9 月および 10 月の競売でのマニクの買付け量は，24 パルガナズ塩 1 万 5000 マン，トムルク塩 4,000 マン，ヒジリ塩 2,000 マンであり，1792 年 7 月には合計 9,000 マンを買い付けている。

47）Choitankistno Shaw and Saumporria Dossee v. Gungapersaud Shaw, Gopeecanto Shaw and Seebnaut Shaw, SCP (Equity), 1829. この裁判は，クンジの孫とその母親がマニクの 3 人の孫を相手どり，シブの事業が合同家族の資産からの融資であるとして，その利益の取り分をめぐっておこされたものである。逆に，マニクの孫たちは，クンジの孫がディナジプル地方の合同家族の地所を占有しているとの訴えをおこしている。

48）BRP-Salt, P/101/56, 25 Sep 1829, no. 85.

49）Seebnauth Saha v. Bholanauth Ruckit, SCP (Plea side), 1833.

50）BRP-Salt, P/106/47, 18 Jan 1844, no. 36.

51）Gourhurry Saha v. Bholanauth Ruckit, SCP (Plea side), 1833.

52）BRP-Salt, P/106/47, 18 Jan 1844, no. 36.

53）Sanyal, *Social Mobility in Bengal* (Calcutta : Papyrus, 1981), p. 100 ; Sumit Sarkar, *The Swadeshi Movement in Bengal, 1903-1908* (Delhi : People's Publishing House, 1973), p. 108.

54）Sharif Uddin Ahmed, *Dacca : A Study in Urban History and Development* (London : Curzon, 1986), p. 111.

55）Taylor, *A Sketch of the Topography*, p. 187.

56）Gourhurry Saha v. Bholanauth Ruckit, SCP (Plea side), 1833.

注（第 7 章）　333

57）例えば，表 7-6 の一番下のグループは，バコルゴンジ地域を縄張りとしていた。

58）Allen, *Eastern Bengal District Gazetteers : Dacca*, p. 170. 同家は，大ザミンダールとなり，後にロイ・チョウドゥリを名乗った。現在，バリヤティには同家の邸宅が残され，観光地となっている。同家のキショリラルは，1884 年にダカで，ある教育機関の改編に関与し，ジョゴンナト・コレッジ（現ジョゴンナト大学）と名付けた教育機関を設立した。

59）Allen, *Eastern Bengal District Gazetteers*, p. 170.

60）Gourhurry Saha v. Bholanauth Ruckit, SCP (Plea side), 1833.

61）ジョン・ルカス（John Lucas）は英語の通名であり，本名はヨアンニス・ルカ（「ルカスの子ヨアンニス」の意味）であろう。ベンガルでよく見られるように，姓名表記の英語化のため，父親の名を一家の姓としたようである。なお，ギリシャ人の姓名の特定はきわめて困難である。真の姓を名乗るかわりに，父親の名を利用することも多い（A の子である B など）。また，イギリスとの接触によって名前の英語化（通名の使用）という要素もくわわって，より問題が複雑になっている（Paul Byron Norris, *Ulysses in the Raj*, Patney, London : BACSA, 1992, pp. 19-20）。

62）アレクシオス・アルギリーに関する詳細は，Norris, *Ulysses*, pp. 19-26 を参照。ギリシャ商人のベンガルへの移民と，ベンガルにおけるシレットにおける石灰取引を中心とした活動の詳細については，神田さやこ「ベンガル社会経済の変容とギリシャ商人――イギリス EIC 専売下の塩取引を中心に」『三田学会雑誌』108-2，2015，61-82 頁も参照。

63）粉石灰は，インドで一般的なパーンと呼ばれる嗜好品にキンマの葉とビンロンジとともに使用されるため，大きな市場があった。

64）アレグザンダー・パニオティ（Alexander Panioty）は，英語名の通名であり，時には，姓と名が逆に表記されて登場する。本名はパナギョテス・アレクシウ（「アレクシオスの子パナギョテス」の意味）と思われる。この一家はアレクシオス・アルギリーの名を姓として使用するようになった。なお，この人物の活動については，Norris, *Ulysses*, pp. 27-33 を参照。

65）Letter from the Salt Agent at Bhulua and Chittagong, BT-Salt, 19 May 1812, vol .72. なお，ニコラス・ディミトリウは，資料には Nicholas Demitrius/Demitry などという表記で登場する。ディミトリオスの子ニコラスという意味であると思われる。

66）Letter from the Superintendent of the Eastern Salt Chokies, BT-Salt, 11 Feb 1812, vol. 70-2 ; 12 Mar 1812, vol. 71 ; 7 Apr 1812, vol. 71 ; 12 May 1812, vol. 71 ; 16 Jun 1812, vol. 73 ; 14 July 1812, vol. 74 ; 11 Aug 1812, vol. 75. この頃は，依然としてカルカッタ大商家の力が強く，パルチョウドゥリ家とノンディ家だけで，ナラヨンゴンジへの塩移入の 53 パーセントを占めていた。

67）この人物は，英語史料には Mavrody/Maurudy Keriakus/Kyriakoss などの表記で，あるいは姓名が逆になった表記で登場する。ノリスが指摘する，フィリポポリス出身でカルカッタのギリシャ人墓地の管理人であった Marodes Thereakos と同一人物と思われる（Norris, *Ulysses*, p. 198）。村田奈々子氏によれば，どちらも名であることから A の子 B の形をとっているとみられ，名・姓に直せばキリヤコス・マヴルディスとなるという。本書では，この表記を使用した。

334

68) Petition of Mr John Lucas, BT-Salt, vol. 103, 4 July 1815 ; BRP-Salt, P/100/73, 21 Dec 1824, no. 3.

69) BRP-Salt, P/100/53, 8 Oct 1822, nos. 72-97.

70) Letters from Magistrate of Mymensing, BT-Salt, vol. 70-1, 2 Jan 1812. アンドリュー・コンスタンティンも英語の通名である。

71) Letter from the Salt Agent at Bhulua and Chittagong, BT-Salt, vol. 72, 19 May 1812.

72) BRP-Salt, P/101/48, 17 Feb 1829, no. 20.

73) 詳細は, 神田「ベンガル社会経済の変容とギリシャ商人」を参照。

第 8 章

1) Tilittama Mukherjee, 'Markets in Eighteenth Century Bengal Economy', *Indian Economic and Social History Review*, 48-2, 2011, pp. 160, 168.

2) Sudipta Sen, *Empire of Free Trade : The East India Company and the Making of the Colonial Marketplace* (Philadelphia : University of Pennsylvania Press, 1998), pp. 1, 4-9.

3) Mukherjee, 'Markets in Eighteenth Century Bengal Economy', pp. 158-159.

4) Tilottama Mukherjee, 'The Co-Ordinating State and the Economy : The *Nizamat* in Eighteenth-Century Bengal', *Modern Asian Studies*, 43-2, 2009, pp. 401-405.

5) D. L. Curley, 'Fair Grain Markets and Moghal Famine Policy in Late Eighteenth-Century Bengal', *The Calcutta Historical Journal*, 2-1, 1977, pp. 13, 18-22.

6) 新たに市の監督官として任命された警察官に無数に存在する市を管理する能力はなく, 市場税徴収禁止は有名無実化していた (谷口晉吉「一九世紀初頭北ベンガルの流通と手工業——ブキャナン報告に基づいて」『一橋論叢』98-6, 1983 年, 89-90 頁)。これに対して, 商人はしばしば不満を示したり, 是正を求めたりした。例えば, ニッタノンド・パルという名のミドナプルの商人は, 1796 年に, ミドナプル県治安判事, ヒジリ製塩区長, 商務局などの関係機関に対して, ミドナプル県内に依然として数多く存在している関所の撤廃を求めている (Hijili Letters Issued nos. 41-44, in N. K. Sinha (ed.), *Midnapur Salt Papers : Hijili and Tamluk, 1781-1807*, Calcutta : N. K. Sinha for the West Bengal Regional Records Survey Committee, 1954, pp. 93-97)。しかし, こうした不満が, 市場税徴収に対する組織的で大規模な抗議行動に発展することはなかった。それは, 先述したように, 市場税徴収が活発な商業活動を前提としておこなわれ, 市場の秩序を維持する性格のものであったためであろう。

7) Jitendra G. Borpujari, 'The Impact of the Transit Duty System in British India', in Assiya Siddiqi (ed.), *Trade and Finance in Colonial India 1750-1860* (Delhi : Oxford University Press, 1995), pp. 321-344.

8) N. K. Sinha, *The Economic History of Bengal 1793-1848*, vol. 3 (Calcutta : Firma K. L. Mukhopadhyay, 1984, 1st published in 1960), pp. 46-47.

9) Borpujari, 'The Impact of the Transit Duty System'.

10) 警察税の導入およびその撤回に関する詳細は, Basudeb Chattopadhyay, 'Police Tax and Traders' Protest in Bengal 1793-1798', in Basudeb Chattopadhyay, Hari S. Vasudevan and Rajat

注（第8章）　335

Kanta Ray (eds.), *Dissent and Consensus : Protest in Pre-Industrial Societies, India, Burma and Russia* (Calcutta : KP Bagchi, 1989), pp. 6-35 ; Kumkum Chatterjee, *Merchants, Politics and Society in Early Modern India, Bihar : 1733-1820* (Leiden : E. J. Brill, 1996), pp. 138-140 を参照。

11）公穀物倉制度の詳細については，三木さやこ「18世紀末〜19世紀前半におけるベンガルの穀物流通システム——穀物取引をめぐるインド商人とイギリス東インド会社」『社会経済史学』66-1，2000年，67-84頁を参照。

12）Rajat Datta, 'Subsistence Crisis, Markets and Merchants in Late Eighteenth Century Bengal', *Studies in History*, 10-1, 1994, p. 100.

13）谷口推計に基づく。穀物取引量は基本的に都市人口に決定づけられるので，大人1人あたりの年間米消費量を約9マンと仮定すれば，当時の都市人口約330万人の年間消費量は約3000万マンとなる（Shinkichi Taniguchi, 'Structure of Agrarian Society in Northern Bengal, 1765-1800', Ph. D. Thesis, University of Calcutta, pp. 227-230）。

14）Chattopadhyay, 'Police Tax and Traders' Protest'.

15）三木「穀物流通システム」77-82頁。

16）Jean Deloche, *Transport and Communications in India Prior to Steam Locomotion*, vol. 2, translated by James Walker (New Delhi : Oxford University Press, 1994), pp. 24-31 ; 三木「穀物流通システム」70-72頁。

17）Rajat Datta, *Society, Economy and the Market : Commercialization in Rural Bengal, c. 1760-1800* (Delhi : Manohar, 2000), pp. 213-216.

18）例えば，C. A. Bayly, *Rulers, Townsmen and Bazaars : North Indian Society in the Age of British Expansion 1770-1860*, Indian edition (Delhi : Oxford University Press, 1992), pp. 410-411 ; Datta, *Society, Economy and the Market*, pp. 213-216 ; 三木「穀物流通システム」。

19）ロブも市場統合説には懐疑的である（P. Robb, "Peasants' Choices?": Indian Agriculture and the Limits of Commercialization in Nineteenth-Century Bihar', *Economic History Review*, 45-1, 1992, p. 101）。

20）ボゴバンゴラはベンガル最大の米市場であり，とくに米どころであるディナジプル県，ロングプル県から大量に米が運びこまれ，その取引量は年間1800万マン（約68万4000トン）にのぼったという（K. M. Mohsin, *A Bengal District in Transition : Murshidabad 1765-1793*, Dacca : Asiatic Society of Bangladesh, 1973, p. 24）。先述のように，ベンガル域内における穀物取引量が年間約3000万トンであったので，ボゴバンゴラは，ベンガル全体の米取引量の60パーセントを占める巨大市場であったことが分かる。

21）公文書では，塩の買付けをおこなう卸売商人は通常ビャパリと称されている。とくに，ビャパリは，ジェソール，24パルガナズ，カルカッタでは一般的な塩商人の呼称であった（Letter No. 47, CSC, Jessore, vol. 1, 1846）。

22）Ranjan Kumar Gupta, *The Economic Life of a Bengal District : Birbhum 1770-1857* (Burdwan : The University of Burdwan, 1984), p. 226.

23）Petition of Ramdoololl Nundy, Guddadhur Dey, BT-Salt, vol. 75, 25 Aug 1812.

24）Buchanan-Hamilton, *Account of the District of Dinajpur*, vol. II, Book V (Mss. Eur. D.72, BL),

p. 170.

25）Buchanan-Hamilton, *Account of the District of Ronggopur*, vol. II, Book V（Mss. Eur. D.75, BL）, pp. 83-84. なお，これらのブキャナン報告に基づいて，北ベンガルの流通と手工業について詳細な分析をおこなった研究として，谷口「一九世紀初頭北ベンガルの流通と手工業」を参照されたい。

26）Buchanan-Hamilton, *Ronggopur*, vol. II, Book V, p. 85.

27）Francis Buchanan, *An Account of the District of Purnea in 1809-10*, edited by V. H. Jackson（Delhi : Usha, 1986 1st published in Patna 1928）, p. 578. プルニヤでは，かれらは *upri beru* あるいは *bhasaniya mahajan* と呼ばれる。

28）Two Letters from the Superintendent of the Eastern Salt Chokies, BT-Salt, vol. 70-1, 30 Jan 1812.

29）逐語的には，自らの取引という意味である。

30）BRP-Salt, P/100/38, 26 Jan 1821, no. 27. 1812 年の条例改正まで，小売商は大商人から買い付けた塩を自家倉に保管しておくことが認められていた。その塩は，5〜15 マンの量に分けて自家倉でパイカールに売却された。

31）この場合のロワナはアトラフィ・ロワナ（*atrafi rowana*）と呼ばれるもので，それは，同じ塩監督区内に移出される塩であっても，移出元の管轄塩関所区域以外に移出される場合に必要な通過許可証である。

32）Letter No. 30, CSC, Midnapore, vol. 2（1847）.

33）Letter No. 47, CSC, Jessore, vol. 1（1846）.

34）BRP-Salt, P/105/5, 24 Nov 1834, no. 1D. カルカッタにおける塩取引では，パイカールはアッシャミ（*assami*）と呼ばれた。この呼称はアラビア語起源であり，従属する者あるいは負債者の意味をもつ（H. H. Wilson, *A Glossary of Judicial and Revenue Terms*, Delhi : Munshilal Monoharlal, 1968, 1st published in London, 1855, p. 35）.

35）Buchanan-Hamilton, *Dinajpur*, vol. II, Book V, pp. 171-172 ; *Ronggopur*, vol. II, Book V, p. 85.

36）Buchanan-Hamilton, *Dinajpur*, vol. II, Book V, p. 176.

37）Gautam Bhadra, 'The Role of Pykars in the Silk Industry of Bengal（c. 1765-1830）', Part I, *Studies in History*, 3-2, 1987, pp. 162-164.

38）Bhadra, 'The Role of Pykars', Part I ; 'The Role of Pykars in the Silk Industry of Bengal（c. 1765-1830）', Part II, *Studies in History*, 4-1, 1988 ; Shubhra Chakrabarti, 'Collaboration and Resistance : Bengal Merchants and the English East India Company, 1757-1833', *Studies in History*, 10, 1994, pp. 123-128.

39）Chaterjee, *Merchants, Politics and Society*, pp. 41-49.

40）Datta, *Society, Economy and the Market*, p. 209.

41）ダカにおいても，商品を移入し，小規模な小売商に売却するタイプの商人は，同様にアムダワラと呼ばれていた（Sharif Uddin Ahmed, *Dacca : A Study in Urban History and Development*, London : Curzon, 1986, p. 102）。また，ビハールの銅製品パイカールのなかには，5,000〜6,000 ルピーの流動資産をもつ富裕な者もおり，米や塩の小売業も展開していた（Chaterjee, *Merchants, Politics and Society*, p. 44）。

注（第9章）　337

42) Datta, *Society, Economy and the Market*, pp. 208-209 ; Chaterjee, *Merchants, Politics and Society*, pp. 38-41 ; Shinkichi Taniguchi, 'Situating Market-Relations in the Late 18th Century Bengal', Proceedings of the Indian History Congress, the 56th Session, 1995 ; 三木「穀物流通システム」72-75 頁。

43) Chatterjee, *Merchants, Politics and Society*, p. 48.

44) Datta, *Society, Economy and the Market*, p. 209.

45) Letter No. 115, CSC, Jessore, vol. 1 (1846).

46) Diary of the Superintendent of the Jessore Salt Chokeys, 13 Jan to 11 Feb 1846, CSC, Jessore, vol. 1 (1846).

47) Letter No. 115, CSC, Jessore, vol. 1 (1846).

48) Two Letters from the Superintendent of the Eastern Salt Chokies, BT-Salt, vol. 70-1, 30 Jan 1812.

49) Diary of the Superintendent of the Jessore Salt Chokeys, 13 Jan to 11 Feb 1846, CSC, Jessore, vol. 1 (1846).

50) Letter No. 47, CSC, Jessore, vol. 1 (1846).

51) 例えば，製塩地域ではない北部のディナジプル県やロングプル県の塩フェリヤは小規模の小売商にすぎず，資本金もせいぜい 10 ルピーであったという。こうした地域では，アムダワラ（パイカール）が倉と食料雑貨店脇に小売店舗を構え，塩の販売もおこなっていた（Buchanan-Hamilton, *Dinajpur*, vol. II, Book V, p. 173 ; *Ronggopur*, vol. II, Book V, p. 86)。

第9章

1) C. A. Bayly, *Rulers, Townsmen and Bazaars : North Indian Society in the Age of British Expansion 1770-1860*, Indian edition (Delhi : Oxford University Press, 1992), p. 375.

2) 19 世紀後半に書かれたギリシュチョンドロ・ボシュの回顧録では，イギリス系商会，商社には，concern をベンガル語に音写した「コンシャロン」があてられている。このことは商会や商社に該当する適当な言葉がなかったことを示唆している。（ギリシュチョンドロ・ボシュ著（オロク・ラエ，オショク・ウパッダエ編）『シェカレル・ダロガル・カヒニ（昔の警察署長の話）』カルカッタ：オヌプクマル・マヒンダル書店，初版 1888 年，第 2 版 1983 年，第 3 版 1990 年，ベンガル語）。

3) Medha M. Kudaisya, *The Life and Times of G. D. Birla* (New Delhi : Oxford University Press, 2003), p. 11. *gaddi* の座布団は，毎年，ディーワーリー祭のときに新調されるという。ディーワーリー祭は新たな会計年度（マハージャニー）のはじまりを意味し，*gaddi* だけではなく，帳簿の赤い布装丁も新調される（Anne Hardgrove, *Community and Public Culture : The Marwaris in Calcutta, c. 1897-1997*, New York : Columbia University Press, 2004, pp. 66-67)。

4) *mamle* は，アラビア語起源のビジネスや取引を意味する言葉で，ベンガル語では *mamla* あるいは *mamlat* と呼ばれる単語と思われる（H. H. Wilson, *A Glossary of Judicial and Revenue Terms*, Delhi : Munshilal Monoharlal, 1968, 1st published in London, 1855, p. 347)。

5 ）Bayly, *Rulers, Townsmen and Bazaars*, pp. 375-376.

6 ）19 世紀後半以降に制定されたアングロ・インディアンの法体系では，ヒンドゥーの商会 (firm) は「商家 (business family)」ではなく「家業 (family business)」とみなされている (Richard Fox, *From Zamindar to Ballot Box : Community Change in a North Indian Market Town*, Ithaca, New York : Cornell University Press, 1969, pp. 142-143)。

7 ）S. Chandrasekhar, 'The Hindu Joint Family', *Social Forces*, 21-3, 1943, pp. 327-328.

8 ）Blair B. Kling, *Partner in Empire : Dwarkanath Tagore and the Age of Enterprise in Eastern India* (Calcutta : Firma KLM Private), pp. 10-20.

9 ）Bayly, *Rulers, Townsmen and Bazaars*, pp. 377, 418.

10）Bayly, *Rulers, Townsmen and Bazaars*, p. 379. なお，シャーストラ（ダルマ・シャーストラ）とは，ヒンドゥー教の法典を指す。

11）S. N. Mukherjee, 'Daladali in Calcutta in the Nineteenth Century', *Modern Asian Studies*, 9-1, 1975, pp. 72-73.

12）Kling, *Partner in Empire*, pp. 10-20. 拡大家族の存在は，ジョイント・ファミリーの家業の継続をも可能にした。事例として，Jack Goody, *The East in the West* (Cambridge : Cambridge University Press, 1996), pp. 141-148 を参照。

13）Ramdhone Paul v. Fuckeer Chand Dutt and Others, SCP (in Equity), 1826 ; BRP-Salt, P/101/11, 3 Feb 1826, no. 26 ; P/101/12, 14 Feb 1826, no. 9. フォキル・ドットは 24 パルガナズ県に塩田を含む土地を所有していたとみられる (Miscellaneous Records Relating to Commerce, Customs, Salt and Opium : Accounts of Khalari Rents, vol. 12, 1783-84 to 1820-21, WBSA)。

14）N. K. Sinha, *The Economic History of Bengal 1793-1848*, vol. 3 (Calcutta : Firma K. L. Mukhopadhyay, 1984, 1st published in 1960), p. 89.

15）BRP-Salt, P/100/69, 18 Jun 1824, no. 24.

16）James Taylor, *A Sketch of the Topography and Statistics of Dacca* (Calcutta : G. H. Huttmann, Military Orphan Press, 1840), p. 186.

17）Bayly, *Rulers, Townsmen and Bazaars*, pp. 417-421. これらの事業形態は，有限責任制をとっていたわけではなく，永続的な関係に基づいたものでもなかった。インドにおける有限責任制は，1857 年に制定された株式会社法によって導入された（野村親義「補論 2 英領インドの企業」田辺明生編『多様性社会の挑戦』（現代インド 1），東京大学出版会，2015 年，251-255 頁）。

18）Gourhurry Saha v. Bholanauth Ruckit, SCP, Plea side, 1833。

19）Buchanan-Hamilton, *Dinajpur*, vol. II, Book V, p. 170.

20）Diary of the Superintendent of the Jessore Salt Chokeys, 13 Jan to 11 Feb 1846, CSC, Jessore, vol. 1 (1846) ; J. Westland, *A Report on the District of Jessore : Its Antiquities, Its History, and Its Commerce* (Calcutta, 1871), p. 220.

21）Bayly, *Rulers, Townsmen and Bazaars*, pp. 396-397.

22）Bayly, *Rulers, Townsmen and Bazaars*, pp. 399-400.

23）Rajat Datta, 'Merchants and Peasants : A Study of the Structure of Local Trade in Grain in Late

注（第 9 章） 339

Eighteenth Century Bengal', *Indian Economic and Social History Review*, 23-4, 1986, pp. 379-402 ; Kumkum Banerjee, 'Grain Traders and the East India Company : Patna and Its Hinterland in the Late Eighteenth and Early Nineteenth Century', *Indian Economic and Social History Review*, 23-4, 1986, pp. 403-429.

24） Shinkichi Taniguchi, 'Structure of Agrarian Society in Northern Bengal (1765-1800)', (Ph. D. Thesis, University of Calcutta, 1977), pp. 331-340 ; 谷口晉吉「18 世紀末ベンガル北部の在来糖業」安場保吉・斎藤修編『プロト工業化期の経済と社会』（日本経済新聞社，1983年）。

25） Woomishchunder Paul Chowdry v. Isserchunder, Joynarain, and Ganganarain Paul Chowdry, SCP, 1824. 裁判所に提出された帳簿には，チャクラ・ドゥリアプルという名の地所で生産されたもみ米の販売益が記録された帳簿 4 冊と，もみ米の年間販売記録簿 15 冊が含まれていた。

26） Miscellaneous Records, the Board of Revenue, (b) Registers etc Relating to Land and Land Revenue, Account Sale or Statement at Lands Sold for Arrears at Revenue, Dacca, vol. 1 (1793-99) ; vol. 2 (1800-1802), WBSA.

27） Diary of the Officiating Superintendent of the Barisal Salt Chokies, 14 Sep 1846, CSC, Backergunge, vol. 1 (1846). ゴーシャル家（ハリー・ヴェレストのバニヤンであったゴクル・ゴーシャルの末裔）は，チッタゴンやバコルゴンジなど東南部ベンガルに広大な地所を経営する大地主であった。同家のバコルゴンジ地所の屋敷はジャロカティにあり，ショトが建てたものである（H. Beveridge, *The District of Bakarganj : Its History and Statistics*, London : Trübner & co., 1876, pp. 119-121）。

28） Dilip Basu, 'The Banian and the British in Calcutta, 1800-1850', *Bengal Past and Present*, 92-1, 1973 ; Binay Bhusan Chaudhuri, 'Land Market in Eastern India, 1793-1940 : The Movement of Land Price', Part I, *Indian Economic and Social History Review*, 12-1, 1975, p. 11 ; Ratnalekha Ray, *Change in Bengal Agrarian Society, 1760-1850* (Delhi : Manohar, 1979), pp. 256-259.

29） Binay Bhusan Chaudhuri, 'Land Market in Eastern India, 1793-1940 : The Changing Composition of Landed Society', Part II, *Indian Economic and Social History Review*, 12-2, 1975, pp. 144-145.

30） Ray, *Change in Bengal Agrarian Society*, p. 259.

31） Jon E. Wilson, *The Domination of Strangers : Modern Governance in Eastern India, 1780-1835* (Basingstoke and New York : Palgrave Macmillan, 2009), pp. 41-44, 116-123.

32） Bayly, *Rulers, Townsmen and Bazaars*, pp. 396-398.

33） Woomishchunder Paul Chowdry v. Isserchunder, Joynarain, and Ganganarain Paul Chowdry, SCP, 1824.

34） Ramdhone Paul v. Fuckeer Chand Dutt and Others, SCP, 1826.

35） Bayly, *Rulers, Townsmen and Bazaars*, pp. 396-397.

36） これは *hundi nakal khata* と呼ばれる帳簿である。なぜ，ムルシダバード支店分のみなのかは不明であるが，少なくともムルシダバード支店では手形割引業務をおこなっていたことになる。

37) Kudaisya, *The Life and Times*, p. 11.

38) Piu Chatterjee, 'Evolution of the Marwari Community — Its Strength and Relations with Nationalist Politics (1920-30)', Master's Thesis, Calcutta University, 1991, pp. 81-83 (Hardgrove, *Community and Public Culture*, p. 67 より引用).

39) L. C. Jain, *Indigenous Banking in India* (London : MacMillan and Co., 1929), pp. 38-39.

40) Jain, *Indigenous Banking*, pp. 36-37.

41) Bayly, *Rulers, Townsmen and Bazaars*, p. 397.

42) Rajat Ray, 'Asian Capital in the Age of European Domination : The Rise of the Bazaar, 1800-1914', *Modern Asian Studies*, 29-3, 1995, pp. 449-554.

43) Goody, *The East in the West*, pp. 49-81 ; C. A. Bayly, 'Pre-Colonial Indian Merchants and Rationality', in Munshirul Hasan and Narayani Gupta (eds.), *India's Colonial Encounter : Essays in Memory of Eric Stokes*, 2nd revised ed. (Delhi : Manohar, 2004, 1st published 1993).

44) Ramdhone Paul v. Fuckeer Chand Dutt and Others, SCP, 1826.

45) Taylor, *A Sketch of the Topography*, p. 271.

46) Gourhurry Saha v. Bholanauth Ruckit, SCP (Plea side), 1833.

47) Seebnauth Saha v. Bholanauth Ruckit, SCP (Plea side), 1833.

48) プレム・パルチョウドゥリ，ボイクント・カシ・パルチョウドゥリ，カリ・ノンディの ナラヨンゴンジにおける事業には，それぞれバラト・プラマニク，P. クンドゥ，ロイ・ パルという名のゴマスタがあたった（Translation of a Derkhaust of Salt Merchants, BT-Salt, vol. 72, 19 May 1812）。

49) Gautam Bhadra, 'The Role of Pykars in the Silk Industry of Bengal (c. 1765-1830)', Part I, *Studies in History*, 3-2, 1987, pp. 160-161.

50) Bayly, *Rulers, Townsmen and Bazaars*, p. 373.

51) Jain, *Indigenous Banking*, p. 36 ; Bayly, *Rulers, Townsmen and Bazaars*, p. 373.

52) Bayly, *Rulers, Townsmen and Bazaars*, pp. 373, 378. 社会的地位の低い商人が，商人として のより高い信用と地位を獲得するために，社会的地位をおとしめるような商品の取引か ら撤退し，商家のゴマスタとして経験を積み，新たに名声を獲得する事例もみられた。 こうした行動は，商人の地位が必ずしもカーストで束縛されておらず流動的であったこ とを示している。

53) Cossinauth Paul Chowdhury v. Bycoontnauth Paul Chowdhury, SCP (In Equity), 1824.

54) BCSO-Salt, vol. 263, 4 Dec 1829, no. 9.

55) BRP-Salt, P/100/68, 1 Jun 1824, no. 4.

56) BRP-Salt, P/105/5, 21 Nov 1834, no. 1B.

57) Bayly, *Rulers, Townsmen and Bazaars*, p. 378 より引用。

58) Binay Bhusan Chaudhuri, 'Agriculture Growth in Bengal and Bihar, 1770-1860 : Growth of Cultivation Since the Famine of 1770', *Bengal Past and Present*, 95, 1976, p. 319.

59) Thomas A. Timberg, *The Marwaris : From Traders to Industrialists* (New Delhi : Vikas Publishing House, 1978), p. 134.

60) BRP-Salt, P/105/26, 19 July 1836, no. 8.

注（第9章）　341

61) Bhadra, 'The Role of Pykars', Part I, p. 161.

62) Peter Robb, 'Peasants' Choices? Indian Agriculture and the Limits of Commercialization in Nineteenth-Century Bihar', *Economic History Review*, 45-1, 1992, p. 98.

63) BRP-Salt, P/105/26, 19 July 1836, no. 8.

64) BRP-Salt, P/105/26, 19 July 1836, no. 8.

65) Rajat Datta, *Society, Economy and the Market : Commercialization in Rural Bengal, c. 1760-1800* (Delhi : Manohar, 2000), p. 234 より引用。

66) BRP-Salt, P/105/17, 1 Dec 1835, no. 24.

67) BRP-Salt, P/105/20, 2 Jan 1836, no. 16.

68) BRP-Salt, P/105/17, 1 Dec 1835, no. 24.

69) BRP-Salt, P/105/17, 1 Dec 1835, no. 24.

70) アノンド・シルは，チンスラのシル家のジョグ・シルとパートナーを組んでいたシュロフであり，競売の常連であった（本書第7章参照）。

71) 史料には Cohen としか記されていないが，18世紀末にスーラトからカルカッタに移住したアレッポ出身のユダヤ商人，ハ=コーエン（Shalom Aharon Obadiah HaCohen）あるいはその一族と思われる。詳細は，神田さやこ「ベンガル社会経済の変容とギリシャ商人──イギリス EIC 専売下の塩取引を中心に」『三田学会雑誌』108-2，2015年，66-67頁を参照。

72) BRP-Salt, P/105/17, 1 Dec 1835, no. 24.

73) S. N. Mukherjee, 'Class, Caste and Politics in Calcutta, 1815-38', in Edmund Leach and S. N. Mukherjee (eds.), *Elites in South Asia* (Cambridge : Cambridge University Press, 1970), pp. 47, 51-52, 56, 71.

74) Mukherjee, 'Daladali in Calcutta', p. 62.

75) Mukherjee, 'Class, Caste and Politics', p. 71.

76) Mukherjee, 'Daladali in Calcutta', p. 70.

77) Mukherjee, 'Daladali in Calcutta', pp. 70-71.

78) Mukherjee, 'Class, Caste and Politics', p. 71.

79) Mukherjee, 'Daladali in Calcutta', p. 70. ダカについても同様のことが指摘されている（Taylor, *A Sketch of the Topography*, p. 258）。また，家族が同じドルに入るわけでもなかった。

80) Mukherjee, 'Daladali in Calcutta', p. 69. ネマイ・モッリクは，大塩投機家ラム・モッリクの父親である（本書第6章）。

81) Mukherjee, 'Daladali in Calcutta', p. 69.

82) Datta, *Society, Economy and the Market*, pp. 211-212.

83) BRC-Salt, P/99/6, 16 Feb 1804, no. 16.

84) Sharif Uddin Ahmed, *Dacca : A Study in Urban History and Development* (London : Curzon, 1986), pp. 18-19.

85) Taylor, *A Sketch of the Topography*, p. 264.

86) C. A. Bayly, 'South Asia and the "Great Divergence"', *Itinerario*, 24-3/4, 2000, p. 96.

87) Sinha, *The Economic History*, vol. 3, pp. 94-101.

88) ダーヤバーガは，そもそも「男子が「父の財産」を分割することであり，このことが古典ヒンドゥー法の相續の基本原理であ」ったという（山崎利男「古典ヒンドゥー法の家産分割規定」『東洋文化研究所紀要』12，1957年，114頁）。ベンガルを除く北インドで一般的な法体系はミタークシャラーと呼ばれ，この法体系では，息子は父の死による相続ではなく，生まれながらにして家産に対する取り分をもっており，家産の共同相続人となれる。すなわち，ダーヤバーガでは，ジョイント・ファミリー内の共同相続人による占有権のまとまりがあるのに対して，ミタークシャラーでは所有権のまとまりがあるという大きな相違がみられる（Ernest John Trevelyan, *Hindu Family Law : As Administered in British India*, London : W. Thacker & Co., 1908, p. 230）。

89) 山崎「古典ヒンドゥー法」130頁。

90) Cossinauth Paul Chowdhury v. Bycoontnauth Paul Chowdhury ; Bungseedhur, Issenchunder and Joychund Paul Chowdhury v. Nilcomul Paul Chowdhury, SCP (in Equity), 1824 ; Sinha, *The Economic History*, vol. 3, pp. 95-96.

91) Sinha, *The Economic History*, vol. 3, p. 96. この親族（ジョゲシュチョンドロ・パルチョウドゥリ）は，裁判で，元々はラナガートのザミンダールであり，現在はシャンバジャル（カルカッタ）のザミンダールと名乗っている。

92) Basudeb Chattopadhyay, 'Police Tax and Traders' Protest in Bengal 1793-1798', in Basudeb Chattopadhyay, Hari S. Vasudevan and Rajat Kanta Ray (eds.), *Dissent and Consensus : Protest in Pre-industrial Societies, India, Burma and Russia* (Calcutta : KP Bagchi, 1989), p. 31 より引用。なお，ドゥルガ女神祭祀は，9〜10月頃に開催されるベンガル最大の祭祀である。

93) Sinha, *The Economic History*, vol. 3, pp. 100-111.

94) Hitesranjan Sanyal, *Social Mobility in Bengal* (Calcutta : Papyrus, 1981), p. 25.

95) この点については，Bayly, *Rulers, Townsmen and Bazaars*, p. 376 を参照。

96) Sinha, *The Economic History*, vol. 3, pp. 82, 114.

97) Sinha, *The Economic History*, vol. 3, pp. 46-47.

98) C. A. Bayly, *The Birth of the Modern World 1780-1914 : Global Connections and Comparisons* (Oxford : Oxford University Press, 2004), pp. 86-120.

99) Eric Stokes, 'The First Century of British Colonial Rule in India', *Past and Present*, 58, 1973, pp. 151-152 ; Bernard S. Cohn, 'The Initial British Impact on India : A Case Study of the Banaras Region', in Seema Alavi (ed.), *The Eighteenth Century in India* (Delhi : Oxford University Press, 2002), pp. 240-244.

100) Westland, *A Report on the District of Jessore*, p. 189.

101) 類似例として，Goody, *The East in the West*, pp. 141-148 を参照。

102) 藤井毅『歴史のなかのカースト——近代インドの〈自画像〉』岩波書店，2003年，25-30頁，35-41頁；Wilson, *The Domination of Strangers*, pp. 75-103 を参照。なお，本書で利用された裁判文書の大半は衡平裁定に関するものであった。

103) ヒンドゥー法成文化はさまざまな形で試みられてきたが，政府が取り組むことになったのは1834年のことであった。同年，初の法制度委員会（the Law Commission）が任命さ

れたが，1838 年の刑法を除いて，委員会によって成文化されることはなかった。ヒンドゥー法令（the Hindu Code Bill）が制定されたのは独立後の 1956 年のことであった。詳細は，Wilson, *The Domination of Strangers*, pp. 78-103 を参照。

104）Bayly, *Rulers, Townsmen and Bazaars*, pp. 420-421.

105）中里成章「英領インドの形成」佐藤正哲・中里成章・水島司『ムガル帝国から英領インドへ』世界の歴史 14，中央公論社，2009 年，348-350 頁。

106）Sheila Smith, 'Fortune and Failure : the Survival of Family Firms in Eighteenth-Century India', *Business History*, 35-4, 2006, pp. 55-56.

107）Smith, 'Fortune and Failure', pp. 57-62.

108）Peter Robb, *A History of India* (Basingstoke, Hampshire and New York : Palgrave, 2002), p. 135.

109）Wilson, *The Domination of Strangers*, p. 123.

110）Bayly, *Rulers, Townsmen and Bazaars*, Chap 4, pp. 163-196 ; Dwijendra Tripathi and M. J. Mehta, 'Class Character of the Gujarati Business Community', in D. Tripathi (ed.), *Business Communities of India : A Historical Perspective* (Delhi : Manohar, 1984), pp. 151-172.

111）三上敦史『インド財閥経営史研究』（同文舘，1993 年），83-93 頁。

終　章

1 ）ノディヤ県ラナガートはカルカッタの北約 75 キロメートルに位置する。同家の屋敷には，現在の当主オジョイ・パルチョウドゥリ（Ajay Pal-Chaudhuri）氏が生活し，敷地内の Shakti Empowerment Education で，子供や女性の教育と慈善活動をおこなっている。同家のインドラニ・パルチョウドゥリ（Indrani Pal-Chaudhuri）氏は，この学校の設立に尽力し，北米を中心にファッションモデル，写真家として活躍している（同学校ホームページより。http://seeschool-org.doublexstudio.com/index.html，2016 年 5 月 15 日最終閲覧）。

2 ）P. J. Marshall, *Bengal : The British Bridgehead, Eastern India 1740-1828* (Cambridge : Cambridge University Press, 1987), pp. 111, 115-116.

3 ）専売のアヘンも類似の生産，販売制度がとられ，それは 20 世紀前半までつづく。アヘン専売との比較は今後の課題としたい。なお，19 世紀後半〜20 世紀前半におけるアヘン競売に関して，原孝一郎「ベンガルアヘン輸出におけるカルカッタの役割――1870〜1910 年代を中心に」『三田学会雑誌』109-3，2016 年，近刊を参照。

4 ）Jon E. Wilson, *The Domination of Strangers : Modern Governance in Eastern India, 1780-1835* (Basingstoke and New York : Palgrave Macmillan, 2009).

5 ）Wilson, *The Domination of Strangers*, p. 122.

6 ）19 世紀前半，とくに 1830 年代以降，実際にインドで統治にあたるイギリス人官僚の思想やメンタリティーに，その前の世代との相違があらわれるようである。例えば，N. ラビトイのボンベイ管区を対象とした研究では，リカーズ（R. Rickards）のような，アダム・スミスやフランス重農主義思想に多大な影響を受けた行政官の登場と政策への影響が明らかにされている（Neil Rabitoy, 'The Control of Fate and Fortune : The Origins of the

Market Mentality in British Administrative Thought in South Asia', *Modern Asian Studies*, 25-4, 1991, pp. 737-764）。

7 ） Peter Robb, *Ancient Rights and Future Comfort : Bihar, the Bengal Tenancy Act of 1885, and British Rule in India* (Richmond, Surrey : Curzon, 1997), p. 72.

8 ） C. A. Bayly, 'The Age of Hiatus : The North Indian Economy and Society, 1830-50', in Asiya Siddiqi (ed.), *Trade and Finance in Colonial India 1750-1860* (Delhi : Oxford University Press, 1995).

9 ） Eric Stokes, 'The First Century of British Colonial Rule in India', *Past and Present*, 58, 1973, pp. 151-152.

10） Douglas M. Peers, *Between Mars and Mammon : Colonial Armies and the Garrison State in Early Nineteenth-Century India* (London and New York : Tauris Academic Studies, 1995), pp. 252-253.

11） Sanjay Subrahmanyam and C. A. Bayly, 'Portfolio Capitalists and Political Economy of Early Modern India', *Indian Economic and Social History Review*, 25-4, 1988, pp. 401-424. なお，無任所資本家層と中間層の議論については，水島司『前近代南インドの社会構造と社会空間』（東京大学出版会，2008 年），1-25 頁を参照。

12） 臼田雅之『近代ベンガルにおけるナショナリズムと聖性』（東海大学出版会，2011 年），138-144 頁。

13） 最近の研究が明らかにしているように，商家のビジネス（公的）部門が法の規制のもとで課税対象として「近代化」したのに対して，ファミリー（私的）部門は保護すべき対象として切り離されていった。一部のカーストがインドの富を独占する背景となっている。例えば，Ritu Birla *Stages of Capital : Law, Culture, and Market Governance in Late Colonial India* (Durham and London : Duke University Press, 2009) ; Tirthankar Roy, *Company of Kinsmen : Enterprise and Community in South Asian History 1700-1940* (Delhi : Oxford University Press, 2010)。この点について，神田さやこ「インド」日本経営史学会編『経営史学の 50 年』（日本経済評論社，2015 年），386-396 頁も参照。

14） C. A. Bayly *Rulers, Townsmen and Bazaars : North Indian Society in the Age of British Expansion 1770-1860*, Indian edtion (Delhi : Oxford University Press, 1992), pp. 420-421.

15） ナラヨンゴンジ塩埠頭での聞き取り調査（2003 年 1 月 20 日）より。

あとがき

　インド世界との出会いは，大学1年目が終わろうとしている春休みに，父が暮らすシンガポールを訪れたときのことであった。リトル・インディアの極彩色のヒンドゥー教寺院やそれまでの「カレー」の概念を覆す料理に素直に驚いた。実際にインドを訪れたのはそれから間もなくのことである。友人と旅行中のバンコクから一番安く行くことができたのがカルカッタ（現コルカタ）であった。見るもの，聞くもの，触れるものすべてが新鮮であり，そのときからインドについてもっと知りたいと強く思うようになった。

　帰国後，ゼミでインドについて研究ができるところがないかを探し，引き受けてくださったのが日本経済史の杉山伸也先生であった。ゼミの課題で，『史学雑誌』の「回顧と展望」を調べ，インド経済史に関する先行研究を整理し，残された課題を明らかにするレポートを書く機会があった。この作業中に，インドのなかでもベンガルに関する先行研究が多いことを知り，筆者もベンガルをやってみたいと思ったのである。ちなみに，このことをよく覚えているのは，そのレポートを先生に褒めていただいたからである。後にも先にも先生に褒めていただいたのはこのときだけかもしれない。

　修士課程に進学後，杉山先生のもとで本格的に研究に取り組みはじめた。貿易や流通ネットワークといったモノの動きや商人の活動に関心をもったのは，先生の問題関心・問題意識の影響が強かったのだろう。とても興味深いテーマだと感じた。先生には実証的な経済史研究のイロハを教えていただき，文章の書き方から言葉遣いにいたるまで根気よくご指導いただいた。論文の序論部分はとくに大事だからと，いつも原稿が真っ赤になるほど修正してくださったものである。先生との出会いがなければ，筆者がこの道に進んでいたか，仮に進んでいたとしても一冊の本をまとめるほど研究ができていたか，ははなはだ疑問である。また，ポスドクのときに筆者の問題関心が，塩の流通や政策から生産，消費へと広がり，そこからエネルギーや環境といった新たな課題へと展開でき

346

たのは，先生の問題関心の広さに強い影響を受けたからである。

　博士課程進学後，ロンドン大学 SOAS 歴史学研究科に留学した。そこでは
ピーター・ロブ先生のご指導のもとで博士論文を執筆した。ロブ先生は，友人
であり，現在は同僚のヘレン・ボールハチェット氏からご紹介いただいた。縁
があったのか，ボールハチェット氏の父上ケネス・ボールハチェット先生はロ
ブ先生の指導教授だったのである。ロブ先生は，プロ・ダイレクターの要職に
ありながら毎週 1 時間必ず時間をつくって，論文の進捗状況や最近の研究動向，
先行研究などについて話を聞いてくださった。英語も「エレガンスがないとい
けない」と，いつも丁寧にみてくださったものである。毎回，どれだけ無知で
勉強不足か思い知らされたが，その時間が楽しみで仕方なかった。とはいえ，
先生の歴史観や先生がよくおっしゃっていたことの意味を正確に理解できた
（と思われる）のは最近になってのことである。

　修士課程に進学して以降長い年月が経ち，その間多くの先生方にご指導いた
だいた。大学院生の頃からこれまで，故岡田康男先生，柳沢遊先生，古田和子
先生には演習や研究会などさまざまな場を通じてご指導いただいた。楽しみに
してくださっていた岡田先生に本書を読んでいただけなかったことが悔やまれ
てならない。谷口晋吉先生にも，修士課程のときからご指導いただき，史料の
閲覧や収集にもいく度となく便宜をはかっていただいた。先生主催のベンガル
語の読書会はきわめて刺激的であり，筆者の狭い視野をどれほど広げてくれる
ものであったかしれない。ロンドン留学時代にも高名な先生方にご指導いただ
く機会に恵まれた。とりわけ，博士論文の審査を担当してくださったピータ
ー・マーシャル先生と故クリス・ベイリー先生からは数々の有益なコメントを
いただいた。それらを未だに十分に消化しきれていないが，本書を執筆するう
えでも，新たなテーマを考えるうえでもきわめて示唆的であった。

　南アジア経済史研究では，中里成章先生，故柳澤悠先生，水島司先生，脇村
孝平先生，クロード・マルコヴィッツ先生，ティルタンカル・ロイ先生に，折
にふれて筆者の研究に対するご助言をいただいた。柳澤先生には本書に対して
たくさんのご批判をいただけただろうと思うと，遅筆を悔いるばかりである。
杉原薫先生には，数多くの刺激的な研究プロジェクトに誘っていただいた。先

生のご研究とそれらのプロジェクトを通じて学んだことの大きさは計りしれない。先生には，本書の出版を目指す研究会でも，構想段階から本書の内容全般に関わる貴重で有益なコメントをいただいた。そして，その研究会を立ちあげてくださったのが籠谷直人先生である。先生のご尽力がなければ，そもそも本書が出版されることもなかったかもしれない。研究会では脇村先生，城山智子氏，田辺明生氏からも示唆に富む多くのコメントを頂戴した。

　カルカッタでは，ビノイ・チョウドゥリ先生にひとかたならぬお世話になった。カルカッタを訪れるたびに，ご自宅でルチなどの筆者の好物をふるまってくださり，筆者の研究へのコメントや昨今の研究動向に関して熱心にお話ししてくださった。また，ロジョト・ラエ先生，ボライ・バルイ先生，故クムクム・チャタジ先生にも数多くのご助言をいただいた。デリーでは，とりわけ，ロジョト・ドット先生にお世話になった。研究やインド国立文書館所蔵史料に関する細やかなご助言をくださり，不慣れなデリーでの生活をいく度となく助けてくださったものである。バングラデシュでの史料調査では，当時のバングラデシュ国立文書館長シャリフ・ウッディン・アフメド先生，シュクマル・ビッシャス先生，ロトン・チョクロボルティ先生にたいへんお世話になった。また，ビッシャス先生ご夫妻は，筆者が病気にかかった際にご自宅に泊めて何日も看病してくださった恩人でもある。

　本書が少しでも先生方にいただいた学恩に報いることになれば幸いである。

　国内外の優れた研究仲間や同僚にも恵まれた。かれらの研究や研究に対する姿勢から学ぶこともどれほど多かったかしれない。ここで全員のお名前をあげることはできないが，本書の執筆に際して強い影響を受けた３人をあげたい。ティロットマ・ムカジ氏には英国図書館で，ジョン・ウィルソン氏とイフテカル・イクバル氏にはバングラデシュ国立文書館で知りあった。皆，筆者と同じく博士論文のための史料収集のさなかであった。ムカジ氏からは市場と国家との関係を，ウィルソン氏からは法と統治を，そしてイクバル氏からは歴史研究における生態環境の重要性を学んだ。ベンガル史研究というトラックで上位を走るかれらに対して，筆者はすでに周回遅れとなってしまったが，再びかれらの背中が見えるように，本書がその第一歩となることを願っている。

史料調査・閲覧に関しては，英国図書館，西ベンガル州立文書館，カルカッタ高等裁判所，インド国立図書館（カルカッタ），バングラデシュ国立文書館，オクスフォード大学ボドリアン図書館，ロンドン大学 SOAS 図書館および LSE 図書館の方々にご協力いただいた。なかでも，西ベンガル州立文書館の司書ビディシャ・チョクロボルティ氏には十数年にわたってたいへんお世話になった。氏のご尽力により，どれほど閲覧環境が改善され，作業がはかどったかしれない。また，カルカッタ高等裁判所での史料閲覧許可取得に際して，A. M. ボッタチャルジョ元ボンベイ高裁判事にご尽力いただいた。そもそも氏との偶然の出会いがなければ，本書の肝ともいえる裁判文書へのアクセスが可能になったかどうか分からない。カルカッタ高裁のインドラニ・ガングリ氏には，閲覧用の小部屋と毎日のチャを用意していただくなど多くのご支援をいただいた。その小部屋を管理する 3 人の女性たちと，つたないベンガル語で世間話をしながらの史料閲覧は，たいへん和やかで楽しい時間であった。

　五十嵐理奈氏とともにめぐったバングラデシュの「塩ツアー」では，ナラヨンゴンジの製塩会社の方々，モヘシュカリ島の塩田の方々，チッタゴン港塩埠頭の方々に，快く工場や塩田，港内を案内していただいた。ノディヤ県モヘシュゴンジのパルチョウドゥリ家の方々にもたいへんお世話になった。とりわけ，ロノ・パルチョウドゥリ氏には，きわめて興味深い同家（商家）の歴史について詳細に教えていただき，ラナガートやカルナなど本書の関連地域も案内していただいた。カルカッタ実業界の重鎮でもある同家のノヨンタラ・パルチョウドゥリ氏には，カルカッタのいくつかの旧家をご紹介いただき，貴重なお話をうかがう機会を得た。その成果はいずれ形にして発表したい。なお，同家は，田辺明生・常田夕美子両氏からご紹介いただいた。この「塩ツアー」やパルチョウドゥリ家の方々との出会いがなければ，地理的な感覚をつかむことや商家の実態を肌で感じることはむずかしかったであろう。

　本書の刊行が筆者の遅筆により予定よりも大幅に遅れたため，名古屋大学出版会の三木信吾氏には多大なご迷惑をおかけした。辛抱強くお待ちいただいた三木氏には感謝している。なお，本書の刊行に際して，慶應義塾経済学会の出版刊行助成をいただいた。この場を借りてお礼申しあげたい。

あとがき　349

　筆者は，淡路島に生まれ，明石海峡を行き交う大小さまざまな船を眺めなが
ら幼少期を過ごした。思えば，七つの海をめぐった船乗りの父をはじめ，親族
の多くが海運・造船・漁業など海や船に関連する職に就いていた。そんなわが
家は，流暢に淡路弁をあやつるオウムをはじめ，世界中のめずらしいものであ
ふれていた。そのような環境で育つなかで，漠然と外国や，貿易・交易への関
心が芽生えていたのかもしれない。しかし，まさかそれが研究という形になる
とは家族はだれも想像しておらず，大学院に進学したいという筆者に両親はさ
ぞ困惑したことであろう。それにもかかわらず，いつ終わるともしれない研究
生活をこれまで物心両面で支えてくれた両親には感謝の気持ちでいっぱいであ
る。また，いつもあたたかく見守っていてくれる夫と妹にも感謝している。

　2016 年 11 月　コルカタにて

神田さやこ

初出一覧

　本書は 2005 年にロンドン大学に提出した Ph. D. 論文（'Merchants, Markets, and the Monopoly of the East India Company: The Salt Trade in Bengal under Colonial Control, c. 1790-1836'）を大幅に加筆修正し，新たに書きおろした部分を加えて再構成したものである。

　既出論文は，必ずしも本書の各章とは対応しておらず，各章の一部であったり，複数の章にまたがった内容となっている。各既出論文が関係する章は以下の通りである。

1. 「18 世紀末～19 世紀前半におけるベンガルの穀物流通システム──穀物交易をめぐるインド商人と東インド会社」，『社会経済史学』66-1，2000 年，67-84 頁：第 8 章。
2. 「ベンガル塩商人の活動とイギリス東インド会社の塩独占体制（1788～1836 年）」，『社会経済史学』68-2，2002 年，21-42 頁：第 1 章第 2・3 節，第 3 章第 1 節，第 5 章，第 6 章。
3. 'Environmental Changes, the Emergence of a Fuel Market, and the Working Conditions of Salt Makers in Bengal, c.1780-1845', *International Review of Social History,* 55, supplement, 2010, pp. 123-151：第 1 章第 3 節，第 3 章第 3 節，第 4 章第 1 節。
4. 'Forged Salt Bills, Speculation, and the Money Market in Calcutta: The Economy of Bengal in Colonial Transition, c. 1790-1840', *International Journal of South Asian Studies*, 5, 2013, pp. 89-112：第 3 章第 1 節，第 6 章。
5. 「環ベンガル湾塩交易ネットワークと市場変容──1780～1840 年」，籠谷直人・脇村孝平共編著『帝国のなかのアジア・ネットワーク──長期の 19 世紀アジア』（世界思想社，2009 年），216-249 頁：第 1 章第 4 節，第 2 章第 2・3 節，第 3 章第 2 節。

　なお，本書は，JSPS 科研費 JP19730238・JP18330074・JP21330083・JP21330084，2008 年度 JFE21 世紀財団・アジア歴史研究助成，2012 年度福武学術文化振興財団・歴史学助成の成果の一部である。

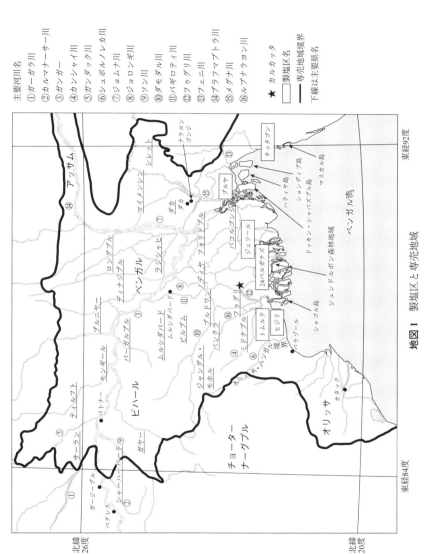

地図 1　製塩区と専売地域

出所）BPP, 1836 (518) Select Committee on Supply of Salt for British India 添付の地図をもとに筆者作成。ただし、その地図が1776年に作成された地図に基づいているため、大規模な河川流路の変更については修正したが、すべての変化が反映されているわけではない。

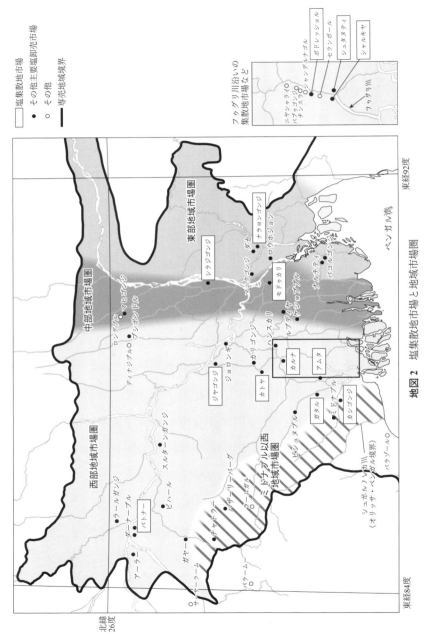

地図 2　塩集散地市場と地域市場圏

出所）地図 1 に同じ。

関連地図 353

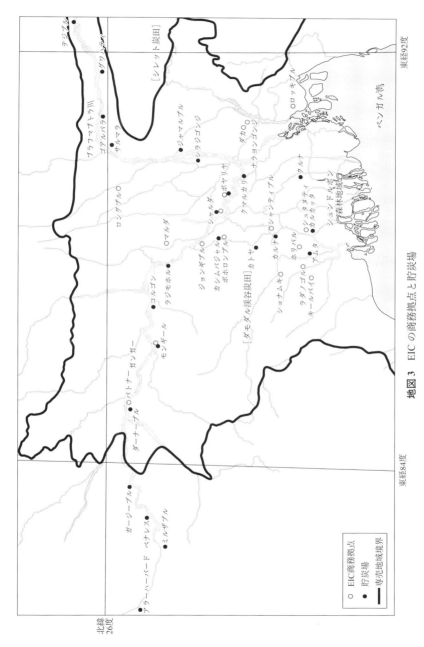

地図 3　EIC の商務拠点と貯炭場

出所）地図 1 に同じ。

地図 4 環ベンガル湾の主要塩港

出所）筆者作成。

関連地図　355

地図 5　専売地域西部境界付近

出所）地図 1 に同じ。

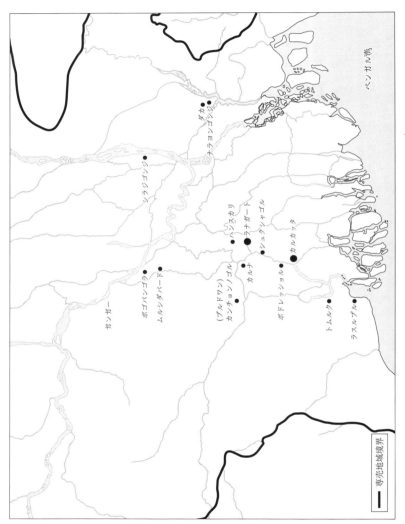

地図 6　ラナガートのパルチョウドゥリ家の主要支店・倉

(出所) 地図1に同じ。

関連地図　357

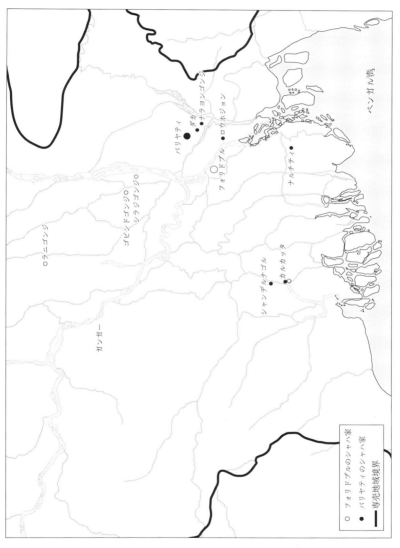

地図7　フォリドブルのシャハ家とバリヤティのシャハ家の主要支店・倉

出所）地図1に同じ。

図表一覧

写真 1　マスカル（モヘシュカリ）島の塩田 ……………………………………… 80
写真 2　ナラヨンゴンジ・塩埠頭（シットロッカ川沿い）……………………… 85
写真 3　シャルキヤ ……………………………………………………………………… 123
写真 4　チッタゴン港（マンジル・ガート）………………………………………… 157
写真 5　バグバジャルのミットロ邸跡 ……………………………………………… 165
写真 6　ボロバジャル（モッリク・ストリート／アムラトラ・ストリート）………… 191
写真 7　ハートコラの市（ショババジャル・ストリート）………………………… 221
写真 8　ナラヨンゴンジ・古倉庫（オールドバンク・ロード）………………… 245

図補 1-1　インドの国別塩輸入量（1870〜1918 年度）………………………… 31
図補 1-2　インドの総関税収入に占める塩の割合（1870〜1918 年度）……… 32
図補 1-3　ベンガルおよびアッサムにおける塩消費量（1905〜12 年度）……… 34
図 1-1　EIC 領の財政収支（1794〜1859 年度）………………………………… 41
図 1-2　EIC 領の歳入に占める税収と借入れの割合（1801〜58 年度）……… 42
図 1-3　EIC 領の歳出に占める諸経費と債務利払い・償還費の割合（1801〜58 年度）…… 43
図 1-4　EIC 領の債務残高（1801〜58 年度）…………………………………… 44
図 1-5　EIC 領の歳入に占める項目別割合（1782〜1859 年度）……………… 46
図 1-6　EIC 領の塩専売収益に占めるベンガル管区の割合（1799〜1854 年度）…… 47
図 1-7　EIC 領の歳出に占める項目別割合（1801〜58 年度）………………… 48
図 1-8　ベンガル管区における塩専売利益（1774〜1858 年度）……………… 53
図 1-9　ベンガル管区製塩管理機構 ………………………………………………… 55
図 1-10　東部インドにおけるベンガル塩・外国塩供給量（1781〜1830 年度）………… 59
図 1-11　ベンガル製塩区別生産量（1781〜1833 年度）………………………… 61
図 1-12　ラジャムンドリ県およびネロール・オンゴール県における塩生産量・移出量・
　　　　　対ベンガル供給量（1811〜17 年度）…………………………………… 72
図補 2-1　製塩場の見取り図 ………………………………………………………… 77
図補 2-2　濾過装置の構造 …………………………………………………………… 78
図補 2-3　煎熬小屋 …………………………………………………………………… 79
図補 2-4　煎熬小屋内部（炉，窯，煎熬作業をするモランギ，窯焚き夫）…… 80
図 2-1　カルカッター・ミルザープル間年間商品・旅客輸送量（1841 年度）… 83
図 2-2　主要卸売市場別煎熬塩価格（1832 年 11 月，1833 年 11 月最低価格平均）……… 87
図 3-1　塩供給量と落札価格（1790〜1836 年）………………………………… 110
図 3-2　小売販売量と民間輸入量（1816〜36 年）……………………………… 114
図 3-3　カルカッタのコロマンデル塩輸入量・穀物輸出量・在来船来航数（1796〜1834

年度）…………………………………………………………………………… 118
図 3-4　ベンガルの国・地域別穀物輸出額（1796〜1842 年度）………………… 120
図 3-5　項目別製塩費用（100 マンあたり）（1810 年代半ばおよび 1820 年代半ば）……… 127
図 4-1　東部インドにおける政府塩・民間輸入塩別総塩供給量（1823〜52 年度）………… 150
図 4-2　国・地域別民間塩輸入量（1836〜52 年度）……………………………… 151
図 4-3A　イギリスの白塩輸出量・輸出先別割合（1790〜92 年度平均）………… 152
図 4-3B　イギリスの白塩輸出量・輸出先別割合（1843〜45 年度平均）………… 152
図 4-4　東部インドにおける種類別塩供給量（1836〜52 年度）………………… 154
図 5-1　塩の現物・切手取引図 …………………………………………………… 166
図 5-2　落札済み在庫量の増加と落札価格（1790〜1820 年）………………… 174
図 5-3　ラナガートのパルチョウドゥリ家の家系図 ……………………………… 176
図 6-1　ベンガル西部における煎熬塩価格（100 マンあたり）（1800〜34 年）………… 184
図 6-2　ベンガル西部以外の地域における煎熬塩価格（100 マンあたり）（1800〜34 年）　185
図 6-3　天日塩価格（1800〜34 年）……………………………………………… 186
図 6-4　カルカッタ米価と地金貿易収支（1798〜1836 年度）………………… 187
図 6-5　競売における販売量・価格・在庫量の関係（1790〜1836 年）…………… 190
図 6-6　ビハールへの政府塩移入量（1805〜14 年）…………………………… 196
図 7-1　フォリドプルのシャハ家の家系図 ……………………………………… 227
図 7-2　バリヤティのシャハ家の家系図 ………………………………………… 231
図 8-1　市場システム（卸売市場を中心にした二つの取引過程と人的関係）………… 244

表補 1-1　インド政庁の歳入（項目別割合）（1859〜71 年度）………………… 27
表補 1-2　中央政府・州政府の税収（項目別割合）（1901〜47 年度）………… 27
表補 1-3　総塩税収入（塩輸入関税，内国通関税，政府塩販売を含む）と税率・販売価
　　　　格（1858〜88 年）……………………………………………………… 28
表 2-1　東部インド地域塩市場圏 ………………………………………………… 88
表 2-2　バブゥゴンジ関所を通過した塩の種類別量および割合（1851 年度，1852 年度
　　　平均）……………………………………………………………………… 90
表 2-3　主なコロマンデル塩輸入業者（ラジャムンドリ県，ネロール・オンゴール県，
　　　ヴィザガパトナム県）（1818 年）……………………………………… 94
表 2-4　タンジョール塩輸入業者（1818 年）…………………………………… 96
表 3-1　競売における平均落札価格（1824〜33 年度）………………………… 117
表 3-2　製塩区別 100 マンあたり製塩費用（1798〜1829 年度）……………… 125
表 3-3　製塩区別前貸し金レート（100 マンあたり）（1814〜29 年度）……… 127
表 4-1　官有蒸気船石炭調達請負入札者とその評価 …………………………… 142
表 4-2A　貯炭場およびその周辺における薪価格（1836〜40 年）……………… 145
表 4-2B　貯炭場における石炭価格（1836〜42 年）…………………………… 145
表 4-3　バコルゴンジ塩取引監督区における年間消費量および価格（1851 年）………… 156
表 5-1　1790 年代前半の買付け人の規模 ……………………………………… 167

表 5-2	1790 年代前半の主要買付け人	172
表 6-1	ヒジリ塩，トムルク塩の主要買付け人（1828 年）	205
表 7-1	ナラヨンゴンジの主要卸売商人	212
表 7-2	遠隔地市場への主要塩移出商人（1824 年）	214
表 7-3	遠隔地市場への目的地別主要塩移出商人（1824 年）	215
表 7-4	1834 年 11 月競売の買付け人	219
表 7-5	カルナおよびカトヤの主要卸売商人	223
表 7-6	1840 年代前半におけるダカおよびバコルゴンジの主要卸売商人	229
表 9-1	パルチョウドゥリ家（キシェン分家）の帳簿リスト	259

地図 1	製塩区と専売地域	351
地図 2	塩集散地市場と地域市場圏	352
地図 3	EIC の商務拠点と貯炭場	353
地図 4	環ベンガル湾の主要塩港	354
地図 5	専売地域西部境界付近	355
地図 6	ラナガートのパルチョウドゥリ家の主要支店・倉	356
地図 7	フォリドプルのシャハ家とバリヤティのシャハ家の主要支店・倉	357

人名索引

ア 行

ウィルソン，ジョン　E.（Jon E. Wilson）　8-10, 288

ヴェレルスト，H.（Harry Verelst）　54, 163

ウッドブ・ボロラム（・ポッダル商店）　229, 230, 255

オティト・ポンディト（商店）　229, 231　→シャハ家（バリヤティ）も参照

カ 行

カーン，ラム（ホリ）　172, 211, 212, 225

カル，ポンチャノン　204, 205, 219, 222

カル，ラム（ドゥラル）　214-216, 219

カワスジー，ラストムジー　17, 18

ガンディー　26, 35

カントゥ・バブゥ　54, 163, 164

クンドゥ，ジョイ（チョンドロ）　219, 225, 226

クンドゥ，ジョイ（ナラヨン）　219, 255

クンドゥ，ジョナル（ドン）　219, 225, 226

クンドゥ，チョイトン（チョロン）　104, 194, 196, 203, 213-215, 223, 263

クンドゥ，ホリシュ（チョンドロ）　219, 225, 226

クンドゥ，ラシュ（ビハリ）　214-216, 219, 222

クンドゥ家（バッギョクル）　20, 169, 230, 283, 285, 291

　クンドゥ，グル（プロシャド）　211, 212, 229, 230

ゴーシャル家　257

　ゴーシャル，ゴクル（チョンドロ）　54, 163

　ゴーシャル，ショト（チョロン）　257

ゴーパール・ダース（銀行）　19, 180, 202

コールブルック，H. T.（H. T. Colebrooke）　97-99

コーンウォリス，C.（C. Cornwallis）　8, 9

ゴシュ家（シャンデルナゴル）　224, 225

　ゴシュ，ゴンガ（ナラヨン）　205, 223-225

ゴシュ，ボワニ（チョロン）　224, 225

ゴラブ・ゴウルホリ（商店）　219, 229-231, 255, 261　→シャハ家（バリヤティ）も参照

ゴンゴパッダエ，シュニル（Sunil Gango-padhyay）　7, 221

サ 行

シェト，ラム（ニディ）　204, 206, 223

シェン，マトゥル（モホン）　180, 191, 200, 269

シブゴビンディ（商店）　227, 254, 261　→シャハ家（フォリドプル）も参照

シャハ，プレム（チャンド）　213-215, 219, 222

シャハ，ブロジョ（モホン）　213-215

シャハ家（バリヤティ）　230-232, 234, 253, 261, 283

　シャハ，オティト（ラム）　212, 215, 229, 231

　シャハ，ゴウル（ホリ）　219, 229

　シャハ，ゴビンド（ラム）　230, 231

　シャハ，ゴラブ（ラム）　212, 215, 219, 229, 231

　シャハ，ドディ（ラム）　219, 231, 269

　シャハ，ニッタ（ノンド）　212, 219, 229, 231

　シャハ，ポンディト（ラム）　212, 229, 231

　シャハ，ライ（チャンド）　219, 231

　シャハ，ラダ（ゴビンド）　229, 231

シャハ家（フォリドプル）　226-228, 230, 234, 253, 254, 261, 283

　シャハ，コシャイ（ラム）　226, 227

　シャハ，シブ（ナト）　227, 228, 230, 254

　シャハ，マニク（チャンド）　226, 227

シュリモニ，ホリ（プロシャド）　205, 219, 222

ジョンストン，J. H.（J. H. Johnston）　83, 138, 139, 141-143

シル，アノンド（モホン）　224, 266, 267

シル，ゴビンド（チョロン）　201, 205, 206

シル，ビッションボル　200, 203-205
シル，ポンチャノン　205, 206
シル，モティラル　17, 18
シル家（チンスラ）　224
　シル，ジョグ（モホン）　200, 205, 206, 224, 225
　シル，ニランボル　224
シンホ，N. K.（Narendra Krishna Sinha）　180, 271

タ 行

タゴール家　33, 98, 200, 254, 257
　タゴール，ダルカナト　17, 18, 138
　タゴール，プロションノ（クマル）　216
ダシュ，ジョゴン（ナト）　141-143
ダシュ，ビッションボル　218, 219
ディミトリウ，ニコラス　232, 233
ティロク・ラムモホン（商店）　219, 229 →
　ポッダル，ティロクも参照
デー，オディト（チョロン）　200-204, 206,
　208, 209, 213-215, 255, 263, 283
デー，ラムドゥラル　17
デー家（セランポール）　222, 234, 254, 283
　デー，ラジ（クリシュノ）　219, 222
　デー，ラム（チョンドロ）　222
デーチョウドゥリ，ゴンガ（ドル）　207, 219
デーブ家（ショババジャル領主）　267, 268
　デーブ，ゴピ（モホン）　268
　デーブ，ラダ（カント）　267
ドット，ドッタ（ラム）　180, 254, 269
ドット，モドン（モホン）　218, 219
ドット，R.（Rajat Dutta）　20, 243, 248, 268
ドディラム・ライチャンド（商店）　219, 231
　→シャハ家（バリヤティ）も参照
ドディラム・ニッタノンド（商店）　219, 231
　→シャハ家（バリヤティ）も参照

ナ 行

ノンディ，クリシュノ（カント）　→カント
　ゥ・バブゥ
ノンディ，ボグボティ（チョロン）　204, 207
ノンディ家（カルナ）　212-215, 221, 228, 232, 233
　ノンディ，カリ（プロシャド）　212-215, 219
　ノンディ，タクル（ダス）　104, 172, 173, 180, 212, 225, 246, 255, 269

ハ 行

パーカー，H. M.（H. M. Parker）　89, 200, 202, 266
パーマー，J.（John Palmer）　130, 131, 133, 188
パーマー，S. G.（S. G. Palmer）　1-3, 10, 279, 282, 288
バナジ，ゴビンド（チョロン）　207, 218, 219, 266, 267
パニオティ，アレグザンダー　232, 233, 257, 258, 278
パル，カシ（ナト）　179, 200, 205, 218, 219
パル，キシェン／クリシュノ（モンゴル）
　211, 212, 219, 229
パルチョウドゥリ家（ラナガート）　169,
　174-177, 180, 181, 191, 196, 208, 211, 213,
　221, 222, 228, 232-234, 246, 253-257, 260,
　269-271, 272, 283, 285, 286
パルチョウドゥリ家（キシェン／クリシュノ
　分家）　212-215, 259
パルチョウドゥリ家（ションブ分家）　212,
　215, 223, 274
パルチョウドゥリ，イッショル（チョンド
　ロ）　176, 204, 214, 215, 234, 254, 259, 271
パルチョウドゥリ，ウメシュ（チョンドロ）
　176, 204, 214, 215, 219, 234, 271
パルチョウドゥリ，カシ（ナト）　176, 262
パルチョウドゥリ，キシェン（チョンドロ）
　104, 105, 172-176, 180, 218, 221, 226, 269,
　271
パルチョウドゥリ，シュリ（ゴパル）　176,
　274
パルチョウドゥリ，ションブ（チョンドロ）
　104, 175-177, 271, 274
パルチョウドゥリ，ニル（コモル）　176,
　201, 207, 223, 274
パルチョウドゥリ，バンシドル　176, 215,
　262
パルチョウドゥリ，プレム（チョンドロ）
　176, 214, 215, 254, 271
パルチョウドゥリ，ボイクント（ナト）
　104, 176
パンティ，キシェン（チョンドロ）　→パルチ
　ョウドゥリ，キシェン（チョンドロ）
パンティ，ションブ（チョンドロ）　→パルチ
　ョウドゥリ，ションブ（チョンドロ）

プラマニク，ジョゴン（ナト）　172, 211, 212
ヘイスティングズ，W.（Warren Hastings）　7,
　54, 137, 163, 232
ベイリー，C. A.（Chris A. Bayly）　5, 6, 16,
　20, 50, 253, 256, 258, 270, 272, 277, 290
ホージャ・ワジード　163
ボシャク，ショバラム　163, 164
ボシュ，ギリシュチョンドロ　7, 115
ボシュ家（シャババジャル）　164, 168
　ボシュ，キシェン／クリシュノ（ラム）
　　164
　ボシュ，モドン（ゴパル）　172, 269
ポッダル，ジョゴン（ナト）　172, 211, 212
ポッダル，ティロク（チョンドロ）　211, 212,
　219, 229
ポッダル，マトゥル（モホン）　219, 230
ボラル，カナイ（ラル）　203, 204
ボラル，モホン（チャンド）　218, 219, 223,
　224
ボラル，ロッキ（カント）　269
ホリ・ラダモホン（商店）　227, 229
ポンディト・オティト（商店）　212　→シャ
　ハ家（バリヤティ）も参照

マ 行

マーシャル，P. J.（Peter J. Marshall）　5, 54,
　131

マヴルディス，キリヤコス　171, 172, 225,
　232
ミットロ家（バグバジャル）　163-165, 168
　ミットロ，ゴクル（チョンドロ）　164
ムカジ，ティロットマ（Tilottama Mukherjee）
　20, 237, 238
モッリク家（ボロバジャル）　163, 180, 191
　モッリク，ネマイ（チョロン）　191, 198,
　　268, 276
　モッリク，ラム（ロトン）　180, 191, 192,
　　194, 198, 199, 203, 208, 217, 218, 224, 269
モンドル，ケボル（キシェン／クリシュノ）
　211, 212

ラ 行

ラエ，I.（Indrajit Ray）　13, 14, 132
ラエ，R. K.（Rajat Kanta Ray）　16, 260
ラエ，ラムモホン　→ローイ，ラームモーハン
ラエ家（バッギョクル）　→クンドゥ家（バッ
　ギョクル）
ラエ・チョウドゥリ家（バリヤティ）　→シャ
　ハ家（バリヤティ）
リチャーズ，J. F.（John F. Richards）　40-49
ルカス，ジョン　219, 232-234
ローイ，ラームモーハン　7, 131, 289
ロブ，P.（Peter Robb）　9, 10, 116, 289

事項索引

ア 行

アーバスノット商会　121
アーラトダール　168, 265
アキャブ（シットウェー）　121, 124
アッサム　34, 99, 138, 139, 141
アヘン　11, 12, 26, 27, 41, 47, 68, 131, 191, 192,
　201, 222, 239, 255
アヘン戦争　147, 148
アムタ　84, 85, 88, 140, 222
アムダワラ　168, 248
アラーハーバード（イラーハーバード）　138,
　141, 143, 144
アラカン（ラカイン／ヤカイン）　102, 121,
　123, 124, 139
アラカン塩　100, 102, 121, 123, 124, 149, 155,
　282
アラブ商人　149, 191
アルメニア商人　163, 170, 181, 191
アレグザンダー商会　139, 204, 269
イギリス議会／本国議会　2, 38-40, 240
イギリス産業利害・産業資本　4, 13, 14, 30,
　58, 136, 137, 153, 159, 240, 284
イギリス商人・商社　18, 19, 92, 95, 96, 121,
　141, 191, 264
イギリス東インド会社（EIC）　→国家も参照
　軍　49, 50, 289
　商業活動停止（1833 年）　2, 49, 58, 135,
　　136, 149, 183, 204, 208, 236
　商務拠点　60, 66, 89, 116, 183, 184
　「脱商業化」　10, 49, 287, 288
　統治機関としての　9, 22, 38-40, 48
　特許上改正（1813 年）　2, 11, 60
　取締役会　40, 45, 52
イギリス法　8, 275
異人（ストレンジャー）　10, 288
市　20, 163, 170, 171, 237-242, 257, 263, 264,
　281
イングランド炭　140, 144
インディゴ（藍）　11, 41, 131, 175, 189, 230,
　255

インド財政　12, 22, 38-50, 74, 287
インド大反乱　41, 44
インド統治法（1784 年）　8, 38
ヴィザガパタナム（ヴィシャーカパトナム）
　93, 94
永代ザミンダーリー制度（永代査定制度）　8,
　175, 257
エリート　5, 6, 17, 19, 21, 32, 50, 164, 166, 168,
　171, 175, 176, 181, 220, 221, 240, 254, 267-
　270, 277, 285
沿岸交易　11, 12, 13, 69, 70, 91, 92, 95, 96,
　116-122, 282, 288　→ベンガル―コロマン
　デル間交易も参照
塩税　26-30, 32, 33, 136, 287
汚職・不正　67, 100, 105, 115, 116, 122, 135,
　273, 282, 285
オズワルド・シル商会　17, 18
オリッサ　60, 73, 92, 115, 139, 272, 280
オリッサ塩　22, 55, 60, 68, 73, 74, 89, 100, 101,
　107, 109, 122, 123, 129, 149, 194, 200, 228,
　266, 280, 282
オリッサ塩輸入　54, 60, 73, 74, 122, 123
卸売市場（ガンジ）　23, 84, 86, 87, 139, 237,
　243, 244, 248, 251, 256, 261, 284, 290

カ 行

カー・タゴール商会　17, 18, 138-143
ガージープル　68, 101
カースト　6, 21, 23, 35, 88, 168, 169, 180, 209,
　230, 231, 234, 242, 261, 263, 264, 267-269,
　272-275, 277, 283, 290, 291
外国塩／輸入塩　12, 22, 27, 30, 33, 34, 58-60,
　68-75, 82, 87, 89, 107, 109, 124, 133-135, 149,
　155, 156, 218-220, 281, 282
カシ丘陵　142
カシゴンジ（ミドナプル県）　84, 85, 88, 244
ガタル　84, 88, 222
カトヤ　86-88, 98, 223, 224, 242-244
カヨスト（カーヤスタ）　168, 267, 268, 289
カルカッタ銀行（the Bank of Calcutta）　179,
　180

事項索引　365

カルナ　86-88, 173, 175, 223-225, 242-244,
　263
岩塩　27, 28, 60, 89, 90, 149, 150, 151, 154
ガンガー　49, 83-85, 101, 129, 137-139, 144
環境（生態／自然）　4, 5, 14-16, 22, 64, 90,
　106, 124, 125, 128, 137, 159, 279
関税　3, 13, 27-30, 32, 58, 60, 120, 135, 136,
　149
関税・塩・アヘン局（the Bengal Board of Cus-
　toms, Salt and Opium）　1, 54, 55, 67, 89, 98,
　110-114, 130, 166, 199-202, 206, 207, 216,
　217, 222, 264, 266, 267, 270
環ベンガル湾交易　91, 96, 97, 121-124　→沿
　岸交易も参照
北インド　49, 60, 66, 83, 138, 143, 144, 169,
　196, 254, 256, 260, 272
キャウクピュー（チャウピュー）　124
行政費　42, 48, 74, 177, 287
競売　2, 22, 23, 56-58, 74, 75, 109-112, 114,
　116, 117, 122, 135, 162, 164, 166-169, 173,
　177-179, 181-183, 191, 193, 194, 197-199,
　204, 205, 208, 216-218, 226, 261, 266, 269,
　278, 280, 281, 283, 286, 289
ギリシャ商人　86, 88, 171-173, 232-234, 246,
　257, 258, 266, 273, 275, 277, 278
儀礼　14, 90, 106, 253, 259, 272, 276, 290
近世　3, 6, 286-291
禁制塩　→不法生産，密売，密輸も参照
　市場　97, 99, 105-108, 110, 112, 113, 117,
　134, 135, 137, 280-282
　取締り・対策　56, 60, 66-68, 72, 73, 97, 101,
　107-109, 112-116, 121, 122, 129, 130, 134,
　135, 209, 282
近代　3, 6, 9, 10, 286-291
近代産業　15, 151
金融危機・不況　19, 23, 182, 188-192, 199-
　203, 208, 211, 216, 224, 225, 236, 273, 283
金融市場　177, 182, 188, 189, 198, 204, 216,
　252, 277　→在来金融市場も参照
「空隙の時代」　5, 50
クマルカリ　146, 225
倉（塩倉）
　商人　84, 86, 99, 165, 175, 179, 217, 222-225,
　227, 228, 233, 242-244, 246, 248-250, 257,
　281, 284
　政府　56, 63, 84, 99, 109, 110, 126, 130, 165,
　172, 178, 179, 194, 200, 206, 217, 233, 281

倉持ち商人　86, 222, 224, 243, 256
クルナ　138, 146
「軍事財政主義」　5, 49, 50
軍事費・軍事支出　5, 30, 42-45, 47, 74, 177,
　287
警察　7-10, 68, 97, 115, 134, 240, 288, 289
警察税　23, 236, 239-242, 250, 265
衒示的消費　19, 21, 272, 277
高塩価政策　1, 2, 22, 57, 58, 68, 72, 74, 75, 82,
　97, 108, 112, 122, 134-136, 147, 157, 158, 162,
　181, 182, 200, 210, 234, 251, 280, 281, 284,
　285, 288, 290
公共事業　49, 50, 287, 289
工業用塩　99, 102, 103
公穀物倉庫　23, 39, 236, 239-242, 250, 265
荒蕪地　15, 16, 98, 132, 147, 148, 284, 285
功利主義　9, 10
湖塩　27, 60, 100
コーンウォリス改革　8-10
穀物　70, 91, 92, 97, 117-121, 123, 139, 152,
　173, 175, 226, 238-242, 247, 255　→米も参
　照
ゴダヴァリ川　70, 93, 237
国家
　と市場　23, 50, 75, 86, 114, 169-171, 181,
　236-242, 287, 288
　と徴税　5, 50, 75, 169-171, 181, 285, 286
　の行政能力　9, 10, 289
　の形成　4, 7-10, 279
　法と統治　8, 9, 288-290
ゴマスタ　100, 101, 104, 167, 202, 228, 244,
　261-264, 277, 284
米　20, 64, 70, 104, 120, 186-190, 228, 242, 243,
　245, 250, 256, 286, 291
雇用　13, 63, 130-132, 134
コリンガ　70, 92-94, 119, 124
コロマンデル塩　14, 22, 34, 60, 68-72, 74, 82,
　91, 94, 100, 101, 107, 109, 116-121, 124, 133,
　149, 153, 173, 178, 191, 197, 264, 280, 282
コロマンデル塩輸入　54, 60, 68-73, 91-97,
　117-121, 178

サ　行

サーヴィス部門　18, 273, 277
サーラン　101-103
災害（獣害，自然，疾病）　63, 64, 126, 128,
　132, 148, 284

債券（社債，政府債，EIC債）　42, 43, 177, 188, 189, 191, 193, 203, 204, 207, 255, 257
裁判文書／記録　21, 23, 175, 210, 252, 260
在来金融市場（バザール）　17-19, 178, 193, 199, 209, 237　→金融市場も参照
在来産業　5, 13-15, 30, 35, 136, 146
在来船
　オリッサ　122
　テルグ船／コロマンデル　69, 70, 92-95, 101, 117-119, 124, 282
　ドニー　94, 118
　ベンガル　83, 86, 124, 138
　モグ船／アラカン　102, 124
ザミンダーリー　175, 257-259, 273, 274, 277
ザミンダール　7, 8, 18, 51, 52, 56, 67, 100, 101, 104, 134, 164, 169, 170, 175, 181, 221, 222, 229-231, 235, 257, 258, 263, 267, 270, 271, 274-276, 286, 288, 290, 291
「産業革命」　6, 11, 15, 289
サンバル塩　27, 101, 197
ジェソール（ジョショール／ジョショホル）　63, 85, 116, 225, 226, 247-250, 259
塩買付け人　2, 23, 57, 74, 109, 114, 122, 162, 166-168, 171-174, 177-179, 182, 185, 189, 190, 192-196, 198-204, 206-209, 213, 216, 217, 226, 229, 232, 236, 252, 264-266, 270, 273, 276, 280, 281, 283, 285, 286
塩価格　1, 2, 51, 54, 57, 60, 86, 87, 90, 108, 112, 113, 116, 117, 123, 134, 155-157, 173, 178, 181-190, 192, 193, 195, 198-201, 203, 206, 208, 210, 269, 280-282, 284
　落札価格　110-112, 116, 117, 122, 174, 177, 178, 184, 185, 186, 187, 189, 190, 193, 266
塩切手　165-167, 178-184, 190, 192, 199-203, 208-210, 217, 232, 234, 246, 264, 281
　チャル　165, 178, 199-203
　ロワナ　67, 82, 84, 104, 105, 165, 178, 202, 203, 246
塩供給統制　2, 57, 59-62, 75, 109, 112, 113, 171, 185, 209, 210, 280-283, 286
塩供給量　58-60, 109-113, 115, 149, 154, 155, 178, 189, 193, 198, 199, 203, 207, 208, 213
塩集散地（市場）　84-88, 106, 212, 223, 226, 242-244, 248
塩商人
　カルカッタ（大）商人　3, 20, 23, 24, 166, 182, 185, 195-198, 208-212, 216, 220, 234,

255, 269, 270, 272, 279, 282-284, 289-291
　現物商人　216, 217, 229, 281
　新興商人　23, 24, 57, 164, 168, 169, 171, 180-182, 258, 267-272, 281, 289
　西部グループ　220-225, 283
　地方商人　20, 21, 166, 207, 211, 220-235, 264, 266, 270, 283, 286, 291
　中部グループ　220, 225-228, 283
　東部グループ　220, 228-234, 283
塩生産量　61-63, 109, 134, 178
塩生産量統制・調整　60-66, 75, 128-130, 280, 282
塩専売（オリッサ）　45, 47, 55, 58, 73, 74, 108
塩専売（ベンガル）
　財政のなかの　22, 27, 28, 38, 45, 50, 57, 74, 75, 111
　廃止（1863年）　3, 23, 27, 38, 55, 157, 158, 208
　利益（収益）　1-3, 46, 50, 51, 54, 57, 58, 74, 75, 107-109, 111, 112, 134, 135, 147, 162, 200, 217, 264, 280-282
塩専売（マドラス）　27, 28, 45, 69, 71, 119
塩長者　171, 174, 181, 252, 273
塩直売所（小売）　110, 113-115
塩取引監督区　66, 67, 84, 100, 104, 156
塩取引監督区長　66, 67, 104, 112, 113, 115, 126, 155, 156, 233
塩の凶作　62, 65, 68, 71, 198
「塩の行進」　26
塩の再販売　192-195, 206, 207, 209, 225, 233, 234, 266, 272
塩の豊作　62, 71, 130, 194
「塩バブル」　23, 162, 179-182, 208, 281, 283
塩部局（the Salt Department）　54-56, 67, 115, 126, 165, 166, 200, 201, 203, 206, 208, 233, 264, 281, 283, 286
塩輸入
　EIC　68-74, 91, 102, 116-121
　民間　3, 58, 60, 110, 135, 136, 149, 150, 154, 208, 236
嗜好　4, 14, 16, 22, 23, 88-90, 109, 116, 134-137, 154, 155, 157, 158, 196, 218, 281, 282, 285
市場システム　23, 242-250
司法　7-10, 274-276, 278, 288-291
シャーストラ　254, 263, 264
シャーハーバード　68, 101

事項索引　367

シャゴル島　131, 133, 147
ジャゴンジ　86-87
シャハ　35, 88, 157, 168, 169, 216, 278
ジャマルプル　144, 146
シャルキヤ　74, 87, 88, 101, 105, 123, 195, 196, 218, 219
シャルダ　183, 186
シャンティプル　89, 116, 183, 184, 186, 198
シャンデルナゴル（チョンドンノゴル）　68, 224, 225, 227
舟運　83, 87, 284
収税官（コレクター）　8, 66, 113, 144
収税局（the Bengal Board of Revenue）　7, 54, 55
ジュート　20, 153, 286, 291
自由貿易　2, 11, 12, 40, 135-137, 153, 236, 240, 284
シュタヌティ　85, 88, 123, 184, 198, 205, 213, 220, 221
シュボルノボニク　168, 179, 180, 191, 254, 267, 268, 276
シュロフ　17-19, 21, 23, 166, 173, 178-181, 190, 199-206, 207, 209, 210, 218, 223-225, 235, 254, 266, 269, 270, 281, 283, 289, 290
シュンドルボン（スンダルバンス）　55, 84, 85, 128, 129, 138, 146, 147, 171, 225, 282
ジョイント・ファミリー　9, 23, 227, 253-255, 268, 270, 271, 277
商家経営
　家産・事業の分割　176, 177, 224, 225, 227, 228, 231, 254, 271, 278, 285
　経営の多角化　24, 175, 176, 224, 225, 227, 228, 230, 231, 234, 235, 255-258, 277, 278, 285
　地所経営　18, 19, 21, 175, 231, 234, 255-258, 263, 273, 277, 278, 285
　パートナー／パートナーシップ　180, 224, 227-229, 253-255, 265
　名声・名誉・信用　192, 194, 206, 209, 233, 234, 240, 259, 262, 263, 269-273, 275, 277, 278, 285, 290
蒸気船　16, 83, 137-144, 146, 147, 158, 286, 289
常設市（バザール）　86, 171, 244, 257
象徴資本　270, 272, 277
消費　5, 6, 14-16, 20, 23, 88-90, 97-99, 112, 115, 129, 135, 137, 154-158, 237, 248, 279, 285

情報　67, 98, 207, 235, 242, 251, 257, 261-263, 265, 277, 284
商務局（the Bengal Board of Trade）　54, 55, 99, 166, 192-194, 196, 233, 269
食用塩化物　102, 103, 113
ショドゴプ　88, 168, 268
ショナムキ　89, 186, 195
ジョンギプル　89, 186, 195, 245
シラジゴンジ　84-88, 175, 226, 227, 243, 245
シレット　86, 139, 232
新聞　29, 32, 33, 268, 273
スワデシ　33, 35
製塩業（オリッサ）　73, 115
製塩業（コロマンデル／マドラス管区）　70-72, 117-119, 282
製塩業（ベンガル）　3, 4, 13-16, 23, 30, 58, 63, 65, 76-81, 90, 109, 124-137, 147-149, 158, 159, 194
製塩区　57, 60, 66, 82, 84, 108, 112, 113, 115, 117, 124-126, 134, 149, 158, 165, 168, 171, 172, 218, 220, 221, 223, 280-282, 284, 285
　カタック　55, 73, 74, 117, 122
　クルダ　55, 74
　ジェソール　55, 58, 113, 117, 125-128, 131, 148, 155, 219
　チッタゴン　54, 66, 113, 117, 124-127, 147, 148, 156, 219, 233
　24パルガナズ　55, 58, 64, 66, 99, 104, 113, 117, 125-128, 131, 148, 155, 156, 171, 175, 219, 257, 285
　トムルク　7, 54, 56, 61, 63, 65, 66, 84, 99, 113, 115, 117, 125, 127, 131-133, 147, 148, 156, 195, 205, 218, 219
　バラゾール　55, 74
　ヒジリ　54, 56, 61, 65-67, 84, 99, 100, 104, 105, 113, 117, 125, 127, 130, 131, 147, 148, 156, 175, 195, 205, 218, 219, 237, 257
　ブルヤ　54, 58, 66, 86, 100, 113, 114, 117, 125-127, 132, 133, 148, 155, 198, 219, 229, 233, 284, 285
　ライモンゴル　55, 125, 128, 171
製塩区制度　54-56, 61, 162
製塩区長　56, 60, 63-66, 104, 112, 113, 115, 126, 130, 134, 164, 229, 233
製糸業　131, 146, 248
製鉄業　15, 146

製糖業　15, 120, 256
政府塩　72, 75, 82, 100, 103, 104, 107, 108, 110,
　112-114, 134, 150, 197, 207, 280
関所（チョウキ）
　塩関所　24, 60, 66, 82, 84, 85, 89, 101, 104,
　105, 113, 115, 126, 165, 197, 226, 246, 273
　その他　7, 170, 238, 241
石炭　15, 16, 132, 135-145, 147, 148, 151, 158,
　284, 289
石炭調達請負　140-145
セランポール（シュリランプル）　222
煎熬塩（パンガ）　14, 22, 23, 62, 70, 72, 73, 75,
　82, 86-89, 99, 100, 102, 103, 106, 108, 112,
　113, 115-117, 122, 123, 133-135, 147, 149-
　151, 153-158, 183-185, 194-197, 200, 210,
　218, 280, 282, 283, 285
造船業　11, 13, 97
相続　9, 267, 271, 272, 274, 275, 278
訴訟／裁判　19, 177, 192, 206, 271-273, 275,
　285, 290

タ 行

ダーナープル（ディナプル）　86, 87, 143, 144
太守（ナワーブ）　51, 163, 170, 238
代理商会（カルカッタ）　17-19, 119, 121, 139,
　188, 204, 206, 209, 283
代理商会（マドラス）　69, 119, 121, 282
ダカ　33, 68, 87, 88, 144, 146, 169-171, 175,
　211, 226, 228-230, 255, 261, 270
「脱工業化」　13, 30, 35
ダモダル渓谷炭田　137, 139, 140, 142
ダモダル川　84, 140, 148, 225, 284
多様性社会　14, 16
ダラール　218, 244, 261, 263-265, 270, 277,
　284
タリゴンジ　88, 225, 226, 255
タルクダール　67, 100, 104
ダルマ協会（ドルモ・ショバ）　268, 276
タンジョール（タンジャーヴール）　71, 92,
　93, 96, 119
治安判事（マジストレート）　8, 67, 89, 144,
　262
地域市場圏　22, 23, 83, 87, 88, 106, 186, 210,
　242, 261, 283
　西部地域市場圏　87-90, 106, 155, 183, 184,
　206, 222, 223, 234
　中部地域市場圏　87, 88, 90, 155, 183, 227,

230, 234
　東部地域市場圏　87, 88, 106, 155, 157, 158,
　183, 230, 234
　ミドナプル以西地域市場圏　87, 88
チェシア製塩業　2, 136, 150-153
チェッティ　95
チェラプンジ炭　142
地税　1, 26, 27, 45-47, 52, 57, 74
チッタゴン（チョットグラム）　63, 68, 102,
　113, 123, 124
チトプル　88, 213, 216, 221
地方市場／域内市場　1, 2, 12, 20, 23, 116, 157,
　164, 166, 173, 185, 206-211, 216, 224, 225,
　235, 236, 241, 262, 269, 270, 273, 277, 279,
　281, 283-286, 288, 291
地方商家　20, 252, 273
チャトラー　84, 87, 244
仲介者　23, 248, 261-265, 277
チューリア　93, 95
「長期の18世紀」　4, 5, 6, 50, 279
徴税　5, 9, 10, 38, 49, 50, 54, 116, 170, 239, 242,
　285, 287, 289
徴税請負　52-54, 170
徴税権（ディーワーニー）　39, 51
帳簿　21, 203, 258-261, 275, 277
チョーターナーグプル　84, 101, 103
貯炭場　138-141, 143-145
チングルプット　95
陳情　173, 191-193, 202, 207, 208, 216, 222,
　233, 268, 269
チンスラ（チュンチュラ）　224, 225
通過税・都市税　236, 239, 240, 250, 273
定期市（ハート）　86, 171, 244
ディナジプル　86, 111, 171, 173, 197, 213-215,
　227, 244, 245, 247, 248, 255, 256, 262, 268
ティリ　88, 157, 168, 169, 211, 216, 267, 268,
　278
ティルフト　101-103
テルグ海運業者・商人　69, 91-93, 96, 264
天日塩（カルカッチ）　14, 22, 62, 70-73, 75,
　82, 88-90, 100, 106, 108, 113-117, 133, 134,
　147, 149, 150, 154, 155, 158, 183-186, 191,
　194-197, 200, 218, 280
24パルガナズ（トゥウェンティフォー・パル
　ガナズ／チョビシュ・ポルゴナ）　63,
　102, 133, 225, 254
投機　23, 109, 110, 177-182, 185, 186, 189-190,

事項索引　369

193, 197-200, 208, 210, 216, 217, 272, 281,
283
投機家　21, 162, 166, 179-182, 197, 200, 207,
208, 217, 224, 236, 262, 266, 269, 273, 281,
283, 284
ドッキン・シャバズプル島　132
トムルク　175, 254
取引協会（the Society of Trade）　51, 52
ドル　254, 267-270, 273, 274, 277, 278
ドルポティ　267-270, 274

ナ　行

ナガパティナム（ナーガパッティナム）　93,
95, 96
ナカラッタル　95
ナゴール　93, 95, 96
ナットゥコッタイ・チェッティヤール　96,
260
ナラヨンゴンジ　57, 85-88, 175, 183, 185, 211,
212, 216, 224, 226, 228, 232, 233, 243, 245,
247, 259-261, 291
ナルチティ　86-88, 146, 228, 242, 257
ネロール（ネルール）・オンゴール　71, 72,
92-94
燃料　15, 16, 22, 23, 62, 64, 65, 76, 78, 79, 104,
126, 132, 133, 135-139, 141, 143-148, 250,
280, 283-285
燃料多消費型産業　15, 146, 158
ノースの規制法　38, 48
ノディヤ　85, 98, 174, 254, 259
ノモシュドロ　35

ハ　行

ハートコラ　88, 163, 172, 205, 220, 222, 228
パーマー商会　17, 119, 188, 203, 204
パイカール　103, 105, 244-250, 258, 261
バギロティ川　83, 138, 223, 244
バコルゴンジ（バケルゴンジ）　86, 87, 156,
187, 228, 229, 257, 258
「バザール」論　16, 20
ハティヤ島　132
パトナー　68, 83-87, 89, 101, 103, 111, 170,
183, 185-187, 195-198, 213-216, 221, 222,
243
バニヤン　17, 18, 52, 54, 100, 163, 164, 191,
204, 269, 271, 274
バブゴンジ　89, 90, 155, 224, 225

バラモン（ブラーマン，ブラーミン）　155,
168, 218, 263-270, 272, 289
パンジャーブ　27, 28
ビシュヌプル　86, 164
ビニー商会　119
ビハール　66, 68, 72, 73, 82, 85-87, 97, 101-
103, 106, 113, 114, 116, 155, 195-198, 208,
211, 213, 218, 222, 240, 244, 245, 248, 280,
283
ビハール商人　88, 216, 222
ビャパリ　217, 244-250, 256, 261
ビルブム　89, 146, 244
ビルマ戦争（第1次）　41, 43, 124, 189, 199
ヒンドゥー　35, 86, 89, 93, 95, 96, 168, 170,
181, 234, 266, 276, 278, 290
ヒンドゥー法　9, 271, 274-276, 278, 290
フッグリ　68, 84, 163, 170, 221, 224
フッグリ川　83, 85, 88, 89, 147, 155, 175, 220,
223, 225, 244, 289
フェリヤ　103-105, 226, 244-250, 261
フォリドプル　88, 225-228
「不況」（19世紀第2四半世紀）　6, 50
不正　→汚職・不正
物品税　27, 28, 52
不法生産　2, 22, 53, 56, 66, 67, 72, 73, 75, 82,
97, 99, 100, 102-105, 107, 128-130, 134, 136,
199, 207, 209, 210, 250, 257, 280-282
ブラフマプトラ川　83, 84, 138
フランス　68, 69, 150
ブルドワン（ボルドマン）　84, 98, 100, 139,
170, 173, 175, 224, 262
ブルドワン炭　140, 141, 144
プルニヤー　197, 245
フンディ　173, 217, 230, 245, 260
ペグー　124
ベナレス（バナーラス／ワーラーナスィー）
21, 64, 101, 143, 180, 202, 203, 272
ベンガル塩　13, 14, 16, 35, 58, 72, 89, 90, 116,
117, 123, 124, 149, 154, 197, 280, 282
　ジェソール塩　85, 129, 155, 207, 217, 220,
226, 270
　チッタゴン塩　129, 155-158, 171, 207, 211,
217, 220, 228, 232, 285
　24パルガナズ塩　85, 87, 129, 155, 156, 171,
207, 217, 218, 220, 226, 270
　トムルク塩　84, 85, 87, 89, 129, 156, 171,
173, 200, 204, 220, 222, 224

ヒジリ塩　84, 85, 87, 89, 100, 101, 117, 129, 156, 171, 173, 200, 204, 213, 220, 222, 224, 225, 266

ブルヤ塩　116, 155, 171, 207, 211, 220, 228, 232

ベンガル管区　27, 45-47, 73, 177

ベンガル銀行（the Bank of Bengal）　17, 179, 180, 190, 201, 281

ベンガル―コロマンデル間交易　69-73, 91-97, 119　→沿岸交易も参照

ベンガル政府（ベンガルの EIC 政府）　70, 71, 95, 117, 119, 121, 122, 134, 282

ベンガル西部　89, 116, 137, 140, 155, 168, 173, 175, 183, 184, 196, 198, 199, 216, 218, 221, 222, 224, 228, 280, 283

ベンガル中部　116, 146, 168, 226, 245

ベンガル東南部　102, 258

ベンガル東部　34, 35, 89, 123, 133, 155-158, 168, 172, 175, 183, 197, 198, 211-213, 216, 218, 226, 228, 230, 232, 240, 256, 269, 270, 278

ベンガル北西部　72, 155, 183, 196-198, 208, 211, 213, 280, 283

ベンガル北東部　86, 216, 225, 230, 232

ベンガル北部　86, 223, 226, 227, 244, 245, 247

ボイコット　30, 33-35, 242

ボゴバンゴラ　175, 222, 243, 259, 260

ボシャク　168, 169, 267, 268

ボッドロロク　17, 175, 220, 268-270, 285, 289

ボドレッショル　85-88, 175, 223, 225, 244

ボヤリヤ　111, 146, 148, 213-215

ポルトガル商人　93, 95, 191

ボロバジャル（バラーバザール）　19, 141, 163, 166, 178, 179, 180, 182, 191, 201, 204, 205, 218, 224, 254, 266, 281

本国送金　11, 45

本国費　6, 45

ポンディシェリ　92

ボンベイ　12, 39, 49, 149, 177, 208, 274, 275, 278, 290

ボンベイ塩　34, 150

ボンベイ管区　28, 29, 32, 177

マ 行

マールワーリー　19, 21, 35, 253, 260, 290, 291

マイメンシン（モエモンシン／モエモンシンホ）　111, 213-216

前貸し　63-65, 115, 126-128, 130, 131, 134, 256

マスカット　149

マドラス　12, 39, 69, 92, 93, 95, 177, 274, 290

マドラス塩　→コロマンデル塩を参照

マドラス政府（マドラスの EIC 政府）　70, 71, 92, 95, 117, 133, 282

マハージャン（モハジョン）　168, 244, 245

マラッカイヤール　95, 96

マルダ　89, 111, 183, 185, 186, 195, 197, 198, 213

密売／密売組織　53, 56, 67, 100, 101, 103-106, 128, 135, 250, 257

密輸　22, 28, 29, 66, 73, 75, 82, 97, 99-101, 106, 107, 115, 121-123, 134, 196, 197, 209, 210, 216, 280-282

ミドナプル（メディニプル）　54, 61, 63, 84, 85, 87, 88, 244, 247

ミルザープル　83, 101, 141, 143

ムガル　3, 5, 6, 39, 51

ムスリム　35, 93, 95, 96, 163, 170, 181, 274, 289

ムニーム　263

ムルシダバード　7, 21, 170, 173, 175, 198, 216, 221, 222, 224, 238, 245, 259, 260, 268

メグナ川　84, 132, 155

綿布

　マンチェスター／機械製　11, 30, 33, 35, 289

　モスリン／手織り　11, 237

モーリシャス　119-121, 187, 188

モカ　149

モグ（マグ）商人　102, 123

モドゥカリ　85, 86, 88, 226

モランギ　2, 52, 53, 56, 63-65, 67, 75-81, 100, 103-105, 115, 125-134, 148, 163, 237, 250, 256, 282

モンギール（ムンゲール）　144, 197

モンスーン　45, 256

ヤ 行

ユダヤ商人　234, 266, 267, 275

ユニオン銀行（the Union Bank）　17-19, 201, 202

ラ 行

ラージャスターン　19, 27, 60, 101, 196, 197

ラームガル　244
落札済み在庫量　108, 110, 111, 115, 125, 174,
　　177, 178, 190, 194, 199, 213, 264
ラジシャヒ　85, 86, 98, 116
ラジャムンドリ（ラージャマンドリ）　71, 72,
　　93, 94
ラストムジー・ターナー商会　17, 18
ラスルプル　73, 74, 175
ラダノゴル　183, 184, 198
ラッバイ商人　95, 96

ラナガート　172, 174, 175, 259, 285, 286
ラニゴンジ炭鉱　137, 139
ランカシア石炭産業　151
リヴァプール塩　2-4, 11, 13, 14, 16, 23, 30,
　　33-35, 89, 90, 136, 137, 149-159, 285, 286
リヴァプール海運業　2, 4, 136, 150-153, 159
ルプナラヨン川　84
ロウバック・アボット商会　69
ロッキプル　114, 183, 185, 198
ロングプル　111, 213-216, 227, 245, 247

《著者紹介》

神田 さやこ
かん だ

1970年　兵庫県に生まれる
2001年　慶應義塾大学大学院経済学研究科博士課程単位取得退学
2005年　ロンドン大学SOAS歴史学研究科博士課程修了，Ph. D.（History）
　　　　大阪大学大学院経済学研究科講師，慶應義塾大学経済学部准教授を経て，
現　在　慶應義塾大学経済学部教授

塩とインド

2017 年 1 月 10 日　初版第 1 刷発行

定価はカバーに
表示しています

著　者　　神 田 さ や こ

発行者　　金 山 弥 平

発行所　一般財団法人 名古屋大学出版会
〒 464-0814　名古屋市千種区不老町 1 名古屋大学構内
電話（052）781-5027／ＦＡＸ（052）781-0697

ⓒ Sayako KANDA, 2017　　　　　　　　　　　　Printed in Japan
印刷・製本 ㈱太洋社　　　　　　　　ISBN978-4-8158-0859-4
乱丁・落丁はお取替えいたします。

Ⓡ〈日本複製権センター委託出版物〉
本書の全部または一部を無断で複写複製（コピー）することは，著作権法上
での例外を除き，禁じられています。本書からの複写を希望される場合は，
必ず事前に日本複製権センター（03-3401-2382）の許諾を受けてください。

柳澤　悠著
現代インド経済
―発展の淵源・軌跡・展望―
A5・426 頁
本体 5,500 円

脇村孝平著
飢饉・疫病・植民地統治
―開発の中の英領インド―
A5・270 頁
本体 5,000 円

近藤則夫著
現代インド政治
―多様性の中の民主主義―
A5・608 頁
本体 7,200 円

S. スブラフマニヤム著　三田昌彦／太田信宏訳
接続された歴史
―インドとヨーロッパ―
A5・390 頁
本体 5,600 円

カピル・ラジ著　水谷智／水井万里子／大澤広晃訳
近代科学のリロケーション
―南アジアとヨーロッパにおける知の循環と構築―
A5・316 頁
本体 5,400 円

鎌田由美子著
絨毯が結ぶ世界
―京都祇園祭インド絨毯への道―
A5・608 頁
本体 10,000 円

秋田　茂著
イギリス帝国とアジア国際秩序
―ヘゲモニー国家から帝国的な構造的権力へ―
A5・366 頁
本体 5,500 円

籠谷直人著
アジア国際通商秩序と近代日本
A5・520 頁
本体 6,500 円

城山智子著
大恐慌下の中国
―市場・国家・世界経済―
A5・358 頁
本体 5,800 円

石川亮太著
近代アジア市場と朝鮮
―開港・華商・帝国―
A5・568 頁
本体 7,200 円

太田　淳著
近世東南アジア世界の変容
―グローバル経済とジャワ島地域社会―
A5・518 頁
本体 5,700 円

水島司／加藤博／久保亨／島田竜登編
アジア経済史研究入門
A5・390 頁
本体 3,800 円